高超声速技术译丛

协同民用航空多学科设计优化的新进展

Advances in Collaborative Civil Aeronautical Multidisciplinary Design Optimization

［荷兰］恩斯特·凯塞勒（Ernst Kesseler）

［英国］马林·D. 盖诺夫（Marin D. Guenov） 主编

郑　耀　季廷炜　谢芳芳　译

航空工业出版社

北　京

内 容 提 要

本书共计 12 章，系统地介绍了欧盟第六框架计划 VIVACE 项目（Value Improvement Through a Virtual Aeronautical Collaborative Enterprise，通过虚拟航空协同企业提高价值）在多学科设计技术方面的进展情况，内容涵盖了民用航空飞行器和发动机的设计模拟、虚拟测试、商业与供应链建模、知识管理、决策支持、外延企业与虚拟企业协同合作、设计优化等方面的进展，阐述相关产品从"初步设计"阶段到飞行器研制定型等全生命周期过程，全面展示了欧盟航空产业虚拟企业协同的方法、工具和实例。

本书面向航空航天工程、飞行器设计专业，适合工程设计人员和团队管理者，也可供高年级本科生和研究生，以及对多学科设计过程感兴趣的读者。

图书在版编目（C I P）数据

协同民用航空多学科设计优化的新进展 /（荷）恩斯特·凯塞勒（Ernst Kesseler），（英）马林·D. 盖诺夫（Marin D. Guenov）主编；郑耀，季廷炜，谢芳芳译 . -- 北京：航空工业出版社，2021. 12

书名原文：Advances in Collaborative Civil Aeronautical Multidisciplinary Design Optimization

ISBN 978-7-5165-2780-1

Ⅰ . ①协… Ⅱ . ①恩… ②马… ③郑… ④季… ⑤谢… Ⅲ . ①民用飞机 – 最优设计 Ⅳ . ①V271

中国版本图书馆 CIP 数据核字（2021）第 257881 号

北京市版权局著作权合同登记
图字：01-2015-8591

协同民用航空多学科设计优化的新进展
Xietong Minyong Hangkong Duoxueke Sheji
Youhua de Xinjinzhan

航空工业出版社出版发行
（北京市朝阳区京顺路 5 号曙光大厦 C 座四层　100028）
发行部电话：010-85672666　010-85672683

北京富泰印刷有限责任公司印刷　　　　　全国各地新华书店经售
2021 年 12 月第 1 版　　　　　　　　　2021 年 12 月第 1 次印刷
开本：710×1000　1/16　　　　　　　　　字数：529 千字
印张：26.25　　插页：16　　　　　　　　定价：138.00 元

《高超声速技术译丛》编委会

《高超声速技术译丛》序言

　　飞得更快、更高、更远，是人类永恒的追求。通常人们把大气层中飞行速度达到 5 倍声速以上的飞行称为高超声速飞行。相关的高超声速流动的理论研究始于 20 世纪 40 年代后期，我国的著名科学家钱学森先生和郭永怀先生都是高超声速概念的最早倡导者。

　　早在 20 世纪 60 年代，在突破 3 倍声速之前，人类就已经开始研究高超声速技术。美国开展的 X－43A、X－51A、X－37B 和 HTV－2（Hypersonic Technology Vehicle 2）"猎鹰"等飞行器的飞行试验在高超声速领域占据了领先地位，并积累了宝贵的技术和经验。受其鼓舞，更是由于其潜在的重要战略意义和极高的应用价值，使得高超声速技术成为 21 世纪航空航天领域的研究热点之一，得到了世界范围的广泛关注。

　　我国在高超声速技术领域的研究方兴未艾，相关的科研院所和高等学校取得了令人瞩目的突破和积累，但与美国等航空航天发达国家相比仍有一定差距，亟待汲取其先进的研究经验，并借此能够系统培养相关的科研人员。《高超声速技术译丛》的出版适逢其时，译丛旨在借鉴和总结美国等航空航天领先国家的经验，使其理论化、科学化和系统化，进而结合工程实践，以形成具有我国特色的高超声速技术理论与实践相结合的知识体系。

　　《高超声速技术译丛》主要涵盖飞行器总体技术、推进技术、气动力与气动热、材料与结构热防护、制导与控制、数值模拟与试验测量技术等专业方向，知识领域覆盖了高超声速飞行器研发设计、制造和试验等关键技术。译丛择优选取了美国航空航天学会等国外机构出版的高超声速及相关技术的经典著作，以飨读者。

　　本套译丛的出版得到了国内众多方面的大力支持。丛书凝聚了高超声速研究领域专家的智慧和成果，承担着记载与弘扬科学成就、积累与传播科技知识的使命，具有较强的系统性、完整性、实用性和技术前瞻性，既可以作为实际工作的指导用书，也可以作为相关专业人员的学习参考书。期望这套丛书能够有益于高超声速技术领域人才的培养，有益于高超声速技术的发展，有益于高超声速飞行器的研制工作。同时，希望能够吸引更多的读者来关心、支持和热爱高超声速技术，并投身其中做出贡献。

《高超声速技术译丛》编辑委员会

2012 年 5 月

译　序

纵观人类征服天空的历史，从神话和传说，到莱特兄弟的飞行器试验，再到航天时代的到来，人类发明了各种各样的飞行器，如气球、飞艇、滑翔机、飞机、直升机、载人飞船、空间探测器、航天飞机等。它们的发明记录了人类在航空航天领域创新的足迹。无论每一次飞行器的发明与发展，还是每一次飞行技术的进步，都离不开人类对飞行器设计技术的探索与需求，更离不开飞行器设计理论的研究。飞行器设计是一个不断进化的过程，飞行器设计技术的更新换代推动着飞行器设计水平的提高。

在欧盟第六框架计划的支持下，欧洲12个国家63名参研人员组成一个战略联盟，于2007年完成了虚拟航空协同作业的价值提升（VIVACE）的综合项目，研发了效率更高、更加有效的协同设计流程、模型与方法。为了总结该项目中的协同航空多学科设计优化的最新技术，多位作者于2010年编写了 *Advances in Collaborative Civil Aeronautical Multidisciplinary Design Optimization* 一书。该书的问世，代表了当时欧洲科学在飞行器设计技术方面的进步。

飞行器多学科优化设计、虚拟协同及数字孪生等领域的发展将极大地推动飞行器设计水平的提高。在《高超声速技术译丛》中，出版一部能够系统介绍虚拟航空协同作业研究成果的专著，不仅对高超声速飞行器设计，而且对于其他新型飞行器的研制都十分必要，能够起到他山之石可以攻玉的作用。

这本译著的出版将面向新型飞行器设计这一战略需求，针对设计建模解决方案、虚拟测试解决方案、商业与供应链建模解决方案、知识管理解决方案、决策支持解决方案、外延企业与虚拟企业协同作业解决方案，以及设计优化解决方案等内容，展开详细讨论，使得读者从飞行器初步设计阶段的多学科设计优化问题开始，到更加工程化的设计优化工作有一个系统的认识，对其研究的领域有一个宏观的判断，最终有所收获。

感谢中航出版传媒有限责任公司（航空工业出版社）编辑吕烨、邵箭，他们的细心工作和辛勤劳动，使得本书得以与读者见面。由于译者水平有限，在对原著的理解上定有不当之处，加上成书匆忙，其中不足之处还望广大读者斧正。

郑　耀　季廷炜　谢芳芳

2020 年 10 月 1 日

于浙江大学航空航天学院

原 版 序 言

VIVACE（通过虚拟航空协同企业提高价值）研究项目吸引了欧洲 12 个国家共 63 名参研人员组成一个战略联盟，其中包括大量的欧洲航空工业制造商与供应商，以及大学、研究机构和信息技术供应商。

发起 VIVACE 研究项目的主要目的，是希望建立一个全新的航空协同设计环境。在这种环境下，外延企业也会加入其中，从而降低新型飞行器和发动机（及其子系统与部件）的综合开发时间与成本。

该项目持续 4 年，于 2007 年年底完成，在全体工作人员刻苦研究、试验，并使用效率更高、更加有效的协同设计流程、模型与方法后取得了圆满成功。

研究成果主要包括 7 个方面：设计模拟解决方案、虚拟测试解决方案、商业与供应链建模解决方案、知识管理解决方案、决策支持解决方案、外延企业与虚拟企业协同合作解决方案，以及设计优化解决方案。

该书集合了 VIVACE 项目联盟在提出并发展协同航空多学科设计优化最新技术过程中，进行的全部工作以及取得的所有成果。他们所取得的这些创新性成果，在许多行业（飞行器、发动机与设备制造商）中都得到了应用并获得了很好的效果。

在 VIVACE 研究项目期间，能够与此书编辑及撰稿人一起工作，是我莫大的荣幸。现在已来到激动人心的时刻，我非常高兴此时能够与更多的设计优化工作组分享这些成果，而且我希望您能够在书中找到有趣、同时具有参考价值的信息。

Philippe Homsi
VIVACE 项目协调员
欧洲空中客车公司

原 版 前 言

    出版此书旨在集成近来欧洲关于虚拟协同民用航空企业的高水平研究项目的成果，为提高多学科设计优化（MDO）水平贡献一份绵薄之力。

    该书是由多位作者共同编撰而成，是在进行系统分类、具体分析并综合几个相关领域的科研成果后，形成的可以供更多科研人员和多学科设计优化专业工作人员学习参考的最终作品。在编写书籍的过程中，我们遵循的一个指导原则便是，尽可能地按照一般设计周期的各个阶段按序编写。因此，该书从第 1 章关于初步设计阶段的多学科设计优化问题开始，之后逐步推进至更加具体的设计优化工作。同样，尽可能地根据产品的复杂程度来排列多学科设计优化应用的顺序，从飞行器整体和发动机的设计优化直至每一个部件的设计优化。

    由于多学科设计优化基础结构以及使虚拟协同企业能够发挥更优功能的商业相关事物的出现，这一方法变得更加完善。其中，包括多合作单位之间的自动工作流程、产品全生命周期管理、数据安全以及知识产权保护措施。当联盟不断壮大成为多国、多合作单位联盟时，在考虑到联盟的规模及复杂性上，这些因素就显得至关重要。在第 1 章中，作者对本书内容进行了较全面论述，对于在多学科优化方面感兴趣的读者，可以作为指南。

    本书通过现实世界的设计案例来检验文中提及的各种方法与工具。而且，由于其中大多数涉及的工具与方法在各专业中都是通用的，因而，我们相信这本书不仅仅适合航空领域的工作人员，它一定能够为更广泛的读者群所用。

    我们十分感谢欧盟第六框架计划，优先重点项目 4 "航空与航天" 给予的支持，感谢他们对通过虚拟航空协同企业提高价值（VIVACE）的综合项目（AIP3 CT-2003-502917）给予的赞助。

    另外，我们还要感谢所有的项目合作人员，他们对该书做出了巨大的贡献。最后，请允许我们再次为我们的合作单位、家人、朋友在书籍编撰期间给予的支持，向他们表达最深的谢意。

［荷兰］恩斯特·凯塞勒（Ernst Kesseler）

［英国］马林·D. 盖诺夫（Marin D. Guenov）

2009 年 7 月

目　　录

第1章 概　　述

Ernst Kesseler

Katern 09, Amsterdam, The Netherlands

Marin D. Guenov

Cranfield University, Bedfordshire, England, United Kingdom

缩略语

COTS	商业成品
DV	设计变型（desige variants，又译设计变体）
EU	欧盟
IT	指令技术（instructional technology）
MDO	多学科设计优化
NSGA	非支配排序遗传算法
SCC	强连通分量
TSCP	环球安全协同计划
VEChub	虚拟企业协同中心
VIVACE	通过虚拟航空协同企业提高价值
WMD	工作流程管理设备

1.1 引言

我们出版该书的主要目的是为多学科设计优化（MDO）贡献出一份绵薄之力，并对近年来欧洲关于协同民用航空企业的研究项目所取得的丰硕成果进行介绍。由于此书中所提及的绝大多数方法与工具在许多专业中也是可被推广使用的，因而，我们相信这本书不仅仅适合航空领域的科学研究人员，也可以为其他领域的科研人员提供参考。在第1章中，我们首先对欧洲领先水平的协同研究项目的情况进行简明概述。之后，对协同合作目标进行总结，特别是多学科设计优化相关工作的目标。最后，介绍整本书的框架结构，并总结每一章节的主要内容。

1.2　欧洲工业为主导的研究

近期，在一篇名为"欧洲航空——2020愿景"的报告中，欧盟（EU）提出了关于航空学的长期战略研究议程[1]。此报告的主题是21世纪，航空运输将在全球运输结构中占据举足轻重的地位。在愿景2020中，共提出了两项高水平目标：一是满足社会对于高效航空运输的需求；二是使欧洲成为世界航空业领导者。该报告中还涉及欧盟第六框架计划中的几项专项研究工作。如欲了解更多关于框架计划程序、要求以及组织结构的详细信息，可访问R&D信息服务社区网站（http://cordis.europa.eu/fp6/stepbystep/home.html）。在此，我们将重点讨论一项特殊的名为"通过虚拟航空协同企业提高价值"的大型综合项目，此项目或可简称为VIVACE。在表1-1中，将列出几项关于协同合作的主要特征。由于组织上的原因，绝大多数的多学科设计优化工作，都会在一个特定的工作包中进行。然而，也有一些多学科设计优化研发工作，会在几个不同的工作包中进行，作为部分研究内容共同组成各自的研究工作。

VIVACE项目同样也是响应欧盟政策，推动工业、研究机构与大学之间的跨国合作，单位包括中小型企业。联盟成员的分布情况请参阅图1-1，其分布规则为合作单位划分。另外，在划分时还应遵守一项规则：隶属于跨国公司的商业单位，例如，空客与劳斯莱斯，都应划分在各自原属国。附录A中有一份包括所有合作单位在内的完整名单。另外，值得注意的是，图1-1中合作单位的地理分布表明，在开始时欧盟总共才有15个成员国，而现在已经发展为27个。

表1-1　VIVACE欧盟协同合作项目的主要特性

	总协同项目	多学科设计优化相关
项目参数		
价值	72800000 欧元	30300000 欧元
合作单位数量	63	39
工作包数量	17	7
持续时间	4 年	4 年
第 1/2/3 阶段持续时间	18/12/18 个月	18/12/18 个月
输出		
项目成果数量	383+101 公共	203+51 公共
已确定可重复使用的结果	141	55
报告数量，讨论会 1/2/3	48/61/35	15/18/11
出版物数量	85	27

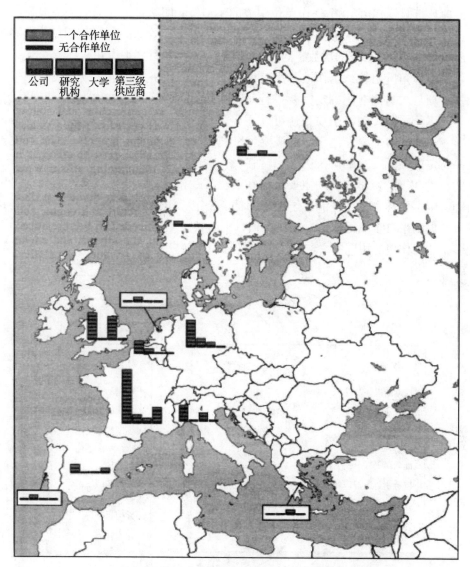

图 1-1　协同项目合作单位地理分布概览，按照组织类型

　　根据欧盟关于领先水平项目如 VIVACE 的规定，每个合作单位（大学除外）都应承担各自部分 50% 的研发资金。因此，联盟管理层每做出一个决定，都必须得到全部合作单位的认可后才能执行，即对于所有影响商业利益的决定，每个合作单位都拥有投票权。联盟受由每个合作单位派出一名代表组成的指导委员会管理。委员会每年召开一次会议，用来确定战略议程。由于联盟内部成员互相信任，所以像

3

发布公共信息（如会议或期刊论文）等绝大多数问题都可以通过电子投票的方式解决，项目行政管理由 10 个合作单位组成的小型核心团队负责，但他们一般会更加注重技术方面的工作进展。核心团队大概每年召开 5 次会议。这种组织结构能够有效地减少联盟召开会议的次数，同时又能够保证联盟的管理工作井然有序进行。

从管理角度出发，工作被分为三个子项目，如图 1-2 所示。设立飞行器与发动机子项目的目的在于确定需要进行研究的商业相关问题，被称为 81 使用案例。另外，飞行器与发动机子项目还可以证实，先进能力子项目提供的解决方案是否有效。该子项目主要专注于研究满足多个使用案例的各种可能的解决方案。关于某一特定的使用案例的解决方案，可在飞行器或发动机子项目中进行。此项目方法的目的在于，使研究活动主要聚焦在航空实践相关的结果中。多学科设计优化活动，则主要集中在先进能力子项目的某个特定工作包中进行（参见图 1-2）。其输入数据则来自于飞行器与发动机子项目中的其他 4 个工作包（参见表 1-1），以及多企业工作包的协同中心与工程数据管理。

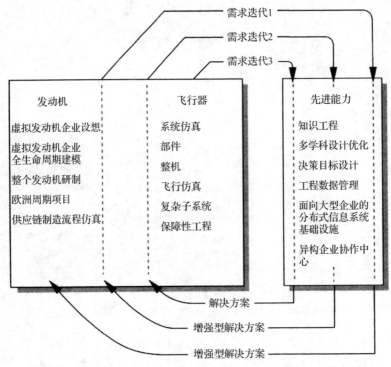

图 1-2　VIIVACE 项目中子项目、工作包与迭代过程概览

使用欧洲公共研究资金进行研究意味着需要主动分享研究成果。在项目期间，设立了三个专项公共论坛用于向大众传播相关知识。（表 1-1 中列出了专项报告数

量）最后一个论坛还设有一个公共手册，其中包含了技术成果的相关信息[2]。另外，如图 1-3 所示，研究团队共编撰并发表了 85 篇会议论文与学术期刊。通过所发布的这些公共信息，通过审核流程后，使得我们可以公正地评价其研究成果在多学科设计优化领域中是否达到最高水准。

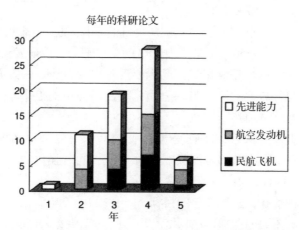

每年的科研论文

图 1-3　关于每个子项目，在每年发表的科研论文数量

　　总之，在这个项目中，我们将遵循上述提出的改进方法[3]，并将总共 4 年的研究时限，分为三个阶段以方便项目管理。在此框架中，每一个工作包，包括多学科设计优化在内，必须每三个确定一个可检验的目标，且需要对结果进行评估，以帮助达成最后期限和预算。研究团队严格遵守审查程序，将有助于达到预期的交付成果质量。所有的多学科设计优化成果将不仅受到随机挑选的一家公司的审核，相关工作包还要通过所有相关合作单位的审核，以及独立专家要进行最终审核，之后才能提交给客户（欧盟）复核。

　　项目按照预定时间与预算完成之后，研究成果根据预计要求证实达到了所设立的高水平目标，所以我们得出结论，联盟管理非常成功[4]。

1.3　项目目标

1.3.1　高水平项目目标

　　VIVACE 项目的总体目标为，通过设计、模拟、整合，从飞行器概念设计的早期阶段开始，在协同环境（虚拟企业）中，建立虚拟产品的概念。在这种环境中，虚拟产品是指组成飞行器的全部部件——结构、系统、发动机。

　　我们期望项目能够实现战略研究议程的以下三个具体目标[1]：

　　（1）在先进设计、制造、维护工具与方法以及流程的帮助下，使得上市新产品的时间减半。

（2）网络化整合供应链。

（3）通过大幅度降低运营成本使旅行费用持续稳定地降低。

从技术角度出发，VIVACE 项目以支持虚拟企业的分布式并行工程方法为基础，建立验证平台并提交虚拟产品设计方案，从而研发出一种大幅降低新型飞行器与发动机研发成本的解决方案。

为了达到这一全球化目标，VIVACE 项目的工作都是围绕使用案例来组织分配的，也就是说，真实模拟飞行器或发动机的某一部分，或研发流程的某一步骤。在选择使用案例时，既要反映虚拟产品也要反映虚拟企业。一方面，在每一个环节中，都要进行早期产品模拟；另一方面，须使用分布式工作方法。这两种要求的整合，就是 VIVACE 项目的核心。

因此，我们期望在项目期间研发出一种工具，能够及时为欧洲航空业提供高价值的完整产品的相关信息，从而降低整体费用，同时强化供应链整合，加快市场的反应时间。

1.3.2　多学科设计优化先进工作包的目标

多学科设计优化（MDO）目前并没有一个普遍被接受的定义。在这本书中，我们采用了美国航空航天学会技术委员会关于多学科设计优化的定义[5]，即"复杂工程学系统的最佳设计方案，需要分出来阐述各个学科（或者系统各部分）之间的相互影响，并利用这些学科之间的协同作用"。

在 VIVACE 项目的初步设想阶段，多学科设计优化被认为是一个很有发展空间的方法，我们期望工业中采用这种方法能够帮助我们达到高水平项目的设计目标。因此，此工作包中的活动旨在解决在工业中有效应用多学科设计优化可能会遇到的一些主要困难，其中包括以下内容：

（1）逐个案例进行分析，从而研发出一种专门用于评估多学科设计优化资源的解决方案，例如，各种工具信息的储存、访问及交换，并建立一个设计优化流程。研究团队使用特定的解决方案来应对普通问题，从而界定各学科之间的协同作用。

（2）研发特定案例解决方案，通常比较耗费时间、耗费精力，且容易出错。而且最终确定的流程，一般非常复杂，操作人员需要具备大量各相关学科的技术以及相关工具的专业知识。因此，设计人员不能仅注重核心活动——设计流程，而且也要同时兼备计算机与信息技术方面的专业技能。

按照这种观点（参见图 1-4），研发人员必须探索出更为先进的方法与技术，从而找到一种有效的解决方案，以普通方式建立自动化多学科设计优化流程。当然，研究人员需要对这些技术进行评定，如有需要还应该进一步完善。所以，多学科设计优化工作包，必须注重研发并建立一种先进的、通用的、灵活的、多站点的多学科设计优化流程框架，用来支持并整合产品设计与优化。

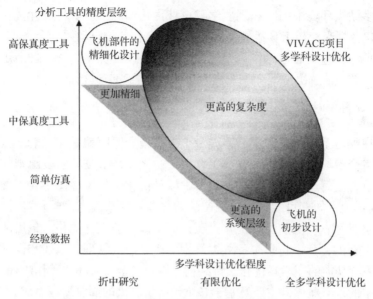

分析工具的精度层级

高保真度工具　　飞机部件的精细化设计

VIVACE项目多学科设计优化

更加精细

更高的复杂度

中保真度工具

简单仿真

更高的系统层级

飞机的初步设计

经验数据

多学科设计优化程度

折中研究　　　　有限优化　　　　全多学科设计优化

图 1-4　VIVACE 多学科设计优化活动的前后关系

其实，该工作包的主要目标是为飞行器与发动机相关的工作包提供先进的多学科设计优化支持（参见图 1-2）。多学科设计优化工作包需要确保全部子项目的多学科设计优化活动的一致性，并且必须在飞行器与发动机子项目中对推动航空设计流程提供改进的创新性解决方案，并对其发展的趋势进行评测，以在改进工具的过程中提供指导性信息，保证工具能够在工业中发挥真正的作用。

另外，应在以下关键领域中提供公共服务，以确保实现目标（同样参见图 1-4）：

（1）流程定义，即产品设计与优化流程的规范，在此流程中需要运行多学科设计优化框架。

（2）多学科设计优化通用方案的研究、发展与验证，包括多学科、多层次、多保真度优化流程与战略。

（3）设计、优化与工程学分析流程的管理与控制，例如，使用标准化的图形用户界面进行直观操作。

（4）通用、学科独立的多学科设计优化工具，定义、构建、整合一系列子模型与通用接口，更加有效地完成信息互换与交流。

（5）多学科设计优化的学科专用（高保真度）工具，包括在不同的设计阶段，对多学科设计优化流程内所需技术学科进行评估，从而将单学科工具与其他学科的相关工具联系在一起。

（6）结合协同工具与服务的多学科设计优化框架功能，包括设计与优化模板构造，在多站点环境中统一识别多学科设计优化资源，多学科设计优化资源的透明，自动化数据交流与工具运作，以及保证多合作单位自动协同合作。

在专项工作包及其他工作包中完成的多学科设计优化工作，创造了大量满足上述要求的创新性解决方案，相关内容将在后面的章节进行概述。

1.4　本书概要

作者在编写手稿的过程中，遵循一个主要指导原则就是尽可能地按照一般设计周期的各个阶段按序编写。在第1章中，先概述初步设计阶段出现的多学科设计优化问题，之后逐渐转移至更加具体的设计优化工作（即图1-4中标示的椭圆区域）。同样地，如有可能，应根据产品的复杂程度来确定多学科设计优化程序，从飞行器整机和发动机的设计优化直至每一个部件的设计优化。最后的这一部分也是非常重要的，其中包括工程数据管理，产品周期管理，阐述与保证虚拟协同企业有效发挥功能的多学科优化设计结构，以及安全与自动化工作流程。

下文中的章节概述，主要是基于各章作者所提供的摘要编写而成。

第1章：概述

如上文所述，此章节主要简述了欧洲领先水平研究合作项目的情况，之后概括项目目标，最后给出本书的结构。

第2章：初步设计阶段的多学科设计优化

在产品研发的过程中，早期设计是非常重要的一个阶段，因为在这个阶段做出的决策对于周期成本将会产生很大的影响（参见图1-5）。尽管绝大部分决策都是在很多不确定条件下做出的，但是不可否认的是，这一设计阶段提供了最大的创新动力。在这种环境下，此章节的工作目标为研究并发展一种标准的工作流程管理设备（WMD）。其主要作用是动态结合分级计算流程组成飞行器概念计算流程，而分级计算流程是由原子模型组成的（即被称为黑匣子的公式或编译代码）。另外，工作流程管理程序还涉及计算流程中各种处理方法的动态应用，例如，多目标优化、灵敏度分析，以及不确定性管理。这些处理方法都是从各自大量的研究工作中获得，具体内容参见这一章节。

根据利益相关人的需求确定性能与运行参数，来定义飞行器特性，即确定设计参数，或者去改进现有飞行器性能以满足不同或额外要求，从而完成研究人员将上述工作与多学科设计优化（MDO）——相关联的多学科系统的优化经典理念联系在一起变得显而易见。在任何一个实例中，工作流程都是由上百个模型（黑匣子）以及成千个变量组成，但每次添加一个变量或者从输入集中删除任何一个变量时，此工作流程都需要重新进行评估和"（重新）连接"。在这一过程中，模型的子集可以通过共享变量耦合。这些耦合的变量或者强连通分量（SCC）与经典多学科设计优化中的"学科"相对应。不同在于初步设计阶段的多学科设计优化流程须通过数百个低保真度模型，在"匆忙中"完成。因此，通过此章节中提出的新型计算框架，设计人员可以建立、理解、操控并分享复杂的流程与相关研究。另外，该框架还可以应用大量的数学处理方法，包括多目标优化、灵敏度分析以及不确定度管理。尤其是在鲁棒设计中，通过综合利用这些技术来提高计算流程的效率，以及初步设计阶段决策制定的正确性被首次证实。

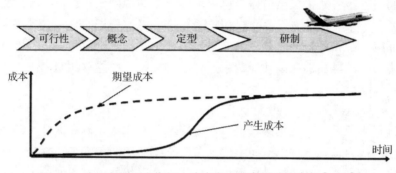

图 1-5　在飞行器研发期间，成本发生示意图（改编自［6-8］）

第 3 章：直升机初步设计策略：质量或者成本

这一章的主要内容为直升机的初步设计工作。以往经验表明，相较于固定翼飞机，直升机的结构与工况越来越趋向多样化。根据质量越小运行成本越低的基本原理，通常以质量最低作为直升机的初步设计准则。然而，由于直升机工况的多样化，仅质量最小不足以成为最佳设计标准。在这本书中，我们提出了一个创新的方法，将全生命周期（total life-cycle）成本模型与直升机的初步设计工具整合在一起。全生命周期成本包括飞机运行期限内所有的主要成本类别。模型与初步设计工具分别经过欧洲重要工业合作伙伴以及欧洲研究院验证，确认有效。通过评价设计选择对于全生命周期成本的影响，使之针对飞行员特定任务的优化成为可能。从制造商的角度来看，需要为潜在客户的任务组合要求提供最优设计。在这里，我们会使用可处理连续参数（如任务范围）与离散参数（如主旋翼桨毂类型）任意组合的通用优化方法。由于以最低全生命周期成本为准则的设计方案，不同于以最小质量为准则的设计方案，因而，这种创新性方法为初步设计流程提供了极大便利。

第 4 章：在初步设计阶段，多级建模方法中的气动弹性力学与尺寸调整

在初步设计阶段，我们可以使用不同保真度的模型进行研究。这使得我们必须能够恰当地处理相关模型特性，例如，计算载荷、其他输入/输出信息的数量与形式等。在这一章中，我们主要展现一种可以灵活耦合与交换不同保真度的模

型通用的模块化框架。总共考虑了三种保真度的模型：在第 2 章中曾提及的飞行器基础模型、实体飞行器模型，以及学科模型。这些模型的使用都是不同的，包括商业成品以及内部研发。在这里我们提出的框架称为模拟工具箱。我们将在气动弹性力学模拟中展示这种工具箱的可行性。

以多动力学模型与梁单元分析模型的创新性耦合为基础，使用时间模拟回路来演示机翼结构尺寸调整的过程，其中包括以 2.5g 加速度上拉机动飞行案例。同时，我们很容易将其扩展至覆盖与机翼尺寸调整相关的所有载荷工况。得到的结果表明，对于某些设计方案而言，相较于标准的静态分析而言，在动态模拟环境中，局部应力会相对较低。这一结论为我们提供了极具价值的信息，即使是在初步设计阶段。越早能够在设计周期中进行此类模拟，越能够证明多级模拟工具箱方法的可行性。

第 5 章：机翼的多学科设计优化

飞行器机翼设计是应用多学科设计方法的一个完美示例。涉及学科包括空气动力学、结构力学、推进、空间定位，以及全生命周期成本等。各种各样的约束条件与相互冲突的设计目标，导致无法形成一个平衡的设计方案。因此，我们需要对设计变型（design variants，DV）进行大量的分析工作。本章主要阐述解决此类设计难题的方法。首先，需要将各种设计分析工具整合至一个可以自动执行的设计工作流程中，并且此工作流程必须保证所交换的设计资料能够用于机翼设计的分析工作。多学科设计优化需要解决的另一个问题是机翼几何参数化，以及保证效率（速度）与有效性（准确度），从而可以对大量的设计点进行评估。

通过提出如翼身融合体、超声速民航客机、喷气式飞机超声速商务和低燃耗开环转子驱动的新式飞行器等设计结果，来阐明提出的方法及其一般特性。

第 6 章：航空多学科优化中的元建模和多目标优化

虽然在之前的章节中，本书已经提供了一个能够在早期设计阶段提高准确率的模型，但是这个模型的成本不菲。也就是说，这种高保真度的模型将会消耗更多的计算资源。结合探索更大设计空间以及使用更加鲁棒优化算法的需求，由于它们要求大量的设计评估，我们需要一种以元模型为基础的解决方案。

因此本章的目的在于描述一组近似法与内推法去建立元模型，也称作代理模型（包括响应面模型）。此方法的关键在于将飞行器设计分析（计算成本高）从自动搜索与优化流程中去除。在这种方法中，有一系列不同的逼近函数可供使用。我们已使用前一章的机翼多学科优化方法、第 3 章的直升机全生命周期成本优化，以及第 9 章的发动机优化，演示此方法的使用过程。以现有算法的组合为基础，使用 NSGA（非支配遗传排序算法）进行优化。经证实，这种算法能够在上文中提及的示例中有效生成帕累托（Pareto）平面。相关设计专家根据设计参数空间以及目标空间所显示的结果为设计决策提供非常有价值的参考信息。根据不同近似法的计算效率，可使得工作人员轻易从备用选择中获得比较正确的一个方案。在大多数完美（最有效）拟合函数事先无法确定的情况下，这种方法就非常有效。此方法经过几个不同的案例验证，证明它能够适用于更大范围的优化工作。

第 7 章：机身结构优化

本章的主要目的是为供加筋板优化提供专用的优化框架，且此框架已在飞行器机身蒙皮上成功应用。考虑到不同设计阶段的需求，该框架共涵盖三种方法。在早期设计阶段，提出了一种快速尺寸调整法，使用基于神经网络构建的代理模型。在早期的尺寸调整方法中，优化以半解析应力工具得出的真实应力响应为基础，选定通常是局部优化作为优化手段。即使无法在内部载荷重新分布与设计连续性方面均达到最优效果，但是所提议的方法具有在独立处理器上快速并行进行单个结构单元优化的优势。

与具体的尺寸调整方法相关的优化工作，通常以半解析应力工具或非线性有限元分析（屈曲／后屈曲）得出的应力响应为基础，另外，针对非线性有限元分析，发明了一种微分优化法。到目前为止，很少有出版物会详细阐述这种方法。我们已引进了多种革新方法，保证优化流程的鲁棒性，这些方法通常与线性屈曲或者非线性后屈曲有关。

总之，此项工作的结果展示了该优化方法在达到既定准确率的前提下，是一种非常鲁棒性且高效的方法。现今，在比较重要的计算工作中，一般都会强调高性能计算的要求。虽然我们是以结构优化问题而引入这种框架的，但其实这种框架还能够加入到更广阔的多学科设计优化方案中。

第 8 章：吊架的多学科优化

按照设计生命周期的观点，关于吊架（pylon）的多学科设计优化这一章应该安排在详细设计之后。本章研究并调试了一个优化框架，并在不同的多学科情况下进行了论证。为实现渐进的方法，我们把这个过程限定在两个学科内，在现阶段，这样的做法更为可行。反之，若一次性对所有学科进行综合考虑的话，就显得操之过急了。

应力和载荷优化将在两种载荷情况进行开发和论证：即稳定机动载荷和风扇叶片高速安全性载荷。对机动载荷进行一个相当复杂的综合，在一个直接梯度优化情形中，将外部载荷灵敏度与结构灵敏度关联。探寻一种利用响应面模型的间接法，来研究风扇高速安全性载荷。在每种工况下，都要把载荷环情形与考虑了灵敏度的情形进行对比。为工业化测试工况，将第二种情况的结果根据载荷减少情况量化。这种量化结果得出了一个重要的经验，即应当如何改进工业流程，以达到飞机结构优化的目的。

研究和论证应力和空气动力优化来模拟动力装置的载荷和阻力优化。利用直接优化解决方案和响应面模型（多项式和克里金（Kriging）模型）开发了多层优化方法。在本章工业化流程中，证实了在执行数字化多学科设计优化过程后，采用响应面模型是一个简捷而有效的方法。开发流程的优势在于，通过开发各学科相应的最适优化过程，保持其相互间的自主性。

在这些流程的数字化稳定性方面取得了重大进步，现在该流程已趋近于自动化，并且反过来成为多层优化的必需条件。因为关于这个课题业界已出版的文献凤毛麟角。这一进步，尤其与采用复杂三维纳维－斯托克斯（Navier-Stokes）分析法，以及处理空气动力学优化问题密切相关，而关于风扇叶片高速安全性模拟的优化过程同样得到了高度评价。学科间更进一步的相互影响也得到了很好的理解和模拟，这就允许我们在各个情形下，都有高效的综合性方案可选。

该项研究工作的整体贡献在于为工业背景中多学科设计优化的应用，提供了实际性指导，并且为更加综合的多学科优化过程铺平了道路。而更为综合的优化过程将采用最新的数字化分析方法应用程序进行。

第9章：针对双级涡轮展开的发动机多学科设计优化工作

大型设计工作，例如，飞机发动机的设计工作，通常由多个合作单位协同完成。协同将以虚拟企业的形式存在，且合作单位不可以决定协同工作中使用的工具套件。在这样一个虚拟企业中，每个合作单位都是用自己设计的框架，框架中通常会结合使用商业成品（COTS）工具与专有工具。在之后的设计框架中，包含每个合作单位的专业技术；因此，在协同设计期间分享功能的需求与保护每个合作单位核心资产的知识产权之间取得一个平衡。传统上，此类多个合作单位协同工作，一般会在合作单位之间以电子邮件或纸质文件的方式交换有限的设计信息来完成。

在这一章中，我们将描述协同项目内多个合作单位设计框架的自动整合过程。每个合作单位根据综合设计需求，贡献出自己专有的技术，包括局部多学科设计优化。通过促进信息的自动交换，实现了初步设计与具体设计阶段的结合。因此，所宣称的创新性即以结合每个合作单位设计框架为基础，在整个设计工作中，具有自动化执行鲁棒性多学科设计优化的能力。使用一个典型的发动机组，一个参数化双级高压涡轮设计方案，完成了两个设计变型（DV）的协同设计优化。

在技术水平上，设计结果显示为可行备选设计，在全局水平上完成优化，同时考虑了局部优化特性。另外一项更加重要的贡献是，展示了以整合每个合作单位独立多学科设计优化框架为基础，协同多公司、多水平、多学科的设计能力。作者认为，这是他们编书时最为复杂的一个综合性协同设计方案。

第 10 章：应用虚拟企业协同中心完成分布式发动机优化工作

在这一章中，我们将进一步讨论跨国多公司协同多学科设计优化问题。第 9 章中说明的相关要求，在此章将通过发动机多学科设计优化示例进行深一步展示，此示例主要基于欧洲航空业背景。其中一个很重要的要求是，每个合作单位都需要基于公司特定的多学科设计优化框架提供其自己的先进设计能力。我们尊重这些框架与公司特有指令技术（instructional technology，IT）政策、企业结构、安全政策，所以这些因素都会导致形成差异性较大的 IT 环境，且每种环境都会根据合作单位自己的判断独立发展。

为了解决这些问题，我们建立了虚拟企业协同中心（VEC hub）。虚拟企业协同中心是以本地设计系统松耦合为基础的，其中现有的多学科设计优化流程被包装成网络服务项目，并与虚拟企业协同中心相连。在这一章中，我们将详细描述虚拟企业协同中心理念，以及它支持跨国多公司多学科设计优化协同的方式。虚拟企业协同中心中的一个重要组件是安全协同领域与工作流程服务。在安全协同领域中，各合作单位可以共享设计信息。通过顶层工作流程，可以自动激活每个公司的协同多学科设计优化能力。一般情况下，由综合系统角色的合作单位来执行顶层工作流程；然而从技术角度讲，其他任何一个拥有适当权限的合作单位都能够执行此流程。我们将通过使用之前章节中的发动机协同示例来验证所选择方法的可行性。在这个示例中，4 个合作单位都是用了不同的保护机制。IT 解决方案供应商声称在编写此章时所形成的工作流程，是他们遇到过的最复杂的工作流程。

第 11 章：保障虚拟企业协同

在刚才所描述的虚拟企业中，每个合作单位都将共享公司特定的重要资产，例如，专有数据或设计能力等，这是合作单位与竞争者的区别。因而，这些重要的商业资产的安全变成了至关重要的问题。在真实情况中，由于商业机遇的变化，在协同期间协同合作单位的成员会发生变化。从这种观点出发，安全问题的解决方案必须能够适应合作单位的这种改变。本章中，我们将以第 9 章中的协同发动机多学科设计优化示例为基础，重点讨论解决方案（与信任和身份管理相关的主题，已开始与环球安全协同计划（TSCP）合作，详情请登录网站 http：//tscp.org/）。

我们提议使用访问控制结构体系来管理虚拟企业内的重要资源，保证每一家机构的独立性，并为机构提供技术手段去管理其自己的人员与资产。所呈现的访问控制解决方案以三个理念为基础：第一个理念为以属性为基础的访问控制模型，在访问控制政策的规范阶段可以提供一些挠曲性；第二个理念为权限管理基础结构，用于控制这些属性的管理，为一体化认证与授权机制；第三个理念为环球安全协同计划提议的身份联盟。最后得到的模型证明了这种结构可以满足协同合作单位的安全要求。然而，模型的部分基础为专有解决方案。我们正在寻找一些标准的备选方案，以求达到解决方案的可弹性要求。

第 12 章：应用 EDMRF 确保合作单位多学科优化协同工作的顺利进行

在第 10 章中描述虚拟企业协同中心，以及在第 11 章中描述协同设计环境的安全问题后，这一章我们将主要讨论协同的互用性问题。协同合作单位使用的软件纷繁复杂，导致合作单位之间的共享数据，以及产品生命周期不同阶段内的共享数据复杂多变。这种互用性的缺乏，会造成大幅增加成本以及拖延设计与产品研发的时间，从而严重阻碍协同项目的进度。在本章中，将提出一个综合参考框架，确保多合作单位与多领域的协同合作。如第 10 章曾讨论的那样，共享语义需要得到所有机制的认可和贯彻才能完成数据共享。传统的产品周期解决方案解决了生产阶段的问题，但并不适用于从初步阶段便开始的工程学阶段。在这一章中，我们将引入工程学数据管理框架。它以多层结构体系为基础。数据交换概念则以数字实体模型为基础。我们已在一个典型的设计模拟研究中执行此工程学数据管理框架，结果表明这种方法是可行的。目前欧洲各重要制造商，已开始应用此研究成果。

最后，我们相信此手稿中呈现的革新性方法与结构解决方案，是多学科设计优化概念工业化向前迈出的一大步。因而，我们认为该书将为综合性系统设计领域内的研究人员与工作人员提供大量具有参考价值的资料信息。

参考文献 [①]

[1] Argüeles, P., et al., "Report of the Group of Personalities," *European Aeronautics: A Vision for 2020*, European Commission, Jan. 2001, http://ec.europa.eu/research/growth/aeronautics2020/en/personalities.html [retrieved July 2009].

[2] "VIVACE—Value Improvement Through a Virtual Aeronautical Collaborative Enterprise Final Technical Achievements (2004–2007)," VIVACE Consortium Members, 2007, http://www.vivaceproject.com/technical_leaflet_final.pdf [retrieved Jan. 2009].

[3] Gilb, T., *Competitive Engineering*, Elsevier, New York, Chap. 10, 2005, pp. 1–26.

[4] Martin Hernandez, J. M., "Opportunities in Framework 7," *VIVACE Forum-3*, Toulouse, France, Oct. 2007, http://www.vivaceproject.com/content/forum3/forum3.php [retrieved July 2009].

[5] AIAA Multidisciplinary Design Optimization Technical Committee, AIAA, Reston, VA, http://www.aiaa.org/portal/index.cfm?GetComm=80&tc=tc [retrieved Jan. 2009].

---

① 本书参考文献按原版书排版。——编辑注

[6] Roskam, J., *Airplane Design, Part VIII: Airplane Cost Estimation: Design, Development, Manufacturing and Operating*, DAR Corp., Lawrence, KS, 1991, pp. 3–13.

[7] Badufle, C., and Homsi, P., "Value Improvement Through a Virtual Aeronautical Collaborative Enterprise," *Symposium on Applied Aerodynamics and Design of Aerospace Vehicles*, SAROD 2005, Bangalore, India, Dec. 2005.

[8] Sträter, O., *Cognition and Safety: An Integrated Approach to Systems Design and Assessment*, Ashgate, Farnham, U.K., 2005, pp. 12–14.

第 2 章 初步设计阶段的多学科设计优化

Marin D. Guenov，Paolo Fantini，Libish Balachandran，Jeremy Maginot，Mattia Padulo

Cranfield University，Cranfield，England，United Kingdom

缩略语

AD	自动微分
AOF	集合目标函数
CE	计算引擎
CFD	计算流体力学
CWMD	克兰菲尔德工作流程管理设备
DHCBI	双超圆锥边界相交法
DM	相关矩阵
DSM	设计结构矩阵
EMO	演化多目标优化
FAST	傅里叶幅值灵敏度测试
FPI	定点迭代
GA	遗传算法
GFCL	先生成后选择
GSA	全局灵敏度分析
GUI	图形用户界面
IM	关联矩阵
IMM	关联矩阵法
MDO	多学科设计优化
MM	泰勒矩阵法
MO	模型（mode）对象
MOO	多目标优化
NBI	正交边界相交
NC	正交约束

NSGA	非支配排序遗传算法
OAT	每次一个
PP	物理规划
RHS	右手侧
RO	鲁棒（Robust）优化 / 稳健性优化
SA	灵敏度分析
SCC	强连通分量
SLO	系统级优化器
SP	西格玛点
USMAC	超简化飞行器模型
VBM	基于方差的方法（方差法）
WMD	工作流程管理设备

术语

a_i	锚定点
c	列数
F	鲁棒函数
f_i	目标函数
G	稳定性约束函数
g_k	第 k 个不等式约束条件
h_p	第 p 个不等式约束条件
incm	数值关联矩阵
incmf	数值基关联矩阵
incmprod	incmf 矩阵列中非零元素的乘积
K_i	不等式约束的数量
l	垂直于理想平面
L	模型数量
M	目标数量
m	incm 矩阵中总列数
N	设计变量数量
n	incm 矩阵中总行数
nFdb	反馈回路数量
nMm	修正模型数量
P_e	等式约束数量

p	理想平面点
Q	变量总数
r	行数
valc（c）	incm 矩阵中 c 列非零元素的乘积
valcf（c）	如果 incmprod 结果不等于 2，则 valcf（c）等于 incmf 矩阵中 c 列非零元素的乘积；否则等于 3
valc2（r,c）	元素（r,c）的决策制定变量，针对 c 列元素，使用 2 进行替换
valc3（r,c）	元素（r,c）的决策制定变量，针对 c 列元素，使用 3 进行替换
valr（r）	incm 矩阵中 r 行非零元素的乘积
valrf（r）	incmf 矩阵中 r 行非零元素的乘积
valr2（r,c）	元素（r,c）的决策制定变量，针对 r 行元素，使用 2 进行替换
valr3（r, c）	元素（r,c）的决策制定变量，针对 r 行元素，使用 3 进行替换
X	设计空间
x_i	第 i 个设计变量
Y	标准或目标空间
y_i	第 i 个输出变量
Γ_y	y 的峰度
γ_y	y 的偏度
μ_y	变量 y 的平均值
σ_y	变量 y 的方差

2.1 引言

初步设计阶段是产品研发过程中一个至关重要的阶段，因为在这一时期内做出的决策，对于整个周期的费用都将产生很大的影响。尽管这些决策大多是在大量不确定条件下做出的，但仍然不可否认的是，这一设计阶段将为设计创新创造出极大的空间。

我们的初步研究表明，虽然初步设计流程已经非常完善且效果显著，但是仍然存在很大的提升空间。比如说，我们就很有必要改善同一性与形式方法。目前，相关的数据已经整理到工具手册、计算机及站点中，而且在许多案例中，程序设计中加入了其他学科的"硬连接"（例如，重量[①]估算程序加入了空气动力载荷假设）。所以说，设计研究的结果决定于它生产的方式。另一方面，创新也会受到先前案例的限制，因为设计阶段都是以现有参数为起点的，而这些参数都已

---

① 本书"重量"为质量（mass）概念，其法定计量单位为千克（kg）。——编辑注

存放在计算程序中。因此，应通过：（1）可加入数字设计与几何设计并易于各学科的部件驱动模块化的新方法；（2）支持模型（mode）与仿真数据交换的协同环境，通过稳固的、灵活的动态工作流程，达到整体设计的最优化；（3）更加离散的现有模块，可分割成单个基本组成部分，方便灵活组建新流程，来确定工业需求。

在这种背景下，克兰菲尔德大学承担起研究工作，并研发出工作流程管理设备（WMD）的原型，这种设备能够以一种简单的形式有效运行，并可以简洁明了地描述计算工作流程，它不但可以储存计算结果，还能够储存计算方法。这也就是说，计算流程以一种可执行的格式保存，且用户可以对其进行编辑，以创造出一种动态解决方案。工作流程管理设备应能够动态组合其他流程中和 / 或原子模型（即被称为黑匣子的等式或编译密码）中的各级计算流程。另外，工作流程管理设备应能够在计算流程中灵活应用各种处理方法，例如，多目标优化、灵敏度分析以及不确定性管理。这些处理方法的实现经历了许多研究工作，之后将在此章节中详述相关内容。

确定设计目标，就是根据利益相关人提出的既定性能与运行参数，来定义飞行器特性，即在确定设计参数时，或者去改变现有飞行器性能以满足不同或额外要求时，将上述工作与多学科设计优化（MDO）——相互关联的多学科系统优化经典理念联系在一起就显得很有必要。在任何一个实例中，都是由上百个模型（黑箱）以及上千个变量组成一个工作流程，但每次添加一个变量或者从输入集中删除任何一个变量时，都需要对此工作流程重新进行评估和"（重新）连接"。在这一过程中，模型的子集可以通过共享变量连接。这些连接后的变量或者强连通分量（SCC）与经典多学科设计优化中的"学科"相对应。不同点在于，初步设计阶段的多学科设计优化流程需通过数百个低保真度模型快速完成。

作为工作流程管理设备规范中的一部分，这些问题将在下一节中给出解决方案。在 2.3 节中描述计算引擎（CE），计算引擎基于一种新型方法来完成多目标优化，尤其是对于希望找到局部或者全局的帕累托阵面。在 2.4 节中，将讨论灵敏度分析对于多学科设计优化的重要性，它不仅仅用于确定设计变量，但是设计变量的变化范围对于目标的约束条件的影响其实并不大，它的重要性在于它可以确定这些变量的数值，数值可以反过来降低设计空间的维度以及计算工作量。之后，在 2.5 节中，会重点讨论不确定性管理，尤其重点论述稳健性多目标优化，并在 2.6 节中列出优化结果。这些结果是在飞行器初步设计试验案例中综合利用上述所有工具计算得出的，这个试验案例是由我们的合作单位提供的一个很简单但具有代表性的试验案例。最后，引出结论并概括后续工作。

2.2 计算流程管理

如之前在引言部分所描述的那样，一个复杂的工作流程由上百个模型（黑箱）以及上千个变量组成，但每次添加一个变量或者从输入集中删除一个变量时，都需要对此工作流程重新进行评估。这是我们研究过程中遇到的一个主要问题，如果目标能更加灵活，那么设计人员就可以顺利操作计算流程，同时减少耗费时间。在这一节中，我们将描述我们是怎样解决这些问题。我们首先会简明地概括当前设计计算流程建模的技术水平，之后论述我们开发的新型计算流程建模方法。

2.2.1 当前计算流程建模的技术水平

当前，组织模型并将其与计算机系统重新组合在一起的方法共三种，分别是变量流建模法、分解法以及规划法。变量流建模即根据设计人员选定的系统输入变量，确定各个模型之间的数据流的过程。一些研究人员已经在概念设计系统中，使用约束传播方法完成变量流建模，但条件是仅存在等式。在这种方法中，等式将作为不同变量之间的约束条件。变量的数值的变化会在约束条件网络中传播。Serrano[1]研发出一种名为概念建模器的软件，这个软件使用图论方法来管理约束条件，为约束条件网络建立有向图模型，其中节点表示参数，弧（边）表示约束条件关联。Serrano 的图论方法现在主要初步应用于代数方程组成的系统。但如果系统中包含模型，这种方法是无法解决可能会遇到的复杂计算问题。Bouchard 等人[2]使用各设计变量之间有向约束条件以及数解方法，进行折中研究。这种方法的局限性在于设计人员必须提前决定输入与输出变量。Buckley 等人[3]发明了一种概念设计工具——设计表，在此表中将使用二分图方法完成变量流建模。图中的边连接了方程式的点与变量节点，这表明变量存在于方程中。使用 Ford–Fulkerson 算法[4]，以已知变量为基础，完成图形的连接，以求能够与二分图形成最大匹配。Buckley 等人[3]则主要致力于研究基于代数方程的变量流模型，而非包括模型的系统。Ramaswamy 与 Ulrich[5]开发了一种以相邻矩阵为基础的启发式算法，来进行变量流建模。但是他们的算法受限于函数形式，函数必须为代数函数或者超越函数。递归函数与迭代计算程序（模型）不适用于这种方法。

系统分解是将一个复杂的系统，分解为许多个子问题的过程，而规划是对模型进行整理来消除或减少模型之间的反馈环，然后运行模型。绝大多数的分解方法与规划方法都是从图论方法的基础上发展而来的[6]。在规划方法中，最早使用的一项工具为 PERT[6]。PERT 网络是一个有向的、加权的非循环图形。PERT 网络中每条边的权值，都代表了完成相应任务所需耗费的时间。PERT 工具仅适用于连续活动，无法处理不连续活动。Steward[7]设计了一种用于显示流程并能够进行整理的工具，称作设计结构矩阵（DSM）。设计结构矩阵在分解与归法方面都表现得极其出色。相较于 PERT，设计结构矩阵的优势在于它能够划分并显示一个设计项目中出现的迭代子循环。Tang 等人[8]引入了一种基于设计结构矩阵的分解方法以及一种流程式整理方法，这两种方法在协同设计中都得到了广泛应用。

Rogers[9]也发明了一种称作设计管理人员智能分解助手（DeMAID）的软件，以设计结构矩阵为基础，分解模型并进行整理。在开始时，一般会研发基于知识的工具用于对模型进行整理[10]。但是基于知识的工具只能检测到一定数量的模型排序，这是迭代子循环（SCC）中的一部分。为了克服这个难题，Rogers[9]引进了一种以遗传算法为基础的方法，重新排列迭代子循环中的模型。

在繁纷复杂的各种工具与方法中，经审核后，认为在概念设计研究的计算流程中最为有效的工具包括设计表与设计管理人员智能分解助手。然而，设计表仅针对方程的变量流建模，而设计管理人员智能分解助手软件则仅专注于模型分解和整理。因此，当前需要发明一种新的方法，将当前各种最为先进的方法集合在一起，同时解决方程与模型的变量流建模、分解与整理问题，从而增加设计灵活性，使设计人员能够运行模型系统。在下一节中，我们将描述我们发明的、专门解决这一问题的新方法。

2.2.2　计算流程建模程序

计算流程建模是一个复杂系统中所有模型有序化的过程，其目的在于根据设计人员选择的某一独立变量（输入值），快速计算输出变量。

计算流程建模程序如图 2-1 所示。之后会列出一个简单的流程，并对相关技术进行具体说明。

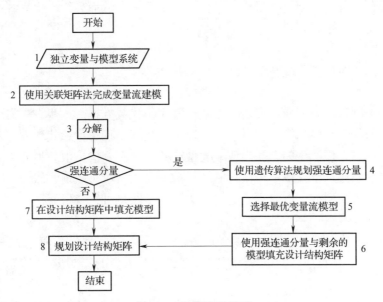

图 2-1　计算流程模型

（1）开始

第1步——独立变量与模型系统：在开始时，设计人员需要为模型系统提供许多可选择的独立变量（输入值）。

第2步——使用关联矩阵法完成变量流建模：使用关联矩阵法（IMM）完成变量流建模的目的在于，确定各模型之间的信息（数据）流。在这一步骤中，会对所有可能的变量流模型进行研究。

第3步——分解：所产生的每一个变量流模型都被分成分级可分解模型系统以及非分级可分解模型系统。非分级可分解系统即强连通分量。

第4步——使用遗传算法规划强连通分量：给出一个强连通分量，通过遗传算法重新排列其组成模型。

第5步——为强连通分量选择最优变量流模型：选择最优变量流模型基于目标函数值，目标函数会结合几个标准，例如，大量修正过后的模型与数值以及反馈环的长度。

第6步——使用强连通分量与剩余的模型填充设计结构矩阵：每一个经过重新排列的强连通分量都被看作一个独立模型，并与剩余的模型一起被引入设计结构矩阵中。

第7步——在设计结构矩阵中填充模型：如果不存在强连通分量，那么就会根据变量流模型得出的数据流，将模型直接填充在设计结构矩阵中。

第8步——规划设计结构矩阵：通过图论算法，将设计结构矩阵重新排列为一个下三角矩阵。重新排列过程中，会消除反馈环，从而最终得出系统的最终计算方案。

（2）结束

下文将详细阐述算法中使用到的各种新技术。

2.2.2.1 变量流建模

如上文所述，当前变量流建模方法仅适用于代数方程。这些方法需要改进以适应当前的研究环境，因为在目前的研究中已使用模型来代替代数方程。这是因为相较于代数方程产生的单输出值，模型能够产生多个输出值。另外，绝大多数成熟的方法，注重于获得单个可行的变量流模型用于求解系统，然而，实际上是可以获得多个模型的。所以说，这种方法限制了获得可行变量流模型的机会，进而缩短执行时间。

这里提出的关联矩阵法可以随时获得系统内的信息流。使用关联矩阵法完成变量流建模对应于计算流程建模程序流程图中的第2步，详细情况参见图2-1。

关联矩阵中，行元素为模型，列元素为变量。列中变量与行中模型相关联在

相应元素中使用 * 标示（参见图 2-2（b））。在填充关联矩阵时，需根据列中的变量来确定行中模型为输入值还是为输出值，使用 i（输入值）或者 o（输出值）来代替每个元素中的 *。替换时，应遵守如下 5 条直观规则[11]：

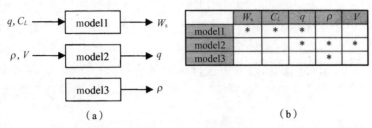

	W_s	C_L	q	ρ	V
model1	*	*	*		
model2			*	*	*
model3				*	

(a)　　　　　　　　　　　　(b)

图 2-2 （a）根据升力调节飞行器重量的模型；（b）相应的关联矩阵

（1）独立变量必须为模型输入值。（此规则表明，应使用 i 来替换独立变量列中的所有 *。）

（2）如果一个变量仅与一个模型相关联且这个变量不是独立变量，那么它应为模型的输出值。（这个规则表明，如果某一列中，只有一个输入值 *，剩余元素全空，且如果列中相应的变量不是独立变量，则应使用 o 来替换 *。）

（3）如果某一个模型仅与一个变量相关联，且后者不是独立变量，那么它应为相应模型的输出值。（这个规则表明，如果某一行中，只有一个输入值 *，剩余元素全空，且如果列中相应的变量不是独立变量，则应使用 o 来替换 *。）

（4）每一个变量只能为系统中相应一个模型的输出值。（这个规则表明，除去独立变量列，所有其他列每一个元素都应标示为 o。）

（5）针对于某个特殊模型，通过变量流建模确定的输出值的数量，应与原始模型输出值的数量相对应。（这个规则表明，每一行中 o 的数量，应与相关模型中输出值的数量相等。）

在图 2-2（a）中，我们使用了一个简单的实例来显示关联矩阵的填充过程。图 2-2（a）为使用一组简单的模型，根据升力来调节飞行器的重量。进入模型的数据变量为输入值，离开模型的数据变量为输出值。此处，假设变量 W_s 与 V 都为设计人员选定的独立变量。

在图 2-2（b）中展示了将模型代入关联矩阵中。下一步，就是根据刚才讲述的 5 项规则，使用 i 或者 o 来代替关联矩阵中的 *。

最后，根据规则填充完成的关联矩阵，如图 2-3 所示。括号中的数字代表了填充矩阵时的顺序。每一步骤中使用规则如下：{1}-规则1，{2}-规则2，{3}-规则3，

	W_s	C_L	q	ρ	V
model1	{1}	{6}	{5}		
model2			{4}	{3}	{1}
model3				{2}	

图 2-3 填充完成的关联矩阵最终排布

{4}–规则 4，{5}–规则 3，{6}–规则 4。因此，使用关联矩阵法，得出的最后数据流如下：模型 1 中，W_s 与 q 为输入值，C_L 为输出值；模型 2 中，p 和 V 为输入值，q 为输出值；模型 3 中，p 为输出值。

在完成变量流建模之后，模型 1 中，W_s 与 q 为输入值，C_L 为输出值。但实际上，如图 2-2 所示，模型中 q 与 C_L 为输入值，W_s 为输出值。在这种情况下，模型 1 中的输入值变量与输出值变量互换，因而，模型 1 被看作是修正后的模型。即修正后模型是由于进行变量流建模而导致模型中的输入值和输出值变量互换的模型。之后使用迭代方法（如牛顿法）进行求解，会导致系统的计算成本增加。

直到现在为止，我们一直在使用 5 项直观规则来阐述关联矩阵法。下面，我们将阐述一种新的、改进后的关联矩阵法，它用于填充数字矩阵，与字符矩阵无关。

图 2-4 中为一个关联矩阵，及其相应的新形式 incm。这里，使用 1（代替之前使用的 ∗）来标示模型中存在变量，使用 2（之前使用的 i）表示输入值，使用 3（之前使用的 o）表示输出值。而 0 则表示变量与模型之间不存在任何关联。在这种新方法中，使用 2 或者 3 来代替 1，完成矩阵的填充。填充数字关联矩阵的算法，参见图 2-5 所示流程图。

(a)

	W_s	C_L	q	ρ	V
model1	i	o	∗		
model2			o	i	∗
model3				o	

(b) incm

$$\begin{bmatrix} 2 & 3 & 1 & 0 & 0 \\ 0 & 0 & 3 & 2 & 1 \\ 0 & 0 & 0 & 3 & 0 \end{bmatrix}$$

图 2-4 关联矩阵：字符转换为数字

在开始时，incm 矩阵中只有 0 和 1。之后，会根据决策制定变量，valr2、valr3、valc2、valc3 的数值，使用 2 或者 3 来替换 incm 矩阵中用 1 表示的元素，上述决策制定变量数值的计算过程如图 2-5 所示。流程图中使用的参数，见方程（2-1）～方程（2-4）。

$$\text{valr2}\ (r,\ c)\ = \log\left(\frac{\text{valrf}\ (r)}{\text{valr}\ (r)}\right)\Big/\log\ (2) \qquad (2-1)$$

$$\text{valr3}\ (r,\ c)\ = \log\left(\frac{\text{valrf}\ (r)}{\text{valr}\ (r)}\right)\Big/\log\ (3) \qquad (2-2)$$

$$\text{valc2}\ (r,\ c)\ = \log\left(\frac{\text{valcf}\ (c)}{\text{valc}\ (c)}\right)\Big/\log\ (2) \qquad (2-3)$$

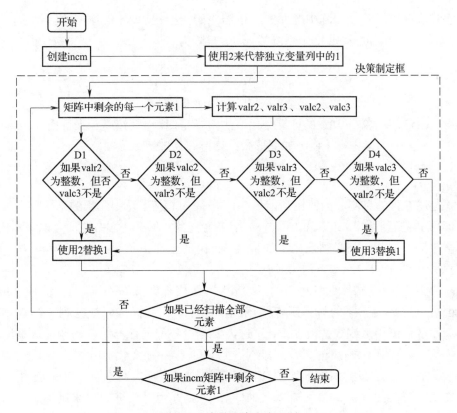

图 2-5　关联矩阵法流程图

$$\text{valc3}\ (r,\ c)\ =\log\left(\frac{\text{valcf}\ (c)}{\text{valc}\ (c)}\right)\Big/\log\ (3) \qquad\qquad (2-4)$$

方程（2-1）~ 方程（2-4）中，方程右侧中的未知变量，由方程（2-5）~ 方程（2-8）给出。即

$$\text{valrf}\ (r)\ =\prod_{c=1}^{m}\text{incmf}\ (r,\ c)\qquad\text{incmf}\ (r,\ c)\ \neq 0 \qquad (2-5)$$

$$\text{valcf}\ (c)\ =\begin{cases}3,&\text{incmprod}=2\quad\text{incmprod}=\displaystyle\prod_{r=1}^{n}\text{incmf}\ (r,c)\\[2mm]\text{incmprod},&\text{incmprod}\neq 2\qquad\text{incmf}\ (r,c)\ \neq 0\end{cases} \qquad (2-6)$$

$$\text{valr}\ (r)\ =\prod_{c=1}^{m}\text{incm}\ (r,\ c)\qquad\text{incmf}\ (r,\ c)\ \neq 0 \qquad (2-7)$$

$$\text{valc}\ (c)\ =\prod_{r=1}^{n}\text{incm}\ (r,\ c)\qquad\text{incm}\ (r,\ c)\ \neq 0 \qquad (2-8)$$

在上述方程中，incmf 代表基础关联矩阵，对应系统中模型的真实（标准）输

入值和输出值。基础矩阵中的元素，根据原始模型的输入值和输出值，使用2和3进行填充。例如，图2-2中系统的 incmf 矩阵为

$$incmf = \begin{bmatrix} 3 & 2 & 2 & 0 & 0 \\ 0 & 3 & 0 & 2 & 2 \\ 0 & 0 & 0 & 0 & 3 \end{bmatrix}$$

valr2、valr3、valc2、valc3 的计算结果，决定了是使用2、还是3来替换 incm 矩阵中的1元素。如果方程1变为如下形式，便能容易理解

$$2^{valr2(r,c)} = \frac{valrf(r)}{valr(r)} \tag{2-9}$$

上述方程的右侧，为使用当前值1计算 incm 矩阵 r 行中元素的乘积，不考虑2和3的替换问题。如果 valr2（r，c）结果为整数，那么方程右侧便可以表示为2的整数倍。如此，则必须使用2来替换 r 行中的全部1元素。这种解释方法，同样适用于方程（2-1）~ 方程（2-4）。

图2-5决策框中的询问（D1 ~ D4），是核查在 incm 矩阵中，使用2或3是否可以完成元素1的替换工作。询问的第1条，确保可以根据列（行）中的剩余元素，使用2或3替换元素1。这需要相应方程的计算结果的印证。询问的第2条，需保证在替换正交行元素时，可以适应各种变化。方程式与疑问句合在一起后，便能够满足之前所提出的5项原则。下面，将在此引用之前用于展示关联矩阵法的示例（参见图2-2（a）），来阐述经过改进的关联矩阵法。与之前相同，选择 W_s 和 V 作为独立变量。初始关联矩阵 incm 与基础关联矩阵 incmf 如下

$$incm = \begin{bmatrix} 1 & 1 & 1 & 0 & 0 \\ 0 & 0 & 1 & 1 & 1 \\ 0 & 0 & 0 & 1 & 0 \end{bmatrix}$$

$$incmf = \begin{bmatrix} 3 & 2 & 2 & 0 & 0 \\ 0 & 0 & 3 & 2 & 2 \\ 0 & 0 & 0 & 3 & 0 \end{bmatrix}$$

上述矩阵是以图2-4中的模型与变量的组合为基础的。按照图2-5流程图所示，在下一步骤中，将使用2来替换独立变量（W_s 和 V）列中的非零元素。替换后的 incm 矩阵如下

$$incm = \begin{bmatrix} 2 & 1 & 1 & 0 & 0 \\ 0 & 0 & 1 & 1 & 2 \\ 0 & 0 & 0 & 1 & 0 \end{bmatrix}$$

矩阵中的每一个元素1，现在已经过审视和分析，来确认是否能够使用2或

者 3 来进行替换。

关于元素 incm（1，2）

$$\text{valrf}(1) = \prod_{c=1}^{5} \text{incmf}(1, c) \qquad \text{其中 incmf} \neq 0$$
$$= 3 \times 2 \times 2 = 12$$

$$\text{valcf}(2) = 3; \text{其中 incmprod} = \prod_{r=1}^{m} \text{incmf}(r, 2); \text{incmf}(r, 2) = 2$$

$$\text{valr}(1) = \prod_{c=1}^{5} \text{incm}(1, c) \qquad \text{其中 incm} \neq 0$$
$$= 2 \times 1 \times 1 = 2$$

$$\text{valc}(1) = \prod_{r=1}^{3} \text{incm}(r, 2) \qquad \text{其中 incm} \neq 0$$
$$= 1$$

$$\text{valr2}(1, 2) = \log\left(\frac{\text{valrf}(r)}{\text{valr}(r)}\right)\Big/\log(2) = \log\left(\frac{12}{2}\right)\Big/\log(2) = 2.5850$$

$$\text{valr3}(1, 2) = \log\left(\frac{\text{valrf}(1)}{\text{valr}(1)}\right)\Big/\log(3) = \log\left(\frac{12}{2}\right)\Big/\log(3) = 1.6309$$

$$\text{valc2}(1, 2) = \log\left(\frac{\text{valcf}(2)}{\text{valc}(2)}\right)\Big/\log(2) = \log\left(\frac{3}{1}\right)\Big/\log(2) = 1.5850$$

$$\text{valc3}(1, 2) = \log\left(\frac{\text{valcf}(2)}{\text{valc}(2)}\right)\Big/\log(3) = \log\left(\frac{3}{1}\right)\Big/\log(3) = 1$$

现在，检查决策框中的询问（参见图 2-5）D1 ~ D4：

决策框 D1

valr2=2.508 →非整数

valc3=0.6309 →非整数

因此，不满足 D1 条件。

决策框 D2

valc2=1.5850 →非整数

valr3=1.6309 →非整数

因此，不满足 D2 条件。

决策框 D3

valr3=1.6309 →非整数

valc2=1.5850 →非整数

因此，不满足 D3 条件。

决策框 D4

$$valc3=1 \rightarrow 整数$$

$$valr2=2.5850 \rightarrow 非整数$$

因此，满足 D4 条件。

由于满足决策框 D4 中的条件，因而，incm 矩阵中的元素（1，2）应使用 3 进行替换。替换后的关联矩阵为

$$incm = \begin{bmatrix} 2 & 3 & 1 & 0 & 0 \\ 0 & 0 & 1 & 1 & 2 \\ 0 & 0 & 0 & 1 & 0 \end{bmatrix}$$

之后，按照同样的程序，来替换 incm 矩阵中的其他相关元素，完成 incm 矩阵的填充工作，填充后的完整矩阵参见表 2-1。

表 2-1　incm 矩阵填充

incm	r	c	valr2	valr3	valc2	valc3	满足的决策框编号	用于替换元素 1 的数值	替换后的 incm 矩阵
incm（1，3）	1	3	1	0.6309	2.5850	1.6309	D1	2	$\begin{bmatrix} 2 & 3 & 2 & 0 & 0 \\ 0 & 0 & 1 & 1 & 2 \\ 0 & 0 & 0 & 1 & 0 \end{bmatrix}$
incm（2，3）	2	3	2.5850	1.6309	1.5850	1	D4	3	$\begin{bmatrix} 2 & 3 & 2 & 0 & 0 \\ 0 & 0 & 3 & 1 & 2 \\ 0 & 0 & 0 & 1 & 0 \end{bmatrix}$
incm（2，4）	2	4	1	0.6309	2.5850	1.6309	D1	2	$\begin{bmatrix} 2 & 3 & 2 & 0 & 0 \\ 0 & 0 & 3 & 2 & 2 \\ 0 & 0 & 0 & 1 & 0 \end{bmatrix}$
incm（3，4）	3	4	1.5850	1	1.5850	1	D3 和 D4	3	$\begin{bmatrix} 2 & 3 & 2 & 0 & 0 \\ 0 & 0 & 3 & 2 & 2 \\ 0 & 0 & 0 & 3 & 0 \end{bmatrix}$

28

最终矩阵中，模型 1 中，W_s 与 q 为输入值，C_L 为输出值；模型 2 中，p 和 V 为输入值，q 为输出值；模型 3 中，p 为输出值。按照图 2-5 流程图中的决策方法制定步骤，通过一次迭代完成矩阵的填充工作。然而，对于大型的、更为复杂的情况可能要求使用更加高效的解决方案。此外，图 2-5 中所示的关联矩阵算法不一定总能够得出收敛性答案。这就意味着在使用关联矩阵法填充矩阵之后，在 incm 矩阵中还可能有一些 1 元素未被替换。我们将在下文中来阐述那些导致数值离散的原因，以及相应的解决方法。

一般来说，设计人员可能在某些情形中，选择过多或过少的系统独立变量。在前一种情况下，系统是超定的，后一种情况下系统是欠定的。无论是超定或者是欠定，都可能导致在使用关联矩阵法后，incm 矩阵没有被完全填充（即离散的）。通过定义额外独立变量，可以解决欠定系统的问题，同样，可以通过删除独立变量来解决超定系统的问题。

但也有可能系统是适定的，即设定的独立变量的数量足以获得模型之间的数据流，但仍然没有完全填充 incm 矩阵。出现这种情况是因为系统中存在强连通变量。在使用关联矩阵法之后，incm 矩阵中模型对应行中仍然剩余元素 1，这些模型就将被认定为强连通变量。

由于存在强连通分量，导致无法完全填充 incm 矩阵，但我们可以通过推测强连通分量相关的模型的输入与输出变量来解决这一问题。推测输入与输出变量的方法有很多，所以，为每一个模型选择不同的推测方法，都有可能生成一个不同的变量流模型。由于我们的目标是尽可能减少修正模型的数量（因为如之前提到的那样，修正模型会提高系统的计算成本）。在选择哪种模型来推测其输入与输出变量的标准时，必须体现这一目标。因此，我们需要引入一个新的规则来描述修正模型：

（6）由于存在强连通分量，在应用上述（1）~（5）规则后，仍有元素未被替换，应在与强连通分量的众多模型中选择新输入值与原始输入值不同的模型。如果不存在此类模型，则应使用模型的原始输入值和输出值填充关联矩阵。

规则（6）的应用限制了许多不必要的修正模型的出现，同时也创造了最小修正模型的备选变量流模型。如果不仅一个模型的变量发生变化，那么可以选择其中任何一个模型进行推算，每次选择一个。传统关联矩阵法中，解决强连通分量问题的其他附加步骤参见图 2-6。

使用刚才描述的方法来进一步填充未满矩阵，将导致一个强连通分量出现多个变量流模型。下面，以含有强连通分量的系统为例来详细阐述相关程序。相应地，未完全填满的关联矩阵（在使用关联矩阵法之后）参见图 2-7。在此示例中，X_3 为独立变量。

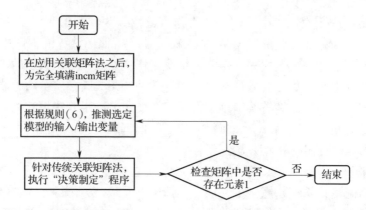

图 2-6　如果存在强连通分量，在传统关联矩阵法中解决问题的额外步骤

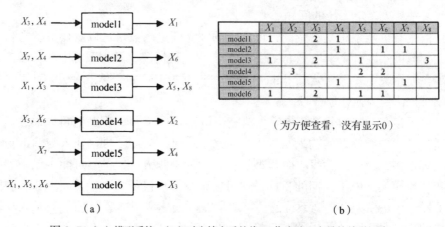

	X_1	X_2	X_3	X_4	X_5	X_6	X_7	X_8
model1	1		2	1				
model2				1		1	1	
model3	1		2		1			3
model4		3			2	2		
model5				1			1	
model6	1		2			1	1	

（为方便查看，没有显示0）

（a）　　　　　　　　　　　　（b）

图 2-7　（a）模型系统；（b）对应填充后的将 X_3 作为独立变量的关联矩阵

　　根据图 2-7（b），变量 X_3 为模型 6 的输入值，但是真实的模型 6 中，X_3 为输出值（参见图 2-7（a））。而此类变动没有出现在其他任何一个模型中。因此，根据规则（6），应选择模型 6 来推测输入变量与输出变量。模型 6 的三种不同推算，参见图 2-8。

　　使用模型 6 的一种排列，去替换图 2-7（b）中的填充矩阵的第 6 行模型 6。在按照图 2-5 中流程图继续填充矩阵后，所得到的结果参见图 2-9。图 2-8（c）中所示的关于模型 6 的推算，在填充后，产生了两个解决方案，请分别参见图 2-9（c）和图 2-9（d）。在图示中，并没有出现模型 4，这是因为在应用关联矩阵法后，关联矩阵中的相应行里都已被完全填充（参见图 2-7（b）），因此模型 4 与强连通分量无关。

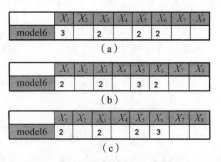

图 2-8 关于模型 6 输入 / 输出变量的各种推算

(a)

	X_1	X_2	X_3	X_4	X_5	X_6	X_7	X_8
model1	2		2	3				
model2				2		3	2	
model3	2		2		3			3
model5				2			3	
model6	3		2		2	2		

(b)

	X_1	X_2	X_3	X_4	X_5	X_6	X_7	X_8
model1	2		2	3				
model2				2		3	2	
model3	3		2		2			3
model5				2		3		
model6	2		2			3	2	

(c)

	X_1	X_2	X_3	X_4	X_5	X_6	X_7	X_8
model1	3		2	2				
model2				3		2	2	
model3	2		2		3			
model5				2			3	
model6	2		2			2	3	

(d)

	X_1	X_2	X_3	X_4	X_5	X_6	X_7	X_8
model1	3		2	2				
model2				3		2	2	
model3	2		2		3			
model5				2		3		
model6	2		2			2	3	

图 2-9 使用关于模型 6 的三种输入 / 输出变量推算组合填充完成的关联矩阵
（为保证画面清晰，没有显示数字 0）

因此，在应用关联矩阵法之后，得出 4 种变量流模型可用于求解系统。下一步则是在得到的多个变量流模型中选出最佳方案。

2.2.2.2 系统分解

在建成变量流模型之后，下一步为进行系统分解，就是将一个复杂的系统分解成许多个子问题的过程。在解答计算模型系统的过程中，系统分解就等于是寻找强连通模型（即强连通分量）。系统分解是计算流程建模程序流程图中的第 3 步，详情参见图 2-1。

在变量流建模期间，应用关联矩阵法之后，适定系统仍含有未解决的模型（或者如果为传统关联矩阵法，则为 1），则认定存在强连通分量。动态识别强连通分量是一项很重要的技术优势。然而，由于关联矩阵法无法识别互不相交的强连通分量，我们不得不采用一种新方法来处理这个问题。这里，我们将采用一种在制造环境中用来识别耦合活动的算法[8]。在这种算法中，会将设计活动代入二元设计结构矩阵（DSM）中。在结构矩阵中，行与列都代表设计活动（在我们的案例中为模型）。矩阵中元素 1 表示代表列的模型中，元素输入值来自于代表相应行的模型。对角线上方的 1 表示前馈回路，对角线下方的 1 表示反馈回路。这样识别耦合活动的问题被转化为在有向图中寻找强连通分量的问题，具体细节如下。

以 D 代表设计结构矩阵。之后定义可达性矩阵 $P = \sum\limits_{n=1}^{j} D^n$，其中 j 等于设计活动的数量。在可达矩阵中，大于 1 的元素应使用 1 进行替换。之后进行 Hadamard 积（返回矩阵积）P 与 P^T 计算

$$P \circ P^T = \begin{bmatrix} p_{11} & p_{12} & \cdots & p_{1n} \\ p_{21} & p_{22} & & p_{2n} \\ \cdots & & & \cdots \\ p_{n1} & p_{n2} & & p_{nn} \end{bmatrix} \circ \begin{bmatrix} p_{11} & p_{21} & \cdots & p_{n1} \\ p_{12} & p_{22} & & p_{n2} \\ \cdots & & & \cdots \\ p_{1n} & p_{2n} & & p_{nn} \end{bmatrix} =$$

$$\begin{bmatrix} p_{11}^2 & p_{12} \cdot p_{21} & \cdots & p_{1n} \cdot p_{n1} \\ p_{21} \cdot p_{12} & p_{22}^2 & & p_{2n} \cdot p_{n2} \\ \cdots & & & \cdots \\ p_{n1} \cdot p_{1n} & p_{n2} \cdot p_{2n} & \cdots & p_{nn}^2 \end{bmatrix}$$

在矩阵 $P \circ P^T$ 中，如果第 i 行中的非零元素处在第 j_1，第 j_2，$\cdots$，第 j_k 列中，那么代表第 1 行，第 2 行，$\cdots$，第 k 行的设计活动具有很强的耦合（依据参见参考文献 [8]）。

以图 2-7（a）中所示系统为基础，我们将在下面给出一个示例来解释这种程序。在图 2-10 中，为系统建立一个变量流模型，设 X_6 为独立变量。

与图 2-10 中变量流模型对应，二元设计结构矩阵 D 与计算后的可达矩阵 P 如下

$$D = \begin{array}{c} \\ \text{模型1} \\ \text{模型2} \\ \text{模型3} \\ \text{模型4} \\ \text{模型5} \\ \text{模型6} \end{array} \begin{array}{c} \begin{array}{cccccc} 1 & 2 & 3 & 4 & 5 & 6 \end{array} \\ \begin{bmatrix} 1 & 0 & 1 & 0 & 0 & 1 \\ 1 & 1 & 0 & 0 & 1 & 0 \\ 1 & 0 & 1 & 0 & 0 & 1 \\ 0 & 0 & 0 & 1 & 0 & 0 \\ 0 & 1 & 0 & 1 & 1 & 0 \\ 0 & 0 & 1 & 1 & 0 & 1 \end{bmatrix} \end{array}$$

	X_1	X_2	X_3	X_4	X_5	X_6	X_7	X_8
model1	o		i	i				
model2				o		i	i	
model3	i		i		o			o
model4		o			i	i		
model5				i			o	
model6	i		o		i	i		

图 2-10　以图 2-7（a）中系统为基础，填充后的关联矩阵，X_6 为独立变量

$$\boldsymbol{P} = D^1 + D^2 + D^3 + D^4 + D^5 + D^6 = \begin{bmatrix} 144 & 0 & 232 & 138 & 0 & 232 \\ 144 & 63 & 169 & 138 & 63 & 169 \\ 144 & 0 & 232 & 138 & 0 & 232 \\ 0 & 0 & 0 & 6 & 0 & 0 \\ 88 & 63 & 81 & 94 & 63 & 81 \\ 88 & 0 & 144 & 94 & 0 & 144 \end{bmatrix}$$

现在，使用 1 来替换矩阵里的非零元素

$$\boldsymbol{P} = \begin{bmatrix} 1 & 0 & 1 & 1 & 0 & 1 \\ 1 & 1 & 1 & 1 & 1 & 1 \\ 1 & 0 & 1 & 1 & 0 & 1 \\ 0 & 0 & 0 & 1 & 0 & 0 \\ 1 & 1 & 1 & 1 & 1 & 1 \\ 1 & 0 & 1 & 1 & 0 & 1 \end{bmatrix}$$

Hadamard 积 $\boldsymbol{P}$ 与 P^{T} 计算

$$\boldsymbol{P} \circ P^{\mathrm{T}} = \begin{bmatrix} 1 & 0 & 1 & 1 & 0 & 1 \\ 1 & 1 & 1 & 1 & 1 & 1 \\ 1 & 0 & 1 & 1 & 0 & 1 \\ 0 & 0 & 0 & 1 & 0 & 0 \\ 1 & 1 & 1 & 1 & 1 & 1 \\ 1 & 0 & 1 & 1 & 0 & 1 \end{bmatrix} \circ \begin{bmatrix} 1 & 1 & 1 & 0 & 1 & 1 \\ 0 & 1 & 0 & 0 & 1 & 0 \\ 1 & 1 & 1 & 0 & 1 & 1 \\ 1 & 1 & 1 & 1 & 1 & 1 \\ 0 & 1 & 0 & 0 & 1 & 0 \\ 1 & 1 & 1 & 0 & 1 & 1 \end{bmatrix} = $$

$$\begin{bmatrix} 1 & 0 & 1 & 0 & 0 & 1 \\ 0 & 1 & 0 & 0 & 1 & 0 \\ 1 & 0 & 1 & 0 & 0 & 1 \\ 0 & 0 & 0 & 1 & 0 & 0 \\ 0 & 1 & 0 & 0 & 1 & 0 \\ 1 & 0 & 1 & 0 & 0 & 1 \end{bmatrix}$$

在上述矩阵中，第1行、第3行与第6行（第1列、第3列与第6列）是相等的，而第2行与第5行（第2列与第5列）也相同。因此，按照之前描述的方法，这些行的模型强耦合。更加具体地讲，在这个示例中，存在两个互不相交的强连通分量：模型11、13与16与属于第一个强连通分量，模型12与15属于第二个强连通分量。因此，系统拆分如下：强连通分量_1（模型11、13与16），强连通分量_2（模型12与15），以及模型14。

2.2.2.3 系统规划

规划即以在消除或减少反馈回路后运行为目的，为系统中模型进行整理的过程。之前已经证实，在存在强连通分量的情况下，一个计算系统中可以存在多个可行的变量流模型。在这一节中，我们首先会提出一种耦合模型的规划算法。接着阐述从众多可行变量流模型中选择最优模型的标准。最后为非耦合模型的规划算法。

耦合模型规划。由于存在反馈回路，所以必须使用迭代法才能处理强连通分量。反馈回路越多，计算成本相应也会越高。当一个模型需要其他模型的输入值时，就会形成反馈回路，之后在执行中它会再次出现。因此，减少反馈回路可以降低求解强连通分量的计算成本与时间。因此将强联通分量中的模型重新进行整理，对于减少反馈回路来说就显得至关重要。在图2-1所示的计算流程建模程序流程图中，规划耦合模型为第4步。

一般我们会使用以遗传算法为基础的方法来为复杂的设计流程进行整理[9]。这里，我们选择以最小化反馈回路数量作为优化目标（在飞行器概念设计试验案例中，使用不同的备选目标函数进行大量试验后，最终选择了这一目标函数。）。选择遗传算法，是因为相较于其他规划方法来说，它独立于问题方程，因此，可以为不同的规划结构建立目标函数。

用于计算反馈回路数量的公式，参见公式（2-10）。公式中，D 为设计结构矩阵，它已经根据强连通分量的关联矩阵填充完毕。在二元设计结构矩阵中，行与列都代表模型；对角线上方的元素1表示前馈回路，对角线下方的元素1表示反馈回路

$$nFdb = \sum_{i=2}^{n} \sum_{j=1}^{i-1} D(i, j) \qquad （2-10）$$

图2-11（a）~图2-11（d）为图2-9（a）~图2-9（d）4个变量流模型的设计结构矩阵形式。图2-11中每一个设计结构矩阵都是将反馈回路数量作为优化目标函数，使用遗传算法重新进行整理后的结果。最终整理完成的结构设计矩阵参见图2-12（a）~图2-12（d）。而且可以发现，在重新整理之后，所有设计结构矩阵的反馈回路数目都减少了。

	model1	model2	model3	model5	model6
model1	0	1	0	1	0
model2	0	0	0	0	1
model3	0	0	0	0	1
model5	0	1	0	0	0
model6	1	0	0	0	0

（a）反馈回路的数量=1+1+1=3
修正模型的数量=3

	model1	model2	model3	model5	model6
model1	0	1	0	1	0
model2	0	0	0	0	1
model3	1	0	0	0	0
model5	1	1	0	0	0
model6	0	0	1	0	0

（b）反馈回路的数量=1+1+1=3
修正模型的数量=4

	model1	model2	model3	model5	model6
model1	0	0	1	0	1
model2	1	0	0	0	0
model3	0	0	0	0	1
model5	0	0	0	0	0
model6	0	1	0	0	0

（c）反馈回路的数量=1+1+1=3
修正模型的数量=3

	model1	model2	model3	model5	model6
model1	0	0	0	0	1
model2	0	0	0	1	0
model3	0	0	0	0	0
model5	1	1	0	0	0
model6	0	1	0	0	0

（d）反馈回路的数量=1+1+1=3
修正模型的数量=2

图 2-11　强连通分量关联矩阵的设计结构矩阵形式

	model1	model5	model2	model6	model3
model1	0	1	1	0	0
model5	0	0	1	0	0
model2	0	0	0	1	0
model6	1	0	0	0	1
model3	0	0	0	1	0

（a）反馈回路数量=1+1=2
修正模型数量=3

	model3	model1	model5	model2	model6
model3	0	1	0	0	1
model1	0	0	1	1	0
model5	0	0	0	1	0
model2	0	0	0	0	1
model6	1	0	0	0	0

（b）反馈回路数量=1
修正模型数量=4

	model1	model3	model6	model2	model5
model1	0	1	1	0	0
model3	0	0	1	0	0
model6	0	0	0	1	0
model2	1	0	0	0	0
model5	0	0	0	1	0

（c）反馈回路数量=1+1=2
修正模型数量=3

	model5	model1	model3	model6	model2
model5	0	1	0	0	0
model1	0	0	1	1	0
model3	0	0	0	1	0
model6	1	0	0	0	1
model2	1	0	0	0	0

（d）反馈回路数量=1
修正模型数量=2

图 2-12　重新整理后的强连通分量的设计结构矩阵

　　之前已经证明，如果存在强连通分量，一个系统中可能存在多个可行的变量流模型（variable flow model）。为了选择最优变量流模型，尽可能降低运行时间，需考虑每个变量流模型的强连通分量中反馈回路的数量与修正模型的数量（nMm）。一般会选择强连通分量中修正模型数量最少的变量流模型作为最优模型，并进行下一步求解。如果有几个变量流模型的修正模型数量均相等，那么需要再看反馈回路数量，数量最小的就定为最优模型。选择最优变量流模型须遵循的一个准则（即修正模型的数量）是经过大量试验后得出的。通过这些试验发现，相较于反馈回路数量，修正模型导致计算成本上升的幅度更大。修正模型的数量越多，计算成本越高。但是不管怎样，在每个变量流模型中，反馈回路的数量对于强连通分量模型的重新整理而言，仍然是具有很大影响的，所以降低反馈回路的数量仍然能够大幅降低强连通分量的计算成本。

在图2-9（a）~图2-9（d）中的4个变量流模型中，图2-9（d）中的模型被选为最优模型，因为它的修正模型的数目最小（$n\mathrm{Mm}=2$）。在此变量流模型中，模型的执行顺序如图2-12（d）所示，此顺序是在完成规划后得出的最佳变量流模型，为图2-1中所示的计算流程建模程序流程图中的第5步。

非耦合模型规划。属于强连通分量，且已经使用上面分段落中所描述方法进行整理的模型（耦合）将被认定为单个子系统，并会在之后与剩余的非耦合模型一起进行排列整理。

需要规划的模型与强连通分量，首先会被填充在一个设计结构矩阵中。通过应用图论算法[8]，对设计结构矩阵重新进行整理，变为一个下三角形矩阵，从而确保所有的回路都为前馈回路。非耦合模型的整理是图2-1中所示计算流程建模程序流程图中的第8步。

下面的示例将简明地阐述这一程序。这里使用图2-7（a）中所示系统（X_7被选为独立变量）来演示整理流程。在关联矩阵中，模型1、3、6被认定为强连通。包含这些模型的强连通分量与剩余的非耦合模型一起，显示在图2-13中。

此系统的全局设计结构矩阵整理后为

$$
\mathrm{DSM} = \begin{matrix} 模型2 \\ 模型4 \\ 模型5 \\ 强连通分量 \end{matrix} \begin{bmatrix} 1 & 1 & 0 & 1 \\ 0 & 1 & 0 & 0 \\ 1 & 0 & 1 & 1 \\ 0 & 1 & 0 & 1 \end{bmatrix}
$$

在使用图论算法[8]，整理之后的设计结构矩阵为

$$
\mathrm{DSM} = \begin{matrix} 模型4 \\ 强连通分量 \\ 模型2 \\ 模型5 \end{matrix} \begin{bmatrix} 1 & 0 & 0 & 0 \\ 1 & 1 & 0 & 0 \\ 1 & 1 & 1 & 0 \\ 1 & 0 & 1 & 1 \end{bmatrix}
$$

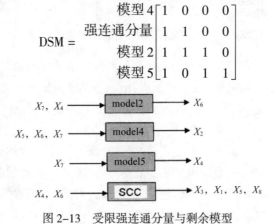

图2-13　受限强连通分量与剩余模型

经过重新整理之后的设计结构矩阵为倒三角形式，这表明所有的反馈回路都已经被删除。因此，系统的最终执行顺序为模型5—模型2—强连通分量—模型4。

2.3　多目标优化

概念设计阶段的目的，不仅仅在于设计出一架满足所有要求的飞行器，更希望设计出最优性能的飞行器。"最优"是一个相对概念，在比较不同的解决方案时，认为某一个方案优于另外一个，也仅仅看在某一个特定方面或者某一个目标。在优化中，针对某一系列特殊要求以及某一个特定标准下的最佳解决方案被称为最优方案。实际上，概念设计本身可以被看成一个优化问题，设计要求由一系列需要满足的约束条件和设计人员选定的标准来表达。

在实际的工程设计中，目标的数量通常不止一个。比如说，在设计一架飞行器时，设计人员可能既希望将燃料容量降至最低，同时希望提高最大化飞行器航程并将周期成本降至最低。此类问题被称为多目标或多标准优化问题[13]。通常来说，多目标优化问题的解决方案并不唯一，每个方案所能满足的目标不同。

在多目标优化中，通常的方法是为每一个标准定义一系列偏好设置。这些偏好代表了不同标准之间的一种特殊的折中或者权衡。这种方法使用的时候通常会参考偏好的先验表达方法。[14] 但是这种方法的使用主要会带来两个问题：第一，设计者在定义偏好时会遇到初始信息不足带来的困难；第二，在优化问题中很难准确表达偏好设置。

另外，还可以选择使用一种先创建－后选择（GFCL）方法[15]，使用这种方法会生成一系列解决方案，每个方案满足特定几个偏好或者满足某一折中的结果。之后，由设计者自己选择一种解决方案。由于准确定义偏好存在困难，因而，在概念设计阶段，事后结合偏好方法貌似更加合适，而且，相较于之后的具体设计阶段，在概念设计阶段的环境下，分析某一设计点所需的计算时间要快上几个数量级。

之前已经提过多目标优化问题的解决方案并非唯一，所以在多目标优化范畴内，改进的设计方案会产生一个帕累托最优解集。在多目标优化中，只要某个解的目标函数和约束均差于其他帕累托解，则该解是被支配的解[13]。从数学角度讲，每一个帕累托点都是一个多目标优化问题的解决方案。然而，在实际过程中，设计人员必须根据其他要求（通常为主观要求）从众多帕累托解决方案中选择最终解决方案。

这样决策的质量便取决于，是否可以完全呈现数量充足、分布均匀的帕累托解集。

2.3.1　多目标优化策略与方法

多目标优化问题的一般公式如下

$$\min f(x)$$

须满足 K_i 不等式约束条件

$$g_k(x) \leq 0 \qquad k=1, 2, \cdots, K_i \qquad\qquad (2\text{–}11)$$

以及 P_e 等式约束条件

$$h_p(x) = 0 \qquad p=1, 2, \cdots, P_e$$

其中，规定设计矢量 $x \in [x_L, x_U] \subseteq \mathbb{R}^N$，每一个 M 目标变量 $y_j=f_j(x)$ 最小化，同时满足 K_i 个不等式约束条件和 P_e 个等式约束条件。

在多目标优化工作中，最常使用的方法是全局准则法（global criterion method）[14]，这个方法是将结合所有的目标函数形成一个单标量函数 AOF（x），又称作集合目标函数（aggregate objective function，AOF）。优化问题公式（2–11）可以重新整理为如下形式

$$\min \text{AOF}(x) = \text{AOF}[f_1(x), f_2(x), \cdots, f_M(x)]$$

须满足 K_i 不等式约束条件

$$g_k(x) \leq 0 \qquad k=1, 2, \cdots, K_i \qquad\qquad (2\text{–}12)$$

以及 P_e 等式约束条件

$$h_p(x) = 0 \qquad p=1, 2, \cdots, P_e$$

基于 GFCL 的优化算法目的是确定多个帕累托最优解决方案或者多个帕累托前沿上的点，而非仅生成一个解决方案，代表各目标之间的一种特定的均衡。Marler 与 Arora 对 GFCL 方法进行了大量的测试[14]。

获得一组分布均匀的帕累托点，对于 GFCL 方法有效性至关重要。如果我们只能获得以设计变量为 x 的目标函数的有限个帕累托点，而不能获得其整个帕累托前沿时，当这些帕累托点均匀分布在整个帕累托前沿上的，那么就认为这组帕累托点代表了问题的整个帕累托前沿。

在一些传统方法中，例如，加权求和法[16]，不能用于生成均匀分布的帕累托点。因此，我们最近研究了一种新的有效方法。

Shukla 等人[17]将方法细分，希望能够以两种形式显示帕累托前沿：经典方法与非经典方法。前一种为基于梯度的方法，而后者则遵循"一些自然或者物理规律"[17]。Shukla 等人还讨论了两种方法之间的另一个区别，即经典方法主要以普通算法为基础，将多目标优化问题重新表达为单目标问题，如在全局准则法公式（2–12）中，而非经典方法则会使用原始的目标矢量 $y=f(x)$ 来直接处理问题。

相较于经典方法与非经典方法之间的区别，对于实际工业目的来说，"重新表达"与"非重新表达"之间的区别更大。实际上，这个区别就是如何表达多目标优化问题。

如之前集合目标函数所显示的那样，通过重新表达，多目标优化问题被转化为单目标优化问题，（参见式（2–12））。这表明，经过重新表达后，可以使用任何传统的单目标优化算法来解决问题。因此，通过使用集合目标函数进行重新表

达，就可以解答多目标优化问题。相反，当多目标优化问题维持其原来的表达形式（参见式（2–11）），只有适应这种表达形式的优化算法才能处理多个目标。所以，必须建立一个专用于处理某一特定问题的算法。

由于这个区别，利用重新表达方法的算法需要进行多次优化。其实，为了获得每一个帕累托点，都必须对问题的公式进行修正，也就是必须进行优化。Shukla 等人[17]将使用此类方法时遵循的原则称为每次一个策略。在这些方法中，对于产生分布均匀的帕雷托点的最有效的方法[14, 17]为一般边界交集法[18]，基于物理规划（基于 PP）的方法[19]，以及一般约束条件（NC）法[20-21]。

不通过重新表达的方法则遵循另一个原则，平行策略[17]。遵循这种原则的算法主要以存档或群体为基础，并同时利用优势概念来处理多目标优化问题。通过在已存档的各点中应用这一概念，可以对这些点进行比对，并可以消除那些被支配点。这种专门搭建的算法只用来利用这优势概念的，可以使用一次来获得所有的帕累托点。在这些算法中，被认定最有效的方法是演化多目标优化（EMO）算法，在这些算法中，最出名的是 Deb 发明的非支配排序遗传算法 NSGAII[22]。

由于概念设计阶段优化问题的特性，"每次一个"策略算法（one-at-a-time strategy）更加适用于概念设计。其中原因很多。第一，如之前所提到的那样，在优化程序中，可以独立使用"每次一个"策略算法来获得每个帕累托点。这样既能使用基于梯度的方法，又可以使用基于进化的优化方法来求解每一个优化问题。第二，如果带有约束的优化问题中目标函数是可微的，那么基于梯度的方法就会更加有效[22-23]。实际上，基于梯度的方法就是利用约束条件的梯度来确定一个搜索方向。

2.3.2　生成一组分布均匀的帕累托点的方法

近年来，已经提出了许多获得一组均匀分布的帕累托点的方法。所有这些方法都是基于在一组定义域内准则（目标）空间的进行细分。之后，优化问题便被重新表达为每个定义域的优化问题，而每个定义域内都会产生一个帕累托点。

Das 与 Dennis[18, 24]是最早提出生成分布均匀的帕累托点方法的人，即 NBI 法。另一种方法由 Messac 与 Mattson[19]提出的基于 PP 的方法，它是偏好的先验表达方法的拓展[25]。而最近新提出的 NC 方法[20-21]也是一种极具潜力的算法。

前面所有引述的方法，都有一个清晰的几何，即帕累托前沿处在趋近于目标函数极小值的可行空间内[13]。

NBI、NC 以及以 PP 为基础的方法，在获得均匀分布的帕累托点的过程中，所遵循的方法都非常相似。首先得到的都是 M 点 a_i[26]，它是每个目标的最小值。之后，会得出许多均匀分布在标准空间内的点，理想平面点 p，作为 M 锚点的线性组合。它们将作为参考点，方便重新表达优化问题。最后，针对每一个理想平

面点 p 进行优化以最终获得帕累托点。这三个步骤中，每一步骤对于获得帕累托前沿的完整表达都至关重要。

在处理多目标优化问题时，如果目标数目大于2，则会存在外周区域。对于某一标准空间而言，帕累托前沿在理想平面上的正交投影，在 M 锚点 a_i 覆盖的多角形区域外，外周区域就是多角形外的那片区域。Das 与 Dennis[18]在工作中，限制了外周区域的作用，他们认为这些区域对于设计人员是没有意义的，相反，Messac 与 Mattson[21]对于获得完整的帕累托前沿非常感兴趣。

虽然 Das 与 Dennis 认为这些点对于设计人员是没有意义的，但是必须注意的是，帕累托前沿的外周区域的大小取决于锚点的位置，而且也可能如 Fantini[27]解释得那般重要。

Messac 与 Mattson[21]提出两步解决外周区域的问题。第一步为增大多边形区域的面积，这样垂直于理想平面以及穿过属于超立方体任何一点的矢量，会包裹着最初的多边形区域，都会与扩展之后的多边形区域相交。第二步为可行性测试，在这一步会删除任何没有必要的理想平面点。通过使用这种方法并进行大量测试，Fantini[27]证明，所获得的可行理想平面点的数量对于锚点的相对位置十分敏感。

在进行多目标优化的工作中，一旦选择某个用于重新表达优化问题的方法，这个方法将适用于每一个理想平面点。对于这一类的每一点而言，都会相应地重新表达其优化问题，然后通过运用优化算法来获得帕累托点。因此，采用重新表达的方式，对于有效运用优化程序确定均匀分布的帕累托点来说非常重要。为了保证优化程序能够有效运行，必须做到优化问题重新表达后不会引入原始优化问题的另一个极小值。而关于效率，重新表达能够最小化所需优化目标的数量来获得整个帕累托前沿，是非常重要的。关于 NBI、以 PP 为基础的方法以及 NC 法，Fantini[27]得出与重新表达有关的结论：

（1）NBI 方法仅存在一个明显的缺点是重新表达后的优化问题的等式约束条件的严谨性。如 Fantini[27]所示，约束条件的严谨性可能导致在某些子问题的处理中，使用优化程序后无法获得相应的帕累托解。实际上，该子问题的可行区域缩减至一条线。因此，如果在全局可行空间内存在 ∞^M 点，每个子问题都会存在 ∞^1 点。然而这将降低某一类型的优化程序获得可行解的有效性。

（2）关于以 PP 为基础的方法，平行六面体的理想大小以及偏离系数都是未知的。因此，为了确定分布均匀的帕累托点，每个子问题都需要进行多次优化。

（3）如果没有正确地设定"锚点"，在优化目标数量大于2时，NC 方法很有可能无法获得帕累托解。此外，在约束条件下转化 $M-1$ 目标时，若仅最小化一个目标，很有可能导致优化程序所获得的解，不属于正交于理想平面或穿过理想平面点的直线。当以最小化的单个目标存在局部最小值时，可能会发生这种情况。

考虑到上述问题，为所使用的方法能够有效生成均匀分布的帕累托点，需要针对这种方法提出一些要求：①重新表达时，避免引入局部最小值；②在重新表达时，应尽量降低优化程序失败的可能性；③每一个子问题，都应使用独特的优化方法，以最小化失败的风险；④所使用的方法应与目标数量无关。

为了消除现有方法存在的缺陷，在试图改进优化问题的重新表达时，经历了三个阶段。第一个阶段得到的成果为改进了以 PP 为基础的方法；第二个阶段利用第一个阶段积累的经验，并发明了双超圆锥边界交集（DHCBI）法[27, 30]；第三个也是最后一个被发明的方法为 NC+ 方法，这个方法基本类似于 NBI 法、以 PP 为基础的方法以及 NC 方法的工作途径，并结合了各种方法的优点与经验。

2.3.3　NC+ 方法

NC+ 方法是在 NC 方法的基础上，改良之后而得出的。此方法的公式如下

$$\min f_l(x)$$

须满足 K_i 不等式约束条件

$$g_k(x) \leqslant 0 \qquad k=1, 2, \cdots, K_i$$

P_e 等式约束条件

$$h_p(x) = 0 \qquad p=1, 2, \cdots, P_e \qquad (2\text{-}13)$$

以及 $M-1$ 约束条件

$$\boldsymbol{\nu}_j(\boldsymbol{p}_i - \boldsymbol{f}) \leqslant 0 \qquad \forall j \in \{1, 2, \cdots, M\}, j \neq l$$

且还需要满足以下约束条件

$$\boldsymbol{\nu}_j\left(\frac{\boldsymbol{f} - \boldsymbol{p}_i - n_c\boldsymbol{\nu}_l}{\|\boldsymbol{\nu}_l\|}\right) \leqslant 0$$

其中，$\boldsymbol{\nu}_j = (l_j/l_i)\, \boldsymbol{e}_l - \boldsymbol{e}_j\ (j \neq l)$，$\boldsymbol{\nu}_l = mle_l/l_l - \boldsymbol{m}$，$\boldsymbol{e}_j\ \forall j$ 为坐标系统的基矢量，l 是正交于理想平面的单位矢量，n_c 是连续的两个理想平面点之间的欧几里德距离的分数，最后，$\boldsymbol{m} \in \mathbb{R}^M$ 为满足 $m_i = 1\ \forall i$ 且 $m_l = 0$ 的一个矢量。

此公式与 NC 方法非常相似，其中 $M-1$ 约束条件用于建立 $M-1$ 超平面，它会将解决方案局限在标准空间内。虽然，在 NC 方法中，这些约束条件取决于锚点，但是在 NC+ 方法中，它们与坐标系统相关。

如果解属于正交于理想平面的一条直线或穿过某一特定理想平面点的直线，那么所有的超平面需要正交于理想平面，且必须与理想平面点相交。在 NC+ 方法中，确定超平面时，需要考虑坐标系统，且必须符合正交条件[27]。

为了尽量保证方程的解属于正交于理想平面的线，或者属于穿过理想平面点的直线 p_i，需要添加一个附属的约束条件。我们需要确立约束条件 l，以求降低

可行区域的大小，将方程解限制在穿过理想平面点 P_i 的直线的附近。关于其他的 $M-1$ 约束条件，约束条件1定义了一个正交于理想平面的超平面，但是其位置在矢量 V_l 方向距离 n_c 上。

在图 2-14 中，描述了三目标优化问题的全部三个约束条件。

如图 2-14 中所示，在距离 n_c 上确定约束条件，是简单地通过将 $n_c v_l / \parallel v_l \parallel$ 添加到理想平面点 p_i 上以满足约束条件 l。之后可以简单地选择 n_c 作为是连续的两个理想平面点之间的欧几里德距离的部分。

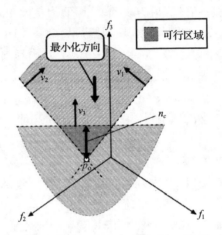

图 2-14　理想平面点 p_i 的可行区域（与理想平面正交）

2.3.4　获得帕累托前沿的完整形式

为了获得帕累托前沿的完整形式，必须同时得到属于外周区域的帕累托点。在此，我们参考 Messac 和 Mattson 的方法提出了另一种备用方法用于获取这些点，。由于外周区域中的点，在理想平面上的正交投影在矢量 a_i 的多边形区域外，因而，可能的一种解决方案是使用多边形区域边缘上的理想平面点，生成外周区域理想平面点 p^*。

让我们设一个理想平面点 p^* 属于多边形的第 k 条边。我们定义为多边形的边际矢量

$$\boldsymbol{v}_i = \boldsymbol{a}_{i-1} - \boldsymbol{a}_i \qquad i = 1, \cdots, M-1 \qquad (2-14)$$

单位矢量即所定边的外法线，可以通过边际矢量 $\boldsymbol{v}_{i-1}$ 和 $\boldsymbol{v}_i$ 的线性组合求得

$$\boldsymbol{s}_i = \frac{\boldsymbol{v}_{i-1} + \beta_i \boldsymbol{v}_i}{\parallel \boldsymbol{v}_{i-1} + \beta_i \boldsymbol{v}_i \parallel}, \qquad \beta_i = \frac{-\boldsymbol{v}_{i-1} \boldsymbol{v}_i}{\boldsymbol{v}_i \boldsymbol{v}_i} \qquad (2-15)$$

因此，根据式（2-14）和式（2-15），我们可以确定矢量 $\boldsymbol{s}_i$ 平行于理想平面并指向多边形外侧，多边形中顶点作为锚点。对于每一个属于边的理想平面点 p^*

来说，外周区域理想平面点等于

$$p^+ = p^* + qn_d s_i \qquad q = 1, \ 2, \ \cdots \qquad （2\text{--}16）$$

其中，n_d 等于两个相邻的理想平面点之间的距离。根据这一方法，每一个新的外周区域理想平面点 p 都属于外周区域在理想平面上的正交投影，并通过最初的理想平面点 p 生成（正交平移至多边形边），这时 p 属于并平行于理想平面。为了获得外周区域中的所有帕累托点，针对于每一个边理想平面点 p，方程式（2-16）中的 q 将会一直增加，直到优化器无法得到任何一个解。

相对于经过修正的以 PP 为基础的方法，这一方法的优势在于锚点转动产生的问题已经得到解决。而且此方法较为通用，可以应用于 NBI 法、以 PP 为基础的方法以及 NC 方法。

2.3.5　以梯度为基础的全局多目标优化

为了解决全局优化问题，在我们提出的方法中有一个可以识别所有的局部帕累托前沿，然后通过评定所求得的解，可以很容易地确定全局帕累托集。

在完成这项工作时，只需多次运行提出的一种方法，其运行次数等于每一单目标求得的局部极小值的数量，每一次对应一个局部锚固点。这些计算工作将在算法的预处理阶段完成。这将赋予所提议方法一种独特的特性，即生成多个局部帕累托前沿。如 Deb 在之前所讨论的那样[31]，我们可以定义局部帕累托前沿作为设计空间的某一个相邻的特定区域内的帕累托前沿。这种程序主要有两个优势：第一，可以对设计空间进行更全面的调查，提高获得局部帕累托解的概率；第二，可以使 DM 获得并分析从工程角度看非常重要的一组解，同时阐明其他考虑。优化顺序为，相对于目标 ja_{ij}，从离第 i 个局部锚固点最近的理想平面点开始，然后转至其他 $M-1$ 全局锚固点，最后获得 a_{ij} 相邻区域的局部帕累托解。获得局部帕累托前沿的具体方法，参见 Fantini[27]，其中将使用 NC+ 方法，解决大量的多目标全局优化问题，以展示它生成局部以及全局帕累托前沿的能力。

2.3.6　NC+ 方法应用实例

下面，我们将使用 Kursawe 试验案例[32] 展示 NC+ 方法，在一个全局多目标优化问题中，生成多个局部与全局帕累托前沿的能力。建立 Kursawe 试验案例的目的是强调在进行全局多目标优化的过程中，可能遇到的各种各样的困难。就作者所知，关于 NBI 法、以 PP 为基础的方法，以及 NC 方法，从未尝试过去解决此类复杂程度的问题。

在试验案例中，参数 n_c 为两个相邻的理想平面点之间的距离的四分之一。另外，设定共 50 个起点，用于确定所需的多个局部极小值，以获得之前章节中所描述的完整的帕累托前沿。之后，生成了 50 个理想平面点，用于确定帕累托前沿。

由于数字上的四舍五入可能导致区别全局帕累托点和局部帕累托点的困难程

度加大，因而，我们将帕累托弱解也包含进来，作为全局帕累托解的一部分。

试验案例 Kursawe 的公式如下：

问题 Kursawe

$$\min\left[f_1\left(\boldsymbol{x}\right), f_2\left(\boldsymbol{x}\right)\right]$$

其中

$$f_1\left(\boldsymbol{x}\right) = \sum_{i=1}^{N}\left(-10\mathrm{e}^{-0.2\sqrt{x_i^2+x_{i+1}^2}}\right)$$

且

$$f_2\left(\boldsymbol{x}\right) = \sum_{i=1}^{N}\left[\,|x_i|^{0.8}+5\sin\left(x_i\right)^3\right]$$

满足约束条件

$$-5\leqslant x_i\leqslant 5 \qquad i=1, \cdots, N$$

如图 2-15 所示，试验案例 Kursawe 的特性就是它的对称性。另外，全局帕累托前沿是不连续的。

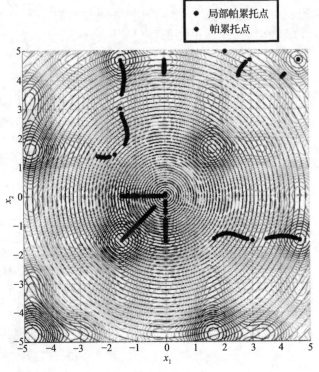

图 2-15　使用 NC+ 方法求得的 Kursawe 解（设计空间）

在求解过程中，需要进行 33345 次分析。图 2-15 中显示了在设计空间中所获得的结果以及两个目标函数的重叠轮廓线。在图 2-16 中，显示了在标准空间内所求得的解。

如图所示，全局帕累托前沿由 4 个不同的区域组成，每个区域都对应唯一一个点 $x\,(0,\,0)$，使目标函数 f_1 最小。

图像显示，NC+ 方法能够获得完整的全局帕累托前沿，与对称性无关。

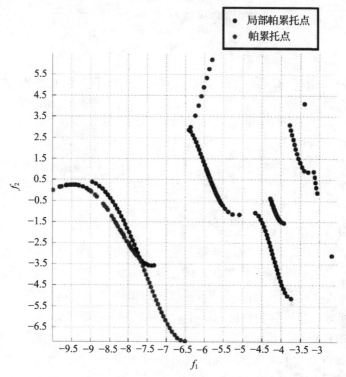

图 2-16　使用 NC+ 方法求得的 Kursawe 解（标准空间）

应用灵敏度分析技术，可降低优化问题的维数。其计算成本将在下一章节中详细阐述。

2.4　灵敏度分析

2.4.1　灵敏度分析的目标

灵敏度分析（SA）是关于复杂模型输出值变化的研究，模型为一个黑匣子（参见图 2-17），可以按照质量或者数量标准，分摊至不同输入值的变化中。如果缺乏信息，或者不太理解模型内部机制，则必须发明一种方法，弄懂输入值与输出值之间的关系。这些方法是根据所提出的问题与信息，选择不同的数学或统计学工具建立起来的。

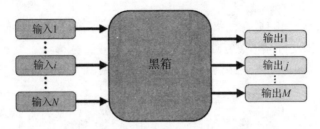

图 2-17　计算模型形式（黑匣子）

最初时，发明灵敏度分析方法仅用于处理一些输入变量和模型参数中的不确定性，但之后扩展为，通过灵敏度分析了解模型与变量之间的关系，以应对输入值的变化。过去的数十年间，在科学与工程学领域中，基于不同的目的发展了大量的灵敏度分析方法，协助决策制定流程。在工程领域中，灵敏度分析方法主要用于保证设计的可靠性与稳健性；在化学与社会科学领域，主要用于确认模型的有效性；而在经济与风险评估领域中，则用于确定哪些是最具有影响力的参数。

2.4.2　灵敏度分析的程序

如果不了解内部机制，没有通过分析，是无法使用模型信息来描述一个复杂系统的。这一点在多学科设计优化领域尤其正确，因为各学科之间的复杂耦合问题是必须要考虑进去的。在这样一种情况下，所得到的结果仅仅是一些数字。如果想更好地了解一个模型，则应该以样本为基础进行灵敏度分析。

以样本为基础进行灵敏度分析，就是一种使用一系列输入值，反复运行模型的程序。如 Saltelli 等人[33]所描述以及图 2-18 中所示，以样本为基础进行灵敏度分析的程序如下：

（1）试验设计：确定灵敏度分析应该回答哪些问题，并确定采集分析过程中需要使用的输入因数的正确策略。

（2）为每一个输入因数，赋予概率分布或者变异范围。

（3）生成一个输入因数样本。

（4）运行模型，获得生成的每一个输入因数的输出值。

（5）进行灵敏度分析，获得模型相关信息。

当使用偏导数进行复杂系统的灵敏度分析工作时，通常使用有限差分来进行数值计算。在这种情况下，就会假定在选定评估的小间距上为均匀分布。

另一点非常重要的是，当使用以样本为基础的分析方法时，可以进行"每次一个"（OAT）灵敏度分析和多变量灵敏度分析。通过使用基于样本的技术，多个输入参数可以一起变化，以研究各组变量之间的互相作用以及它们对于模型输出的影响。

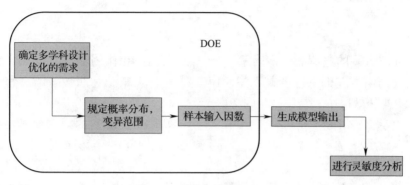

图 2-18　灵敏度分析标准程序

2.4.3　基于方差的方法

在开始进行灵敏度分析时，会有很多方法可以选择，也存在各式各样的技术可供利用，这就对我们选择适当方法造成了很大的困难。最后我们选择了基于方差的方法（VBM），因为在全局灵敏度计算[34-39]中，这个方法较为严谨且理论基础扎实，并表现出复杂模型敏感度分析所需要的各种特性：

（1）VBM 独立于模型。在使用时不需要假定模型具有线性和可加性。这点对于多学科设计优化问题非常重要，因为在这个领域中，模型通常特别复杂且高度非线性化。

（2）关于变量，只需要进行极少量假设。它们必须是互相独立的。在一个多学科设计优化问题中，变量是互相独立的且在整个设计空间中是可变的。

（3）VBM 法既可以处理离散变量也可以处理连续变量，这能增加它的灵活性。

（4）在设计方面，基于方差的方法能够提供一个更好的视角，因为在这种方法中可以综合考虑所有输入值的作用，并非在传统灵敏度分析中每次只考虑单一输入值。

基于方差的方法可以得到每一个输入因数所产生影响的定量信息，从而帮助设计人员找到影响最大的变量，从而集中完成计算工作，而非灵敏变量则可以先置于一旁，或者设为一个定值。

灵敏度分析方差法，将输出方差分解为增加维度的偏方差

$$V(Y) = \sum_i V_i + \sum_{i \neq j} V_{ij} + \cdots + V_{1,2,3,\cdots,k} \tag{2-17}$$

其中

$$V_i = V\left[E\left(\frac{Y}{X_i} = x_i^* \right) \right] \quad\quad (2-18)$$

$$V_{ij} = V\left[E\left(\frac{Y}{X_i} = x_i^*, \ X_j = x_j^* \right) \right] - V_i - V_j \quad\quad (2-19)$$

等等。

在分解方差的过程中，V_{ij} 表示 X_i 与 X_j 之间的互相作用。V_{ij} 为输入参数 X_i 与 X_j 造成的输出方差的一部分，不能使用参数 X_i 与 X_j 的第一级效应的总和进行解释。在更高级效应中，需要做相同考虑。

在表达式 $V\left[E\left(Y/X_i = x_i^* \right) \right]$ 中，应计算所有变量 X_j 的期望值，$i \neq j$，并计算 X_i 的方差，$E\left(Y/X_i = x_i^* \right)$ 为 X_i 的函数，且对于一个影响因数来说，它的数值将受到 X_i 的影响很大，导致方差 $V\left[E\left(Y/X_i = x_i^* \right) \right]$ 数值偏大。因此，以 $V\left[E\left(Y/X_i = x_i^* \right) \right]$ 的有效性作为灵敏度分析中的一个测定指标是很方便的。

表达式来自于方程

$$V(Y) = V\left[E\left(\frac{Y}{X_i} = x_i^* \right) \right] + E\left[V\left(\frac{Y}{X_i} = x_i^* \right) \right] \quad\quad (2-20)$$

上式可以整理为

$$E\left[V\left(\frac{Y}{X_i} = x_i^* \right) \right] = V(Y) - V\left[E\left(\frac{Y}{X_i} = x_i^* \right) \right] \quad\quad (2-21)$$

当输入值 X_i 固定时，$E\left[V\left(Y/X_i = x_i^* \right) \right]$ 为 Y 的方差的期望值。这表明如果将输入值 X_i 固定为某一特定值，可以预期 $E\left[V\left(Y/X_i = x_i^* \right) \right]$ 实际上偏小于输出方差。V_{ij} 为 $V\left[E\left(Y/X_i = x_i^*, \ X_j = x_j^* \right) \right]$ 的一部分，不能使用 V_i 与 V_j 的第一级效应的总和进行解释。

设 X_{-i} 为所有 x_j 组成的矢量，其中，$j \neq i$，并设 x_{-i}^* 为 x_{-i} 的一个特殊值。$V\left[E\left(Y/X_{-i} = x_{-i}^* \right) \right]$ 并非由 i 造成的、对于输出方差的影响。这就意味着，$V(Y) - V\left[E\left(Y/X_{-i} = x_{-i}^* \right) \right]$ 等于包括 X_i 在内方差分解中所有条件的总和。可定义两个与灵敏度相关的系数：

（1）主要效应指数

$$S_i^1 = \frac{V\left[E\left(Y/X_i = x_i^* \right) \right]}{V(Y)}$$

此为 X_i 对于输出回应的第一级作用。

（2）总效应指数

$$S_i^{\mathrm{T}} = \frac{V(Y) - V\left[E\left(Y/X_{-i} = x_{-i}^* \right) \right]}{V(Y)}$$

此为 X_i 对于输出回应的总作用。

第一个公式，定义了每一个变量对于输出值的直接影响，而第二个公式则定义了总影响。对于每一个输入值而言，它的总效应和它的主要效应之间的差别，表明了它在与其他输入值相互作用后，对于输出值所造成影响的程度。因此，对于获得非累加性模型和变量相互作用重要性信息而言，主要效应指数和总效应指数都是必需的。主要效应指数和总效应指数一起，能够准确地描述目标模型的灵敏度。

目前，已研发出两种主要方法，傅里叶幅值灵敏度测试（FAST）[40-41]以及 Sobol[42-43]，来计算方差分解中的不同参数，并会在之后两个小节内进行详细描述。使用这两种方法，可以计算出总效应指数与主要效应指数，并能够得出相同的预测。

2.4.4　降低优化问题的维数

在多学科设计优化工作中，我们假定模型可以表示为一个黑匣子，用于评定优化问题的目标与约束条件。这表明设计人员并不了解模型复杂的内部机制，这种复杂的机制将目标与约束条件和输入变量互相连接在一起。应在这种一般情况中，研发出一种方法，可针对某一特定目标快速执行。让我们一起来看一下方程（2-11）所描述的多目标优化问题。在确定性优化工作中，同样假定所有的变量都在一个已定义的最大值和最小值的区间内均匀分布。这时，我们推荐使用方差法来评定相对于全部输入值的每一个输入值的全局灵敏度指数。这样可以量化输入值方差对于输出值方差产生的影响。应计算主要灵敏度指数与总灵敏度指数。两个指数之间的差值，为各输入变量互相作用后对于输出方差产生的影响。如果输入值固定为某一个特定值，则主效应和总效应表示预计输出方法减小的最小值和最大值。因此，对于总灵敏度指数来说，固定某一可忽略的输入变量，不会对输出方差造成影响。

这里建议，在原始的优化方程内，删除一个对于所有目标与约束条件的影响都微不足道的变量[44]。当不止一个变量符合这个条件时，设计人员应该将这些变量看作一组变量，然后看看这一组的灵敏度是否仍然在刚才所确定的重要性的阈值下方。但是，这代表需要进行另一次灵敏度分析，而且需要重新确定设计空间。此类工作的计算量非常大且耗资不菲。相反，我们建议去确认，这一组变量的总指数的总和是否仍然低于一个特定的阈值。不失一般性，我们将定第一个 R 变量，对于所有的目标以及约束条件而言都不重要。优化问题可以重新整理如下

$$\min f\left(\boldsymbol{x}_{\text{red}}\right)$$

满足 K_i 不等式约束条件

$$g_k\left(\boldsymbol{x}_{\text{red}}\right) \leqslant 0 \qquad k = 1, 2, \cdots, K_i \qquad (2\text{--}22)$$

以及 P_e 等式约束条件

$$h_p \left(\boldsymbol{x}_{\text{red}} \right) = 0 \qquad p = 1, \ 2, \ \cdots, \ P_e$$

其中，$\boldsymbol{x}_{\text{red}} = \left(x_{R+1}, \ \cdots, \ x_N \right)$。所有可忽略的变量都设定为 $x_m = x_m^*$，$m = 1, \ \cdots, \ R$。

在多准则优化（参见 2.6.3 节），将继续说明此方法，但当处理单目标优化问题时，应作相同考虑。

2.5 鲁棒设计

2.5.1 鲁棒设计优化

在产品研发的最初阶段，只能大概描绘出一个涵盖所有问题的框架；采用模型保真度较低，且只能基于之前经验做出一些假设。所有的这些不确定性，可能会导致在研发周期的后半阶段，对已经选定的某些特定（帕累托）方案进行修正，如之前章节中所讲述的那样，以保证各目标之间能够达成某种平衡。如果解决方案对于设计变量的扰动十分敏感，那么此类修正可能导致之前设计人员选定的产品属性发生变化。目前，解决这个问题可能的一种方法是获得一个稳固的帕累托前沿，在这个前沿中，根据对于未预见变化的灵敏度，为每一个确定性目标进行特定的权衡测量。

鲁棒设计的起源可以追溯到 Taguchi，他对于此的基本认识就是品质，毫无疑问应在产品设计阶段就应得到深刻贯彻，而不是在生产阶段再去逐步探索[45]，其中，品质被解释成性能的统计变异的最小化。之后基于直接试验，他的方法被改进为以模拟为基础的设计方法，并进而逐步修改为探索非线性约束优化技术[46]。在这一版书中，约束性鲁棒优化（RO）策略可以被理解为由三个主要部分组成[47]。第一阶段为，确定并量化设计输入与分析模型相关的不确定来源。这一部分工作通常通过随机模型完成。第二阶段为通过分析系统传播不确定性，根据目标函数与约束条件的概率建立模型。之后在第三阶段使用刚才确定的概率值进行优化工作。

在鲁棒优化工作中，在确定性目标与约束条件的期望与方差方面，可以定义概率状态。如果认定两个统计矩代表两个相互矛盾的目标，例如，分别代表系统性能的适当平均值以及它对于未预见变化的敏感度[48-49]，那么单目标确定性优化问题将会转变为多目标鲁棒优化问题。针对于这种现象，已经研发出几种方法，包括加权求和法，以及物理规划法等[46]。另外，可以选择优化期望与方差之间一者约束另一者[50-51]。

当需要解决的确定性问题具有多个目标，就必须权衡多个系统性能指标。同时，需要制定一个更加复杂的鲁棒设计策略，考虑各个目标之间的关联结构。

在我们的案例中，做出了确定性目标为独立的这一假设。这就意味着，需要将双目标问题表达为 4 目标问题，并通过最小化目标的差异性来追求设计的稳健性，根据物理意义来优化性能度量的期望值。

为了将设计的可行性维护在某一特定的置信水平上，且鉴于之前提到的输入值的不确定性，$g_k(x) \leq 0$ 不等式约束条件变为以下形式[53]

$$\mu_{gk}(x) + t_{gk}\sigma_{gk}(x) \leq 0 \qquad (2\text{-}23)$$

系数 $t_{gk} = \Phi^{-1}[P(g_k \leq 0)]$ 保证约束满足的概率 P 达到指定水平，其中 Φ^{-1} 是一般累积分布函数的倒数。此方程近似于非正规约束函数，但如果随机设计参数的数目较大，按照中心极限定理，方程就会趋向于正规函数。

最近，在各种文献中出现了一些能够解决等式约束条件存在的问题的有效方法，但如果需要约束函数随机变化，直观上看，这些方法也很难真正解决这些问题[54]。由于他们并非原始确定性问题的一部分，为了尽可能简化方法，它们不会被认定为所提出的 RO 公式的一部分，扩展公式如下，参见式（2-11）（同原文）

$$\min_{\mu_x} F = \mu_f(x), \ \sigma_f(x) \qquad (2\text{-}24)$$

须满足 K_i 不等式约束条件

$$G_k = \mu_{gk}(x) + t_{gk}\sigma_{gk}(x) \leq 0 \qquad k = 1, \ 2, \ \cdots, \ K_i$$

以及

$$x_L + t_x\sigma_x \leq \mu_x \leq x_U - t_x\sigma_x$$

2.5.2　不确定性传播

事实证明，计算每一个目标函数与约束函数的平均值及方差的方法，对于整个鲁棒优化方法的效率与准确性都至关重要，而在计算过程中，首先要认识到影响 x 的不确定性。

如果所有的变量都是连续的，则 $y = f(x)$ 的前两个矩为

$$\mu_f(x) = \int_{-\infty}^{+\infty} f(\xi) p_x(\xi) \, \mathrm{d}\xi \qquad (2\text{-}25)$$

$$\sigma_y^2(x) = \int_{-\infty}^{+\infty} \{f(\xi) - \mu_f(x)\}^2 p_x(\xi) \, \mathrm{d}\xi \qquad (2\text{-}26)$$

其中，p_x 是输入变量不确定性的分布模型所对应的联合概率密度函数，且认为 p_x 不会随设计点 x 发生变化。由于仅在少数情况下，这些积分才能得出封闭解，因而通常是以一种近似的方式来执行不确定性的传播。现在可以使用的方法包括蒙特卡罗法[55-56]、泰勒力矩法[53, 57]、代理模型[58-59]、多项式无秩序扩张[51, 60]、可靠性技术[61]，以及正交法[62-63]。西格玛点（SP）方法[64]也同样适于此优化方法，且在可承受的计算成本内，能够保证准确性。这一方法依赖于一种特殊的缩减数值积分，平均数与方差如下

$$\boldsymbol{\mu}_{y_{SP}} = W_0 f\left(\boldsymbol{x}_0\right) + \sum_{p=1}^{n} W_p \left[f\left(\boldsymbol{x}_{p+}\right) + f\left(\boldsymbol{x}_{p-}\right)\right] \tag{2-27}$$

$$\sigma_{y_{SP}}^2 = \frac{1}{2} \sum_{p=1}^{n} \left\{ W_p \left[f\left(\boldsymbol{x}_{p+}\right) - f\left(\boldsymbol{x}_{p-}\right)\right]^2 + \left(W_p - 2W_p^2\right) \left[f\left(\boldsymbol{x}_{p+}\right) + f\left(\boldsymbol{x}_{p-}\right) - 2f\left(\boldsymbol{x}_0\right)\right]^2 \right\} \tag{2-28}$$

所选择的权为

$$W_0 = \frac{h_{sp}^2 - n}{h_{sp}^2} \tag{2-29}$$

$$W_p = \frac{1}{2h_{sp}^2}, \qquad 其中\ 1 \leqslant p \leqslant n \tag{2-30}$$

采样点为

$$\boldsymbol{x}_0 = \mu_x \tag{2-31}$$

$$\boldsymbol{x}_{p\pm} = \mu_x \pm h_p \boldsymbol{\sigma}_{x_p} \boldsymbol{e}_p \tag{2-32}$$

其中，e_p 是规格 n 的单位矩阵的第 p 列，h_p 等于第 p 个设计变量分布的峰值的平方根。SP 法尤其是在平均值估算方面，准确度高于广泛采用的第一阶泰勒矩阵法（MM）。然而，它每次分析都要求进行 $2n+1$ 次函数求值，如果函数梯度接近于中心有限差分，其计算成本就相当于线性化。当进行系统分析的函数可微时，这项技术便能有效地应用于微分优化工作中；如果通过有限差分求得导数，在传播阶段使用 SP 法或者 MM 法，在函数求值方面，单优化步骤的计算成本将 $\propto n^2$。如果分析系统的源代码可用且可以展开自动微分（AD），那么在两种情况下，成本都将降至 $\propto n$。

2.6 结果

工作流程管理程序试验的结果，以及刚才所讲述的各种处理方法的综合应用的试验结果在本节讨论。我们所采用的试验案例是一家著名机身制造商所提供的超简化飞行器模型（USMAC）。超简化飞行器模型，在概念设计阶段，便可以确定短程、中程商用客机的性能与大小。此试验案例中，包括 97 个模型与 125 个变量。

2.6.1 计算流程建模程序试验结果

在试验案例进行起步任何一个步骤之前，首选必须综合一项最佳计算方案。为了测试计算流程建模程序的能力来制订最佳计算方案，我们从 125 个变量中，随机选择 23 个（此试验案例中，为约束系统而做此要求）作为独立变量。同时会考虑许多此类案例，来证实计算流程建模程序的有效性。这里，我们将以其中两个为例，阐述计算流程建模程序生成的结果。在这两个案例中，计算流程建模程序都生成了最佳计算方案，并对比每一个最佳计算方案和非最佳方案的计算成本。后者是在计算流程建模的过程中产生的，一般指以那些强连通分量的变量流模型为基础的计算方案，其不会被选为最佳方案。在进行计算成本比对时，一般以求解期间调用强连通分量模型的数量为依据。一般使用固定点迭代法来解决强连通分量，使用高斯牛顿法解决修正模型[12]。

（1）案例 1

在分解系统之后，在 97 个模型中选出了 13 个模型，认为他们强连通。而强连通分量，共生成 12 个变量流模型。然而，其中只有 4 个得出收敛型解。得出非收敛型解的变量流模型，一般具有较多的修正模型与反馈回路。在表 2-2 中，提供了 4 个收敛型模型的具体细节，并列有一个非收敛型解用于比对。

表 2-2　案例 1——计算流程建模与强连通分量求解的具体细节

变量流模型	反馈回路数量（nFdb）	修正模型数量（nMm）	最优流模型	调用 SCC 模型的次数	额外计算成本
1	3	6		117	大于 95%
2	5	11		158	大于 163%
3	6	3	.	60	基础
4	5	9		198	大于 230%
5	8	11	离散		—

通过计算流程建模程序，我们选择变量流模型 3 作为最佳模型，因为它的修正模型数目最小。如表中所示，所选定的最优变量流模型的强连通分量计算成本最低。从表 2-2 中，我们还可以清晰地看到，当修正模型的数量增加时，强连通分量的计算成本也同时提高。然而，在变量流模型 4 中，即使修正模型的数量小于模型 2 中修正模型的数量，但是它需要进行更多次调用才能得出收敛型解。我们观察到这种不一致性，是因为强连通分量的收敛性并不仅仅取决于修正模型和反馈回路的数量，它还取决于其他因素，例如，未知变量的起（迭代）点，修正模型的变换（输入／输出）变量之间的灵敏度，以及其他还未观察到的未知因素。

（2）案例 2

在这一案例中，我们分解 97 个模型组成的系统之后，发现了两个强连通分量。第一个强连通分量有 7 个模型，第二个强连通分量有 6 个模型。在第一个强连通分量中，共生成两个变量流模型，在第二个强连通分量中，共生成 6 个变量流模型。其中三个变量流模型求得了收敛型解。结果参见表 2-3。

表 2-3 中第 6 列数据表明，计算流程建模程序选定的强连通分量变量流模型

2，在计算成本方面并不是最低的，因为变量流模型1的调用次数（74）低于被选为最优模型的变量流模型3的86次调用次数。不管怎样，这两个试验以及其他针对流程建模所进行的更多的试验都表明，在强连通分量收敛性的模型中进行选择总会是较好的。

表 2-3　案例 2——计算流程建模与强连通分量求解的具体细节

	计算流程建模				求解	
SCC	变量流模型	nFdb	nMm	最佳流模型	调用 SCC 模型的次数	其他计算成本
SCC1	1	1	4	.	110	基础
	2	1	5		110	相等
SCC2	1	1	3		74	基础
	2	1	4		320	大于 332%
	3	1	2	.	86	大于 16.2%

图 2-19 是计算流程建模程序为超简化飞行器模型生成的一个最终计算序列的关联矩阵形式（即行为模型，列为变量）。

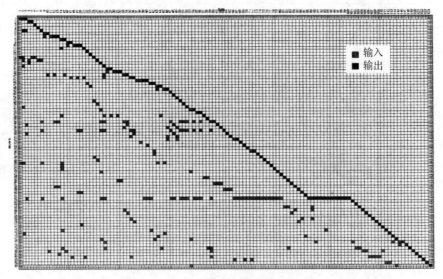

图 2-19　超简化飞行器模型的最终计算方案的关联矩阵形式，
其输入变量由设计人员精心选择

2.6.2　多目标优化试验结果

表 2-4 与表 2-5 中的超简化飞行器模型变量，是在进行多目标优化处理时相关输入与输出变量。

表 2–4 为之后的各种应用所选择的输入变量

输入变量	单位
N_{pax}（乘客人数）	—
N_{pax} 前沿（每一行的乘客人数）	—
Naisle（通道数目）	—
FNslst（发动机推力）	decaN（daN ≈ 10N）
BPR（涵道比）	—
ne（发动机数目）	—
A_W（机翼面积）	m²
span（翼展）	m
ϕ（机翼后掠角）	（°）
tuc（机翼厚度与弦长比）	—
RA（航程）	n mile
MTOW（最大起飞重量）	kg
fue1（燃料数量）	kg
altcrz（巡航高度）	ft（≈ 0.3048m）
Ma_{cru}（巡航马赫数）	—
alto（起飞高度）	ft
altapp（进场高度）	ft

表 2–5 为之后的各种应用所选择的输出变量

输出变量	单位
MTOW（最大起飞重量）	kg
RA（航程）	n mile
RA 时间（航行时间）	h
tofl 起飞段长度（距离）	m
v_{app}（进场速度）	kn
v_{zclb}（爬升速度）	ft/min
k_{fncth}（巡航推力系数）	—
K_{ff}（机翼与机身燃料比）	—

从这些输入与输出变量中可以看出，最大起飞重量和航程同时出现在输入变量与输出变量中，这使得系统成为非等级可分解系统。

多目标优化问题如下：

（1）考虑到的独立变量包括：发动机推力=［12500，13000］（daN）；机翼面积=［152158］m²；翼展=［30，38］m；机翼后掠角=［28，32］（°）；机翼厚度与翼弦比=［0.07，0.10］；燃料=［17000，18000］kg；以及发动机涵道比=［6，7］。

（2）考虑到的恒定变量包括乘客人数=150；每行乘客人数=6；通道数目=1；涵道比=6；发动机数目=2；巡航高度=35000ft；巡航马赫数=0.82；起飞高度=0ft；进场高度=0ft。

（3）所设目标为最大化航程，以及最小化最大起飞重量。

（4）所设约束条件为起飞段长度≤2000m；进场速度≤120kn；爬升速度≥500ft/min；巡航推力系数≤1；机翼与机身燃料比≥0.75。

通过计算流程建模程序生成一个最佳计算方案，在此方案中，使用正交约束（NC+）方法来处理以上参数。共设5个起点以确定多个局部最小值。生成40个理想平面点以确定帕累托前沿。所得结果参见图2-20～图2-22。对比图2-20最大起飞重量的帕累托解，独立变量数值参见图2-21，恒定变量数值参见图2-22。

（从图2-20中）我们可以看出，当最大起飞重量为最小值时，航程也为最小值，而飞行器可能为最小。事实上，机翼面积与翼展也处于最小值；机翼后掠角，燃料和涵道比为最小许用值，发动机推力大约为12615daN（参见图2-21）。

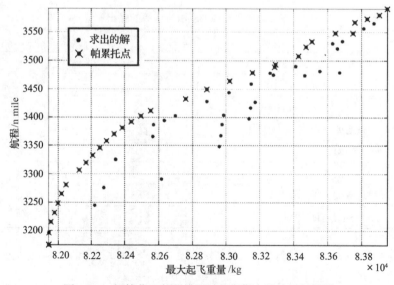

图2-20　超简化飞行器模型试验案例中的帕累托前沿

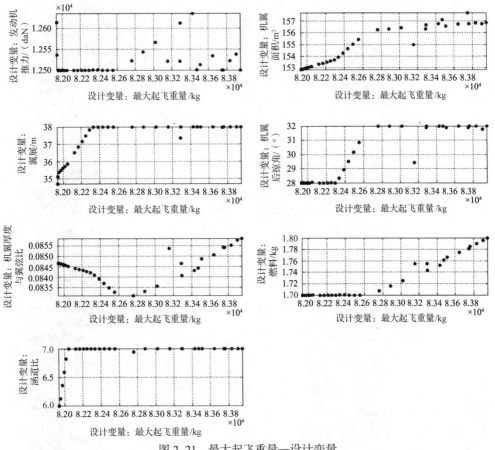

图 2-21　最大起飞重量—设计变量

从图 2-22 中，我们可以看出，有效约束条件为进场速度、爬升速度、巡航推力系数以及机翼与机身燃料比。另外，需要注意的是，进场速度和机翼与机身燃料比的约束条件通常有效或非常接近于有效。

从图中我们还可以看出，如果最大起飞重量稍有上升，翼展将会迅速增大，推力和发动机推力则会迅速降低至最小值，而巡航推力系数的约束条件将变为无效。如果最大起飞重量进一步升高，航程与翼展将会迅速提高至最大值，并因为剩余的所有帕累托点维持在这一水平。从前面的 823000kg 来看，是由于机翼面积、机翼后掠角，以及燃料的上升，导致最大起飞重量升高，并致使航程上升到最大值。

之后，我们对可视化结果进行了后续处理，来展示怎样将设计计算、参数几何学以及结构配置结合在一起，协助设计人员选择特定的（帕累托）解。图 2-23 为离线浏览工具快照。使用这一浏览工具，可以观察到每一个帕累托点，并显示几何学变化并指示（使用不同颜色）针对于某一个特定点，那些约束条件是有效的。

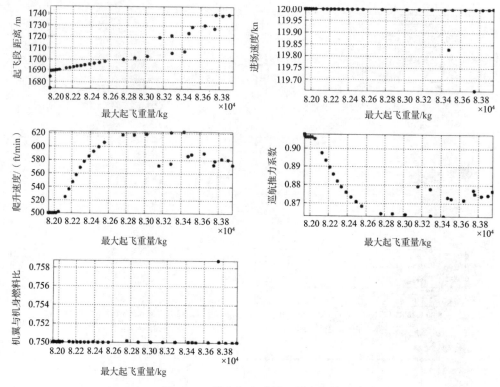

图 2-22　最大起飞重量—约束条件

2.6.3　灵敏度分析结果

　　多目标优化处理的计算要求很高。在这一案例中，找到对于优化输出值而言作用可以忽略的变量，可以降低问题的维度并从而降低计算工作量。

　　通过使用方差法，我们得出了每一个输出值相对于所有输入值的全局灵敏度指数，结果参见图 2-24。在此特定的试验案例以及变异范围中，输入值之间的相互作用对于输出值方差的作用非常小。因此，我们可以得出对于输出值的作用，完全是由直接效应引起的这一结论。发动机推力、翼展、机翼、机翼厚度与翼弦比，以及燃料，对于优化问题而言都是最为重要的变量。变量机翼后掠角作用较小，但是不能忽略，因为它影响到起飞段长度与进近速度。所有优化输出中，涵道比的全局指数几乎全部等于零，这表明涵道比对于此问题而言，几乎不产生任何影响。因此，我们可以通过保持所有变量并固定涵道比为变化范围的平均值，即 BPR=6.5，从而简化优化问题。

　　原始帕累托集以及通过简化优化问题后得到的帕累托集，参见图 2-25。两个帕累托前沿在标准空间中非常相似，这表明，只要考虑具有实际作用的变量，就能够获得相似的性能水平。将涵道比设为固定值可大幅降低计算工作量：在考

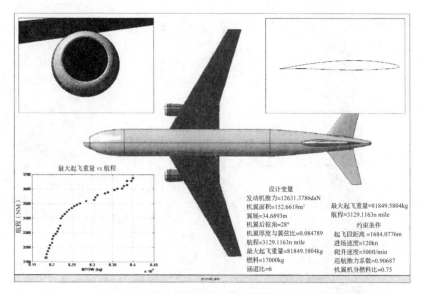

图 2-23　帕累托前沿的可视图像，包括参数几何和约束条件激活
（另外，还可参见书背面的彩图）

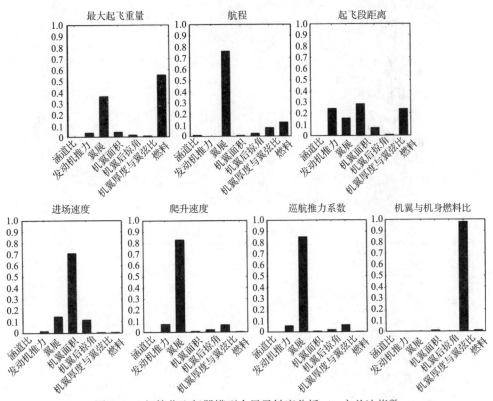

图 2-24　超简化飞行器模型全局灵敏度分析——方差法指数

59

虑所有变量时，需要进行 65322 次函数计算才能得到帕累托前沿，而简化后只需进行 16627 次函数计算。尽管初步成绩鼓舞人心，但仍然需要进行更多的研究工作来核实这些结果。

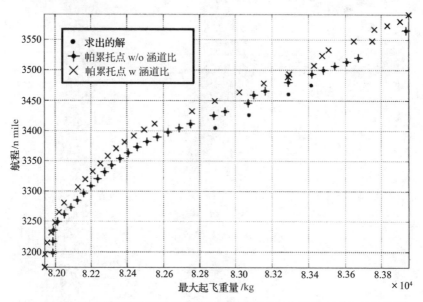

图 2-25　原始优化问题与简化后优化问题的超简化飞行器模型的帕累托前沿

2.6.4　鲁棒优化试验结果

之前，我们在 2.6.2 节中，单独讨论了确定性优化问题的鲁棒形式，其中没有对两个具体目标的权值、平均数以及方差做出任何先验假定。这样，需要解决的问题变为 4 目标优化问题。通过方程式（2-23），并采用 $k=1$ 作为权重系数，确定性约束条件转变为鲁棒形式，使鲁棒可行性达到大约 84% 概率的水平。在标准偏差方面，假定的输入变量的不确定性，参见表 2-6。

表 2-6　输入变量的不确定性

输入变量	标准偏差
FNslst（发动机推力）	100daN（daN ≈ 10N）
BPR（发动机涵道比）	0.2
A_W（机翼面积）	5m^2
span（翼展）	0.5m
ϕ（机翼后掠角）	1（°）
tuc（机翼厚度与弦长比）	0.02
fuel（燃料数量）	50kg

通过对确定性结果进行后验不确定性分析，有益于确定性帕累托前沿与鲁棒帕累托前沿的比对，从而得出每一个帕累托点的平均值与方差。鲁棒优化问题的目标的平均值也将加在图上（参见图 2-26）。所使用的图像为四维帕累托超平面的二维投影。经判断，我们认为它适用于此问题，因为两个目标的标准偏差的变异，对于它们的平均值几乎没有任何影响。主要是因为加入了小输入值不确定性。因此，由于设置了更严格的约束条件，鲁棒优化问题主要受决定性平均值影响。

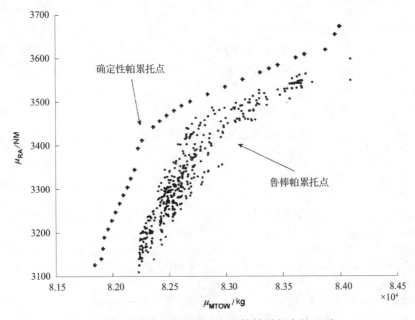

图 2-26　确定性帕累托点与鲁棒帕累托点的比对

2.7　结论

之前我们所呈现的是一个新型的计算框架，它能够在初步设计阶段进行更加灵活的设计研究。它加入了一个工作流程管理设备（WMD），以及许多先进的处理方法，包括多目标优化、灵敏度分析以及不确定度管理。

通过工作流程管理设备，设计人员可以建立、理解、操控并分享复杂的流程与研究。在不同的试验案例中使用工作流程管理设备后所获得的结果表明，迭代工作量大幅降低，需要计算系统的收敛。另外通过试验案例，证明各种高水平处理方法的能力如下：

（1）全局多目标优化的新型程序，具有独一无二的能力，在局部帕累托前沿和全局帕累托前沿中同时生成均匀分布的帕累托点。

（2）全局灵敏度分析程序能够找出其变异范围对目标与约束条件几乎无作用的输入变量。事实证明，固定这些变量可以大幅降低计算时间，同时能够得出令人满意的帕累托前沿。

（3）在不确定度传播方面，提议用于多目标鲁棒优化工作的最新无导数方法，相较于之前以函数线性化为基础的方法准确度更高，且对于单优化步骤的成本不会产生重大影响。

这些工作成果第一次证实可以综合利用这些技术来提高计算流程的效率，以及决策制定的正确性。而后续工作将以进一步结合这些技术优势为重点，根据计算流程的指示动态应用此类技术。另外，我们还计划结合参数几何与结构配置工具，以求达到工作的最终目标，即在进入产品研发流程的下一阶段之前，研究出一种更加全面、具体、风险评估更加精准的非传统新结构。

鸣谢

在此，作者衷心感谢工作单位给予的大量建设性意见，以及提供的试验案例支持。

参考文献

[1] Serrano, D., "Constraint Management in Conceptual Design," Ph.D. Dissertation, Dept. of Mechanical Engineering, MIT, Cambridge, MA, 1987.

[2] Bouchard, E. E., Kidwall, G. H., and Rogan, J. E., "The Application of Artificial Intelligence Technology to Aeronautical System Design," AIAA Paper 88-4426, Sept. 1988.

[3] Buckley, M. J., Fertig, K. W., and Smith, D. E., "Design Sheet: An Environment for Facilitating Flexible Trade Studies During Conceptual Design," AIAA Paper 92-1191, Feb. 1992.

[4] Cormen, T., Leiserson, C., and Rivest, R., *Introduction to Algorithms*, McGraw-Hill, New York, 1991, pp. 651–681.

[5] Ramaswamy, R., and Ulrich, K., "A Designer's Spreadsheet," *Proceedings of the Design Theory and Methodology Conference*, Vol. 53, ASME, New York, 1993, pp. 105–113.

[6] Rogers, J. L., "Tools and Techniques for Decomposing and Managing Complex Design Projects," *Journal of Aircraft*, Vol. 36, No. 1, 1999, pp. 266–274.

[7] Steward, D. V., "The Design Structure System: A Method for Managing the Design of Complex Systems," *IEEE Transactions on Engineering Management*, Vol. EM-28, 1981, pp. 71–74.

[8] Tang, D., Zheng, L., Zhizhong, L., Dongbo, L., and Zhang, S., "Re-Engineering of the Design Process for Concurrent Engineering," *Computers and Industrial Engin--eering*, Vol. 38, 2000, pp. 479–491.

[9] Rogers, J. L., "Reducing Design Cycle Time and Cost Through Process Resequen-cing," *Proceedings of the International Conference on Engineering Design (ICED)*, Aug. 1997; also NASA Technical Paper 97-1liced-jlr http://www.tpub.com/content/nasa1997/NASA-97-1liced-jlr/index.htm [retrieved July 2009].

[10] Rogers, J. L., "A Knowledge-Based Tool for Multilevel Decomposition of a Complex Design Problem," NASA Technical Paper 2903, May 1989.

[11] Guenov, M. D., Balachandran (Libish), K., Tang, D., and Lockett, H., "Compu-tational Design Process Modelling," *25th Congress of the International Council of the Aeronautical Sciences*, ICAS, Stockholm, Sweden, Sept. 2006.

[12] Denniz, J. E., Jr., and Robert, B., *Numerical Methods for Unconstrained Optimi-zation and Nonlinear Equations*, Prentice Hall, Upper Saddle River, NJ, 1983, pp. 221–228.

[13] Miettinen, K. M., *Nonlinear Multiobjective Optimization*, Kluwer Academic, Norwell, MA, 1999, p. 5.

[14] Marler R. T., and Arora J. S., "Survey of Multi-Objective Optimization Methods for Engineering," *Structural and Multidisciplinary Optimization*, Vol. 26, No. 6, April 2004, pp. 369–395.

[15] Balling, R. J., and Richard., J., "Pareto Sets in Decision-Based Design," *Journal of Engineering Valuation and Cost Analysis*, Vol. 3, No. 2, 2000, pp. 189–198.

[16] Das, I., and Dennis, J. E., "A Closer Look at Drawbacks of Minimizing Weighted Sums of Objectives for Pareto Set Generation in Multicriteria Optimization Pro-blems," *Structural Optimization*, Vol. 14, No. 1, Aug. 1997, pp. 63–69.

[17] Shukla, P. K., Deb, K., and Tiwari, S., "Comparing Classical Generating Methods with an Evolutionary Multi-Objective Optimization Method," *Evolutionary Multi-Criterion Optimization*, Vol. 3410/2005 in *Lecture Notes on Computer Science*, Springer Berlin/Heidelberg, 2005, pp. 311–325.

[18] Das, I., and Dennis, J. E., "Normal-Boundary Intersection: A New Method for Generating the Pareto Surface in Nonlinear Multicriteria Optimization Problems," *SIAM Journal of Optimization*, Vol. 8, No. 3, 1998, pp. 631–657.

[19] Messac, A., and Mattson, C. A., "Generating Well-Distributed Sets of Pareto Points for Engineering Design Using Physical Programming," *Optimization and Engineer-ing*, Vol. 3, No. 4, Dec. 2002, pp. 431–450.

[20] Messac, A., Ismail-Yahaya, A., and Mattson, C. A., "The Normalized Normal Con-straint Method for Generating the Pareto Frontier," *Structural and Multidisciplinary Optimization*, Vol. 25, No. 2, 2003, pp. 86–98.

[21] Messac, A., and Mattson, C., "Normal Constraint Method with Guarantee of Even Representation of Complete Pareto Frontier," *AIAA Journal*, Vol. 42, No. 10, 2004, pp. 2101–2111.

[22] Deb, K., Pratap, A., Agarwal, S., and Meyarivan, T., "A Fast and Elitist Multi-objective Genetic Algorithm: NSGA-II," *IEEE Transactions on Evolutionary Computation*, Vol. 6, No. 2, 2002, pp. 182–197.

[23] Frank, P. D., Booker, A. J., Caudel, T. P., and Healy M. J., "A Comparison of Optimi-zation and Search Methods for Multidisciplinary Design," AIAA Paper 1992-4827,

Sept. 1992.

[24] Das, I., "An Improved Technique for Choosing Parameters for Pareto Surface Generation Using Normal-Boundary Intersection." In *Short Paper Proceedings of the Third World Congress of Structural and Multidisciplinary Optimization WCSMO-3*, Springer, Berlin, Germany, 1999, pp. 411–413.

[25] Messac, A., "Physical Programming: Effective Optimization for Computational Design," *AIAA Journal*, Vol. 34, No. 1, 1996, pp. 149–158.

[26] Mattison, C. A., Mullur, A. A., and Messac, A., "Minimal Representation of Multiobjective Design Space Using Smart Pareto Filter," AIAA Paper 2002-5458, Sept. 2002.

[27] Fantini, P., "Effective Multiobjective MDO for Conceptual Design—An Aircraft Design Perspective," Ph.D. Dissertation, School of Engineering, Cranfield Univ., UK, 2007.

[28] Utyuzhnikov, S. V., Fantini, P., and Guenov, M. D., "Numerical Method for Generating the Entire Pareto Frontier in Multiobjective Optimization," *CD Proceedings of Evolutionary and Deterministic Methods for Design, Optimization and Control with Applications to Industrial and Societal Problems, EUROGEN 2005*, Munich, Germany, Sept. 12–14, 2005, FLM, TU Munich.

[29] Guenov, M. D., Utyuzhnikov, S. V., and Fantini, P., "Application of the Modified Physical Programming Method to Generating the Entire Pareto Frontier in Multi-objective Optimization," *CD Proceedings of Evolutionary and Deterministic Methods for Design, Optimization and Control with Applications to Industrial and Societal Problems, EUROGEN 2005*, Munich, Germany, Sept. 12–14, 2005, FLM, TU Munich.

[30] Fantini, P., Balachandran, L. K., and Guenov, M. D., Computational System for Multidisciplinary Optimization at Conceptual Design Stage, *International Journal for Simulation and Multidisciplinary Design Optimization*, Vol. 2, No. 3, 2008, pp. 177–185.

[31] Deb, K., "Multi-Objective Genetic Algorithms: Problem Difficulties and Construction of Test Problems," Dept. of Computer Science/LS11, Univ. of Dortmund, Technical Rept. CI-49/98, Dortmund, Germany, 1998.

[32] Kursawe, F., "A Variant of Evolution Strategies for Vector Optimization," *Parallel Problem Solving from Nature*, edited by H.-P. Schwefel and R. Manner, Vol. 496/1991 of *Lecture Notes in Computer Science*, Springer Berlin/Heidelberg, Germany, 1991, pp. 193–197.

[33] Saltelli, A., Chan, K., and Scott, M., *Sensitivity Analysis*, Wiley, New York, 2000, pp. 101–154.

[34] Saltelli, A., Tarantola, S., Campolongo, F., and Ratto, M., *Sensitivity Analysis in Practice: A Guide to Assessing Scientific Models*, Wiley, Chichester, UK, 2004, pp. 47–49.

[35] Saltelli, A., Andres, T. H., and Homma, T., "Sensitivity Analysis of Model Output: An Investigation of New Techniques," *Computational Statistics and Data Analysis*, Vol. 15, No. 2, 1993, pp. 211–238.

[36] Saltelli, A., Tarantola, S., and Chan, K. P. S., "A Quantitative Model-Independent Method for Global Sensitivity Analysis of Model Output," *Technometrics*, Vol. 41, No. 1, 1999, pp. 39–56.

[37] Chan, K., Saltelli, A., and Tarantola, S., "Sensitivity Analysis of Model Output: Variance-Based Methods Make the Difference," *Proceeding of 1997 Winter Simulation Conference (WSC'97)*, IEEE, Los Alamitos, CA, Dec. 1997, pp. 261–268.

[38] Homma, T., and Saltelli, A., "Importance Measures in Sensitivity Analysis of Non-Linear Models," *Reliability Engineering and System Safety*, Vol. 52, No. 1, 1996, pp. 1–17.

[39] Saisana, M., Saltelli, A., and Tarantola, S., "Uncertainty and Sensitivity Analysis Techniques as Tool for the Quality Assessment of Composite Indicators," *Journal of the Royal Statistical Society—A*, Vol. 168, No. 2, 2005, pp. 307–323.

[40] Cukier, R. I., Levine, H.B., and Shuler, K. E., "Non-Linear Sensitivity Analysis of Multi-Parameter Model Systems," *Journal of Computational Physics*, Vol. 26, No. 1, 1978, pp. 1–42.

[41] Saltelli, A., and Bolado, R., "An Alternative Way to Compute Fourier Amplitude Sensitivity Test (FAST)," *Computational Statistics and Data Analysis*, Vol. 26, No. 4, 1998, pp. 445–460.

[42] Sobol, I. M., "Sensitivity Estimates for Non-Linear Mathematical Models," *Mathematical Modelling and Computational Experiments*, Vol. 1, No. 4, 1993, pp. 407–414.

[43] Sobol, I. M., "Global Sensitivity Indices for Non-Linear Mathematical Models and Their Monte Carlo Estimates," *Mathematics and Computers in Simulation*, Vol. 55, Nos. 1–3, 2001, pp. 271–280.

[44] Maginot, J., Guenov, M. D., Fantini, F., and Padulo, M., "A Method for Assisting the Study of Pareto Solutions in Multi-Objective Optimization," AIAA Paper 2007-7792, Sept. 2007.

[45] Phadke, M. S., *Quality Engineering Using Robust Design*, Prentice Hall, Upper Saddle River, NJ, 1989, pp. 13–39.

[46] Park, G. J., Lee, T. H., and Hwang, K. H., "Robust Design: An Overview," *AIAA Journal*, Vol. 44, No. 1, 2006, pp. 181–191.

[47] Keane, A. J., and Nair, P. B., *Computational Approaches to Aerospace Design: The Pursuit of Excellence*, Wiley, New York, 2005, p. 329.

[48] Chen, W., and Allen, J., "A Procedure for Robust Design: Minimizing Variations Caused by Noise Factors and Control Factors," *Journal of Mechanical Design*, Vol. 118, No. 4, 1996, pp. 478–493.

[49] Das, I., "Robustness Optimization for Constrained Nonlinear Programming Problems," *Engineering Optimization*, Vol. 32, No. 5, 2000, pp. 585–618.

[50] Deb, K., and Gupta, H., "Introducing Robustness in Multiple-Objective Optimization," Kanpur Genetic Algorithms Lab., Indian Inst. of Technology, KanGAL Rept. 2004016, Kanpur, India, Oct. 2004.

[51] Molina-Cristobal, A., Parks, G. T., and Clarkson, P. J., "Finding Robust Solutions to

Multi-objective Optimization Problems Using Polynomial Chaos," *Proceedings of the 6th ASMO UK/ISSMO Conference on Engineering Design Optimization*, 3–4 July 2006, Oxford, UK. http://citeseerx.ist.psu.edu/viewdoc/download?doi=10.1. 1.61.5233&rep = rep1&type = pdf [retrieved July 2009].

[52] Murphy, T. E., Tsui, K. L., and Allen, K. J., "A Review of Robust Design Methods for Multiple Responses," *Research in Engineering Design*, Vol. 16, No. 3, Dec. 2005, pp. 118–132.

[53] Parkinson, A., Sorensen, C., and Pourhassan, N. A., "General Approach for Robust Optimal Design." *Journal of Mechanical Design*, Vol. 115, No. 1, 1993, pp. 74–80.

[54] Rangavajhala, S., Mullur, A., and Messac, A., "The Challenge of Equality Constraints in Robust Design Optimization: Examination and New Approach," *Structural and Multidisciplinary Optimization*, Vol. 34, No. 5, Nov. 2007, pp. 381–401.

[55] Halton, J. H., "A Retrospective and Prospective Survey of the Monte Carlo Method," *SIAM Review*, Vol. 12, No. 1, 1970, pp. 1–63.

[56] Helton, J. C., and Davis, F. J., "Latin Hypercube Sampling and the Propagation of Uncertainty in Analyses of Complex Systems," *Reliability Engineering System Safety*, Vol. 81, No. 1, 2003, pp. 23–69.

[57] Du, X., and Chen, W., "Efficient Uncertainty Analysis Methods for Multidisciplinary Robust Design," *AIAA Journal*, Vol. 40, No. 3, 2002, pp. 545–552.

[58] Jin, R., Du, X., and Chen, W., "The Use of Metamodeling Techniques for Optimization Under Uncertainty," *Structural and Multidisciplinary Optimization*, Vol. 25, No. 2, July 2003, pp. 99–116.

[59] Chen, W., Jin, R., and Sudjianto, A., "Analytical Uncertainty Propagation via Metamodels in Simulation-Based Design Under Uncertainty," AIAA Paper 2004-4356, Sept. 2004.

[60] Xiu, D., and Karniadakis, E. M., "Modeling Uncertainty in Flow Simulations via Generalized Polynomial Chaos," *Journal of Computational Physics*, Vol. 187, No. 1, May 2003, pp. 137–167.

[61] Youn, B. D., and Choi, K. K., "Selecting Probabilistic Approaches for Reliability-Based Design Optimization," *AIAA Journal*, Vol. 42, No. 1, 2004, pp. 124–131.

[62] Evans, D. H., "Statistical Tolerancing: The State of the Art, Part II," *Journal of Quality Technology*, Vol. 7, No. 1, 1975, pp. 1–12.

[63] Xu, H., and Rahman, S., "A Generalized Dimension-Reduction Method for Multidimensional Integration in Stochastic Mechanics," *International Journal for Numerical Methods in Engineering*, Vol. 60, No. 12, 2004, pp. 1992–2019.

[64] Padulo, M., Campobasso, M. S., and Guenov, M. D., "Comparative Analysis of Uncertainty Propagation Methods for Robust Engineering Design," *International Conference on Engineering Design ICED07*, 2007, http://www-legacy.aero.gla.ac.uk/Research/CFD/sergioc/PDF/iced_158_2007.pdf [retrieved July 2009].

第3章　直升机初步设计策略：质量或者成本

Jos Stevens，Jan–Floris Boer

National Aerospace Laboratory（NLR），Amsterdam，The Netherlands

Cyrille Sevin

Eurocopter SaS，Marignane，France

Jos Vankan，Wim Lammen

National Aerospace Laboratory（NLR），Amsterdam，The Netherlands

缩略语

ATA	美国航空运输协会
CAIV	成本作为独立变量
CER	成本估算关系
DL	桨盘载荷
DMC	直接维修成本
EMPRESS	估算所需功率的能量法
FBW	电传飞行
FH	飞行时间
GB	变速箱
GSE	地面支持设备
HC	直升机（helicopter）
LCC	生命周期成本
MCP	最大连续功率
MDO	多学科设计优化
MGB	主变速箱
MMH	维修工时
MTOW	最大起飞重量
OEI	单发失效

OGE	无地面效应
RDTE	研究、设计、技术与工程
SAR	搜索与援救
SFC	燃料消耗率
SLL	使用寿命年限
SPEAR	旋翼机技术规范分析工具
TOP	起飞动力
VIVACE	通过虚拟航空协作企业提升价值计划

术语

b	旋翼桨叶数量
c	旋翼桨叶弦长
C_dS	平板阻力参考面积
C_T/σ	旋翼桨叶载荷
M_{gross}	总质量
R	旋翼半径
T	旋翼主推力
V_{tip}	旋翼桨尖速度
W	重力
ρ	空气密度
σ	旋翼实度

3.1 引言

直升机的初步设计在传统上是以飞行与任务要求为准，其他重要的要求，例如，成本、质量、客户的特殊需求，都居于次位。另外，通常采用权衡分析来评估不同的解决方案。

如今，人们对于节约成本的需求越来越大，新的设计目标要求找到一种既要满足规定的性能要求，同时还要满足客户提出的最低成本的要求的直升机最优设计方案。与固定翼飞机飞行员相反，直升机飞行员通常会驾驶同一架直升机执行不同的任务。因而，成本会受到各种不同的任务特性（飞行时间，飞行剖面，有效载荷等）的影响，同时还受所采用的维修方案的影响，而它们又都会反过来受到设计方案的影响（布局，传动结构，所用材料）。为了能够在各种"驱动"设计参数之间达到最佳平衡状态，我们需要研发出一种能够适应客户各种要求的最优技术方案。这就需要通过进行权衡分析，来评估设计方案对于每一个参数的敏感度，进而确定并评估驱动参数对于成本的影响。这种方法同样能够在后续设计流程中，降低迭代次数，提升直升机设计流程的效率。

在之前定义的多学科设计优化（MDO）案例研究中，我们进行了以下直升机初步设计内容：①评估现有（初步设计）方法/技术与工具；②建立一个生命周期成本（LCC）模型，并将其与初步设计分析工具整合在一起；③确认成本驱动参数并进行灵敏度分析；④开发多学科设计方法并对生命周期成本进行优化。

欧洲一家著名的直升机制造商已研发出一种直升机生命周期成本模型，这个模型能够反映主要技术参数以及重要客户与任务对于成本产生的影响。一所欧洲航空研究院将生命周期成本模型和其自主发明的旋翼机技术规范分析工具整合在了一起，研发了一种直升机规格优化方法，这个方法能够在优化生命周期成本的前提下，得到满足多个任务要求设计方案。

其最终目标，就是将所有可用的流程、模型与工具放入一个航空协作设计环境中，其中包括相关的流程、模型与方法。这种新型环境，可以在项目早期以一种高效的方式提供最优设计信息，以支持直升机的设计（初步设计）工作。

3.2　旋翼机分析工具

现今，已开发出初步设计专用的旋翼机分析工具 SPEAR，或称为旋翼机技术规范分析工具[1]。这个计算机程序（见图 3-1）能够估算具有某种给定布局的旋翼机的（最小的）规格与质量，使之能够满足规定的工作要求（飞行性能要求与任务要求）。有效的解决方案必须满足飞行性能要求，且要达到可用燃料等于所需燃料这种最高任务要求。通过该分析工具不仅可以确定旋翼机的总质量、它的实际尺寸（如旋翼尺寸）、安装的发动机的功率、燃料容量，以及旋翼机主要部件的质量明细。另外，该分析工具还可以分析工作要求对于旋翼机规格的影响，进行权衡研究，并可以评估技术发展对于旋翼机最优质量与规格的影响。在这个计算机程序中，使用了 EMPRESS（用于估算所需动力的能量法）代码中的飞行与任务要求[2]。分析工具中，包含了大量的旋翼机设计的历史与最新信息，例如，旋翼机主要设计关系，主要部件特性等，囊括了旋翼机设计结果的各种图片记录。另外，工具中还包含生命周期成本优化或周期成本权衡研究的一些可能方法。这种工具可以在 Window 个人计算机上运行，所以能够发挥 Windows（窗口化）优势。

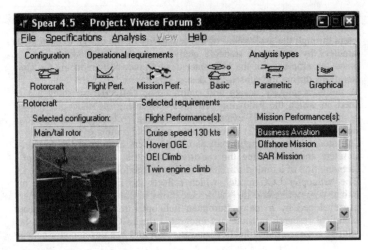

图 3-1　分析工具的主窗口

3.3　要求规范

旋翼机的设计人员一般需要列出一组旋翼机相关的要求，可分为三部分：①旋翼机布局，描述总体分布以及一些（空气动力学）效率参数；②飞行性能，包括必须达到的飞行性能要求的相关数据；③任务属性，包括需要完成的任务要求的相关数据。每一个具体要求都将储存在数据库中，在进行分析时，可以从中选择一个或多个要求同时进行（参见图 3-2）。

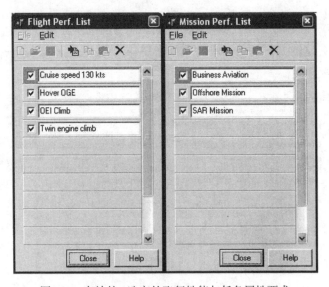

图 3-2　有效的 / 选定的飞行性能与任务属性要求

3.3.1　飞行性能要求

飞行性能要求，包括飞行速度、地效状况、大气条件、工作发动机数目、功率设置、推力与动力裕度，以及所有外部设备的三角区附加阻力参考面积。如果要满足总质量的特定要求，还应规定旋翼机的总质量。

3.3.2　任务属性要求

每一项任务属性都由很多不同子部分组成，且会受到很多因素的影响，包括时间、航行速度、地效状况、大气环境，由于有效载荷的加载（卸载）而造成的质量或阻力的变化，以及发动机的功率设置。有效载荷包括人员（不包括机组人员）、货物、武器（军用）、特殊任务装备的载荷，或是混合类型的载荷。

3.4　初步设计方法

初步分析工具所用的方法主要基于参考文献［3］。通过计算机程序，将针对某一特定的旋翼机布局，建立一个符合飞行性能与任务属性要求的旋翼机规格。有效的解决方案必须符合飞行性能要求，且要达到可用燃料等于所需燃料这种最高任务要求。最优方案的定义是能够在保证最低总质量的同时，又能同时达到这些目标的方案。（传统设计直升机时应尽量保证总质量最低。）如参考文献［3］中所述，最优方案还具有其他标准，例如，最低生命周期成本。

计算不同参数的实际顺序参见图 3-3。用此初步设计方法与其他多学科设计优化案例进行比对（例如，飞行器机翼多学科设计优化，参见第 5 章与第 6

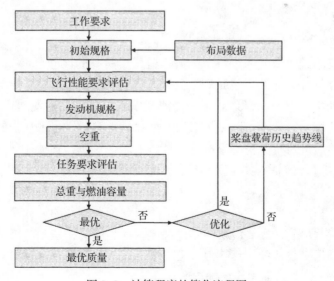

图 3-3　计算程序的简化流程图

章），初步设计方法会在连续的迭代循环中进行多学科计算，并会将所有的设计计算集成到一个紧凑型设计工具中。在计算流程中，将主桨盘载荷作为驱动变量，保证计算流程的高效运行。将旋翼桨尖速度设为一个符合最新旋翼技术及噪声约束条件的固定值。首先应确定主旋翼的规格，因为它决定了其他规格（如旋翼机长度）以及飞行性能，这可以通过初步估算总质量 M_{gross} 来完成。

旋翼桨盘载荷（DL）通过桨盘载荷的历史数据和总质量进行比对后生成

$$DL = 8.7188 \times M_{\text{gross}}^{0.2264} - 23.685 \qquad (3-1)$$

主旋翼半径 R 则由 DL 决定

$$R = \sqrt{\frac{M_{\text{gross}}}{\pi \text{DL}}} \qquad (3-2)$$

最大（极限）桨叶载荷 C_T/σ 是用于测定旋翼桨叶产生升力的性能的一个指标，且它在某种程度上取决于旋翼技术水平。在输入数据中，规定了主旋翼桨叶载荷最大值。主旋翼推力 T 是达到特定飞行性能要求所需要的总推力，因而包含总质量与机身载荷。针对每个特定的飞行性能要求，旋翼桨叶实度 σ 是综合考虑主旋翼推力、旋翼半径、旋翼桨尖速度，以及最大桨叶载荷之后得出的

$$\sigma = \frac{T}{\rho \pi R^2 V_{\text{tip}}^2 \ (C_T/\sigma)_{\text{max}}} \qquad (3-3)$$

主旋翼桨叶弦长 c 则是综合考虑桨叶实度、旋翼半径，以及旋翼桨叶数量 b 之后得出的

$$c = \frac{\sigma \pi R}{b} \qquad (3-4)$$

桨叶翼弦的最大值是一个可用的值（适用于所有的性能要求），因为这个值能够给予一个所有情况都适用的桨叶载荷值。下一步，将对所需要的总动力进行评定。在发动机功率方面，最高飞行性能要求限制了安装的发动机的最小功率，从而选择发动机。另外，以历史数据为依据对燃料容量做出了初步假设，通过估算主要部件的质量对直升机空重进行估计。之后，对执行各种任务在实际情况中所需要的燃料进行评估。如果执行任务所需要的最高燃料量与可用燃料量不同，那么之前对于总质量、燃料容量以及桨盘载荷所做的假设都会被修正，并重新运行计算流程。当发现所需燃料量与可用燃料量相同，则说明计算流程收敛到一个有效设计方案。最后，需要说明的是，桨盘载荷会因为一些小的细节而变化，所以不应该遵循历史趋势线。计算流程会不断迭代，直到在符合燃料标准的前提下找到最小总质量，并从而得出最优方案。

3.5　分析功能

工具包含三个分析水平，且设计点与相关功能的数量呈上升趋势。

3.5.1　基础分析

基础分析（参见图 3-4）中，会根据所选定的旋翼机布局和运行要求来确定总质量。关于水平飞行中（载荷因数 =1）的极限桨叶载荷 C_T/σ，数据库中存有可供使用的几个关于不同旋翼设计方案的特征线，且需要从中选择一个设计方案。而对于发动机，可选择假设的、完全符合要求的发动机（在经验数据上"涂橡胶"）fully compliant（"rubberized" on empirical data），或者从数据库中自动选择一个现有的发动机。主旋翼桨尖速度的值由设计人员确定。在确定机身附加阻力（假定一个"平均的"阻力水平）、发动机单位燃料消耗量，以及尾部螺旋桨直径时，可参考历史数据。

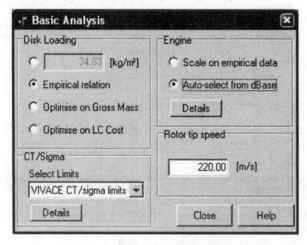

图 3-4　基础分析的数据输入表格

3.5.2　参数分析

参数分析（参见图 3-5）中提供了更多的选择来进一步分析旋翼机的布局。该模块可以分析桨盘载荷、桨叶载荷、实度、旋转速度、桨尖速度、直径，以及翼弦这 7 个主要旋翼参数所产生的影响。分析时，必须从中选择三个参数，然而，并非任意三个参数的组合（例如，不能同时选择桨盘载荷和直径）都是有效的。对于一些输入数据而言，我们可以在历史趋势线和固定值之间选择。其中涉及桨盘载荷、机身附加阻力面积、发动机单位燃料消耗量、发动机质量，以及尾部螺旋桨直径。在一些案例下，例如，由于船上的甲板长度，必须限定旋翼机的最大总质量。在这些案例中，执行分析流程时，就需要使用固定的总质量（由使用者指定），之后计算得出的旋翼飞机总质量被限定为规定质量。然而，也存在任务要求导致需要总质量高于规定总质量的可能，这表明设计方案无法满足所有任务要求。

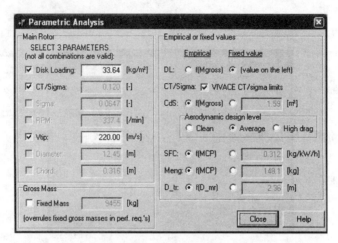

图 3-5 参数分析的数据输入表

3.5.3 图解分析

在图解分析中，将以 4 种类型的图片来呈示分析结果：①设计图表（每千克质量所需要的动力相对于旋翼桨盘载荷）；②参数分析表（规定质量或功率相对于 7 个主要旋翼参数中的其中一个参数）；在图 3-6 中，呈现了旋翼机总质量的变化与主

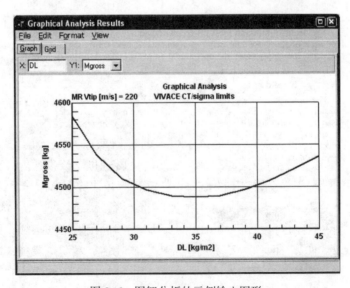

图 3-6 图解分析的示例输入图形

旋翼桨盘载荷之间的关系；③地毯图（规定质量或功率相对于 7 个主要旋翼参数中的其中两个参数）；④动力曲线（规定的水平飞行动力相对于在既定的总质量、高度，以及温度条件下飞行器的航行速度）。如同基础分析水平中一样，在确定机身附加阻力、单位燃料消耗量，以及尾部螺旋桨直径时，可参考历史数据。

3.5.4 分析结果

在分析结果窗口（参见图 3-7）中，设计人员可以查看分析结果。7 个主要的旋翼设计参数、品质因数（独立主旋翼）、旋翼质量、尾部螺旋桨规格、发动机数据、旋翼飞机质量、燃料容量，以及附加阻力参考面积都呈现在其中。另外，在表格中还显示了影响主旋翼设计方案、发动机选择，以及燃料容量的特定要求（飞行性能与任务剖面）的名称。另外，还包括旋翼飞机质量、总生命周期成本与任务结果数据。

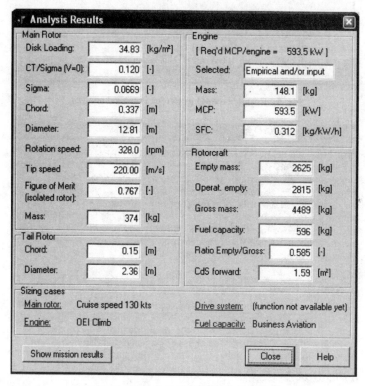

图 3-7 VIVACE 实例要求的分析结果

3.5.5 质量明细

旋翼飞机的质量明细窗口中，显示了对于每一个主要部件做出预估后的质量值，以及规定的燃料容量、空重、运行空重和总质量。

3.5.6 成本明细

具体的成本估算流程中，将在成本输入数据窗口中指定。可以选择旋翼机用于（主要）民用还是军用。可通过总质量函数或者以 RDTE 成本、生产成本，以及利润总和为基础，计算旋翼机的购置费用（"价格"）。

计算得出的生命周期成本（所购置的全部旋翼飞机的总运行成本）显示在成本计算结果窗口（参见图 3-8）中。生命周期成本被分为购置费用、处理费用、运行费用，以及制造费用（制造单独的主要部件的费用）。另外，还估算了每飞行小时及每海里（nautical mile，n mile）的运行成本。

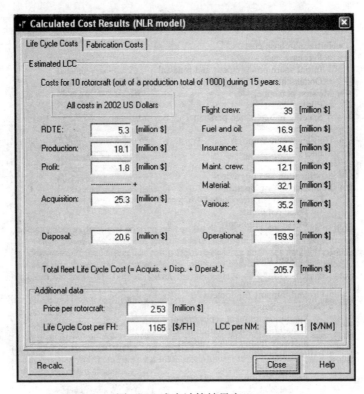

图 3-8　成本计算结果窗口

3.6　生命周期成本模型

3.6.1　引言

上述文中所提及的成本模型是以历史数据作为基础而建立的，因而，对于现代旋翼机的设计可能并不适用。欧洲直升机公司提出一种生命周期成本模型，专门用于内部的初步设计研究框架中。此模型主要以参考文献［4］和［5］为基础，可以以每年、每架直升机、每小时飞行或者每一个乘客作为单位计算旋翼机的总拥有成本。生命周期成本模型中使用的具体成本明细结构如下：

①初始购买成本

- 购买费用
- 初期备用零件的采购与换新
- 文档记录

②执行任务人员

- 飞行员薪资
- 特殊维修人员

③保险

④机组消耗

- 燃料消耗
- 其他

⑤维修与升级

⑥维护与运行

- 直接维修成本（DMC）
  —— 基础直升机
  —— 任务装备
  —— 消耗品
- 培训
  —— 地面培训
  —— 飞行培训
  —— 模拟器培训
- 地面支持设备
- 持续支持服务
  —— 支持设备替换
  —— 持续的记录文件替换
  —— 软件维修支持
- 间接支持
  —— 基础设施
  —— 行政与管理

在这个模型中，并没有考虑停运 / 处理成本。目前并未指定任何规则，也没有足够的经验保证能够在一般模型中准确运行。然而，如果有客户要求，可以在后续阶段考虑进去。

3.6.2　直升机明细

在成本分析中起到主要影响的部分，即初始购买成本（销售价格）与直接维修成本（DMC），都是通过计算直升机的每一个主要零部件在这两项成本中可生成的费用后而得出的。在选定直升机部件时，应遵守经典初步设计 ATA 章节中的明细（参见表 3–1）。

表 3–1　直升机的周期成本细目

初步设计阶段细目	ATA 章节
机身	52，53，55，56
起落架	32
主旋翼桨叶	62–10
主变速箱（MGB）	63
旋翼毂	62–20
尾部螺旋桨	64，65
电气系统	24
航空电子设备	22，31，34，46
飞行控制设备	67
液压系统	29
发动机	71，72，76，77，80
燃料系统	28
装备与杂项	21，25，26，30，33

3.6.3　成本估算方法

用于估算直升机树形结构中每一个项目成本的基本方法是由成本估算关系（CER）组成的。成本估算关系是与一个或多个独立成本驱动因素相关的数学表达式，成本应作为独立变量。这些关系可能是一些简单的平均值或百分比，也可能为较复杂的方程式，例如，通过回归分析总结出的方程式以及联系成本（独立变量）与产品物理属性（例如，质量、输出功率、一种既定原料的百分比）的方程式。一般可分为 4 种成本估算方法：

（1）类比：将系统与一个已知成本与技术数据的类似系统进行比对。

（2）参数化：针对某一个须评估的个体，使用相似元素数据库，并基于代表性能特征的参数，得出成本估算值。

（3）工程学：从一个项目中最底层的子部分开始，由下至上进行估算（工作细目结构）。

（4）外推法：使用项目中较早建立的相同系统的信息，估算项目后期的成本。

在这里，我们选择使用参数化方法。在不知道全部成本、技术数据、硬件数据的情况下，该方法只要确定设计方案的技术规范，就能在系统的物理特性（例如，重量、容量、功率）与其估算成本之间建立一种统计相关性。

3.6.4　成本驱动因素

对于直升机的每一个重要部件，在成本估算方程式中都会使用到特定参数——即所谓的成本驱动因素。这些成本驱动因素代表直升机相应部件的成本。为了能够使用旋翼机初步设计分析工具，继续执行以成本为基础的设计优化流程，在选择成本驱动因素时，应尽可能地在工具的可用参数列表中进行选择。成本驱动因素详细内容参见表 3–2。在"成本驱动因素 1（购置费用）"与"成本驱动因素 2（直接维修成本）"中，分别列出了最适于计算购置费用与直接维修成本的各种参数。而在"成本驱动因素 3"与"成本驱动因素 4"中，则分别列出了其他一些重要参数，在计算中同样也会使用到它们，只不过影响比较小。

表 3–2　周期成本的技术数据输入值

初步设计阶段细目	成本驱动因素 1（购置费用）	成本驱动因素 2（直接维修成本）	成本驱动因素 3	成本驱动因素 4
机身	质量 /kg	—	成分 /%	—
起落架	质量 /kg	制动器或转轮	—	—
主旋翼桨叶	质量 /kg	质量 /kg	技术因数（0 ~ 3）	—
主变速箱（MGB）	上限 /kW	上限 /kW	附件数量	减速器数量
			功率输出	
旋翼毂	离心力 /daN	离心力 /daN	桨叶数目	刚性的
尾部螺旋桨	最大推力 /daN	最大推力 /daN	Fenestron 或经典	—
电气系统	质量 /kg	空重 /kg		
航空电子设备	质量 /kg	质量 /kg		
飞行控制设备	离心力 /daN	离心力 /daN	电传操纵或液压	
液压系统	最大起飞重量 /kg	空重 /kg	—	—
发动机	上限 /kW	上限 /kW	减速齿轮箱	
燃料系统	储罐数量	空重 /kg	—	—

3.6.5　成本估算公式

我们会使用数学方法来估算初步设计明细中所有部分的成本。我们已使用

表 3–2 中的成本驱动因素，建立了成本估算公式，且已通过制造商经验验证有效。在计算销售价格与直接维修成本时，根据经验，我们知道液压系统的成本（销售价格和直接维修成本）会随着重量以指数方式增长，且每个成本项目的增加速率都是相等的。其满足的规律为

$$销售价格 = a_1 最大起飞重量^{\alpha} \tag{3-5}$$

$$直接维修成本价格 = a_2 空重^{\alpha} \tag{3-6}$$

然而，在电气系统中，虽然也是以指数方式增加，但是每个成本项目的增加速率是不同的。所提出的定律为

$$销售价格 = b_1 电气系统重量^{\beta_1} \tag{3-7}$$

$$直接维修成本价格 = b_2 空重^{\beta_2} \tag{3-8}$$

成本估算公式，是使用之前设计方案（成本已知）中的实例使用外推法推算出来的，然后应用在新的设计方案中，因此它是以已有的设计经验为基础的。所以，成本估算关系无法反应新设计因素对于成本产生的作用。同理可知，为新设计选择的技术方案与之前的概念越相似，那么参数模型就会越可靠。

3.6.6 成本模型的验证

为了验证成本模型的有效性，将结果与数据库中制造商提供的各种类型的直升机数据进行比对，并通过数据分析（回归分析）和专家调研建立了数学关系。结果证明，成本模型在估算销售价格（购置费用）与直接维修成本方面均有效，准确率为 13%（详情参见表 3–3）。

表 3–3 利用制造商提供的产品，验证成本模型的有效性

	EC120	AS350B3	EC130	AS365N3	EC155	AS332L1	AS332L2
Sale price（ref/calc）	1.03	1.13	1.06	1.02	0.93	1.00	1.02
DMC（ref/calc）	0.95	1.01	1.05	0.94	1.09	0.99	1.02

注：sale price：销售价格；DMC：直接维修成本；ref/calc：参考/计算。

3.6.7 任务装备

生命周期成本模型的任务系统表格中，包含各种各样的一般任务装备，这些装备项会通过以下参数对直升机的生命周期成本产生影响：设备购置费用；设备维护费用；设备使用期限（使用寿命年限（SLL））。通过在任务系统表格中相应装备处标记，以选择不同的任务装备项。

3.6.8 生命周期成本模型的输入与输出

图 3–9 和图 3–10 中为一组典型的输入数据与输出结果。

Fleet Data		
Number of H/C	5	[-]
Number of FH per year and per HC	600	[FH/year/HC]
Number of bases	1	[-]

Personnel and crew data		
Number of pilot per aircraft	2	[-]
MMH/FH	7.2	[h/FH]
Number of manager per base	2	[-]
Number of crew per aircraft	1.5	[-]
Annual cost for a Pilot	83333	[€/year]
Annual cost for a manager	62500	[€/year]
Annual cost for a technician	41667	[€/year]

Maintenance data		
Price for one GSE package	1166666	[€]
Documentation cost / Purchase price	1.5%	[%]
Spare parts rate / Purchase price	12%	[%]
Software support cost / Avionics Purchase price/year	3%	[%]
Ratio for GSE maintenance per year	2%	[%/year]
Ratio for Documentation upgrade per year	10%	[%/year]
Infrastructure cost per year per HC	14167	[€/year]
Major retrofit at mid life in % of the purchase price	10%	[%]
Upgrade per year in % of the purchase price	0.50%	[%]

Training data		
Ground training hours/year/base	200	[h/year/base]
Ground training cost per hour	125	[€/h]
Flight training hours per year per crew	10	[h/year/crew]
Flight training cost	6303	[€/h/HC]
Simulator training hours per year per crew	15	[h/year/base]
Hour cost of simulator	1667	[€/h]

General data		
Working hours / Day	8	[h/day]
Working days / Year	200	[days/year]
Insurance cost / Acquisition cost per year	7%	[%/Y ea]

Nb GSE package per HC	
Number of HC	Number of GSE packages
1	1
2	1.5
5	2
10	4
20	6
50	12

图 3-9　生命周期成本模型的数据输入

Life Cycle Cost	Costs per HC in　for the all life long	Costs per HC in　/FH	Total Costs for the all fleet and for the all HC life long
Initial Purchase cost	17 300 000	1 115	86 500 000
Purchase cost (P. Cost)	15 000 000	1 000	75 000 000
Initial Spare procurement & renewal	2 000 000	100	10 000 000
Documentation	300 000	15	1 500 000
Mission personnel	11 000 000	650	55 000 000
Pilots salaries	7 500 000	400	37 500 000
Specific maintenance personnel	3500000	250	17 500 000
Insurance	40 000 000	2 222	200 000 000
Unit level consumption	2 141 603	119	10 708 017
Fuel consumption	2 087 603	116	10 438 017
Other	54 000	3	270 000
Maintenance and operation	38 075 000	2 115	188 750 000
Direct Maintenance Cost (DMC)	27 000 000	1 500	135 000 000
Basic HC	20 000 000	2 000	100 000 000
Mission equipment	6 000 000	400	30 000 000
Consummable	1 000 000	50	5 000 000
Training	6 150 000	500	23 750 000
Ground training	150 000	50	750 000
Flight training	4 000 000	300	20 000 000
Simulator training	2 000 000	100	3 000 000
GSE	400 000	100	2 000 000
Sustaining Support	3 500 000	100	19000000
Support Equipment Replacement	600 000	20	3 000 000
Substaining documentation replacement	900 000	50	6 000 000
Software Maintenance Support	2 000 000	100	10 000 000
Indirect Support	1 025 000	100	9 000 000
Infrastructure	425 000	30	6 000 000
Admistration & management	600 000	30	3 000 000
Modification & upgrade	6 000 000	200	30 000 000
LIFE CYCLE COST	114 516 603	6 421	570 958 017

图 3-10　生命周期成本模型的数据输出

3.7 初步设计工具中的生命周期成本模型

我们已将上文中描述的生命周期成本模型整合在旋翼机的初步设计分析工具中。其目的在于在保证最低生命周期成本的前提下，增加优化设计方案的可行性。其中设立了专用窗口，用于分析成本输入（参见图3-11）与成本计算结果（参见图3-12）。成本计算结果数据显示在三个数据标签页中：

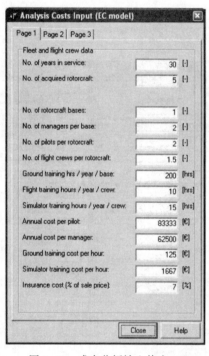

图3-11　成本分析输入值窗口

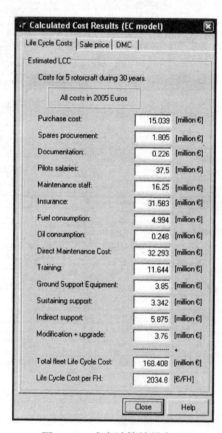

图3-12　成本计算结果窗口

（1）生命周期成本标签页，显示在规定期间内，所购旋翼机的总运行成本的估算值。购置成本来自销售价格标签页，直接维修成本取自直接维修成本标签页。最后，得出每个飞行小时的运行成本估算值。

（2）销售价格标签页，详细列明生产每个重要部件的预计费用。这部分费用会以旋翼机为单位，加到销售价格中去。

（3）直接维修成本标签页，详细列明各个重要部件在每个飞行小时内的直接维修成本的估算值。

之前的方法虽然能够在最小总质量或者最低成本下给出优化设计方案，但是它不能自动化运行。在使用的过程中必须做出许多设计选择，例如，结构中复合材料百分比，旋翼系统的复杂程度，以及燃料储罐的数量。所有的这些选择都会影响到设计结果，而且还有可能相互之间产生影响。所以我们设计了一种优化方法来简化（初步）设计流程。

3.8　优化方法

我们将综合型分析 / 生命周期成本工具放入交互式 MATLAB 环境中，从而创建一个直升机的设计优化环境（参见 www.mathworks.com），具体步骤为将模型编译进 Windows 动态链接库（.dll）文件中。之后，使用适当的设计参数作为自变量访问 .dll 文件中的函数，并返回设计目标值，即直升机质量与直升机生命周期成本。并可使用设计环境中的函数与工具箱来评定和优化这些直升机设计目标，如梯度算法[6]、遗传算法[7-8]，及模型搜索[7]。

直升机设计优化问题，其实就是单目标或者多目标混合整数规划问题。在此书的第 4 章将详细地描述使用连续变量的优化算法。而在本章中，将会着重讲解使用连续与离散变量进行优化的方法。我们使用了一种专用的优化算法（"fminconset"），它结合了离散分支界定法[9]与优化工具箱中的通用非线性约束优化法 fmincon[6]。优化算法是在直升机设计目标函数（总质量与生命周期成本）整个计算过程中将函数看作黑匣子。因此，必不可少地需要进行大量评定工作，即探索设计空间内所有不连续部分。对于当前的工具与研究这些工作会在标准计算机上耗费几小时，这一点还是可以接受的。而分支界定法让我们更加深刻地认识优化问题，且以它为基础，在将来可能会发展出更加先进的方法。

下面我们将详细讨论分支界定法（单目标优化），之后阐述多目标优化的一般概念。

3.8.1　分支界定法

分支界定（BB）是一种适用于组合优化的求解方法，目的是找到整数规划问题中不同类型的解，例如，旅行商问题[10]或者其他规划与分配问题。这种方法的基础思想：如果可以预计某一分支的可能解优于另一分支，则会将另一分支排除在搜索范围外，从而节省计算时间。

此处提出的优化问题的目标为找到函数 $f(x)$（如直升机的生命周期成本）的最小值，其中，x 属于可能的与可接受的设计集 S（设计空间）。分支界定程序共包含两个步骤，以循环方式执行：

（1）第一，执行分支步骤。可能设计集 S 被分为两个或多个更小的子集，S_i（$i=1$，2，…）。覆盖 S。需要注意的是，函数 $f(x)$ 在 S 中的最小值等于 $f(x)$

在每一个子集 S_i 中的最小值中最小的一个数值。在此，定义一个树形结构，其中的每一个节点代表 S 的一个子集。

（2）第二，执行界定步骤。在每一个规定的子集 S_i 内，计算函数 $f(x)$ 的最小值的上限与下限。

如果函数 $f(x)$ 在备选设计 S_c（c=1，2，…）其中一些子集内的下限，大于函数 $f(x)$ 在任何一个子集 S_j（j=1，2，…）中的上限，这时可以放心地将 S_c 排除在搜索范围之外。可以通过保留一个全局变量 m，用于记录至今所检测到的所有子集的最小值上限，来完成这一工作。任何下限大于 m 的子集都可以被放弃。之后，剩余子集 S_j 被进一步地分解为 S_{j1}，S_{j2}，…（参见图 3–13），以方便再次通过界限技术，来确定哪些子集应被排除在搜索范围之外。这一流程将循环进行，直到候选解集 S 缩减至一个元素，或者直到集 S 中解的上限与下限相匹配。或者，集 S 中的所有剩余元素将作为函数 $f(x)$ 的最小值。

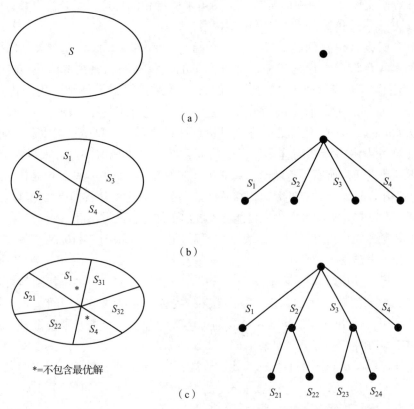

图 3–13　使用分支界定法，根据设计集 S 建立的树形结构示例。分割可能解集 S。子集 S_1 和 S_4 不会被进一步分解为树形结构，因为界限函数表明，它们并没含有最优解（分支界定法来自于参考文献［10］）

分支界定法的效率，在很大程度上取决于所使用的界定算法的有效性。针对不同的问题，应设计专用的界限技术。为了解决这一问题，则必须提供目标函数（优化目标）行为的详细信息。而我们研发的综合型分析与成本周期工具的结构，可与分支界定法协同，应用于将来的案例之中，例如，如果需要探索更多的设计变量。

3.8.2　多目标优化

在此书的第 6 章中，多目标优化问题以及相应的优化搜索算法进行了详细阐述。在此处，我们将使用与第 6 章中相同的注释符号，大概总结一下优化方法及定义。

下面这段请按英文原文核对公式符号：

多目标优化，可以看作为单目标优化的一般形式，主要处理向量值目标函数 $y=f(x)$，例如，同时最小化直升机重量与生命周期成本。在这个案例中，由于多个目标函数之间的关系的不确定性，所以最优化的定义是宽泛的。为了解决此类优化问题，应考虑以下基于帕累托最优化理念的定义[11]。根据这个理念，如果达到以下两个条件，则认定目标向量 y_1 支配其他所有目标向量 y_2（$y_1 < y_2$）：y_1 中所有分量都小于 y_2 中相应的分量；以及 y_1 中至少有一个分量小于 y_2。相应地，也可解释为：如果 $y_1 = f(x_1)$ 支配 $y_2 = f(x_2)$，解 x_1 优于另一个解 x_2，即 x_1 支配 x_2（$x_1 < x_2$）。例如，我们设定向量 $x_1 = -1$，$x_2 = 1$，而它们相应的目标向量为 $y_1 = (1, 1)$，$y_2 = (9, 1)$，即在这个案例中，y_1 支配 y_2。另外，如果 $x^v \in X$ 且 $f(xv)$ 支配 $f(xu)$ 不成立，则解向量 $x^u \in X$ 被认定为帕累托最优。在决策空间 X 中，最优解集（帕累托）通常标示为帕累托最优集 $X^* \subset X$，而在目标空间中，我们将其表示为帕累托前沿 $Y^* = f(X^*) \subseteq Y$。我们可以通过非支配排序法，使用目标函数的计算结果导出目标空间的帕累托前沿：$\{y^i = f(x^i) | x^i \in X\}$。决策空间 X 被分割成多组互相不能相互支配的决策向量，然后为每一组决策向量设一个帕累托排名。不受其他任何决策向量支配的决策向量排名第 1。之后，仅受排名第 1 的决策向量支配的向量排名第 2。排序后，目标空间内的多维输出向量变为单维。而用于计算帕累托最优集的优化搜索算法，便与此排序图的形状具有很大关联。这一理念适用于单目标问题的泛化。

请看以下实例（也可参见第 4 章），此为一个简单的多目标优化问题

$$\min_{x} y_1 = \sin(x), \quad y_2 = \cos(x); \quad x \in [0, 2\pi]$$

此优化问题的解由 y_1、y_2 的帕累托前沿构成，参见图 3–14 中较粗部分的线条（$x \in [\pi, 3\pi/2]$）。我们可以选择很多种算法求得帕累托最优解集。在此书的第 6 章中，我们将讨论各种方法，其中重点讨论著名的进化算法。

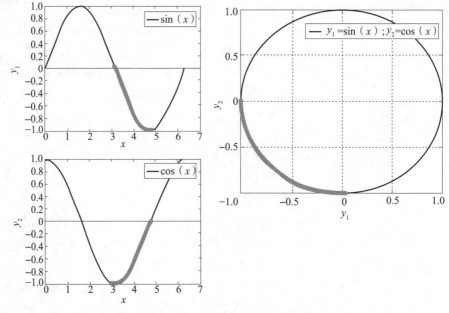

图 3-14　一般多目标优化问题的解的图示

3.8.3　公式化优化问题

直升机设计在总质量与生命周期成本方面的多目标优化问题可以总结如下：从表 3-2 中选择以下 13 个设计参数，设计函数以求同时最小化直升机总质量与总周期成本（括号中为可能出现的数值）：①机身复合材料（质量）百分比（0% ~ 100%）；②主旋翼桨叶的复杂性（1= 低复杂度或金属桨叶；2= 中等复杂度或混合材质桨叶；3= 高复杂度或全复合材料桨叶）；③主旋翼毂类型（0= 刚性的，1= 星形弹性，2= 球形挠性）；④飞行控制系统的类型（0= 机械，1= 电传飞行，FBW）；⑤尾旋翼类型（0= 传统的，1= 后旋翼）；⑥辅助变速箱数目（1 ~ 5）；⑦主变速箱中减速级数目（2 ~ 5）；⑧燃料储罐的数目（1 ~ 5）；⑨是否安装发动机减速箱（否，是）；⑩是否具备航空电子设备的重要环境（否，是）；⑪机组每年完成的商业飞行总数（0 ~…）；⑫机组每年完成的海上飞行总数（0-…）；⑬机组每年完成的搜索 / 救援飞行数。需要注意的是，只有第一个参数是连续参数，其他都为离散参数。参数 11 ~ 13，表示飞行员完成的任务数量，为机组每年完成的飞行总数。

3.8.4　参考设计

为了说明多学科设计优化案例研究工作，我们选择了特定的参数值以限制可能形成的组合总数，即搜索空间。基于工程上的判断以及当前先进技术，固定以下数值（不包括发动机减速箱）以方便完成优化计算：①传统的尾桨（相较于后尾旋翼，质量与成本都较低）；②一个辅助变速箱；③两级主变速箱减速；④一个燃料储罐；⑤安装与不安装发动机减速箱（事先无法确定其对于质量及成本的影响，当减速级是从发动机中移至主变速箱，反之亦然）；⑥无航空电子设备的重要环境（质量与成本较低）。

在任务组合方面，我们将每年的飞行任务进行了如下划分（改变划分标准而产生的影响，将在后续阶段呈现）：①每年 350 次商业飞行；②每年 500 次海上飞行；③每年 150 次搜索 / 救援飞行。在此列出的结果，是通过简化后的一组参数，进行研究后而得出的，仅为表明方法的效能。

直升机的参考设计，是根据之前提及的参数选择，以及全金属结构、低复杂度螺旋桨叶、星形挠性旋翼毂，以及机械型飞行控制系统等参数而确定的。完成计算后，参考直升机重量约为 3870kg，总周期成本约为 1.8 亿欧元，装有发动机减速箱重量为 3860kg，总周期成本 1.7 亿欧元，不安装发动机减速箱。由于移除发动机减速箱，对于质量（次要）与成本（主要）都产生了正面影响，所以不再将其纳入优化策略的考虑范围之内。

3.8.5　优化评估

如前文中所描述的那样，总体上，我们应用了混合整数规划算法来解决设计优化问题。然而，因为预计这种算法需要进行大量的搜索工作，所以我们首先对 4 个设计变量（之前给出的前 4 个参数）对于设计目标所产生的影响进行了整体评估，以求能够对设计空间有一个大概的了解。由于周期成本目标函数为非线性函数，所以在对设计空间进行全面探索时，同样可以使用周期成本作为独立变量［成本作为独立变量（CAIV[12]）］，而这在军用飞行器的设计案例中正变得越来越频繁，且在未来的设计工作中估计也是必不可少的。

我们将分别使用 11 个不连续的数值，来对第一个参数（机身中复合材料的百分比）进行评估，而在第 2 ~ 第 4 个参数中，我们将使用所有可能的数值。最后，一共生成直升机质量与生命周期成本的 198 项评估结果，参见图 3–15。

从这些结果中，我们很明显就能看出，如果想使飞机的质量最低，在高度复杂的螺旋桨叶与电传飞行控制系统的组合中，必须使用星形挠性主旋翼毂。然而，如果想要达到最低的生命周期成本，则应选择机械型飞行控制系统。另外，若想要直升机的质量最小，在机身中必须使用高百分比的复合材料，反之，如果想要生命周期成本最低，就应该是用低百分比复合材料的机身。

因此，我们决定进行更加具体的分析工作，来找到最优的复合材料百分比。我们使用复合材料百分比与飞行控制系统类型的函数，分别对直升机质量与成本进行优化。在全部的优化工作中，整体评估后显示的优化区已被放大。使用了星形挠性主旋翼毂和高复合度桨叶（即全复合桨叶）。而在复合材料百分比与飞行

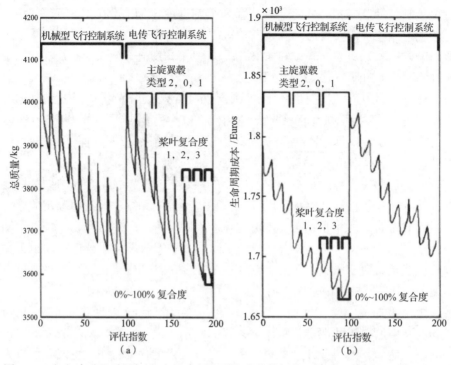

图 3-15 （a）直升机质量与（b）生命周期成本的整体评估：取决于 4 个不同的设计变量

控制系统类型方面，我们使用之前所提到的混合整数规划算法 fminconset 来完成优化工作。直升机质量与生命周期成本的优化结果，参见图 3-16（圆形标志）与图 3-17（方形标志）。

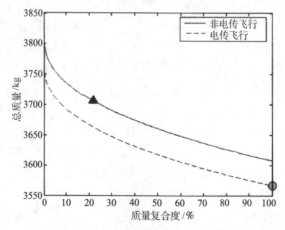

图 3-16　使用 100% 复合材料机身与电传飞行控制系统时，
找到直升机最小质量（圆形标志）

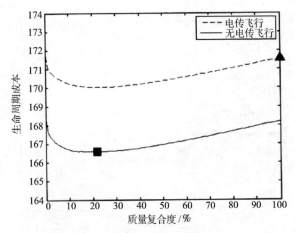

图 3-17　机身复合材料百分比为 22%，使用机械型飞行控制系统时，
找到直升机的最低生命周期成本（方形标志）

　　两个图中的三角形标志代表另一目标的最优设计方案。三角形标志表明，在质量最优时，其对应的周期成本为 1.72 亿欧元，高于生命周期成本的最小值，1.67 亿欧元。同时，设计方案以生命周期成本最优为标准时，其对应的质量为3705kg，高于最小质量 3565kg。因此，这些单目标最优设计点所确定的另一设计目标的值并非最优值。

　　在直升机设计优化研究工作中，为了同时有效优化多个设计目标，我们必须使用多目标优化方法。现今，已发明出可有效解决此类多目标优化问题的方法（参见本书第 6 章或参考文献 [8]）。这种方法可用于优化直升机的质量与中生命周期成本目标。使用这种方法，将两个相互矛盾的目标同时考虑，在质量与生命周期成本之间达到权衡，从设计空间转换为目标空间。此方法成功的关键在于，必须求两个目标最佳的权衡解。此优化问题可转化为帕累托优化[11]设计问题（参见之前章节中内容），求得一组设计点作为最优解，帕累托最优集（或者目标空间中的帕累托前沿）。帕累托最优集，参见图 3-18。

　　如之前的单目标优化一样，使用机身复合材料百分比与飞行控制系统类型的函数，来求得最优质量与生命周期成本的结果。而且在这里，我们还会用到星形挠性主旋翼毂与高复合度桨叶（即全复合桨叶）。很明显，根据帕累托最优集，我们很容易便能选择质量或生命周期成本的最优设计点。而且，可以直接找到质量与生命周期成本之间的权衡解。图中所示结果为目标空间内最优点，即生命周期成本结果与质量结果的对比。直升机设计方案的帕累托最优集，显示为星形标志。另外，在图中还给出了质量（圆形标志）和生命周期成本（方形标志）的单目标最优设计点。

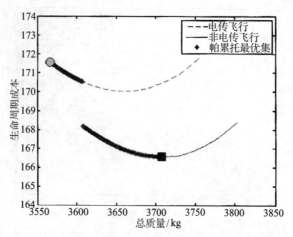

图 3-18　直升机重量与生命周期成本多目标优化问题的结果

3.8.6　与直升机的参考设计方案进行比对

图 3-19 给出了直升机的参考设计方案（星形）与之前优化策略得出的一些结果。在与参考设计方案的比对中，我们发现，高复合度桨叶与电传飞行控制系统的引入，确实大大降低了直升机的质量，但是由于较高的购置费用与较低的维修费用互相抵消，它们对于总生命周期成本几乎没有任何作用（图中向左移）。

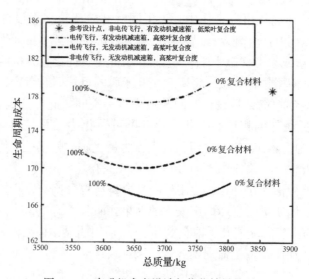

图 3-19　直升机参考设计与优化结果的对比

如之前所述，移除发动机减速箱（GB）对于直升机的质量产生的影响很小，但是由于维修工作量降低，总生命周期成本大幅降低（图中向下移）。另外，还可以通过使用机械飞行控制系统来替换电传飞行控制系统进一步降低总生命周期成本，但是直升机的质量又会稍有上升（移至图中底线）。

根据图中各个不同的设计点，我们可以清楚地看出，我们既可以以选择质量最低的方案进行优化，也可以选择总生命周期成本最低的方案进行优化；然而，这些设计中，系统使用的都是不同的结构。

3.8.7 多任务组合的设计方案

在之前部分中，优化流程主要为质量与生命周期成本两个设计目标的共同优化。而对于一个肩负特殊任务组合（定义为每年执行 350 次商业飞行、500 次海上飞行，以及 150 次搜索 / 救援飞行任务）的直升机飞行员而言，我们必须向他展示这个方法怎样帮助了解执行这些任务要求所带来的影响。然而，直升机制造商一般对于肩负多项任务组合的多位飞行员较感兴趣。因而，优化流程的下一步就是优化这些多项任务组合的生命周期成本。而在使用周期内执行不同任务组合的直升机，所得出的生命周期成本值不尽相同。

下面，我们将举例说明，我们对在使用周期内执行两种不同任务组合的飞机结构，执行生命周期成本的多目标优化：组合 1，在使用周期内，每年执行 350 次商业飞行、500 次海上飞行，以及 150 次搜索 / 救援飞行任务的生命周期成本；组合 2，在使用周期内，每年执行 2000 次商业飞行、0 次海上飞行，以及 0 次搜索 / 救援飞行任务的生命周期成本。之后，我们会针对这种两任务组合来优化直升机的设计结构。

图 3–20 中显示，我们在之前的质量和生命周期成本优化方案（方形标志；复合材料百分比为 22% 时的直升机设计方案）中，找到了组合 1 的最优设计点。

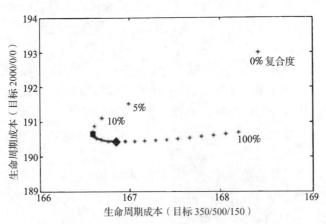

图 3–20　任务组合 1（水平轴）与任务组合 2（竖轴）的直升机多目标优化结果

另外，我们同样找到了组合 2 的最优设计点（菱形标志；复合材料百分比为 45% 时的直升机设计方案）。图中一系列设计点的连线，即所谓的帕累托最优集，表示组合 1 与组合 2 的权衡最优设计。在复合材料百分比从 22% 升至 45% 的过程中，我们找到了直升机的设计点。

3.9   结论

直升机的初步设计方案，通常是以性能要求为准则的，根据以往经验，一般是以直升机的质量作为设计优化的准则。然而，出于对成本效益的追求，促使制造商去设计一些能够达到性能要求，不仅质量小，且运行成本尽可能低的飞机。因此，我们需要一种既能反映重要技术参数又能反映主要客户与任务要求两者影响的生命周期成本模型。

在案例研究的过程中，我们将生命周期成本模型与旋翼机初步设计工具整合在一起。并在交互式环境中，创建了一个直升机设计优化框架，以评估并优化直升机的设计目标。在研究工作中应用的优化技术以一般优化问题的公式为基础，其中涉及单目标优化问题或多目标优化问题、非线性约束条件以及离散型变量。

之后，我们将优化策略得到的结果与直升机的参考设计方案进行对比。从生成的不同设计点中可以很清楚地看到，直升机设计方案的优化可以以最低质量为标准，或者以最低生命成本周期为标准，会生成不同的设计选择。通过优化策略，我们可以清楚地知道，什么设计选择会有助于质量的下降与和 / 或有助于生命周期成本的降低。另外，还可以使用设计方案的帕累托最优集进行这种分析。在目标函数中，进行生命周期成本的计算在某种程度上依赖于对于未来的预测，因而，肯定存在统计学上的不确定性裕度。然而，我们预计此类计算的相对不确定性较低，而且，如果在未来重新进行周期成本估算，同样的优化策略可能还会继续适用。

因为直升机制造商比较关注执行多项任务组合的多位飞行员，所以需要进行一项额外的优化研究，即优化这些多任务组合的周期运行成本。在使用周期内，执行不同任务组合的直升机，会得出不同的生命周期成本值。计算结果为设计点组成的帕累托最优集代表最优设计的权衡解。最优设计点取决于任务的实际组合。

同样，飞行员可以使用刚才讨论的方法和提供的工具，去针对自己的任务组合，选择最优飞机结构。另外，通过这些方法与工具，飞行员还能够评定每一项任务要求，对于飞机结构和总生命周期成本的影响。使用帕累托方法在搜索整个设计空间时，同样可以将生命周期成本设定为独立变量，在军事设计案例中会更多考虑到这一点，在未来的案例中估计也必不可少。

最终确定的初步设计策略，有助于减少初步设计流程中迭代回路的数量，而是用帕累托技术快速高效地找到这种最优设计方案，从而减少初步设计阶段的时间消耗；由于能够更加精准地预测直升机的生命周期成本，降低了未来设计阶段的研发费用；降低了直升机飞行员 / 所有人的运行成本；通过提供生命周期成本与多任务组合之间的关系，为直升机市场提供支持；以及更好地了解设计选择带来的影响。

我们需要进行更进一步的研究工作以改进并确认模型的有效性，并使用有效的优化策略支持高成本效益、多功能直升机的研发，为执行多项任务组合的多位飞行员提供有效工具。

参考文献

[1] Boer, J. F., and Stevens, J. M. G. F., "SPEAR: A Rotorcraft Specification Analysis Program," *Reference Guide and User Manual*, National Aerospace Laboratory (NLR), NLR-TR-2002-503, Amsterdam, The Netherlands, 2002.

[2] Stevens, J. M. G. F., "EMPRESS: A Rotorcraft Performance Calculation Program," *Reference Guide and User Manual*, National Aerospace Laboratory (NLR), NLR-TR-2001-312, Amsterdam, The Netherlands, 2001.

[3] "Engineering Design Handbook: Helicopter Engineering, Part One, Preliminary Design," U.S. Army Material Command, AMCP-706-201, 1974.

[4] Dhillon, B. S., *Life Cycle Costing, Techniques, Models and Applications*, Gordon and Breach, New York, 1989, pp. 46−81.

[5] Glade, M., *Life Cycle Cost Modelling: Maintenance Cost and Reliability Forecast and Their Application to Aeronautics*, Presse Univ. de Lyon, Lyon, France, 2005.

[6] MATLAB Optimization Toolbox, MATLAB, Natick, MA, http://www.mathworks.com/products/optimization [retrieved July 2007].

[7] MATLAB Genetic Algorithm and Direct Search Toolbox, MATLAB, Natick, MA, http://www.mathworks.com/products/gads [retrieved July 2007].

[8] Deb, K., Pratap, A., Agarwal, S., and Meyarivan, T., "A Fast and Elitist Multi-Objective Genetic Algorithm: NSGA-II," *IEEE Transaction on Evolutionary Computation*, Vol. 6, No. 2, 2002, pp. 181−197.

[9] Land, A. H., and Doig, A. G., "An Automatic Method of Solving Discrete Programming Problems," *Econometrica*, Vol. 28, No. 3, July 1960, pp. 497−520.

[10] Clausen, J., "Branch and Bound Algorithms – Principles and Examples," Dept. of Computer Science, Univ. of Copenhagen, Denmark, March 1999.

[11] Goldberg, D. E., *Genetic Algorithms in Search, Optimization and Machine Learning*, Addison Wesley Longman, Reading, MA, 1989, pp. 197−198.

[12] Rush, B. C., "Cost as an Independent Variable: Concepts and Risks," *Acquisition Review Quarterly*, Spring 1997, pp. 161−172.

第4章 在初步设计阶段，多级建模方法中的气动弹性力学与尺寸调整

Wolf R. Kruger

German Aerospace Center, Göttingen, Germany

Anja Wetzel

Germany Aerospace Center, Braunschweig, Germany

Martin Spieck

German Aerospace Center, Göttingen, Germany

Jens Baaran

Germany Aerospace Center, Braunschweig, Germany

缩略语

AME	飞行器模型发动机
BAM	飞行器基础模型
BEA	梁单元分析
CFD	计算流体力学
DI	学科接口
DM	学科模型
DME	学科模型发动机
FEA	有限元分析
FEM	有限元法
HALE	高空长航时
LP	载荷点
MBS	多体模拟（仿真）
MM	任务模块
MST	任务序列模板
PAM	飞行器物理模型
RF	松弛因子

SA	结构分析
SF	安全因数（曾译安全系数）
SOC	初始巡航

术语

A	等效梁横截面面积
E	弹性模量（杨氏模量）
G	切变模量（曾称剪切模量）
I_T	极惯性矩
i_t	扭转刚度
i_{xx}, i_{zz}, i_{xz}	弯曲刚度
i_{yy}	拉伸刚度
M_x, M_z	机翼弯曲力矩，机翼局部坐标
R	各向同性材料的强度
T	厚度
σ_v	冯·米泽斯（von Mises）应力

4.1　目的

在初步设计阶段，仅能大概描述飞行器的一些基本信息，工作重点在于快速研究大量案例并根据结果快速变换结构和参数。在初步设计阶段，评估链通常由大量不同的方法构成，包括解析的方程（如范围），频率响应（如处理品质），以及时域模拟，这是一个强耦合的迭代过程。在许多案例中，初步设计的分析环境都是多相的，包括各种方法与工具，从标准软件到自主研发的求解方案。流程链具有高度的自适应性，能够满足某一集团或公司的特定需求，而且分析方法的交互是手动执行或硬编码至流程中。

我们曾经做出一些尝试来建立一个更加连贯的初步设计流程链；具体内容请参见第 2 章。对于一个工业应用，重新检查现有设计回路的主要目的之一是分析方法模块化的需求。从质量单元或梁单元类型到有限元即在相同的环境下，设计人员希望能够运行不同复杂度的分析模块，例如，来改变结构的表示形式，而不改变整个流程。

作为准备工作——案例研究的一部分，模拟工具箱任务的目的是将初步设计回路模块化。在项目初期，我们的工业合作单位对模块设计环境的概要做出了定义。对于一个分析单元的代表性的示例，我们选择了非线性时域仿真模块。这一模块基于多体模拟（MBS）方法，该方法非常适合用于初步阶段的设计任务，这是因为它注重研究中等复杂程度的模型，还能够快速改变参数，简单的耦合工程学科，尤其是刚性体飞行动力学，结构动力学以及空气动力学。

在绝大多数案例中，飞行器初期设计阶段中的气动弹性变形通常会被忽视掉。然而，由于飞行器变得越来越具有挠性（因为新材料的应用和结构优化），我们期望能够尽早引进飞行器弹性力学来大幅提高分析结果的可靠性，比之前设计阶段中更早一些。在许多案例中，分别使用不同的方法来完成气动弹性力学计算、载荷计算，以及飞行力学的计算工作，并在评估阶段使用互相独立的评估模块。而时域分析需要一种包含飞行力学与气动弹性力学作用的整合模块。举一个例子，在动力（机动）载荷的计算中，如果引进气动弹性力学作用，结果就会发生很大变化。在这一章节中也使用了这样的示例。

4.2　初步设计模块框架的基本考虑因素

工具箱框架具有三个基础模型层：飞行器模型，模型发动机与接口，以及软件工具。软件工具范围十分广泛，从用户定义程序中简单的解析公式，到商业软件包。其中，还可以使用其他的"结果生成"方法来代替这些软件工具，如响应面法。

4.2.1　飞行器模型

在此处，我们将使用三个等级的飞行器模型，包括飞行器基础模型（BAM）、飞行器物理模型（PAM），以及学科模型（DM）。

飞行器基础模型即最基础或通用的建模等级的模型。模型中包含 10 ~ 20 个定义飞行器最重要特性的参数。在进行权衡分析时，可以直接修改这些基础参数。这些模型的修正通过不同的模型层进行传达。

飞行器物理模型中，包含飞行器模型的全部详细信息：几何、质量、推进力、结构特征等，且这个模型可以产生进行学科分析所必需的全部数据。另外，飞行器物理模型必须能够根据飞行器基础模型的基本参数进行缩放；即飞行器物理模型必须能够直接参数化，或者每当飞行器基础模型的基础参数改变时，飞行器物理模型的数据也必须随之改变。此外，实体飞行器模型中还应包含不受飞行器基础模型控制，或者仅受飞行器基础模型间接控制的大量信息。

学科模型是一组综合数据，其中包含进行某一特定学科所有分析和 / 或评估工作所必需的全部信息。例如，在空气动力学学科模型中，包含一般形式的飞行器几何学数据通过学科模型可以生成某一空气动力学分析工具的输入文件。学科模型共包含两个部分：标准数据集，这一部分是必须存在的以及一个附件，这一部分是备用的，用于储存其他的工具专用信息。关于此类数据转换工具的详细内容，请参见工程学数据管理章节。

某个工具专用的输入文件并非学科模型，每个工具的建模与数据处理策略以及语法差别很大，但是绝大部分基础数据是不变的。这些数据包含在学科模型中。每一个软件都有一个特定的接口，可以根据学科模型中的数据生成自己的输入文件。以结构定义为例，结构的代码需要节点位置、单元及材料属性等，这些信息会详细或者简要地存储在学科模型中。而接口会将这些数据转换为专用的有限元程序的语法，例如，NASTRAN 或者 ANSYS。图 4-1 展示了这个概念的大体框架。

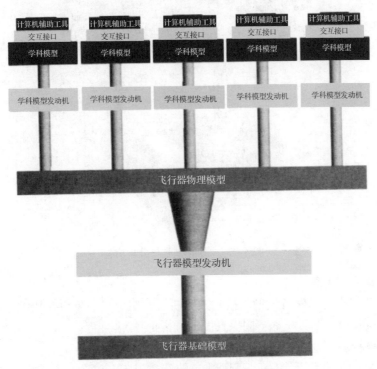

图 4-1 模拟工具箱框架的基本结构

4.2.2 模型发动机与接口

对应三个模型层，我们需要三个模型发动机。

通过飞行器模型发动机（AME），可以对飞行器基础模型（BAM）数据进行评定，并生成/修正相应的物理模型。飞行器模型发动机中应配备一个图形化的用户界面，它既要支持建模，且必须包含飞行器物理模型数据规范（建模标准，如飞行器基础模型数据无法生成的保真度与模型具体信息）。

学科模型发动机（DME）的作用是从物理模型中提取学科模型所需要的数据。它可以是用户控制类型（建立模型）和 / 或流程控制类型（学科间分析与优化时更新模型）。

每一个分析、模拟，或者评估的工具中，都会配备一个学科接口（DI）。学科接口可以对学科模型中储存的学科模型数据进行评估，并将其转化为其对应工具可使用的输入文件，参见图 4-2。

图 4-2　模块化多学科分析块

4.2.3　学科分析模块

学科分析模块由学科模型、接口及分析工具组成。在分析模块中，可以根据需要自行选择分析工具（如不同保真度的分析工具）。

4.2.4　任务模块

飞行器的概念设计是一个高度耦合的迭代过程，这个过程会受到任务模块（MM）的影响。

一个任务分析所要执行的流程序列是在一个任务序列模板（MST）中定义的。我们可以把任务序列模板想象成一个硬连接控制器，访问框架部件进而生成结果。这个任务也可以作为飞行器飞行剖面。

我们还可以使用模块化方法定义任务剖面，将任务分解成几个基本的、独立的任务目标，还可以建立一个包含不同的基本任务段组成的数据库。之后，我们便可以通过将对应任务段排列成合适的序列，构建一个任务剖面。另外如果需要，还可以添加新的基本任务序列。

在将任务分解成基本序列时，必须慎重考虑两个问题：概念边界和这些基本序列之间的关系，以应用于不同的任务剖面。

在任务模块中，一共存在三层：

（1）任务剖面，通常用于描述整个飞行过程，例如，从起飞之前的预热至着陆之后的滑行。

（2）任务段，这是任务剖面中的基本组成部分，例如，爬升、巡航、下降或着陆。

（3）任务序列，是任务段的子集；它是任务段的逻辑部分，它的定义通常会受到技术因素的影响。例如，起飞可以分解成起飞滑跑（飞机在加速过程中，受到摩擦力，但是不存在空气动力因素），转动（空气动力与飞行控制），以及初始爬升（飞行器平衡后，空气动力）。如有需要，可以加设进一步的子集。

一个任务剖面可以由任务段中选择的任务序列组成（参见图 4-3）。

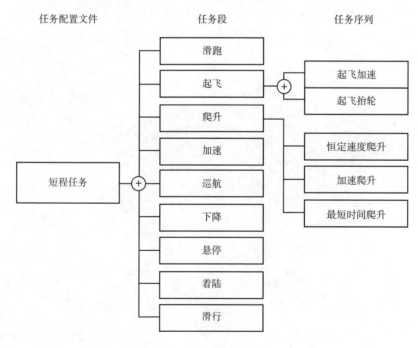

图 4-3　一般任务组成

每一个任务段分配一个任务序列模板，并指定了必须以什么样的顺序调用哪些工具来分析各自的任务段。

在图4-4中，我们展示了一个任务序列模板的设计结构矩阵图，而在图4-5中，说明了一个任务段模板是怎样将框架的分析工具联系在一起（学科模型套接），从而控制任务组成的分析或模拟流程的。

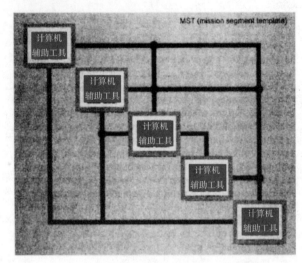

图4-4 联系各学科工具的任务组成模板

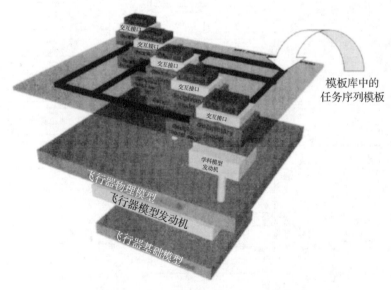

图4-5 框架与任务模块之间的相互作用

4.3 仿真工具箱——应用模块手段完成多学科设计

在飞行器的初步设计阶段，需要在模块化模拟环境中，基于机动仿真中得出的动态载荷来研究飞行器机翼的大小。所涉及的学科包括结构动力学、飞行力学及空气动力学。会使用到的工具包括用于建模或模拟飞行中飞行器的多体动态系统，以及用于确定机翼大小的梁单元分析（BEA）工具。我们将得到初步结果总结在参考文献［2］中。在下面的段落中，我们将分别阐述使用的工具、方法以及模型。

4.3.1 飞行器设计中的多体仿真

4.3.1.1 多体仿真

经证实，多体仿真（MBS）软件在虚拟飞行器设计中能够发挥有效作用。在航空学中，尤其是在起落架设计，地面行为（起飞，着陆，滑行与地面工作）、高升力系统设计，以及直升机与倾转旋翼机分析等方面，它是目前最先进的分析工具。另外，典型的多体仿真方法复杂程度一般，使得多体模拟软件特别适合用于飞行器的初步设计工作。通过综合性仿真可以对飞行器的性能、结构载荷、系统动力学，以及概念设计的优化进行分析与评定，能够恰当地解释挠性飞行器结构受到的空气动力学作用在复杂、真实的各种物理场景的计算工作中，变得越来越重要，这在各学科间仿真工作中是必不可少的一部分。在过去的几年中，除去现有的复杂弹性结构接口之外，研发可靠的空气动力学模型已经成为德国航空航天中心（DLR）气动弹性力学学院的重要工作之一[1]，研究范围包括片条理论与升力线模型[2-3]到高端计算流体力学工具[4-5]。使用多体仿真软件进行气动弹性力学分析，作为一个示例来演示民用[6]与军用[7]飞行器的载荷计算工作。使用多体动力学技术进行气动弹性力学相关工作的一个重要优势是将飞行力学直接引入气动弹性力学模拟中。尽管考虑线性飞行力学因素，在气动弹性力学稳定性分析与机动载荷计算中都属于标准程序，且数次提及此类学科之间的完全耦合[8-10]，但是在实际工作中，它并未得到普及。在处理大转角系统与弹性挠曲飞行器[3]时，使用复杂的多体工具进行科研工作的优势变得越来越明显，例如，飞行器/起落架总结合分析，包括优化[11]直升机或倾转旋翼机。在序言的案例研究中（参见 VIVACE 网站，http://www.vivaceproject.com），为自由飞行的机动飞行器建立了一个多体仿真模型，以此为例说明模块化仿真技术的应用。在德国国家 MODYAS 项目中，也采用了一种类似的方法[2]。其目标在于确定一个中等复杂程度模型的飞行与着陆载荷，涉及弹性机身、分布式空气动力学、真实情况下的飞行力学等因素。我们选择了两个试验来测试这种方法的有效性，并分析在初步设计阶段，刚性体飞行器的飞行载荷和地面载荷的计算与弹性体飞行器的飞行载荷和地面载荷计算的差别。

我们可以考虑选择多体仿真，是因为它能够直接将刚才所提及的所有学科包含在其中，也可以将仿真环境融入一个更大的设计回路中。关于多体仿真工具的网上信息，参见网站 http: //www.simpack.com。一些如剪切模块的功能通过一种数学分析程序执行，参见网站 http: //www.scilab.org。

4.3.1.2 多体仿真中的弹性体

现今，主要采用两种方法用于模拟大型机械模型的动力学系统，即有限元分析（FEA）与多体仿真（MBS）。建立有限元模型用于描述弹性系统，进行静态和动态分析，自由度极高。撇开非常耗时的碰撞模拟不考虑，有限元分析的动力学应用，一般会使用挠曲度较小的线性模型，忽略大型刚体运动。动力学计算通常得出在频域中的计算结果，即自然频率与模态，作为稳定性分析的输入值。通常使用多体程序来模拟非线性运动的复杂大型动力学系统，然后使用简单的弹性模型来描述小的弹性变形。例如，道路与车轮 / 铁路车辆，飞行器与机械。非线性力很容易描述，且分析结果一般处在时域中。通常情况下，使用多体仿真方法最终生成的仿真模型，要比使用有限元分析方法建立的仿真模型小很多，它不仅能用于系统评估，还会作为控制设计、实时应用和优化中的输入值。这使得多体仿真方法逐渐成为分析大量气动弹性力学问题时的首选方法，尤其是在处理机翼挠曲度大的飞行器和直升机的相关问题中。

在多体动力学中，通常会选择两种方法来描述弹性结构的性质。第一种方法比较早，通常被称为"链节"（chainlink）方法，它将弹性梁描述为使用抗扭弹簧连接起来的刚性体，弹簧的性质必须以测量值或有效的分析结果为基础。第二种方法，为多体程序使用的标准方法，利用有限元基础结构的模态。在预处理阶段，首先需要进行有限元结构的模态分析，过程中需要考虑弹性体与刚性体运动之间的耦合项，以及几何刚性与几何非线性之间的耦合项。模态方法的优势在于，可以在任意复杂程度下，使用有限元模型生成可用的模型。然而，在模态方法中，一般会作变形量小且变形为线性变形的假设，而在连通体中不会做出关于连接力元素和挠曲度的任何假设。另外，我们选择链节方法的另一个原因是，在模态方法中，弹性结构性质的改变，使得我们必须变动每一个参数，重复处理步骤，而在链节方法中，我们可以直接在多体仿真模型中，快速修正参数。

4.3.1.3 多体模型建立与模型数据

在图 4-6 中，使用多体建模方法，展现了一个弹性体飞行器的基本结构。选择一种通用的 4 发动机运输机作为参考结构，这种结构的主体是离散式的，使用

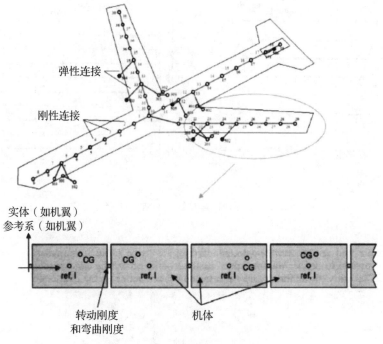

图 4-6　飞行器多体模型与机翼特写

扭簧连接，在结构呈现出一定的弹性。输出数据包括几何数据、离散式质量分布（弹性轴的局部重心与质量），以及用于连接机体的扭簧的刚度。这些数据是根据现有飞行器的图解推断出来的，数据可用于测量机翼弯曲与扭转以及机身的弯曲与扭转。机翼与机身典型的刚度分布，参见图 4-7。在空气动力学数据方面，我们在第一个模拟试验案例中，采用了片条理论。这个理论是基于假设机翼的气动特性可以通过沿着展长方向的切片来描述的，完全不考虑各段之间的干扰。这里我们会使用平板假设，二维空气动力学方程式，即以 2π 作为迎角升力线斜率的一种线性方法。假设机翼无初始气动扭转，即嵌入迎角。在计算升力时所必需的机翼参考面积，是根据相关飞行器的三视图推算出来的。并通过改变各个面的局部升力系数，引入控制指令。在着陆方面，我们将局部升力系数乘以 1.4 来处理高升力设备的影响。在触地案例中，添加了刚性体起落架模型来表现传动装置的非线性动力学特征[6, 12]。我们所收集的这些数据都是具有耦合性的。其准确性足以与真实的飞行器相比，可能与真实的 4 发动机结构并不是特别接近，但趋势是正确的，并能够用于对比刚性体建模方法与弹性体建模方法之间的差异。图 4-8 为触地案例中在建模环境下，最终生成的飞行器模型的屏幕快照。

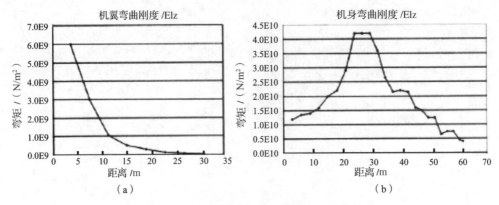

图 4-7　飞行器机翼与机身的弯曲刚度分布

图 4-8　飞行器在触地时的多体模型

4.3.2　机翼结构设计中的梁单元分析

4.3.2.1　总论

在对机翼的截面进行分析之后，我们使用梁单元分析（BEA）方法用来结构尺寸调整（structural sizing）。在给定机翼时使用这个方法，可计算分布质量、分布刚度，而载荷分布已知时，可计算应力与张力。当某一特定的设计结构给出时，可用于计算等效梁。此工具也可用于带有开放截面的机翼，或者在封闭截面内存在一个或多个单元的机翼。

我们将通过一系列沿着长度选取的截面来描述机翼，参见图 4-9。

当截面的外轮廓为曲线，假定内壁平滑，可能会选择使用纤维增强材料（尽管还未进行验证）。如图 4-9 所示截面为曲线翼型且带有 4 个翼梁的机翼（参见图 4-9 中 a，c，f，i），形成三个单元。假设单元的所有壁包括各翼梁之间的壳体

（参见图 4-9 中 b，d，e，g，h，j）都是直线形（没有曲度）。壳体与翼梁在顶梁处汇合（参见图 4-9 中 1 ~ 8）。

　　一般认为最左边翼梁的前缘与最右边翼梁的尾缘不属于承载结构，可以忽略。如果将它们纳入考虑范围之内，可能会将其定义为机翼前缘或尾缘的"虚拟翼梁"。载荷（三种力与三种力矩）会分布在剖面的翼型弦长四分之一（$c/4$）处。

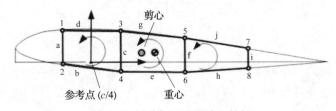

图 4-9　梁分析工具的输入数据

4.3.2.2　转换参数与接口

　　通常会使用 XML 定义的数据结构用于转换梁单元分析工具的输入与输出参数。主要参数包括材料性质，机翼的几何结构，机翼截面中翼梁与顶梁的结构，以及每个机翼截面承受的载荷。

　　在多体时间仿真，将通过弯曲与扭转的转动刚度所连接的质量点来建立飞行器的模型，如图 4-6 所示。因此，在每个截面中，结构分析工具必须提供每单位长度的质量；拉伸刚度，$i_{yy} = \int E\,dA$；挠性刚度，$i_{xx} = \int Ez^2\,dA$；所有带有弹性模量 E 与截面面积 A 的截面中，$i_{xz} = \int Exz\,dA$；$i_{zz} = \int Ex^2$；转动刚度 $i_t = GI_T$；极惯性扭转力矩 I_T 以及切变模量 G。

　　所有翼型特性可以通过翼梁与机翼的厚度计算得出。因此，我们将确定结构大小的工作也归入到梁单元分析工具中。我们将在下面的段落中更加详细地描述确定结构大小的工作程序。

4.3.2.3　尺寸调整的方法

　　一般会以全应力设计结构为基础来尺寸调整，也就是说，我们会将计算得出的应力结果与最大容许应力包括安全因数（SF）进行比对。在各向同性材料中，将使用 von Mises 应力作为比对应力

$$\sigma_v = \sqrt{\sigma_x^2 + \sigma_y^2 + \sigma_x\sigma_y + 3\tau_{xy}^2}$$

我们将选择以下过程来确定结构大小：

　　尺寸调整迭代回路，包括遍布所有截面的回路以及遍布所有载荷的回路。根据当前的几何计算内应力，并假定截面中所有壳体（上、下机翼，翼梁）为二维应力状态，如图 4-10 所示。

　　在图 4-10 中所标记的点，计算需要厚度

$$t_{\text{needed}} = \text{SF} \frac{\sigma_v}{R} t_{\text{current}}$$

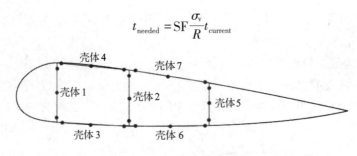

图 4-10　机翼截面中的壳体

其中，R 等于各向同性材料的长度，SF 为安全因数。由于截面内部应力会改变，所以无法一次性确定增加还是降低厚度。这里将使用松弛因子（RF）来确定新的厚度

$$t_{\text{new}} = t_{\text{current}} \pm \text{RF} \left| t_{\text{needed}} - t_{\text{current}} \right|$$

之后，将在考虑所有载荷情况后，确定翼型下表面和上表面，以及每一根翼梁的最大厚度。真实厚度不得低于设定的最小值。如果厚度变化小于 0.01mm，迭代程序停止。

4.3.3　使用多体仿真与梁单元分析方法的尺寸调整

在序言案例研究中（参见 http://www.vivaceproject.com），仿真工具箱的最终成果为通过时域模拟确定载荷工况，梁单元分析工具进行载荷分析，并使用通用的尺寸调整算法进行耦合后，得出机翼的尺寸调整回路。工作流程参见图 4-11。

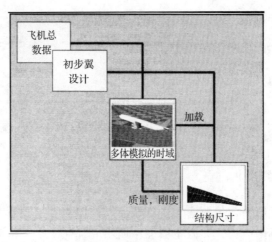

图 4-11　结构尺寸调整回路，包括多体模拟与结构工具

首先将机翼设计结构（几何、质量、刚度）引入时域模拟中，需要计算弹性体飞机的动态载荷，以及一种或多种已知机动飞行的动态载荷。如果在第一次仿真时，不知道质量与刚度数据，可以使用原始的集合数据，通过结构分析工具进行估算。多体模拟的时域仿真中得到的载荷包线，会作为结构分析工具的输入值，并确定已知设计结构的最大应力。最后，根据结果改变机翼的设计结构，或者如果之前的设计结构符合要求，回路终止，输出结果。

4.4 示例：运输机机翼结构的尺寸调整

4.4.1 模拟案例与结果

在此节中，我们将呈现通过时域模拟确定动态载荷，进而应用规格调整回路的一个典型示例。此处，我们将使用 2.5g（重力加速度）上拉机动飞行的结果来演示整个工作流程。时域模拟将以多体模型为基础，并给出回路调整规格的流程结果。在参考文献［2］中，可以找到两点着陆，垂直触地速度为 3.05m/s 的一个研究案例，它也使用相同的模型方法求得，但是其中不包括尺寸调整程序。

提出此示例的目标在于展示在概念设计阶段仿真技术的功能，而并非分析和评价任何实体飞行器。

4.4.2 上拉机动飞行

为演示耦合仿真，我们定义了 2.5g 上拉机动飞行，并使用刚性体飞行器与弹性体飞行器进行仿真。仿真的一个目的是评定两种方法之间的差异，最主要是弄清弹性体模型是否会对于翼根动态载荷的预期产生影响。如果需要辨别两种建模方法之间的区别，比较是一种非常有效的途径。仿真飞行器重量为 180t，根据以下配平条件，稳定飞行为基础，开始计算：v_x=200m/s，升降设置为 10.2°，迎角为 1.85°。

在仿真过程中，以 10.2° 为基础，改变升降参数，这样可保证重力加速度达到 2.5g。由于存在结构响应，所以相较于刚性飞行器，弹性飞行器中应设置较高的升降挠曲性，以求在两种案例中达到相同的加速。使用各自输入值之后，弹性飞行器与刚性飞行器大致能够得到相同的系统响应。尽管机身动力学对于刚性体飞行力学会产生一定影响，但影响很小。机翼挠曲度与空气动力学载荷分布，参见图 4-12。在图 4-12（a）中，以机翼的初始挠曲度为参考形状，即稳定巡航中的形状（1g，t=0）；t=2.25 的那条线，是重力为 2.5g 时产生新的挠曲度。当然，相较于参考形状，刚性飞行器没有表现出任何挠曲性。在图 4-12（b）中，我们对巡航（t=0，刚性飞行器与弹性飞行器相同）时，空气载荷为 2.5g 时的升力分布进行了比较。弹性扭转使机翼向上发生弯曲，且由于后掠翼的存在，使得剖面向下倾斜，有效地减小了局部迎角，因而局部空气动力集中在机翼的外侧。因此，与刚性机翼比较，弹性机翼的有效气动中心发生内移。这种影响使得弹性飞行器相较于刚性模型翼根的弯矩大幅下降；在当前阶段，差别在20%左右（参见图4-13）。所以，在飞行条件与控制输入值已知时，相较于刚性飞行器，弹性飞行器翼根处弯矩的计算结果会较小。这一事实表明，在绝大多数案例中，刚性体模拟只能给出保守载荷假设。

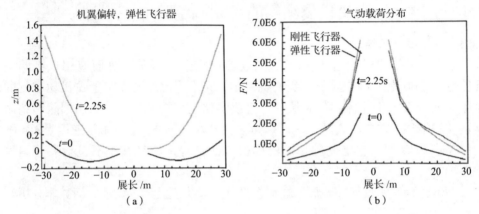

图4-12　刚性飞行器与弹性飞行器中，机翼挠曲度与空气动力载荷分布

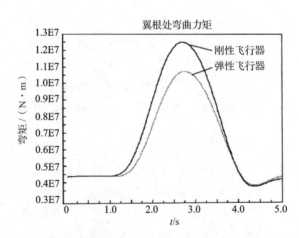

图4-13　刚性飞行器与弹性飞行器中，翼根处弯矩的计算结果

　　然而，当频率范围在机翼或机身的自然频率附近时，并且存在阵风激励或者控制激励时，这种假设可能无效，这时弹性模型可能会表现出更高的响应。参考文献［2］中的着陆仿真表明，由于弹性机身响应中发生了相位迁移，驾驶舱载荷部分升高，降低机翼的连接挠性。在另一个飞行器地面运行的案例中，参

考 Kruger[12] 刚性飞行器模型，由于这三个因素而低估了某一既定结构的动态载荷。

总之，我们可以将其总结为由于飞行器弹性的引入，我们在早期设计阶段获得了更多有价值的信息，且除去关于附加处理信息，我们需要更多信息，来运行弹性体模型以及相关的仿真功能。

4.4.3　结构尺寸调整示例

4.4.3.1　翼盒梁的几何输入

机翼设计时，几何数据主要是基于整体飞行器的三视图与机翼翼盒的三个截面（翼根、中间、外侧）得出的。翼根与中间截面包含一个中翼梁。

在尺寸调整时，所需的气动载荷数据是通过之前进行的机动飞行多体仿真转换而来的。载荷分布在沿机翼的一条直线上的 8 个点上。理论上，这条线应为四分之一弦长（$c/4$）。然而，由于多体仿真几何与结构分析工具中使用的几何来源不同，两个四分之一弦长（$c/4$）不能完全重合。为了矫正差距，我们需要移动多体仿真模型中载荷点（LP）的 x 坐标。所使用的几何数据请参见图 4–14。

几何数据必须经过处理，才能作为结构分析工具的几何输入。对于每一个多体载荷点而言，都需要一个截面，用于进行梁单元分析。

为了建立正确的梁模型，必须对截面进行矫正以使其垂直于梁轴，即四分之一弦长（$c/4$）。如图 4–14 所示，当翼根截面处于 x–z 平面中，实体飞行器中间与外侧的截面都不能达到这一要求。因此，这个截面必须在 x–y 平面中旋转 30° 。

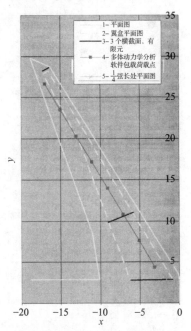

图 4–14　机翼几何学数据、x–y 平面，多体模拟与梁单元分析结构

下一步，在翼根与中间截面之间（前三个载荷点），以及中间与外侧截面之间（4 ~ 8 载荷点），通过插值得出多体载荷点对应的截面。生成的截面如图 4–15 所示。

之后，需要界定截面。z 轴原点决定了截面前缘与后缘位置，且假设原点为翼盒中心。截面必须围绕翼盒梁截面，使得四分之一弦长（$c/4$）能够在翼盒中正确的位置上，因为这是外力与力矩作用的地方。在梁单元分析方法中，所有截面的外轮廓都是通过多边形顶点之间，使用线性内插法确定。翼梁的位置则是通过它们在机翼坐标系中的 x 坐标确定的。因此，所有的顶梁（即翼梁与截面的交点）都必须在截面上。最后一步，按一定比例修正截面几何数据。在图 4-16 中，我们将展示两个不同截面的示例。

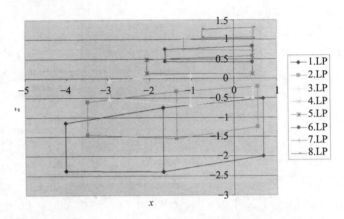

图 4-15　机翼坐标系统中，8 个载荷点（LP）的截面（y 轴沿着四分之一弦长）

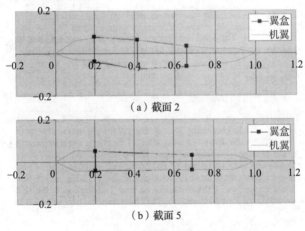

（a）截面 2

（b）截面 5

图 4-16　梁截面与剖面

对沿着机翼四分之一弦线（$c/4$）的 8 个载荷点上三个方向的作用力进行规定。由于在梁单元分析方法中，用于确定结构参数（刚度、强度、应力）的机翼坐标系（y 轴沿着四分之一弦长），会以确定载荷（全局坐标系，x 轴朝向飞行方向）的坐标系为标准，旋转 30°，所以需要对多体仿真载荷进行相应的转换。另外，必须考虑 x 与 z 方向力的杠杆臂，对 x 梁与 z 轴附近的弯矩进行测定。通过计算外侧至翼根的法向力的总和来处理扭转力矩，并将其应用在每一个截面的四分之一弦长（$c/4$）。从翼根至外侧的横切力的载荷分布以及两个弯矩 M_x 与 M_z，参见图 4-17。

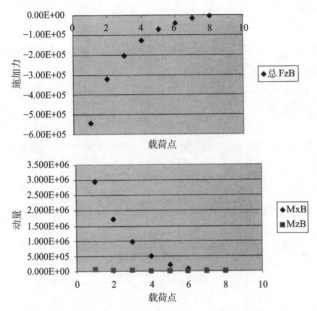

图 4-17 从翼根（点 1）至外侧（点 8）横切力（Q_z）载荷分布以及两个弯矩 M_x 与 M_z

4.4.3.2 尺寸调整结果

在调整规格的流程中，我们假设机翼主要由铝材制成。开始时，机翼与翼梁的厚度均设为 1.0mm，即同时选择最小厚度。松弛因子设为 0.5。翼梁安全因数为 1.8，上机翼安全因数为 2.2，下机翼安全因数为 2.4。经过 34 次迭代循环之后，调整规格的工作停止，因为两次连续调整回路之间的厚度差变化小于收敛阈值 0.01mm。段 1，6，7，8，的单元厚度与迭代次数，参见图 4-18。

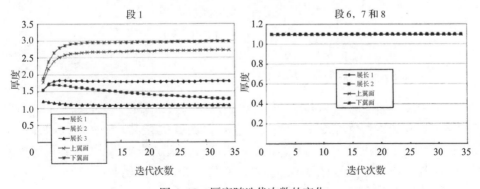

图 4-18 厚度随迭代次数的变化

除去段 1、翼梁 2 的厚度以外，其余厚度都在前 10 次迭代循环内收敛。使用普通台式电脑，34 次迭代循环的计算时间少于 15s。段 3 下机翼的最大厚度为 3.8mm。对于外侧段 6，7 和 8，代替全应力设计，所有单元的厚度都受到厚度最小值的限制。

在迭代完成之后，计算全部 8 段的弯曲刚度 i_{xx}、i_{zz}、i_{xz}，扭转刚度 i_t，以及拉伸刚度 i_{yy}。刚度分布与段数，参见图 4-19。

尺寸调整算法能够同时处理多种载荷工况，且会使用所有载荷工况中的最大载荷。

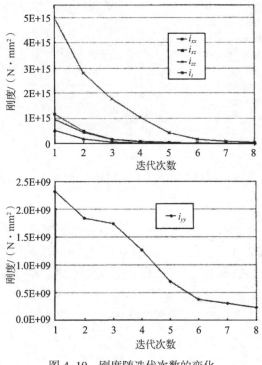

图 4-19　刚度随迭代次数的变化

4.5　仿真与尺寸调整流程回路的结果

飞行中飞行器的时间仿真与之后的机翼尺寸调整，两者的流程回路的执行顺序如下：首先，以静态 2.5g 机动飞行为基础，调整机翼尺寸。使用此弹性体机翼，进行动态 2.5g 上拉时间仿真，记录下沿着机翼选定的 8 个点的载荷随时间的变化。从其中选择最差的时间步，以瞬时翼根弯矩最大值为准则。请注意，这个工作点最后将成为并行尺寸调整过程的一个工作点。

根据最大动态载荷调整机翼尺寸之后，新的机翼设计将转变为多体方程式，归入多体模型中，之后会进行新一轮的动态模拟。然后重新确定一个尺寸。往复三次之后，观察结果是否收敛。

在图 4-20 中，显示了以 B 节中模拟方法与 C 节中尺寸调整方法为基础的耦合尺寸调整回路得出的结果。我们对机翼梁的所有壁的厚度进行了调整。使用壳体单元的有限单元段，参见图 4-20（a）。壁厚的计算过程，参见图 4-20（b）。

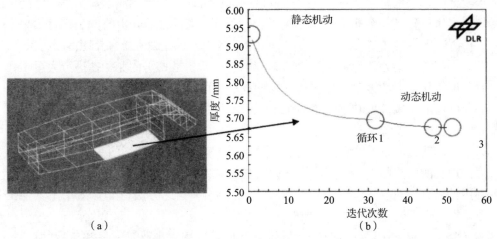

（a）　　　　　　　　　　　　　　　　（b）

图 4-20　使用新的结构设计方案进行时间模拟后得出的尺寸调整结果

第一个值，称为"迭代 0"，是静态 2.5g 案例中的壁厚计算结果。第一次迭代求得的值是使用与静态示例相同的机翼模型来模拟动态机动飞行后计算得出的壁厚。迭代 2 与迭代 3 中的结果为，使用更新后机翼模型模拟机动飞行后的壁厚计算结果，这里刚度和质量数据是在尺寸调整程序迭代中反馈得来。

我们可以从结果中看出，相较静态案例而言，动态案例中选定点的壁厚计算结果大约相差 5%。这表明，从单个时段中选择的动态机动飞行最大应力，与静态条件下的分布不同。然而，由于调整尺寸而导致质量与刚度产生变化，进而引起机翼的动态性质发生小幅度改变。更新后模型的计算结果的变动非常小，小于模型误差。

总之，我们得出以下结论，使用动态载荷调整结构尺寸，可能会得出一个比较不保守的结构设计。这种方法使我们能够更好地理解力学系统。根据机动飞行情况，静态条件下的局部应力在大多数标准案例中会比较高。然而，参考文献［2］中给出的示例，尤其是着陆案例，表明在一些情况下，相较于静态条件，动态模拟中的局部应力可能会更高。

在刚开始提出这一方法时，另一个想法是将尺寸调整后更新的机翼设计结构反馈到模拟回路中，产生新的载荷。然而许多实例表明，如果最原始的结构设计已经很完善，那么使用动态载荷尺寸调整后导致结构性质的变化，对于整个飞行器的飞行力学几乎没有任何影响。

4.6　总结与展望

在案例研究中，我们基于多体动力学以及梁单元分析工具使用时域模拟在初步设计阶段结构尺寸调整，并以运输机的动态机动飞行为例演示这一过程。经证实，多体仿真是一个非常适用于气动弹性力学/飞行力学分析的方法，且梁单元分析方法更适于其复杂情况。结构弹性由于减少了计算载荷通常表现得较为保守；然而，在结构动力学为主要考虑的案例中，这并不是真实情况。在进行大量工作后，证实气动弹性力学计算结果在初期设计中可以给出很有价值的参考。这里第一次演示的时域模拟和耦合多体梁单元模型以参考案例与刚性体模型为基础，从而扩展普通初步设计方法。

多体动力学和梁单元分析工具的耦合，是模块化仿真环境的一个很好的示例。可在现有的回路中，整合解决方案。它成功地结合了商业、内部研发，以及免费可用的软件，可在 XP 与 Linux 两种系统上应用。且此方法也非常适用于其他工作，如直升机设计或者高空长航时飞行器设计。

鉴于这种方法已经通过概念验证，我们可以用它去改善方案和流程的质量。多体仿真应用的下一步骤是与高阶、非定常空气动力学方法结合。在初步设计流程中，这可以作为非定常涡格法。此外，其他方法包括非线性动力学（如着陆撞击）必须归入设计回路中，以求获得一个更加真实的、可用于尺寸调整的载荷包线。最后，可以将这种解决方案引入正在使用的设计环境中。

参考文献

[1] Krüger, W. R., and Spieck, M., "Aeroelastic Effects in Multibody Dynamics," *Vehicle System Dynamics*, Vol. 41, No. 5, 2004, pp. 383–399.

[2] Krüger, W. R., "A Multi-Body Approach for Modelling Manoeuvring Aeroelastic Aircraft During Preliminary Design," *Proceedings of the IMechE, Part G: Journal of Aerospace Engineering*, Vol. 222, No. 6, 2008, pp. 887–894.

[3] Krüger, W. R., "Multibody Dynamics for the Coupling of Aeroelasticity and Flight Mechanics of Highly Flexible Structures," *Proceedings of the International Forum on Aeroelasticity and Structural Dynamics (IFASD), 2007 Congress*, Stockholm, Sweden, paper IF-107, sponsored by the CEAS (Council of European Aerospace Sciences), 17–20 June 2007.

[4] Krüger, W. R., Heinrich, R., and Spieck, M., "Fluid-Structure Coupling Using CFD and Multibody Simulation Methods," *Proceedings of the ICAS 2002 Congress*,

Toronto, paper ICAS 2002-296, sponsored by the International Council of the Aeronautical Sciences (ICAS), Stockholm, Sweden, 8–13 Sept. 2002.

[5] Arnold, J., Einarsson, G., and Schütte, A., "Multibody Simulation of an Aeroelastic Delta Wing in Roll Manoeuvres," *Proceedings of the ICAS 2006 Congress*, Hamburg, paper ICAS 2006-3.10.2, sponsored by the International Council of the Aeronautical Sciences (ICAS), Stockholm, Sweden, 3–8 Sept. 2006.

[6] Spieck, M., "Ground Dynamics of Flexible Aircraft in Consideration of Aerodynamic Effects," Ph.D. Dissertation, Technical Univ. of München, Munich, Germany, 2004.

[7] Krüger, W. R., and Spieck, M., "Multibody Simulation of Low Frequency Aeroelastic Wing Loads," *Functional and Mechanical Integration of Weapons with Land and Air Vehicles*, RTO Scientific Report RTO-MP-AVT-108, paper 11, NATO Research & Technology Organization, Paris, 2005.

[8] Waszak, M. R., Buttrill, C. S., and Schmidt, D. K., "Modeling and Model Simplification of Aeroelastic Vehicles: An Overview," NASA-TM-107691, Sept. 1992.

[9] Looye, G., "Integrated Flight Mechanics and Aeroelastic Aircraft Modeling Using Object-Oriented Modeling Techniques," AIAA Paper 99-4192, 1999.

[10] Meirovitch, L., and Tuzcu, I., "Integrated Approach to the Dynamics and Control of Maneuvering Flexible Aircraft," NASA/CR-2003-211748, June 2003.

[11] Cumnuantip, S., Krüger, W. R., and Spieck, M., "Multidisciplinary Design Optimization Process for Landing Gear System Conceptual Design of Blended Wing Body Aircraft," Deutscher Luft- und Raumfahrtkongress, paper DGLR-2004-026, sponsored by the DGLR (Deutsche Gesellschaft für Luft- und Raumfahrt), Dresden, Germany, 20–24 Sept. 2004.

[12] Krüger, W., "Integrated Design Process for the Development of Semi-Active Landing Gears for Transport Aircraft," *Mechanics of Structures and Machines*, Vol. 30, No. 4, 2002, pp. 493–526.

第5章 机翼的多学科设计优化

Martin Laban，Paul Arendsen

Nationl Aerospace Labortory（NLR），Amsterdam，The Netherlands

缩略语

CFD	计算流体力学
CG	重心
FAR	美国联邦航空条例
FE	有限元
FEM	有限元法
GSP	燃气轮机仿真程序
MDO	多学科优化
MTOW	最大起飞重量
SOC	巡航开始阶段
TO	起飞
TOC	爬升顶点
VFR	目视飞行规则

术语

α	迎角（飞机专业用）
C_D	阻力系数（曾用 C_X）
C_L	升力系数（曾用 C_Y）
C_p	压力系数
C_P	功率系数
C_T	推力系数
D	阻力（曾用 X）
L	升力（曾用 Y）
L/D	升阻比
Ma	马赫数（国标符号，GB 3102.12—1993）

Re	雷诺数
T	温度
T_2	加倍时间
V_r	旋转（rotation）速度
V_{zrc}	零爬升率速度
V_2	起飞安全速度

5.1　引言

机翼设计本身就是一个多学科项目，它包括了空气动力学、结构力学、推进器、空间分配、生产工艺和造价等学科。传统上，机翼设计优化要依赖该领域专家所具备的知识和以往的经验。不同专家通常都专注于他们各自擅长的学科，而学科之间的相互联系则通过这些专家们定期的相互交流来完成。这些交流包括口头交流，数据文件的交换和共享。这种形式会使得设计周期长达几个星期，甚至数月。这种模式的工作效率见证了飞行器设计的成长史。

然而，对飞行器性能的全新挑战使得对设计的技术要求进一步增加，这就要求对研究方法进行革新。本章所述的对研究方法的创新源于数学上导向优化算法中学科之间的强耦合带来的启发，这种方法取代了以人为中心的（口头交流）跨学科交流和联系。但仍然需要他们来安装程序、监控程序运行、定义需要探究的设计空间，以及判断最终得出的结果。相比于传统意义上以人为中心的研究过程，该程序的优势在于，它能自动地在更大的设计空间中探索。

因此，从一般的多学科分析方法中选出的不同学科的飞行器分析工具非常适合用于飞行器机翼。优化过程通过机翼几何参数化方法和全局优化器结合一起进行。参数化描述对其所涉及的每个学科都是一样的。根据研究规模的不同，机翼形状的设计空间可以变得很大（几十到几百个设计参数）。可以预料的是，一些挑选出的优化器需要支持成百上千次的后台程序的访问。这个多学科问题面临一个关键问题，如何选择合理的方法在足够的保真度和低计算要求下进行飞行器分析。

这一章将叙述一套适用于飞行器机翼的一般性的多学科分析方法，这些方法在过去 10 年间进行了多次改进。应用软件包括翼身融合体[1]、超声速民用运输机[2-3]、超声速商务喷气机[4]和低能耗开式转子电动飞行器概念。

运用这些应用软件得到的结果，将在本章不同的插图中呈现。虽然有一部分上述的分析工具为机构内部开展的，但他们中间每一个都能以相同的方法来代替，例如，可以从供应商那里购买。第 6 章题目为航空多学科设计优化中的元建模和多目标优化，用于描述分析工具所封装的优化流程，并详细说明该系统的特定应用方向。

5.2 机翼多学科设计优化的基础框架

在不同的方案执行过程中，作者开发出一种用于航空产品的通用多学科分析和优化框架。图 5-1 介绍了这个框架的主要功能模块。每一个模块及其实际应用都会在该章接下来的部分说明和展示。这些模块将简要地介绍如下：

（1）几何生成模块规定了参数化外部（空气动力）和内部（结构）形状。机翼平面形状建模成对顶梯形。几何结构改进模块采用了外观机翼平面形状／翼剖面参数（即翼展、翼长、后掠角、剖面相对厚度、剖面扭转度、剖面形状参数等），然后与全局优化器接口对接来完成。使用外部形状在进行空气动力计算（基于计算流体力学）时，应把空气动力和惯性载荷产生的气动弹性变形也考虑进去。内部机翼形状需要进行（基于有限元法）结构力学计算，包括机翼蒙皮、翼肋、翼梁和长桁（桁条）。可以根据经验来得到机翼平面上典型的结构单元的设计布局。

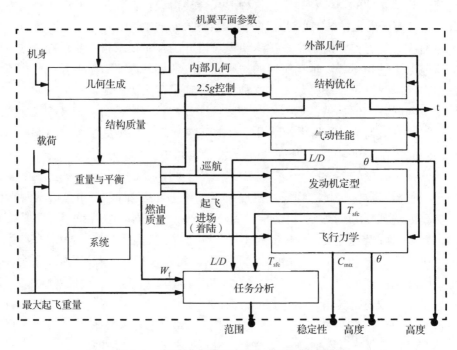

图 5-1　多学科机翼设计优化采用的通用模板

（2）重量（质量）与平衡模块保持记录了对结构质量和重心有影响的所有部件。固定质量分别分配到了机身、有效载荷和水平尾翼。机翼的主要结构的质量，是根据结构力学数据建立的。推进装置质量由发动机起飞额定推力得到。而起落架质量通过飞行器最大起飞重量（MTOW）确定。将最大起飞重量作为系统的全局输入，用最大起飞重量与其他所有组件的质量的差计算有效燃料质量。

（3）结构优化模块设定结构元件厚度，用于减少翼盒结构重量。结构元件的定型是根据 Nastran 软件的有限元分析法进行的，并且结合了有限元表达中没有的解析表达法。在这个组合中，Nastran 软件进行实际优化（SOL200）以及内部载荷路径计算。解析表达法用来推知 SOL200 程序内进行优化的允许应力水平。结构单元调整是通过结合相关负载情况得到的（如 2.5g 上拉，全偏度副翼倾斜，滑行载荷等）。由这些飞行操作引起的表面压力用计算流体力学技术（例如，升力线法、全势流解算法、欧拉流程解算法）计算。采用样条插值技术将这些信息转化为结构中心点上的载荷向量。

（4）气动性能模块用来分析飞行器升阻比（L/D）性能。用高（更高）保真度 CFD 分析法得到巡航阻力，以低（更低）保真度方法（例如，升力线理论或经验关系式）作为辅助方法，共同保证完成飞行包线。

（5）发动机定型模块确定了推进系统的规格，以符合飞行器推力需求。利用 NLR 燃气轮机仿真程序（GSP）[5] 模拟几个发动机性能数据平台，包括适用于跨声速运输机的高（更高）涵道比涡轮风扇，适用于超声速飞机的不同低（更低）涵道比涡轮喷气机，以及反转开式转子推进装置。通过为发动机推力和燃料流量数据施加一个比例系数使所有的发动机数据平台均为"摩擦 – 伯利兹"（rubberized）。发动机的规格是按照起飞和爬升顶点状态下，真实机身推力要求确定的。

（6）飞行力学模块用于评估飞行器的起飞和着陆性能，以及纵向操纵品质。飞行器低速特性构成了重要的全局约束条件，并且需要对起飞[10] 和着陆时飞行器状态进行分析。通过计算，选择能够达到额定推力的发动机，从而达到飞行器起飞着陆性能的技术要求，它可以为发动机定型模块的输入值之一。对于无尾翼飞行器，飞行器的纵向操纵品质可以构成全局约束条件。

（7）任务分析模块集中了所有涉及分析的学科结果，并且计算出飞行器任务范围，以及通过飞行器飞行轨迹积分得出了任务燃料消耗量。任务范围也是全局优化约束条件之一，经优化程序得出的反馈，以机翼平面形状变量和飞行器最大起飞重量闭合回路。

（8）一个优化模块（图 5-1 中未显示），使系统输出和输入之间的回路闭合，促进机翼设计达到设计空间中的最优。在本章中，不会详细介绍这一课题。第 6 章将会介绍一个案例，细述如何结合响应曲面技术和遗传算法，建立帕累托前沿。

本文选择的机翼优化策略是一种多等级方法。在全局等级上，多学科优化目标是，在选择的一系列约束条件下将飞机总体性能最优化。通常，飞机总体性能的选择为，例如，在一定的飞行任务条件下，将航空燃料最小化；在飞行任务一定的条件下，将飞行器起飞重量最小化。全局约束集可以采用如任务范围、进场速度、静稳定裕度、巡航俯仰角、进场俯仰角等变量。全局层级上只包含那些直接影响到所有学科的设计参数，一般是一类特定的机翼（翼平面/翼剖面）几何结构参数，如最大起飞重量和巡航高度等变量。

对于每次全局迭代运算，都可能进行部分（单一学科）局部优化。例如，在结构力学上，可以对机翼材料元件厚度进行优化，采取以最低重量结构设计。可以对发动机的热力学的循环数进行优化，使其达到最低的设置燃料消耗量。可以对飞行器上升及下降轨迹进行优化，从而降低航程损失或者降低噪声。依据研究目标，决定究竟要进行哪一个局部优化。这个过程一般需要不同专家的知识。

关于全局和局部之间的耦合，并非通过正规的数学方法来解决的。采用迭代分析获得其收敛性，同时应用协调的低松弛因子来避免设计方案振荡。

通过读出和写入一个主要的产品数据库，实行不同的模块之间的信息交换，该数据库包含了当前需要分析的每个飞行器的绝大多数必要的资料。多学科设计优化框架最初被视为 UNIX 操作系统脚本下的一系列相互关联的程序。后来研发了图形用户接口，通过多学科设计优化框架[6]，更好地检测信息流。

当前，在多学科设计优化框架下的独立模块，如图 5-1 中的介绍，在第Ⅱ和第Ⅷ部分会有更加详细的叙述。而学科之间的数据交换和相互耦合（现实中的情况要远远比这里显示的复杂），也将重点分析。

5.3　参数化几何结构的改进

几何生成模块负责定义构造的外部形状（空气动力）和内部形状（结构）。虽然研究的规模会受到机翼平面形状和翼型改型的限制，仍要求完整的飞机几何参数定义，以支持全局飞机性能评估。为了更快地对设计空间进行探索，机翼几何结构生成通常以参数法方法进行。在多学科分析的几种情况下，需要用到的几何资料：

（1）重量与平衡模块（第Ⅳ部分 A）需要机翼前缘和后缘的几何结构资料用于计算这些部件的质量。

（2）结构优化模块（第Ⅴ部分）需要翼盒结构单元的几何。

（3）气动力性能模块（第Ⅵ部分）需要飞行器外部形态评估飞行器的升阻比性能。

5.3.1　外部（空气动力）形状构造

计算该构造的外观形状，以满足基于 CFD 的空气动力的评估（第Ⅵ部分）。用参数化法将机翼平面形状参数化为对顶梯形，如图 5-2 所示。要求采用 9 个参数定义该机翼平面形状。用附加参数定义机翼截面的厚弦比和截面扭转度。

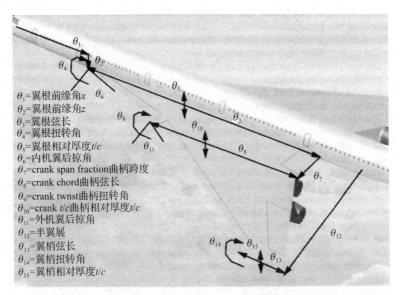

θ_1=翼根前缘角x
θ_2=翼根前缘角z
θ_3=翼根弦长
θ_4=翼根扭转角
θ_5=翼根相对厚度t/c
θ_6=内机翼后掠角
θ_7=crank span fraction曲柄跨度
θ_8=crank chord曲柄弦长
θ_9=crank twnst曲柄扭转角
θ_{10}=crank t/c曲柄相对厚度t/c
θ_{11}=外机翼后掠角
θ_{12}=半翼展
θ_{13}=翼梢弦长
θ_{14}=翼梢扭转角
θ_{15}=翼梢相对厚度t/c

图 5-2　超声速运输机机翼水平面优化研究过程中 15 个几何参数的定义
（3，经荷兰国家航空实验室同意再版）

机翼定义部件包括翼根、曲轴、翼梢和用于特定应用的一两个辅助的外翼截面。机翼定义剖面（翼型）可以是固定的（作为数据文件读入），也可以进行参数化建模。通过这一系列参数，几何生成模块使全局优化器进行对接。机身形状和水平安定面保持不变，并作为优先定义的数据文件读入。发动机短舱的几何结构也是预先确定的，但要符合发动机定型模块规定的推力要求。

为方便和空气动力学模块对接，飞机的各个组成部分（机身、机舱、机翼、安定面、尾翼）的表面用结构化面网格定义。计算机翼和机身融合体，除去机翼嵌入机身内部的部分。同时加上环绕机翼和机身的整流蒙皮，并且翼梢处于闭合的状态。机翼前缘和后缘全动尾翼要偏斜至要求角度（如载荷减轻装置）。由结构优化模块获得的气动弹性变形，用于将机架形态转变为飞行形态。

开发不同的几何生成模块用于在不同的场景中应用。作者使用的是特定的Fortran 程序来实现这些基本功能，而有人建立了一套以商业计算机辅助设计软件[7]为中心的参数化工具，并且研究了在CATIA–V5 下进行参数化建模的方法。

5.3.2　内部（结构）翼盒形态

计算该机翼翼盒的内部形态，以满足基于有限元法的结构力学评估（第 V 部分）。构造单元包括翼梁、翼肋、蒙皮和桁条。图 5-3 是运输机机翼的一个典型例子。在这种情况下，机翼蒙皮由两条翼梁和许多翼肋支撑，翼肋沿翼展方向按80cm 的间隔排布。翼梁和翼肋设计要考虑到飞机起落架间距，以及机身和发动机固定点。在全局优化过程中，构造的拓扑结构要随机翼平面形状和翼型的变化而调整。机翼结构拓扑结构，是根据一套基础标准定义的。由于在多梁结构和多肋结构应用中，结构拓扑形状对起落架舱保险装置（例如，超声速飞机上三角翼的俯视图）有影响，因此要将这个程序自动化是相当复杂的。在这个阶段中，需要一位结构设计专家将相关标准公式化。

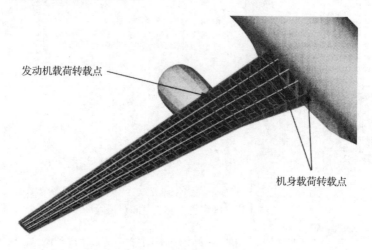

发动机载荷转载点

机身载荷转载点

图 5-3　机翼结构设计法

使用帽形桁条对机翼上表面蒙皮，Z 形桁条对机翼下表面蒙皮，刃形桁条对翼梁和翼肋进行加固。为了缩短结构建模周期，将许多桁条组合在一起，构成"数值化的"桁条，而不是一个一个单独地对每根桁条进行建模。同样地，桁条也要沿机翼平面形状锥形延伸，并且在翼梁的前后端也应连续。由单个数值化的桁条表示的实际桁条数目是结构优化模块控制下设计变量的结果。

结构单元通过一组结构化网格表示，并输入至结构优化模块对该构造单元进行定型。

5.4　重量与平衡

重量（质量）与平衡模块负责保持记录影响飞行器质量和重心位置的所有部件。而在多学科分析的几种情况中，需要用到这些资料：

（1）结构优化模块（第 V 部分）需要用到飞行器质量和质量故障信息，来推算机翼载荷。

（2）气动性能模块（第 VI 部分）需要用到初始巡航条件下，飞行器的质量信息，以评估飞行器巡航升阻比性能。

（3）发动机定型模块（第 VII 部分）需要用到起飞和爬升顶点状态下，飞行器的质量信息，根据飞机推力要求来匹配发动机推力。

（4）飞行力学模块（第Ⅷ部分）需要用到重心范围数据，来进行操纵品质分析。

（5）任务分析模块（第Ⅸ部分）需要用到燃料质量信息，以推算最高一级的飞机性能数据。

5.4.1　质量故障

质量问题分为以下几类：

（1）机身和尾翼：无论机翼几何结构如何变化，这些部件的质量都使用一个固定的质量表示。为防止有关这些部件的质量信息缺失，可以根据概念设计手册估算。

（2）有效载荷：乘客和货物按照乘客的标准，由一个固定的质量表示。

（3）翼盒结构零件：这些零件包括蒙皮、翼梁、翼肋和桁条。翼盒的质量与机翼的几何结构有紧密联系，在机翼的几何结构优化过程中，翼盒质量是随之变化的。翼盒结构质量是由结构优化模块提供的。

（4）机翼非结构零件：这些零件包括那些不属于翼盒结构的零件，例如，前后缘作动器起落架支架和燃油系统。在优化过程中，随着机翼几何的变化，机翼非结构零件质量也会发生变化。可以基于经验性"mass-to-area"关系对这些零件质量进行估算。必需的活动件（缝翼、襟翼、扰流板、副翼）区域由几何结构生成模块提供。

（5）起落架：起落架的质量根据最大起飞重量来建模。概念设计读本可以为不同的齿轮设计提供经验性资料。最大起飞重量是由全局优化器的控制变量；因此，其质量在优化过程中会变化。

（6）推进系统：发动机需用推力是一个关于机翼平面形状的函数，因此，发动机质量在优化过程中会发生变化。相关信息由发动机定型模块提供。

（7）燃料：有效燃料质量是通过最大起飞重量和上述提到的所有零件质量综合做减法计算得出。因此，有效燃料质量与机翼几何结构密切相关。检查有效机翼体积是方便利用翼舱单独存储起飞所用的所有燃料。万一机翼体积是一个限制因素，那么就设有效燃料等于机翼体积，据此减小飞行器起飞重量。

5.4.2　推动分析学科的载荷工况

给重量与平衡模块分配任务，将独立质量组件整合到推动独立分析学科的临界载荷工况中。对于每种载荷工况，会产生包括质量、重心、飞行状态等一系列信息，并写入中央数据库。这些数据为后续的分析提供了推动方案：

（1）结构翼盒优化方案：为翼盒结构单元定型的推动方案，应当选择在FAR25标准下保证机身结构的所有载荷情况需求。计算时间限制可能更倾向于易求解的方法。如果只选择一种载荷工况，那么 +2.5g 上拉飞行就有可能成为一种有趣的工况。当翼盒结构的大型零部件已经定型，那时再设置飞行器载荷，这样机翼结构就承担了最大弯矩，即最大起飞重量、最大许用载荷和全满燃料箱。

（2）气动力性能评定：评估飞行器巡航升阻比性能的推动方案为，初始巡航（SOC）马赫数和初始巡航高度。飞行器载荷即在初始巡航状态中飞行器允许的最大载重量，并维持燃料。因此，飞行器质量略低于最大起飞重量。起飞和开始巡航状态下，燃料质量消耗可以通过运行任务分析模块（第Ⅸ部分）进行估算。假设飞行器在巡航期间，其飞行轨迹为一个连续的上升段轨迹，且直到巡航结束状态，升力系数均保持恒定。

（3）发动机定型方案：将发动机推力与机身需用推力匹配的推动方案之一，为爬升顶点状态。该状态下，马赫数、高度和飞行器质量，均与开始巡航状态相吻合。而其爬升率不同，这里设置为 500ft/min。

（4）操作质量评定方案：定义一个空载和一个最大有效载重方案，与变化的燃料质量结合，来定义构建重量与平衡包线的外边界。该信息推动了由飞行力学模块进行的操作质量评定（第Ⅷ部分）。

5.5 结构化翼盒优化

全局翼型参数的改变会影响机翼翼盒结构质量和翼盒硬度参数。结构优化模块负责记录这些信息。多学科分析过程在以下几种情形下需要：

（1）几何结构生成模块（第Ⅲ部分 A）要用到翼盒变形信息，将机翼机架形态转化为飞行形态。

（2）重量与平衡模块（第Ⅳ部分 A）要用到机翼翼盒质量数据，以补充飞行器质量故障信息。

翼盒质量通过翼盒结构上材料分配的数值体积积分计算得到。翼盒构造单元的几何结构（即蒙皮、翼梁、翼肋和桁条）由几何结构生成模块（第Ⅲ部分 B）提供。然而，在这个阶段中，还没有指定翼盒构造单元的结构性能（厚度、桁条拓扑结构、桁条间距等）。这些结构性能实际上来自局部结构优化问题，其优化目标为，在翼盒能经受住十分强烈的外部载荷作用（第Ⅳ部分 B）的情况下，使其质量最小化。将强度要求依据允许应力公式，构成优化约束条件。还可以利用其他的要求，例如，最大偏转标准、固有频率，甚至是颤振稳定性。

推断翼盒质量的最简单的方法，就是利用弯曲梁理论。然而，由于当前的计算能力有限。在多学科设计优化方案中，常常基于有限元法（FEM）估算翼盒质量。基于有限元法的处理方法需要相应的粗略的数值离散，来保证该问题在合理的界限内解决。本章节将详述，该如何基于商业 Nastran 软件来建立结构优化程序。

5.5.1　结构翼盒优化方案

图 5-4 将图 5-1 中介绍的结构优化模块具体化了，并说明了该模块如何嵌入不同的闭式系统和各个学科之间的相互影响。

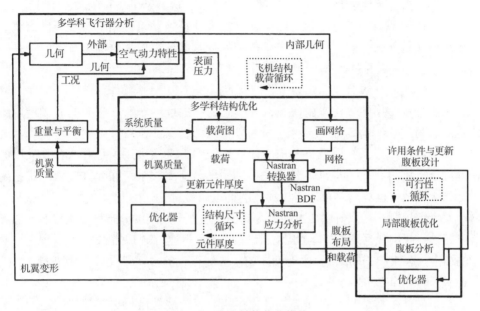

图 5-4　聚焦结构优化模块

（1）几何结构生成模块（第Ⅲ部分 B）提供翼盒结构单元的几何结构。

（2）重量与平衡模块提供了载荷工况方案（第Ⅳ部分 B）。结构优化模块则提供机翼翼盒质量信息给重量与平衡模块（第Ⅳ部分 A）。

（3）空气动力学模块提供与载荷工况（第Ⅵ部分）相关的表面压力信息，几何结构生成模块为载荷工况提供外观形态信息（第Ⅲ部分 .A），校正的机翼形变信息由结构优化模块提供。

在图 5-4 中所示的结构优化模块内部，又定义了不同的子模块：翼盒构造几何形状网格化、外部载荷变换为作用于结构元件中心点的力矢量、计算结构腹板许用应力，并通过一个局部优化程序进行腹板桁条设计、将所有的信息上传到 Nastran 成批数据板文件、基于 Nastran-SOL101 的应力分析、基于 Nastran-SOL2（X 坐标方向）优化，以及推断翼盒质量情况的实际体积综合化程序。

图 5-4 中定义的输入和输出数据间的相关性如下：

（1）构造定型载荷工况的定义需要用到飞行器质量故障信息。然而，在该阶段中，机翼翼盒质量仍为未知（这是构造定型程序的结果）；因此，飞行器质量故障仍是未定的。

（2）机翼结构在载荷作用下会发生形变。这些形变又会影响到气动载荷。这种情况尤其在机翼具有大后掠角时更为明显，机翼弯曲转化为机翼扭转形变，这种形变又进一步影响了机翼单位翼展载荷分布。机翼刚度信息不能通过计算推导得出，这项信息实际上是构造的定型程序的结果。这产生了飞行的载荷闭式系统。

（3）许用的内应力以及理想纵梁加筋板设计是独立单位结构腹板长度、宽度和厚度分布的函数。然而厚度分布不能通过计算推导得出，这项信息实际上是构造的定型程序的结果。而这产生了许用应力闭式系统。

（4）Nastran-SOL200优化器需要访问Nastran应力分析模块。

采用一种实用的方法来解决输入和输出的相关性问题。在必要的时候运用闭式系统。为防止不稳定性，选择适当的松弛因子以保证执行方案的稳定性。在飞机结构学载荷闭式系统以及许用应力闭式系统中，必须采用这种办法，其采用的松弛因子分别为0.33和0.50。经过飞机结构学载荷闭式系统和允许应力闭式系统运行约5次迭代运算后，可以得出翼盒的许可质量。

对于细长翼，其载荷途径可能或多或少地独立于其刚度分布；很大程度上是静态测定的。我们观察到，这样的应力推动设计收敛迅速。对于刚度推动设计或更加复杂的结构，这种方法的收敛性是有问题的。更加正式的多学科设计优化协调方案被视为未来的延伸方向。

在以后几个章节里，会对结构优化模块选定的构件进行更详细的阐述，并附以实例说明。

5.5.2　结构化翼盒模型

几何结构模块提供单独机翼结构零件的几何结构。每个结构零件带有一个标签，通过这种标签，将结构零件参数（如零件类型、材料种类、连接件的鉴定）传递给结构优化模块。构造单元现在需要按照Nastran软件的原格式，由一系列结构中心点（Nastran软件中的"网格"入口）表示，并把这些中心点归为几类，制作成一张连通性列表。运用四边形单元（Nastran软件中的"CQUAD4"构件）来模拟蒙皮、翼梁和翼肋。采用梁单元（Nastran软件中的"CBEAM"构件）来模拟桁条。梁单元的中心偏离表面约为桁条高度的一半。运用梁单元截面面积和力矩规格来模拟桁条弯曲和抗扭刚度。实际的桁条间距不一定与数字化的桁条间距匹配。这种差异通过对梁单元区域和力矩添加一个比例系数来平衡，该比例系数等于数字的与实际的桁条间距之比。每个独立单位结构元件均有一个唯一的壳层参数定义（Nastran软件中的"PSHELL"和"PBEAM"入口），并且包含一个与材料特性集（Nastran软件的"MAT1"入口）的连接。当前应用软件默认2024-T3铝作为下层蒙皮、翼梁和翼肋的材料，7075-T6铝作为上层蒙皮的材料。

机翼翼盒包含了一个半翼展模型。在机翼和机身相交面的内侧，机翼翼盒成直边段，一直延续至其对称面。在这个位置，利用合理的单点约束条件（Nastran 软件中的 "SPC" 入口），将机翼的两部分接通起来。

将构造单元集合到设计区域中。每个设计区域相当于一个均匀分布的材料，并最终由 Nastran-SOL200 优化器控制。因此，设计区域的数目相当于结构优化程序中的自由度。最初，每个独立单位的机翼蒙皮、翼梁和翼肋腹板会指定一个设计区域。对特定的应用来说，因为优化器的自由度太大了。采用这种方法很可能导致设计方案的不定性，在此情况下，众多设计区域可以集合起来，并由一个设计区域来代替。这个过程要由结构设计师来判定，根据设计师在初始安装阶段对监控程序的操控。

图 5-5 显示的是一个典型结构的机翼翼盒模型实例。它包含了机翼蒙皮、翼梁、翼肋共 606 个四边形结构，最终将其集合成了 201 个设计区域。单个 Nastran-SOL101 应力分析的问题解决周期为 * 秒（原文如此）。

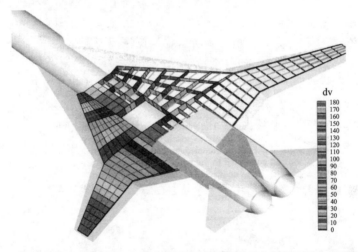

图 5-5　超声速商务喷气飞机（4，经荷兰国家航空实验室许可再版）机翼翼盒的有限单元网格和设计区域分布的左边得出的空气动力学表面压力载荷，以及构造的中心点（等式右边）的飞行和惯性载油量向量图

5.5.3　机翼载荷

将空气动力学表面压力在机翼表面网格上转换为面元上的力矢量。然后，利用样条插值技术，将这些力矢量映射到空气动力学和结构相交面（机翼翼盒蒙皮腹板）的结构节点上。计算结果作为一组 Nastran 软件的 "FORCE" 输入。机翼翼盒结构单元定型要求推动方案由重量与平衡模块（第Ⅳ部分 .B）提供。应空气动力学模块（第Ⅵ部分）的要求而选定载荷工况下，得到 CFD 求解结果，进而得出对应的空气动力表面压力载荷。

为防止载荷工况定义包括地面载荷，再次利用 Nastran 软件的"FORCE"入口，模拟一个垂直力矢量，作用在最接近主飞机起落架固定点的结构中心点。

选定的载荷工况下，机翼燃料载荷充当了作用在机翼翼盒下层腹板上的流体静力学载荷。不同的翼舱填充了指定的序列，到达由工况定义的燃料体积的相等水平。利用 Nastran 软件"CONM2"入口，模拟燃料的质量集中为一点，与机翼下表面蒙皮的结构中心点相连。

所有与机翼相连接的非结构性零件（起落装置、发动机、前缘和后缘活动件）均由重量与平衡模块提供，并再次利用 Nastran 软件"CONM2"入口，与机翼翼盒最接近的结构节点相连。

质量零件提供了惯性卸荷，它会部分计入空气动力学表面压力载荷中。这需要由重力引起的加速度限定，利用 Nastran 软件的"GRAV"入口，以及在 Nastran 软件的"载荷"入口中有具体说明法向载荷因数。

机翼翼盒与机身相连。在这里的展向位置，固定一个翼肋。相反，在机翼/机身，翼肋/翼梁的交点定义单点约束条件（Nastran 软件的"SPC"入口），Nastran 软件会自动设置该点合力和力矩平衡所需要的反作用力。

所有的外部载荷都汇集到一个称为"Nastran 负载卡片"的地方。该项信息会增补到包括结构模块（第 V 部分 .B）在内的 Nastran 成批数据板文件中。此时，我们就拥有了足够的信息去操作如 Nastran SOL–101 应力和形变分析之类的程序。

图 5–6 展示了一个机翼翼盒定型载荷实例用于创新性低燃料消耗的飞行器概念，其特征为具有一个大展弦比的机翼。这个特定的实例中选定的机翼载荷工况包括：一个 +2.5g 上拉机动飞行，一个满副翼偏度工况，以及一个滑行载荷工况。采用一种非黏全势流解算器给出机翼表面压力载荷值（第 V 部分 B）。

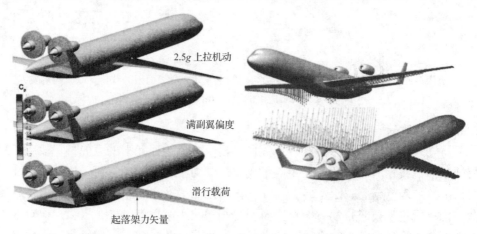

图 5–6　创新性的低燃料消耗飞行器概念，左侧为由 CPD 计算的气动表面压力载荷，右侧为燃料载荷矢量映射到结构节点

5.5.4　应力许用值和桁条设计优化

通过先验知识选择结构元件厚度的结构模型，和结构载荷（第 V 部分 .C）可以对翼盒结构（如通过运行 Nastran–SOL101）的实际应力进行计算。追求最低重量、均匀受力的设计，需要评估实际应力与容许应力的比值。然而，许可应力值是结构腹板规格（翼肋间隔和腹板宽度）、桁条间距和桁条截面性质、腹板材料特性，以及腹板的流动载荷的强函数。假定一个许可应力值作为初始条件，是一种选择（如 250MPa 的米泽斯（von Mises）应力水平），但通过专用的解析的固定样本分析和与 Nastran 有限单元法分析优化，可以获得更加精确的计算结果。参见图 5–7。这在机翼翼盒结构优化程序单元内，构成了另一个局部优化闭式系统。

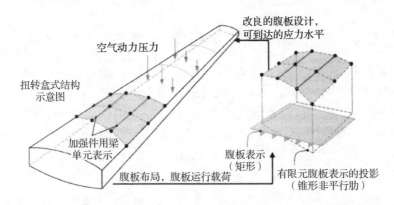

图 5–7　结构性腹板分析和优化闭式系统为基于 Nastran 软件的翼盒优化任务
提供应力许用值和最优化桁条设计

在相邻的两个机翼翼肋之间，每个机翼蒙皮的单个部分，都将其建模为帽形、刃形或者 Z 形加强腹板来分析，以推断出疲劳载荷（下表面机翼腹板）或者压曲载荷（机翼上表面腹板）的许可极限载荷应力最大值。在这个过程中，桁条间距和桁条横截面面积也都确定出来。

从有限单元法分析中得出有关翼板载荷的信息，而当它依据许可应力和桁条设计、为有限单元法分析提供输入值的时候，程序需要再次重复。

图 5–8 显示了一个机翼翼盒腹板故障形式和许用应力的典型实例。

5.5.5　结构优化

有了结构机翼翼盒模型，机翼载荷、许用应力和最优桁条有效设计的实际结构优化得以运行。有两种选择。通过 Nastran–SOL101 应力分析和任何外部优化算法相连接。也可以采用另外一种方法，即在 SOL2（X 坐标方向）中运行的 Nastran 软件的内在优化泛函性，而后者更为经济有效。

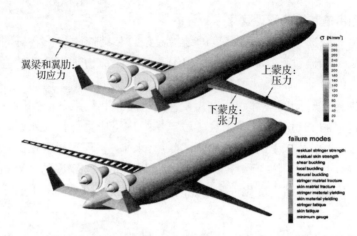

图 5-8　创新的低燃料消耗飞行器概念中的许用应力和主要腹板故障模式

Nastran–SOL200 通过设计参数的限定，来控制程序的运行。这些设计参数
（Nastran 软件中 "DESVAR" 入口）通过适当的 "设计变量到参数方程"（Nastran
软件中 "DVPREL1" 入口）的限定，与结构元件参数（Nastran 软件中 "PSHELL"
入口）关联。该优化过程响应了结构翼盒质量，以及四边形单元中心 von Mises 应
力。对优化约束条件进行定义（Nastran 软件中 "DCONSTR" 入口），将许可极限
载荷应力（第 V 部分 .D）与合理的设计灵敏度特征曲线联系起来。附加约束条件
为用 2mm 最小单元厚度进行表述。将在下文中具体说明关于收敛性判定准则和循
环数的更进一步优化指令。

附加了 SOL200 优化指令后，成批数据卡片文件就可以由 Nastran 程序运行
了。通常在进行了 10 次 SOL101/SOL200 迭代运算后，可以收敛获得均匀受力的、
最低重量设计的解。求解时间一般在 3 ~ 5min。图 5-9 显示了一个 von Mises 应力
分布和结构元件材料的计算结果。根据该信息，翼盒质量通过对完整的机翼翼盒
结构进行体积积分获得。

5.6　空气动力学

关于飞机平衡特征的信息，包括机翼表面压力载荷、最大可达到的升力系数、
升阻比性能和压力中心信息，在多学科分析中的以下几种情况中需要提供：

（1）结构优化模块（第 V 部分）需要用到在选定的飞行操作期间的机翼表面
压力分布，用以推断机翼载荷信息。

（2）发动机定型模块（第 VII 部分）需要用到空气动力阻力信息，用以推断爬
升顶点的推力信息。

（3）飞行力学模块（第 VIII 部分）需要用到空气动力的输入值，根据迎角与升力

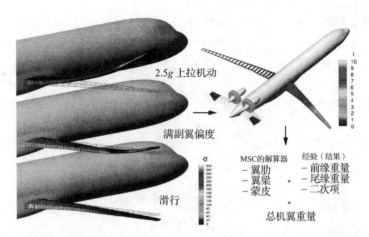

图 5-9　创新的低燃料消耗飞行器概念中 von Mises 应力和最优化材料厚度分布

的比值、阻力和俯仰力矩系数，以及可达到的最大升力系数，用来评定飞行器的起飞着陆性能、稳定性和控制系统。

（4）任务分析模块（第IX部分）需要用到多种飞行状态下的升阻比性能信息。

（5）全局优化器则利用巡航姿态（如迎角）信息，作为约束条件。

由于当今的计算能力的提升，在多学科设计优化方案中较有吸引力的方法为基于计算流体力学的方法。然而，由于分析要求的不同，需要在很多马赫数—升力系数中进行空气动力学评估，要利用高保真度的计算流体力学技术，对每一种飞行器改型，计算其马赫数—升力系数飞机中的每一个入口，成本过于昂贵。取一种折中的办法，即仅对选定状态，运用计算流体力学技术分析。在非设计工况阶段，将采用运算价格比较低廉的方法，对该项信息进行补充。不同的计算流体力学选项及其适用性范围将在后面几节中回顾。

5.6.1　基于欧拉方程的解决方案

基于欧拉方程的解决方案对高速飞机应用软件非常有用，在该应用软件中，激波和涡流为主要因素。对于超声流来说，数值离散精度可以相对更低一些，其解通常收敛很快，而且边界层（旧称附面层）相互作用只具备二阶效应，因此平板雷诺数（Re）校正十分精确。

可以使用分块结构网格技术[8]生成计算流体力学网格。这个过程需要在初始飞行器上划分网格。网格变形技术是以体积样条技术[9-10]为基础，可用于对飞行器网格的全自动变形。网络畸形导致的数值求解不精确在不同的飞行器中一直存在，因此对设计空间的梯度影响很小。这种情况允许使用相应的粗网格。只要网格的拓扑结构和规模能保持不变，那么后来的飞行器改型的流体运动方程，可以由初始飞行器收敛的流体运动方程解重新开始。这两种方法都能有效地减少工作周期使其达到多学科设计优化应用软件可接受限值范围。

欧拉方程的解只能捕捉波阻和涡系阻力（wave and vortex-drag components）。根据 Prandtl Schlichting 湍流（旧称紊流）边界层摩擦阻力公式，这需要用遗漏的黏滞阻力部分补充，用于所有暴露的湿润表面 S_{wet}，以及飞行器的特征长度 l。即

$$C_{D_{viscious}} = \sum \frac{S_{wet}}{S_{ref}} \cdot C_F \qquad (5-1)$$

$$C_F = \frac{l}{0.455} r_T \left(\log Re_1 - 2.8 \log r_T \right)^{-2.58} \qquad (5-2)$$

$$r_T = 1 + 0.18(Ma)^2 \qquad (5-3)$$

图 5-10 显示的是一个应用于超声速商务喷气式飞机构造的欧拉解实例。在这个特定的应用软件中，只有机翼和机身的几何结构是保持不变的。黏性修正应用于全部浸湿表面（即包括水平尾翼和机舱）。初始的数值网格是由一位空气动力学专家，利用半自动化的技术"手工制作"的，一半翼展共包含 57 个单独的块体和 185216 个网格单元。对随后的飞行器改型的网格变形是通过体积样条技术全自动进行的，需要 0.5min 的求解周期（"奔腾"–4，2kMHz）。该流程解算器（ENFLOW[8]）按照规定巡航升力系数进行迭代运算，在 100 多次循环，10min 内，可以得出巡航升阻比信息。同样的设备也用于计算机翼表面压力载荷，以支持结构优化程序。在这种情况下，应采用一种粗略的分阶网格，只需要 2min 求解时间。

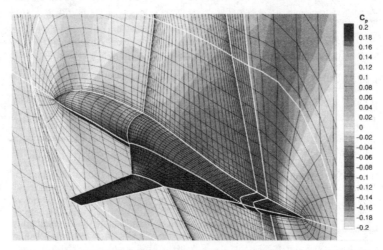

图 5-10　基于求解欧拉方程得出超声速商务喷气式飞机机翼和机身结构巡航阻力的技术
（经荷兰国家航空实验室许可再版）

5.6.2　基于全势流和边界层方程的解决方案

已证实全势流和边界层方程解决方案在分析研究跨声速流的问题上非常有效。在弱激波和二维的边界层气流工况中，该方法的精确度几乎可以媲美 Reynolds–averaged Navier–Stokes 解决方案，而这种情况能在带有限制性前缘后掠角的常规运输机机翼中普遍使用。

如图 5–6 所示，通过 MATRICS–V 程序，将该技术应用于创新型低燃料消耗飞行器利用内部流动积分的边界层方程和全势流外部流动结合解决方案，可以在 10min 内计算得出巡航阻力。该技术还可以用来计算载荷（参见图 5–6）。在这种情况下，假设该流动为非黏性的，可以减少约 3min 的解题周期。

5.6.3　基于线性势流方程的解决方案

利用表面奇异性分布（面元程序）的解决方案已经应用了几十年。主要采用这种方法的领域为亚声速的无黏流。一旦做出影响系数的矩阵，就能以很少的附加计算成本获得由不同的边界条件延伸出的解决方案。这使得飞行器稳定性和操纵性有了可采用的有效的测定方法，从而可以进一步进行飞机操纵质量评估（第Ⅷ部分 .B）。当有大量的结构负荷工况需要计算时，采用该项技术仍具有优势。

5.6.4　基于升力线方程的解决方案

经典的升力线理论要追溯到 1918 年的 Prandtl 升力线理论。这个方法根据单一升力涡获得升力面环量。这些环流的强度沿着翼展方向变化。环流的变化率随着尾涡而改变，同时又产生了升力线位置的诱导速度。这种方法对于将二维翼型空气动力系数转化为三维的升力面数据非常有效。该方法可用于亚声速的和（低）跨声速马赫数。此方法适用于干净构型机翼和偏斜增升装置机翼，可以为它们提供可达到的最大升力系数估算。对于相对较薄的机翼，这种方法有局限性。所需二维翼型数据库可以由商业翼型分析程序得出，如 XFOIL、ISES 和 MSES。

在本书的机翼平面形状优化中，翼型几何形状固定，使得在极低计算成本下，对俯视图变量的评估结果影响了全局飞行器系数。可以在小于 1min 的解题周期内得出计算，得到马赫数的完整极坐标图。这种方法尤其适于补充计算相对昂贵的计算流体力学数据，以保证得出完整的飞行包线航程。

5.6.5　基于气动力经验方程的解决方案

参考文献中提供了以低计算工作量来预测不同的飞机结构的升力[11]和阻力数据[12]的闭式方程。这些公式同样适于补充非设计工况下，基于计算流体力学的升阻比结果。

5.7 发动机定型

全局翼型参数的变化将影响飞行器的需用推力。几个初始发动机概念的数据是利用 NLR Gas 模拟程序 GSP[5] 计算的。通过对发动机几何形状、推力、燃料流量和质量信息引入一个比例系数来调节发动机数据，使其满足机身的需要。多学科分析中的几个情况需要用到该信息：

（1）几何结构生成模块（第Ⅱ部分）需要用到发动机比例系数，以改进机舱几何结构。外部机舱形状对机体阻力有影响，由此进而影响整体的飞行器性能。

（2）重量与平衡模块（第Ⅲ部分）要用到推进系统质量数据，以补充飞行器质量故障信息。

（3）任务分析模块（第Ⅸ部分）采用调好的发动机数据板计算任务燃料损耗。

5.7.1 发动机数据

在一般的项目中，不同发动机概念的数据卡片组可以利用荷兰国家航空实验室的 Gas 模拟程序 GSP[5] 进行计算。包括经典的涡轮风扇发动机，如为当今不同的飞行器提供动力的，具有代表性的著名的 CFM56 发动机；大多用于驱动超声速运输机和商务喷气式飞机巡航马赫数在 1.3 ~ 2.0 之间的涵道比的发动机；以及适于驱动低燃料消耗的新式飞行器概念的、结合了反转开式转子的涡轮核心发动机。前两个概念的发动机数据 decks 文件包含了对照表，其中飞行马赫数、高度、燃气轮机进口温度为输入值，而推力、燃料流量和总效率为输出值。对于第三个概念，核心发动机数据卡片组大同小异，除了推力被发动机轴动力代替之外。用一个开式转子模型作为补充，模型采用了常规推进器曲线图格式，也就是说螺旋桨进程系数 $J=V/Nd$，功率系数

$$C_P = \frac{P}{\rho V^3 n^5}$$

作为输入值，推力系数

$$C_T = \frac{T}{\rho V^2 n^4}$$

桨叶角和推进效率为输出值，如图 5-11 所示为一个实例。

5.7.2 发动机定型程序

在机翼（俯视图）形状优化程序中，真实机身需要推力与初始发动机推力额定值是不同的。为达到这个目的，通过对发动机推力和燃料流量数据引入一个

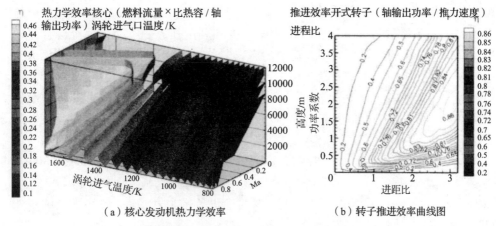

（a）核心发动机热力学效率　　　　　（b）转子推进效率曲线图

图 5-11　驱动反转开式转子的涡轮发动机

比例系数，进行发动机尺寸调整，而这个比例系数的平方根适于发动机几何形状（机舱直径和长度）。在飞行任务中的两点，真实机身需用推力与初始发动机推力额定值的比值，构成这个比例系数：

（1）起飞：所需的发动机起飞推力额定值，由飞行力学模块（第Ⅷ部分 .B）根据起飞跑道长度的约束条件计算。

（2）爬升顶点：该条件下，马赫数、高度和飞行器质量，均相当于开始巡航条件。所需发动机爬升顶点推力额定值相当于机体阻力加上剩余推力，以达到500ft/min 的爬升率。

最后的发动机比例系数是根据这两种工况下考察的极限值确定的。该比例系数用于将批量生产飞机的基准数据转化为调准的发动机数据，之后即可用于任务分析模块。

5.8　飞行力学

飞行力学模块负责评定飞行器的起飞着陆性能、纵向稳定性和操纵性。而在多学科分析的几种情况中，需要用到这些信息：

（1）发动机定型模块（第Ⅶ部分）需要有关发动机起飞推力额定值的信息，满足该飞行器起飞跑道长度的约束条件。

（2）全局优化器采用的约束条件标准，为实际的重心范围与许用重心范围的比值。

5.8.1　起降性能

起飞滑跑距离测定的推动方案，是在发动机运转故障（即临界速度 V_1 和起飞滑跑抬前轮速度 V_r 相同）后，飞机仍然以最大起飞重量继续起飞。起飞滑跑距离定义为，飞机达到高度（35ft）和安全起飞速度 V_2 时飞机滑行的距离。分析升力和阻力（第Ⅵ部分）的空气动力学数据和利用任务分析飞行路径综合化模块（第Ⅸ部分）的泛函性应用。对于超声速三角翼飞机机翼形状，最小速度或失速速度，在飞机的起飞和降落分析中起着重要作用，由零比率爬升速度 VZTC 代替。零比率爬升速度定义为飞行器（飞机增速及离地效应）的一个发动机不起作用，而另一个发动机在最大起飞推力额定值的条件下保持水平飞行时的速度。起飞滑跑抬前轮速度、松开转速和安全起飞速度，按照 FAR-25 部新标准和与最小速度的关系计算，需要在少一个发动机状态下，第二阶段爬升梯度 $\gamma>0.024$（3 或 4 个发动机布局）或 $\gamma>0.030$（双机构造）。另外，通过增加转动和离地速度，使离地（尾翼离开地面）状态下的迎角范围（$\alpha<12°$）最终满足约束条件。

起飞滑跑距离计算组件嵌入到局部优化闭环系统中，在这里，发动机起飞推力额定值为一个变量。系统在需要的跑道长度约束条件下运行，自动地寻找出所需发动机起飞推力额定值。需要的最低发动机起飞推力额定值，为 7.2 节中叙述的发动机定型模块的主要驱动量之一。

5.8.2　纵向操作品质

对于无尾翼飞行器概念来说，纵向操纵品质是一个与机翼（俯视图）形状密切相关的问题。翼身融合体和超声速运输机是这方面的典型案例。在此情况下，需要在全局上采用来自飞行力学学科的辅助的纵向操纵品质约束条件。

重量与平衡模块提供了不同飞机部件的质量分布信息。该项信息可用来推断由不同的有效载荷和燃料方案引起的飞机重量和平衡包线。同时，由许多操作质量约束条件得到的许用界限可以具备同样的形式。全局优化器根据实际的重心与许用重心范围比值的界限来定义。

图 5-12 解析了翼身融合飞行器案例中使用的程序，这个案例利用了操纵品质约束条件：起飞俯仰加速度 $dq/dt>3$（°）$/s^2$，提供了重心上限；在最小速度 $|\delta|<20°$ 下的升降副翼俯仰角提供了重心上限和下限；最小速度 $dq/dt<-5.5$（°）$/s^2$ 下的俯仰加速度提供了重心下限；飞行器纵向不稳定性，按照"加倍速度"的飞行路径偏差 $T_2<0.8s$ 进行公式化，提供了一个重心下限。

图 5-12 说明了一个翼身融合体在全有效载荷下起飞的转动控制能量问题，该问题中，实际全有效载荷重心违反了许用重心上限。

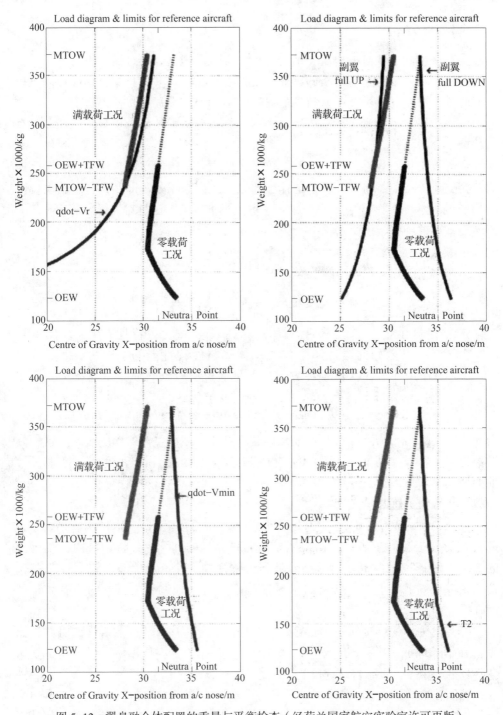

图 5-12　翼身融合体配置的重量与平衡检查（经荷兰国家航空实验室许可再版）

5.9 任务分析

图 5-1 中的主要分析模块（结构力学、空气动力学、推进器、飞行力学）都是围绕运用单一学科进行分析的程序。现在要把所有这些信息综合形成全局飞机性能数据，可用这些数据闭合机翼的设计参数回路。全局飞机性能数据包括，如最大的飞行任务范围和飞行任务燃料消耗。任务分析模块结合质量、气动和发动机数据来分配任务。

在计算飞机航程性能时，有两个可选择的方法。最简单的方法是，利用经典的布雷盖（Breguet）航程方程，选择性地剔除距离修正量（即爬升和降落飞行阶段的校正，燃料储备等）。而更为精细、也更加准确的方法是对飞行器从起飞到降落的完整轨道进行全程积分。

5.9.1 Breguet 航程方程

据布雷盖航程方程列出的航程如下

$$R = C \cdot \text{sfc}_{\text{cruise}} \cdot L/D_{\text{cruise}} \cdot \ln\left(\frac{\text{MTOW}}{\text{MTOW} - m_{\text{fuel}}}\right)$$

该方程显示了，单位燃油消耗率 $\text{sfc}_{\text{cruise}}$、空气动力特性 L/D_{cruise}，和重量 m_{fuel} 这三个学科是如何结合起来构成总体飞机航程性能的。注意，机翼质量（变量）的作用并未直接体现在方程中，是通过有效燃料质量（变量）发生作用。

利用 Breguet 航程方程的方法仅需要巡航状态下的空气动力学和发动机数据。因此空气动力分析需要在单个点进行，这有可能会减小整体的求解时间。这种方法的缺点是，设计基本上从原来的空气动力学角度变成了单点设计，对于非设计性能不敏感。

5.9.2 飞行任务轨迹积分

在第二种方法中，任务范围是通过对飞行器的数值积分得到的。每个瞬间，都会进行空气动力阻力、发动机推力和燃料流量的计算，并将结果用于飞行器的下一个状态离散时间步。这种开环积分程序由一个飞行管理、飞行控制和自动节流阀系统模型控制，能在许多"航线点"有效地调整飞行器的马赫数和高度。

任务范围评估事实上构成了另外一个局部优化程序。不同的事件的协调（如飞机开始降落），以及上升及下降轨迹的优化，是为了在使用所需燃料储备抵达备降场的约束条件下，将航程最大化。

如图 5-13 所示，为一个实施飞行任务中的超声速商务喷气式飞机的实例。为了符合特定的应用软件，已从 NBAA 标准任务中选取采用了任务剖面图，并修改使其符

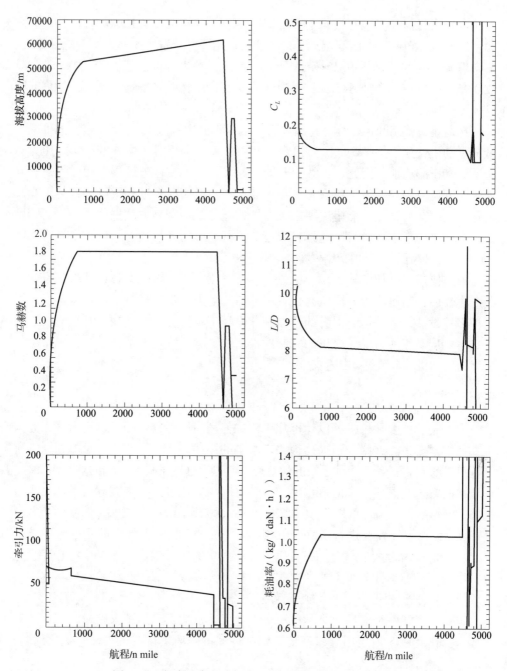

图 5-13　超声速商务喷气式飞机飞行任务轨道综合结果
（经荷兰国家航空实验室许可再版）

合超声速飞行需要。飞行阶段包括起飞、爬升至马赫数为 0.95 的 31000ft 的高度、加速爬升至开始巡航高度 / 巡航马赫数、连续上升超声速巡航、下降和靠近、偏向着陆预定目的地、在 250KCAS[①]/1500ft 高度保持 5min、爬升至 31000ft/ 马赫数 0.95、200mile[②] 转换飞行、下降接近备降场、在燃料储备足以再支持 30min 的目视飞行规程盘旋飞行。

在巡航飞行期间，飞行器持续爬升，因而其升力系数 C_L 保持恒定。此外，无量纲发动机使用参数 T/δ 也保持恒定，其中 δ 表示飞行器所在高度的实际压力与海平面气压的比值。因此，连续上升的巡航飞行使得在任务延伸期间，机身和发动机两者均以各自的最佳状态（设计）点工作。然而这个过程很可能背离了操作实际（空中交通管理可能坚决要求飞行器按照传统的爬升方法操作。）。然而，做出这个选择的根本理由是，这样完成巡航飞行航段的飞行任务，仅需要进行一次（成本高的）高保真度计算流体力学分析。

因为使用飞行任务轨迹积分的方法，航程测定相对精确，且设计将非设计工况考虑在内，因而这种方法占有优势。从空气动力学观点来看，这种方法变成了一种多点设计，具备均衡混合的巡航和非设计工况目标。而其缺点，显然是这种方法需要从空气动力模块得出的完整的极曲线数据，以及由推进系统模块得出的完整的发动机性能数据才能生效。

5.10 结论

本章展示了多学科机翼设计优化工作如何利用系列分析工具进行，可以并入全书系统框架中。这些准则描述为一定水平的详述，并且强调了合理的独立学科分析工具的安装配置、学科之间的信息交流，以及这些学科中存在的相互耦合。

在准备这些框架工作的过程中，求解时间周期约束是一个关键因素。飞行器机翼几何形状的自由度可以从 10 到 20（仅考虑俯视图）乃至 100（俯视图和翼剖面形状），这就导致要进行 100 ~ 10000 次分析，以找到设计空间中的最优结果（全局）。也正因为这个原因，准备机翼设计优化的框架工作并非一个小程序，且要符合所有高准确性分析方法的要求。同样，许多数据的内在相关性也不允许独立单位学科分析按照一个简单的程序化指令进行。

本章详解了一个实用的多学科机翼设计优化框架，满足了求解时间周期的技术要求。作者成功地运用这些框架去解决许多不同的飞行器机翼设计优化问题，并取得了实用性结果。

---

① KCAS 是表示以节（kn）为单位的校准（校正）空速（CAS）。——编辑注

② 1mile（英里）≈ 1.609km。——编辑注

参考文献

[1] Laban, M., Arendsen, P., Rouwhorst, W. F. J. A., and Vankan, W. J., "A Computational Design Engine for Multi-Disciplinary Optimization with Application to Blended Wing Body Configuration," AIAA Paper 2002-5446, Sept. 2002.

[2] Herrmann, U., "CISAP: Cruise Speed Impact on Supersonic Aircraft Planform; a Project Overview," AIAA Paper, 2004-4539, Sept. 2004.

[3] Laban, M., "Multi-Disciplinary Analysis and Optimization of Supersonic Transport Aircraft Wing Planforms," AIAA Paper 2004-4542, Sept. 2004.

[4] Laban, M., and Herrmann, U., "Multi-Disciplinary Analysis and Optimization Applied to Supersonic Aircraft, Part 1: Analysis Tools," AIAA Paper 2007-1857, April 2007.

[5] Visser, W. P. J., and Broomhead, M. J., "GSP, A Generic Object Oriented Gas Turbine Simulation Environment," American Society of Mechanical Engineers, Paper 2000-GT-002, May 2000.

[6] Vankan, W. J., "A Spineware Based Computational Design Engine for Integrated Multi-Disciplinary Aircraft Design," AIAA Paper 2002-5445, Sept. 2002.

[7] La Rocca, G., Krakers, L., and van Tooren, M., "Development of an ICAD Generative Model for Blended Wing-Body Aircraft," AIAA Paper 2002-5447, Sept. 2002.

[8] Boerstoel, J. W., et al., "ENFLOW, A Full Functionality System of CFD Codes for Industrial Euler/Navier-Stokes Flow Computations," *2nd International Symposium on Aeronautical Science and Technology (SASTI'96)*, Jakarta, Indonesia, 24–27 June 1996.

[9] Spekreijse, S. P., and Kok, J. C., "Semi-Automatic Domain Decomposition Based on Potential Theory," *7th International Conference on Numerical Grid Generation in Computational Field Simulations*, Whistler, Canada, 25–28 Sept. 2000, http://handle.dtic.mil/100.2/ADA391985 [accessed July 2009].

[10] Spekreijse, S. P., Prananta, B. B., and Kok, J. C., "A Simple, Robust and Fast Algorithm to Compute Deformations of Multi-Block Structured Grids," *Proceedings of the 8th International Conference on Numerical Grid Generation in Computational Field Simulations*, Honolulu, Hawaii, 3–6 June 2002.

[11] Torenbeek, E., *Synthesis of Subsonic Airplane Design*, Delft Univ. Press, Delft, The Netherlands, 1982, pp. 467–485.

[12] Torenbeek, E., *Synthesis of Subsonic Airplane Design*, Delft Univ. Press, Delft, The Netherlands, 1982, pp. 487–524.

第6章 航空多学科优化中的元建模和多目标优化

W.J. Vankan，W. Lammen，R. Maas

Nationl Aerospace Labortory（NLR），Amsterdam，The Netherlands

缩略语

AAE	绝对误差平均值
ANN	人工神经网络
BLUP	最优线性无偏估计
CFD	计算流体力学
FEM	有限元法
GA	遗传算法
Kriging–cC	克里金 – 常数 – 三次拟合，kcc
Kriging–cE	克里金 – 常数 – 指数拟合，kce
Kriging–cG	克里金 – 常数 – 高斯拟合，kcg
Kriging–lC	克里金 – 线性 – 三次拟合，klc
Kriging–lE	克里金 – 线性 – 指数拟合，kle
Kriging–lG	克里金 – 线性 – 高斯拟合，klg
LoD	升阻比
MAE	最大绝对误差
MAPE	平均绝对百分差
MARS	多元适应性回归样条
MDA	多学科设计分析
MDO	多学科设计优化
MNSGA	MATLAB 中的非支配排序遗传算法
MOEA	多目标进化算法
MOO	多目标优化
MTOW	最大起飞重量

NSGA	非支配遗传排序算法
Poly0	零阶多项式拟合
Poly1	一阶多项式拟合
Poly2	二阶多项式拟合
Poly3	三阶多项式拟合
Poly4	四阶多项式拟合
Poly5	五阶多项式拟合
RBF	径向基函数
RMSE	均方根误差
SBX	模拟二进制交叉法
SVR	支持向量回归

6.1　引言——航空学中的多学科设计分析、多学科设计优化和多目标优化

　　不断研究发展飞行器的设计和分析方法，其目的为在更短的周期内，完成更高层次的细节分析。另外，由于全球的竞争对手不断提升技术和商业需求，这就需要我们在飞行器设计过程的初级阶段，做更为详细的设计分析，因为在这个阶段的设计空间[1]内，仍存在很大的设计自由度和较少的限制。在飞行器设计的初步设计阶段，传统意义上的分析主要基于半经验规则[2]。这些分析虽然在计算上是有效的，但常常在正确性、准确性和灵活性上受到限制。因此，这些方法正逐渐被更为通用的、基于几何学和物理学的详细设计分析方法所取代，新的方法适用性更广泛，并且具备潜在的高准确性[3]。但这些方法大多需要更高的计算成本。

　　同时，飞行器多学科设计优化（MDO）所需的设计分析方法，要包括不同学科的具体情况设置（case-dependent sets），可能很难与综合性的飞行器设计系统相结合。因此，上述综合性的飞行器设计系统通常用于特定航程范围的设计问题，例如，混合翼身[4-5]或超声速运输机平面图[6]的优化。另外，这种综合性飞行器设计系统常常需要用到特定的软件（如特殊的分析工具）和硬件设备（如专用计算机服务器），因此可能存在操作上的问题（如服务器或网络许可暂不可用）。关于该综合性飞行器设计系统的另一个亟待解决的问题，就是进行分析（部分）的计算成本，尤其是在系统自动研究或优化回路内，一般可能需要进行许多（如成千上万次）设计分析估算。

　　为解决上面提到的问题，目前提出了多种不同的近似法和插值法。通过对基本的飞行器设计（在优化背景下，又称为设计目标或适应度）中所考查参数列出紧凑、精确和计算高效的表达式，有效解决了这些问题[7-9]。本节将采用元建模

法来验证上文中所提到的方法；参考文献中也使用其替代术语，如代理模型或响应面模型。本节叙述的这种方法关键是飞行器设计分析（计算成本昂贵）得去除自动搜索与优化过程的耦合。目前的搜索过程利用了紧凑而计算高效的元建模法，为进一步的研究提供了极大的灵活性。元建模法建立在一组运算成本昂贵、综合性飞行器设计分析结果的基础上。为了达到这个目的，多维设计空间取样可以通过试验方法（DOE）来获得。选择的设计样本点的目标值和约束在整个飞机设计分析系统中通过（并行）计算来获得。

在进行元建模（如参考文献［7］）的过程中，可以采用多种不同的拟合法，它们在解决不同种类问题上各占优势。本节，我们会考虑多种不同的拟合方法（插值法和近似法），并且通过定义一个合适的拟合质量准则来比较这些拟合方法的元建模质量。利用一种专用的多维多方法数据拟合软件工具（MultiFit）[10]，统计性分析由设计评价得出的数据集，并利用不同的拟合法建立元模型。研究这些元模型的典型性，并将最适合的元模型用于飞行器设计过程中，通过几种最优化算法寻找最有可能的飞行器设计方案。

传统意义上，人们采用优化方法自动搜索设计变量，每个参数都用一个目标函数表示，再按照确定的约束条件对其进行优化。然而，在飞行器设计中，需要考虑我们所关心的多种飞行器特性，并同时对其进行优化。在飞行器设计中，那些需要优化的典型特性包括重量、升力、阻力、有效载荷、航程等（举例：参考文献［11］~［14］）。这种同时进行的优化可以表示为多目标优化（MOO）问题，我们认为它是传统的（单一目标的）优化问题[15]的泛化。此外，鉴于多目标优化问题更为通用，因而其成本也更高（根据运算次数计算，即目标函数值的计算），且在高维优化问题中，多目标优化问题可能相当复杂。有大量的方法用于解决多目标优化问题[16-23]，其中有很多方法是最近发现的，并仍处在重要的研究阶段。这些方法当中，已证实进化算法对解决多目标优化问题非常有效。以下为进化算法的一些举例，如遗传算法、进化计算、进化策略和进化编程，其中有些方法会在以后几节中更详细地阐述。

本节会叙述建立和评估元模型的方法。该方法综合了不同的现有技术，形成了多维数据拟合法和统计学评价法。其目的在于将多种不同的拟合方法应用于多维数据集，从而扩展了该领域常用的工具，而这些工具以往在维数或可用拟合方法数量上有所局限。本节考虑的不同的拟合法和制定适配标准性能的方法，会在下面的章节中具体叙述。同时，还会阐述一些现代化多目标优化方法。为了说明这种方法及其优点，还会叙述一个设计优化的案例研究。这里，采用元建模法进行飞行器机翼的多学科设计和多目标优化。在该案例研究中，对一种普通的跨声速飞机的机翼平面形状和最大起飞重量进行优化，而飞机航程和燃料消耗量为目标函数。更多关于多学科设计分析（MDA）系统的资料，参见第 5 章（机翼的多学科设计优化）。

6.2　元建模

飞行器的设计问题目标是通过对产品参数（设计参数，如形状、材料等）的调整变化，提高或优化产品的特性（设计目标，如性能、品质等）。一般说来，产品的特性（在本节中以矢量 x 表示）和特征（本节中以矢量 y 表示）可以表示为实值参数，而他们之间的相互耦合（在本节中以矢量函数表示）是非线性的（$y=f(x)$）。函数值的计算成本常常高昂（根据时间和计算机资源而定），并且包含了（迭代）计算分析（如有限元或计算流体力学）。由于这些计算上的复杂性，有效率地检索比较理想，也就是说，要尽可能少对设计范畴（即产品性质的许可值集合）内、对预期的产品特征 y 的函数求值。这些目标可以通过对直接影响函数 y 的变量 x 进行优化而实现，对 x 的优化可以采用有效的基于梯度的优化算法（如参考文献 [24] 所述）。

然而，准确斜率或导数行列式信息（dy/dx）的缺乏，计算分析稳健性与可靠性的制约，或者收敛到局部最优情况的发生，都妨碍了该方法的有效性。因此，除了基于梯度优化算法之外，可以运用无梯度的全局搜索方法，如遗传算法和模式搜索（如参考文献 [25] 所述）。使用这种搜索方法时，一般需要大量对目标函数（$y=f(x)$）值的计算，并没有按照计算考虑计算成本。因而需要一种有效的近似表示法（$y^*=f^*(x)$），也称为该设计问题的元模型。

可以用各种拟合法，如多项式回归、神经网络和克里金（Kriging）模型，根据该设计问题的采样数据集（x^i，y^i）来建立这样的元模型 [7]。为建立一个最理想的元模型，应运用最适于所考虑的设计问题的拟合法。现存在统计学验证和交叉验证两种方法 [25-26]，通过这两种方法，可以对不同的元模型进行评估，并从中选出最合适的方法。这些方法考查数据集的一个（小的）子集，称为检验点，对该子集内的预测误差（$y-y^*$）做出评估，进而对不含检验点的数据集进行拟合。为便于使用者操作，面对大规模比较和评价多维的插值法和近似法，研发一款专用的软件工具 [10]，用于更进一步计算和所研究的设计问题的优化。

本节中关于分类分析的最常用的方法为多项式模型和克里金模型，下面会对其进行进一步描述。除了这两个方法之外，还有其他的几个插值法和近似法也适用 [10]，例如，人工神经网络（ANN）和径向基函数（RBF）模型，接下来的部分会对这些方法做简要说明。克里金和径向基函数模型均为内插模型，也就是说，这两种方法对于已知数据点的要求很严谨，而多项式模型和人工神经网络则为近似模型。

6.2.1　多项式法

多项式回归模型是一种较为常用且相对简单的元模型，也常常称为响应面模型。多项式回归模型的系数通常用最小二乘法确定，也就是说，将残差（多项式模型预测值与数据集的真实值的差）平方的总和最小化。多项式回归模型提供一个数据的总体表达式，也就是用一个回归函数来表达整个考虑范畴。可将不同阶数的多项式函数作为回归函数。广泛使用的线性回归模型就是对数据的一阶多项式近似法。当然也可以构造数据的零阶回归模型，其值等于考查数据的平均值。还可以构造高阶多项式回归模型。然而，采用高阶多项式会使得数据的过拟合概率增加。在这种情况下，（高阶）多项式与数据本身极为近似，因此它可以获得数据的局部振荡，却难以对数据的整体特性进行评估，因而，预测精度在一些数据点上更高，但不是在整个数据集上都具有较好的预测精度。此外，用于外推法（即在现有数据范围之外，预测输出值，以得到输入值（微小的））的多项式模型的可靠性通常非常差，尤其是对于高阶多项式模型。

为详细说明多项式回归模型如何建立，本文将讨论以下简单的例子，我们设想一个由 N 个输入/输出组合构成的数据集（数据点）$\{(x^i, y^i) | i=1, 2, \cdots, N\}$，其中输入值是一个三维向量 $x^i = (x_1^i, x_2^i, x_3^i)$，输出值 y^i 是一维的。为数据适配以下二次阶多项式回归模型

$$y^* = c_0 + c_1 x_1 + c_2 x_2 + c_3 x_3 + c_4 x_1 x_2 + c_5 x_1 x_3 + c_6 x_2 x_3 + c_7 x_1^2 + c_8 x_2^2 + c_9 x_3^2 \quad （6-1）$$

该模型 y^* 的系数 c_j 是线性的，通过以下最小二乘法寻找 c_j 最优解

$$c = \begin{pmatrix} c_0 \\ \vdots \\ c_9 \end{pmatrix} = (A^{\mathrm{T}} A)^{-1} A^{\mathrm{T}} y_{\text{data}}$$

其中

$$A = \begin{pmatrix} 1 & x_1^1 & x_2^1 & x_3^1 & x_1^1 x_2^1 & x_1^1 x_3^1 & x_2^1 x_3^1 & x_1^{12} & x_2^{12} & x_3^{12} \\ \vdots & & & & & & & & & \vdots \\ 1 & x_1^N & x_2^N & x_3^N & x_1^N x_2^N & x_1^N x_3^N & x_2^N x_3^N & x_1^{N2} & x_2^{N2} & x_3^{N2} \end{pmatrix} \quad （6-2）$$

且

$$y_{\text{data}} = \begin{pmatrix} y_1 \\ \vdots \\ y_N \end{pmatrix}$$

其中，A 为输入数据 $\{x^i\}$ 的"设计矩阵"。对于其他维度的输入值和其他阶次的多项式，可采用相同的解决办法。对于一个 k 维输入值空间里的 m 阶多项式，有 $\binom{m+k}{k}$ 个系数，这也是建立多项式模型所需的，输入/输出组合集 (x^i, y^i) 的最小数目。在实际中要获得比较好的拟合精度，所需检验点的最小数目大约为所含系数的 1.5 倍。

6.2.2 克里金法

克里金模型在过去的十多年中逐渐成为一种新型且相当实用的元建模技术。起源于地质统计学，它对运算昂贵的模拟数据建模，这使得克里金模型在数据建模领域占据了一席之地，是计算机试验设计分析的重要参考模型。Lophaven 及其同事[27]公布一个已经被广泛使用克里金法的 MATLAB 程序。虽然该克里金模型的推导完全是统计学的内容，本节会遵循 Lophaven 等[27]提出的概念，给出一个更加准确的解释。

克里金法模型将总体的回归模型和局部加密结合成为已知数据集的一个插值模型。正如接下来将要描述的那样，总体模型为一个广义回归模型，在其基础上利用相关函数对数据集相邻点进行耦合，并建立局部模型（参见图 6-1）。

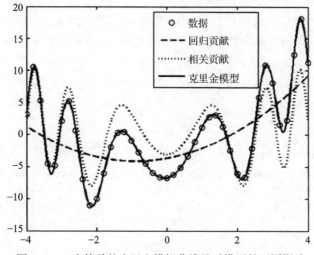

图 6-1 一个简单的克里金模拟曲线及对模型的不同影响

如引言部分中所说的那样，利用最小二乘法可以使多项式函数拟合数据集。最小二乘法拟合的前提是假设拟合值与数据之间的残差，对于所有数据点同样重要，两个分开数据点的残差之间无相关性。经鉴定，在克里金模型中，残差之间的相关性是由相关函数 g 引出的，函数 g 定义如下

$$g\left(\theta, x, \tilde{x}\right) = g\left[\left(\theta_1, \cdots, \theta_k\right), \left(x_1, \cdots, x_k\right), \left(\tilde{x}_1, \cdots, \tilde{x}_k\right)\right] = \prod_{j=1}^{k} g_j\left(\theta_j, x_j, \tilde{x}_j\right)$$

其中，θ 为相关函数的换算因数，x 和 $\tilde{x}$ 为两个不同输入数据，如

$$g\left(\theta, x, \tilde{x}\right) \geqslant 0 \qquad (6-3)$$

和

$$g\ (\theta,\ x,\ \tilde{x}\ )\ =1$$

例如，高斯相关函数

$$g\ [\ (\theta_1,\ \cdots,\ \theta_k),\ (x_1,\ \cdots,\ x_k),\ (\tilde{x}_1,\ \cdots,\ \tilde{x}_k)\ ]\ =\prod_{j=1}^{k}e^{-\theta_j(x_j-\tilde{x}_j)^2}$$

$$(6-4)$$

目前，克里金模型的回归部分，是通过低阶的多项式（最多二阶）数据点回归模型，充分考虑了相关关系式得出的。通过对数据的最小二乘法拟合，获得数据的最佳拟合方法

$$c=\begin{pmatrix}c_0\\ \vdots\\ c_9\end{pmatrix}=\ (A^{\mathrm{T}}R^{-1}A)^{-1}A^{\mathrm{T}}R^{-1}y_{\mathrm{data}}\qquad(6-5)$$

其中，A 仍为 x 的多项式设计矩阵，同方程（6-2），而 y_{data} 为一个向量，包含了所有数据源的输出值。R 为数据点 $x_1,\ \cdots,\ x_n$ 的 $N*N$ 相关矩阵

$$R=\begin{pmatrix}g\ (\theta,\ x^1,\ x^1)&g\ (\theta,\ x^1,\ x^2)&\cdots&g\ (\theta,\ x^1,\ x^n)\\ g\ (\theta,\ x^2,\ x^1)&g\ (\theta,\ x^2,\ x^2)&\cdots&g\ (\theta,\ x^2,\ x^n)\\ \vdots&&&\vdots\\ g\ (\theta,\ x^n,\ x^1)&g\ (\theta,\ x^n,\ x^2)&\cdots&g\ (\theta,\ x^n,\ x^n)\end{pmatrix}\qquad(6-6)$$

克里金模型由回归模型和基于相关函数的相关模型构成，因而模型为内插式。对于二次回归函数和相关函数 g，克里金模型可以写为以下形式（再举个三维的实例）

$$y^*\ (\boldsymbol{x})\ =\ (1\quad x_1\quad x_2\quad x_3\quad x_1x_2\quad x_1x_3\quad x_2x_3\quad x_1^2\quad x_2^2\quad x_3^2)\begin{pmatrix}c_0\\ \vdots\\ c_9\end{pmatrix}+r\ (\boldsymbol{x})\ v\ (\boldsymbol{x})$$

$$(6-7)$$

其中，$r\ (x)=[g\ (\theta,\ x,\ x^1)\cdots g\ (\theta,\ x,\ x^n)]$，而 $r\ (x)\ v\ (x)$ 将局部相关性补充进回归模型中。这里的 $r\ (x)$ 是一个 n 维向量，可以很容易导出，因为这里可以认为克里金模型是一种对已知数据点的插值方法。结合方程（6-7），对所有的数据点，得出

$$y_{\mathrm{data}}=Ac+Rv\ (x)\ \Rightarrow v\ (x)\ =R^{-1}\ (y_{\mathrm{data}}-Ac)\qquad(6-8)$$

对于矩阵点 x，克里金近似为

$$y\ (x)^*\ =a\ (x)\ c+r\ (x)\ R^{-1}\ [y_{\mathrm{data}}-a\ (x)\ c]$$

其中

$$c=\begin{pmatrix}c_0\\ \vdots\\ c_9\end{pmatrix}=\ (A^{\mathrm{T}}R^{-1}A)^{-1}A^{\mathrm{T}}R^{-1}y_{\mathrm{data}}\qquad(6-9)$$

其中，等式右边第一项表示整体回归模型，第二项表示部分相关模型。

在 Lophaven 及其他人员[27]的研究中，主要考虑了三种不同的回归模型：零阶（即常量）、一阶（即线性的）和二阶（即二次方程式）多项式。如果回归被限制在常值函数范围内就称为普通克里金法，而高次多项式回归的克里金法则被称为泛克里金法。同样，能采用几种相关函数。除了前面已经提到的高斯相关函数外，指数和三次样条相关函数同样适用[27]。

为方便读者参考，现将指数和三次样条相关函数列举如下：

指数相关函数

$$g\left[(\theta_1,\cdots,\theta_k),(x_1,\cdots,x_k),(\tilde{x}_1,\cdots,\tilde{x}_k)\right]=\prod_{j=1}^{k}e^{-\theta_j|x_j-\tilde{x}_j|}$$

（6-10）

三次样条相关函数

$$g\left[(\theta_1,\cdots,\theta_k),(x_1,\cdots,x_k),(\tilde{x}_1,\cdots,\tilde{x}_k)\right]=\prod_{j=1}^{k}g_j(\theta_j|x_j-\tilde{x}_j|)$$

（6-11）

其中

$$g_j(v)=\begin{cases}1-15v^2+30v^3 & v\leqslant0.2\\\dfrac{5}{4}(1-v)^3 & 0.2<v<1\\0 & v\geqslant1\end{cases}$$

相关函数具有尺度参数 θ_j。虽然克里金模型是通过对数据点内插拟合的，所以与 θ_j 参数值相互独立，但是模型的形状仍要取决于这些参数。如果所有的 θ_j 足够大，那么总的模型将（近似）为回归模型，这样会在现有数据点中出现局部突峰，反之，对于 θ_j 值小的模型，对数据点的差值将更加光滑。在建立克里金模型的过程中，θ_j 的最优值是通过对数似然函数[27]求最小值确定的。

$$\theta_{opt}=\underset{\theta}{\text{argmin}}\left\{-\frac{1}{2}k\log\left[(y_{data}-Ac)^TR^{-1}(y_{data}-Ac)\right]+\log\left[\det(R)\right]\right\}=\underset{\theta}{\text{argmin}}\left\{\left[(y_{data}-Ac)^TR^{-1}(y_{data}-Ac)\right]^2\det(R)^{\frac{1}{k}}\right\}$$

（6-12）

最后，克里金法预测值还有一个比较令人感兴趣的特性。即在确定的限制条件下克里金模型为数据值 y 的最佳线性无偏估计（BLUP）。这常常是以统计学的观点解释克里金模型的出发点。

6.2.3　人工神经网络和径向基函数

在本节中，仅对人工神经网络（ANN）和径向基函数（RBF）模型进行简要地叙述。关于这两种方法的补充资料参见参考文献［28］。这里仅对具有反向传播的前馈人工神经网络进行研究。所选结构由输入节点、一个隐藏层和一个输出层构成。隐藏层具有一个双曲正切（tan-sigmoid）激活函数，输出层具有一个线性激活函数。此类人工神经网络的结构说明参见图6-2。

由于隐藏层神经元的非线性的激活函数，可以对非线性的输入/输出关系进行建模。然而，要建立一个人工神经网络，即计算出最优权值，需要一组由许多输入/输出组合（即数据点）构成的数据集来对模型进行训练。根据一般经验，所需数据点的最小数目一般为人工神经网络中神经元之间连接数目的三倍（即 $3\left[\left(n_{in}+1\right)n_{n}+\left(n_{in}+1\right)n_{out}\right]$）。

这里讨论的径向基函数法是对所有的数据点的插值法。径向基函数法是以输入数据点为中心的方法。虽然径向基函数可以使用任何一种沿径向对称的标量函数，但是大多通常使用都是高斯函数

$$f\left(\boldsymbol{x},\ \boldsymbol{c}\right)=e^{-\theta\|x-c\|^{2}} \tag{6-13}$$

其中，c 为径向基函数（参见图6-3）的中心，$\|x-c\|$ 为 x 到 c 的（欧几里德）距离，θ 参数（提前选定的）决定了径向基函数的宽度。

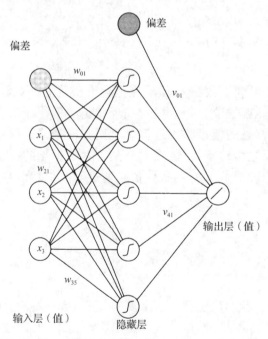

图6-2 一个前馈人工神经网络实例。输入值（包括一个偏差常量）乘以权重 W_{ij}，并在运用了传递函数在隐藏层节点处求和。从隐藏层得出的结果乘以重量 W_{ij}，再求和得出人工神经网络的最终输出值

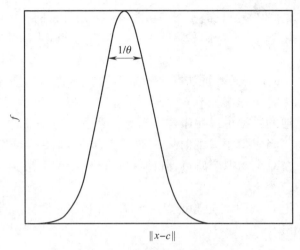

图 6-3　径向基函数草图

建立在数据对 $\{(x^1, y^1), \cdots (x^n, y^n)\}$ 基础上的预测模型可以表示为

$$y(\boldsymbol{x}) = \sum_{j=1}^{n} w_j \mathrm{e}^{-\theta \|x-x^j\|^2}$$

其中

$$\begin{pmatrix} w_1 \\ \vdots \\ w_n \end{pmatrix} = \begin{pmatrix} \mathrm{e}^{-\theta\|x^1-x^1\|^2} & \cdots & \mathrm{e}^{-\theta\|x^1-x^n\|^2} \\ \vdots & & \vdots \\ \mathrm{e}^{-\theta\|x^n-x^1\|^2} & \cdots & \mathrm{e}^{-\theta\|x^n-x^n\|^2} \end{pmatrix}^{-1} \begin{pmatrix} y^1 \\ \vdots \\ y^n \end{pmatrix} \tag{6-14}$$

6.2.4　元模型评估

有了这么多不同的元建模方法，就需要一种工具选择在特定任务中我们需要的最好的模型。刚才所述的一些方法（如克里金模型、径向基函数法）为插值法，根据这些函数的定义，其对用作建模的数据点要求非常严格，而近似法（多项式法、人工神经网络法）则不是。然而，最重要的不是关注已知点的值是否准确，而是通过元模型在整个输入空间内生成点的准确性。对于这种能力的评估，有不同的可用的方法[10]：①使用一个没有用于建立模型的独立数据集来进行验证；②留一法交叉验证；③p倍交叉验证。

第一种方法，是将现有数据分成两组。用第一组数据建立元模型，而以第二组数据用于检查模型逼近误差。这种方法的一个缺点是对方法的比较仅在少量（通常只有几个）选定点上进行，这会使得这种方法仅在局部有效而且不是很鲁棒。从另一方面来说，该方法的优势是拟合和验证只需要进行一次，因此效率上更高。

第二种方法，留一交叉验证法，依次使用每一个数据点用于验证，而用另外

N–1 个数据点建立元模型。目前使用的一些全局品质评价的方法，这种方法缺点在于所有涉及的拟合法都要运用和验证 N 次，对一个比较大的数据集来说计算成本过高。

第三种方法，p 倍交叉验证法能在覆盖全部估计误差的同时，保持运算时间较短。这种方法将数据集分成 p 个大小相等的不相交子集。当把一个子集作为验证集时，其他的数据可以用于建立模型。注意，当 $p=N$ 时，这种方法等同于留一法。然而，当 N 值很大的时候，确定了合适 p 值的 p 倍交叉验证法在计算上更为有效，在对全局拟合质量评价时，可以作为留一法交叉验证的替代方法。

为评估拟合质量，可以通过验证点计算以下几种误差度量，例如：

均方根误差（RMSE）

$$\sqrt{\frac{\sum_i^{N_{val}} (y_i - y_i^*)^2}{N_{val}}}$$

绝对误差平均值（AAE）

$$\frac{\sum_i^{N_{val}} |y_i - y_i^*|}{N_{val}}$$

最大绝对误差（MAE）

$$\max_{i=\{1,\cdots,N_{val}\}} |y_i - y_i^*|$$

平均绝对百分差（MAPE）

$$\frac{\sum_i^{N_{val}} \left| \frac{y_i - y_i^*}{y_i} \right|}{N_{val}} \cdot 100\%$$

前三种方法为绝对误差法，量化模型不同的偏离拟合情况。第 4 种误差测量方法为相对误差法。在留一法或 p 倍交叉验证法中，把所有不同拟合得到的验证点的预测值合起来，然后运用误差公式计算。

6.2.5 拟合法的解析

总结本节，列举一些对于简单的正弦函数的拟合与误差测量。由 11 个数据点构成的一维数据集 $(x_k, y_k) \in \left\{ \left[\frac{2\pi}{10}k, \sin\left(\frac{2\pi}{10}k\right) \right] \mid k = 0, \cdots, 10 \right\}$。对这些数据点，使用以下 4 种模型进行拟合：二阶多项式（poly2）、三次多项式（poly3）、常量回归函数与高斯相关函数的克里金模型（Kriging cG），常量回归函数与指数相关函数的克里金模型（krigingcE）。

拟合结果如图 6-4 中给出。高斯相关函数（Kriging cG）最好地表示出了正弦函数，而基于该数据集的二次多项式则很难逼近正弦函数。为评估不同拟合方法的拟合水平，选取该正弦函数上 629 个数据点作为验证点，并分别计算这 4 种模型的 4 种误差指标（参见表 6-1）。根据这 4 种误差计算结果再一次证明高斯相关函数（Kriging cG）为该种情况下的最优模型。

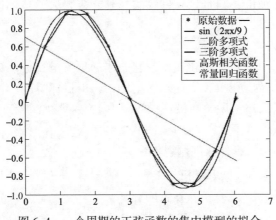

图 6-4　一个周期的正弦函数的集中模型的拟合

表 6-1　不同拟合函数的拟合质量水平

	poly2	poly3	Kriging cG	Kriging cE
RMSE	0.466995	0.079639	1.25E-06	0.030739
AAE	0.417659	0.071183	6.06E-07	0.025641
MAE	0.699474	0.124509	4.17E-06	0.059566
MAPE	184.6193	18.9017	0.159321	4.942767

6.3　优化——航空学中的多学科设计分析、多学科设计优化和多目标优化

产品设计主要目的在于提升（或优化，有可能的情况下）一个或一个以上的产品性能。传统上，采用优化方法（单一目标）自动地寻找变量，其中，每一种性质都由一个目标函数表示，并在给定的约束条件下进行优化。然而，如果同时考查所涉及的全部产品性能，并同时对其进行优化的方法显然更为全面。在设计中，我们关心的典型特性包括重量、升力、阻力、有效载荷、航程等（举例：参考文献 [10] 和 [14]）。这种同时对多种优化目标进行优化的过程可以通过多目标优化方法实现，可以认为这是对传统的（单一的目标）优化方法[15]的综合。虽然多目标优化的方法更加通用，但是其计算成本也更高（根据运算次数计算，即目标函数值的计算），尤其是在高维优化问题中，多目标优化方法可能变得非常复杂。

目前有很多可以使用的方法来处理多目标优化设计问题[16-23]。其中很多方法是最近才发现的，所以仍处在重要的发展阶段。除了传统的基于梯度的优化算法外，还有另一种算法，称为进化算法。进化算法是基于计算机的问题求解系统，在设计和执行的过程中，利用一些已知的进化机制来完成优化过程。下面给出一些不同种类的进化算法示例，有遗传算法、进化计算、进化策略和进化拟定程序。

本节阐述了一般的多目标优化问题定义，并对解决多目标优化问题的个别最新的算法进行了综述。

6.3.1 多目标优化

多目标优化与单一目标优化相反，它关注的是矢量目标函数的优化，而不是单一的标量目标函数。在单目标优化的实例中，单目标空间中比较解的优劣是很容易的：我们可以简单地说（在极小化问题中）解 $x^1 \in X$ 要优于另一个解，即当 $y^1 < y^2$ 时，$x^2 \in X$，其中 $y^1 = f(x^1)$，$y^2 = f(x^2)$。

我们把简单的单目标优化问题看作

$$\min_x y = \sin(x) \qquad x \in [0, 2\pi]$$

解为 $x^1 = 3\pi/2$，函数值为 $y^1 = -1$（参见图 6-5）。

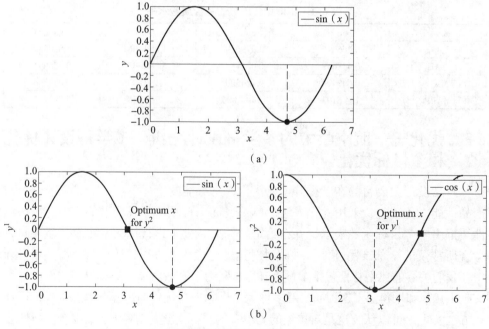

图 6-5　（a）简单的单目标函数 $y = \sin(x)$ 优化；
（b）一个简单的多目标优化问题中两个目标函数实例

注意：对于单目标优化问题，判定域 X 中可能存在几个最优解。这些解既可能是局部最优，也可能是全局最优，其中，局部极小值表示判定域 X 的一个（较小）子空间中的最小值，而全局最小值表示在整个判定域 X 中的最小值。

多目标优化，通常称为是单目标优化的推广，用于处理矢量目标函数 $y=f(x)$。这个实例中，由于多目标函数之间关系的不确定性，最优的定义就不只是简单地比较大小了。因此，在点 x^1 和 x^2 处，比较矢量目标函数的两个函数值，例如，y^1 和 y^2，不是轻而易举的。如在简单的情况下，我们有两个目标函数 $y=(y^1, y^2)$，先要将这两个函数最小化，那么，第一个目标函数 y^1 在 x^1 处的值小于在 x^2 处的值，而第二个目标函数 y^2 在 x^1 处的值大于在 x^2 处的值。相对地，在另一个点 x^3，y^2 的值可能低于其在点 x^4 的值，而目标函数 y^1 却相反。

探讨下列简单的多目标优化问题

$$\min_x y_1 = \sin(x), \quad y_2 = \cos(x) \quad x \in [0, 2\pi]$$

在这两个目标函数中，每个函数的最优点均在图 6-5（在 y^1 和 $y^2=-1$ 的点）中分别标出；同时，标出了一个函数值为最优解的点上，另一个函数的值（在 y^1 和 $y^2=0$ 的点）。

很明显，两个目标函数的最优值并不一致，因而在多目标优化问题中，没有明确的唯一最优解。

要解决这样的多目标优化问题，需要考虑以下定义，这些定义是建立在帕累托最优性[30]（参见图 6-6（a））的概念基础上的。依据这个概念，当以下两个条件成立时，一个目标向量 y^1 支配着其他的任何目标向量 y^2（$y^1 < y^2$）：①任何 y^1 的分量均不大于 y^2 的切向分量；②至少有一个 y^1 的分量小于 y^2。据此，我们可以判定解 x^1 优于另一个解 x^2，也就是说，当 y^1 大于 y^2 时，x^1 大于 x^2。例如，设判定向量 $x^1=-1$，$x^2=1$，而他们的相关目标向量为 $y^1=(1, 1)$，$y^2=(9, 1)$，也就是说，在这种情况下，y^2 大于 y^1。另外，当不存在满足 $f(x^v)$ 大于 $f(x^u)$ 的 $x^v \in X$ 时，解向量 $x^u \in X$ 就称为帕累托最优解。判定域 X 内，帕累托最优解一般表示为帕累托最优解集 X^* 包含于 X，我们在目标域中表示出它的图像 $Y^*=f(X^*)$ 包含于 Y。帕累托最优性的概念参见图 6-6。

上面介绍的简单的多目标优化问题，依照帕累托最优概念得到了解决。如图 6-6（b）（$x \in [\pi, 3\pi/2]$）中标出的粗线所示，优化问题的解由帕累托前沿构成，表示为 y_1，y_2。

总的来说，多目标设计问题通过帕累托最优定义解决了，这也可以称为单目标优化的多维推广。

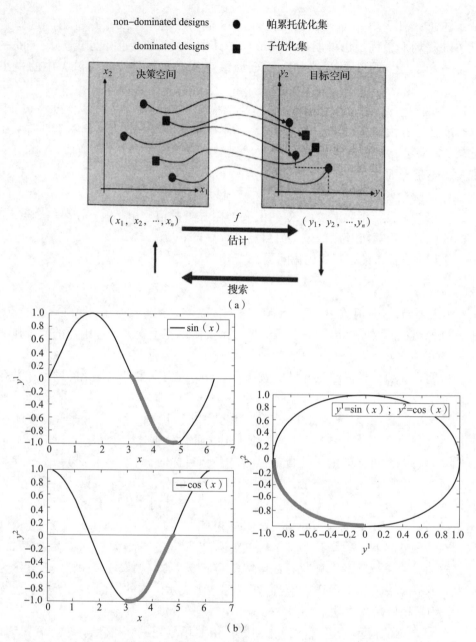

图6-6 （a）一般的多目标优化解决方案解析；（b）一般的多目标优化解决方案解析

这里可以使用不同的方法来找到帕累托最优解集。然而按照"天下没有免费的午餐"定律[31]，对所有类别的优化问题来说，是不存在最好的算法的。因此，不同的方法具备不同的特性，分别用于解决不同类型的优化问题，本

156

研究将对这些方法做简要介绍。其中，将重点介绍进化算法。该算法在过去的 10 年里发展迅速，已被证实为解决多目标优化问题的非常实用的方法。同时，为解决实际的多目标优化问题，目前进化算法有了许多商业化应用包，如 MATLAB[32]。

6.3.2　进化算法和多目标优化

工程优化问题涉及许多特性曲线，由于这些问题很难由经典的数值优化算法[17]解决。一些特性曲线存在多种相互矛盾的目标，会产生存在多重最优（局部和全局），存在非线性约束、非平滑甚至是不连续函数，描述优化问题的函数是不确定的。

进化算法代表了一类随机优化方法，其对自然界的进化过程进行模拟。因此这些算法从自然进化学科那里借用了一部分术语。例如，我们称解向量为个体，一组个体成为群体，目标函数成为适应度。大概说来，一般的随机搜索算法由以下三部分构成：①一个包含了当前候选解的中间结果存储器；②一个选择模块；③一个如图 6-7[15]描述的变异模块。交配选择模拟自然界繁殖竞争，环境选择模拟生物间"适者生存"：另一个原则，变异模拟自然界创造"新的"物种，通过重组和突变算子改善物种[15]。

进化算法有以下三个特点[15]：①保留一组候选解（记忆，参见图 6-7）；②在这个解集内进行一个粗略的选择过程（选择，参见图 6-7）；③部分解可以重组，产生新的解（变异，参见图 6-7）。一些进化算法如遗传算法、进化拟定程序和前面提到的进化策略[15]。本节中，我们主要探究遗传算法（GA）。

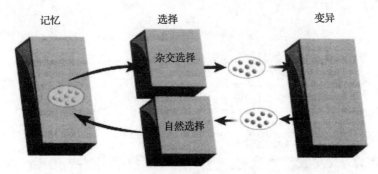

图 6-7　参考文献［15］中验证的一般随机检索算法的构成部分

一般说来，进化算法流程如下。第一代种群是由随机创造的个体组成的。每个个体都有一个由计算他们的目标函数（或适应度）得到的值。进化算法执行选择过程，来选择最适于生存的个体（具有最佳适应度的个体）。第一阶段中找到的所有最优个体都被记住保存，并保存到第二代（参见图 6-7）。现在的问题是如何利用第一代种群中的优良个体产生由于那些个体产生的下一代。这里，算法采用了自然进化中的变异规则。第一，我们考虑重组。重组过程为，从两个经过选择的个体，即亲代中取出特定的部分，再结合形成新的个体称为子代。因此，通过重组函数 ψ_{recomb}，根据 $(x^{\text{new1}}, x^{\text{new2}}) = \psi_{\text{recomb}}(x^1, x^2)$，创造出两个新的个体。第二种方法称作突变。突变的采用是为了强行制造出一代与下代之间的遗传多样性。许多进化算法中，其个体（子代）在重组过程中都会在某一概率下发生突变。突变过程仅仅通过更换被选择个体的很少的一部分，就创造出了新个体。因此，新个体是根据 $x^{\text{new}} = \psi_{\text{mut}}(x)$，由突变函数 ψ_{mut} 创造的。选择，以及由重组和突变造成的变异这两个步骤不断重复，直到发现收敛到最优解，或者预先确定的最大重复数（或迭代）运行完成。

现在存在很多多目标进化算法（MOEA）；在这里对其中一些算法做更进一步的研究：非支配遗传排序算法 – Ⅱ（NSGA–Ⅱ）[18]，非支配多目标进化算法（ε -MOEA）[19]，和非支配遗传排序算法（NSGA）[33]。之所以需要对这些算法进行更为详细的研究，是因为这些算法对于飞行器设计优化具有很大的应用前景。

非支配遗传排序算法 – Ⅱ 和 ε -MOEA，分别类似于重组和突变。它们利用模拟二进制交叉[34]，进行重组和多项式突变。

通过模拟二进制交叉法（SBX），子代$[\boldsymbol{x}^{(1,t+1)}, \boldsymbol{x}^{(2,t+1)}] = \psi_{\text{recomb}}[\boldsymbol{x}^{(1,t)}, \boldsymbol{x}^{(2,t)}]$，$t$（由亲代产生的）通过以下方程计算得出

$$x_i^{(1,t+1)} = 0.5 \left[(x_i^{(1,t)} + x_i^{(2,t)}) - \beta_{1,i}(x_i^{(2,t)} - x_i^{(1,t)}) \right]$$
$$x_i^{(2,t+1)} = 0.5 \left[(x_i^{(1,t)} + x_i^{(2,t)}) - \beta_{2,i}(x_i^{(2,t)} - x_i^{(1,t)}) \right]$$

（6–15）

且

$$\gamma_i = \begin{cases} 1 + 2 \dfrac{x_i^{(1,t)} - x_i^{\text{L}}}{x_i^{(2,t)} - x_i^{(1,t)}} & \boxed{\text{子一代}} \\[3mm] 1 + 2 \dfrac{x_i^{\text{U}} - x_i^{(2,t)}}{x_i^{(2,t)} - x_i^{(1,t)}} & \boxed{\text{子二代}} \end{cases}$$

（6–16）

其中，x_i^{U} 和 x_i^{L} 为判定域 x 的上下限。

非负的自定义参数和二进制交叉 η_c 的分配指数控制着子代分布的概率分布图形状。η_c 的一个较大范围值域会建立接近亲代的解，提供了一个较高的概率，而一个小范围值域使得可选择的子代距亲代较远

$$\beta_{qi} = \begin{cases} (u_i \alpha_i)^{\frac{1}{\eta_c + 1}} & \text{如果 } u_i \leqslant \dfrac{1}{\alpha_i} \\[3mm] \left(\dfrac{1}{(2 - u_i \alpha_i)} \right)^{\frac{1}{\eta_c + 1}} & \end{cases}$$

（6–17）

其中，u_i 的值为 0 或 1，且

$$\alpha_i = 2 - \gamma_i^{-(\eta_c+1)} \tag{6-18}$$

从式（6-17）和式（6-18），我们能够看到，第一个子代个体介于下界和第一、第二个亲代的中点之间，而第二个子代则会介于第一、第二个亲代的中点和上界之间。这就表示，如果两个亲本相距较远，那么通常对于初始群体来说，可以产生具备任何可能值的后代。而当解区域收敛、亲本彼此接近，且远距离的解不被允许时，检索就集中在了一个狭窄的区域内。模拟二进制交叉法帮助我们在初代（亲代）探索检索空间，而且在随后的阶段中，利用检索所获结果。

在多项式突变[15]中，包含了下列步骤，通过一个解 $x_i^{(1,t)}$ 的突变，获得后代 $x_i^{(1,t+1)}$。设 u_i 为随机数字 0 或 1

$$\overline{\delta}_i = \begin{cases} (2u_i)^{\frac{1}{\eta_m+1}} - 1 & \text{如果 } u_i < 0.5 \\ -\left[2\left(1-u_i\right)\right]^{\frac{1}{\eta_m+1}} & \text{反之} \end{cases} \tag{6-19}$$

$$x_i^{(1,t+1)} = x_i^{(1,t)} + \left(x_i^{U} - x_i^{L}\right)\overline{\delta}_i \tag{6-20}$$

突变和它的本体之间的距离的概率分布图形状由自定义参数、突变 η_m 的分配指数直接控制。η_m 的一个较大范围值域为建立接近亲代的解，提供了一个较高的概率，而一个小范围值域使得可选择的子代距亲代较远。

6.3.3　NSGA-Ⅱ

通过运行 NSGA-Ⅱ程序[18]，得到多个帕累托最优解，从而完成多目标优化问题，该程序有下列三个主要特征：①它根据帕累托支配分类原理进行；②保存最优个体的精英主义；③通过群体距离分类（距离在这里表示为，一个个体距其最近的其他个体之间的欧几里得几何学距离）实现多样性保存机构。这些过程在下文中将做进一步解释。

最初，NSGA-Ⅱ创造一个包含 N 个个体的随机群体。这个群体 $P(0)$，依照它们的等级排序，得到 $P(1)$。排序依据每个个体的优势度。一个不受其他的任何个体支配的个体，其帕累托排等级为 1。接下来，等级为 2 的个体，为仅受等级数为 1 的个体支配依此类堆。分类之后，后代群体 $Q(1)$（即代的子代）由从 $P(1)$ 中挑选出亲代产生，并如所描述的那样，运行遗传重组突变算子[33-34]。在那之后，两个群体（$P(1)$，$Q(1)$）融合成了一个容量为 $2N$ 的新的群体 $R1$。因为这个联合群体 $R1$ 的使用，所以亲代与子代中的最优个体均被保存下来，融合形成了一个精英机制。

接下来，再次对整个的群体 $R1$ 进行非支配排序。新的群体就会充满后来排列（即非支配前沿 F_1，F_2 等），参见图 6-8 的个体，从等级 1 开始，接下来是等级 2 等。

因为整个群体 $R1$ 的大小为 $2N$，并非新群体中所有前沿都符合 N_{slots}（即个体）。所有完全不能支配的前沿即将其删除。对那些只有部分相容的前沿，要区别对待。我们可以通过图 6-8 看到，并非前沿 F_3 中的所有个体都被归入下一代。非支配分类遗传算法 – Ⅱ 对这种情况采取如下处理。每个目标函数，前沿中的全部的个体都依照他们的目标函数值的升序排好。选出最大值和最小值，并赋予其无限距离。这些最小值和最大值会放在名册中的首要位置。这是为了保证边界点总能被选到。第二，其余个体的距离利用长方体计算，该长方体以最邻近的一个体为顶点。在其余的个体距离计算得出后，将他们按照递减顺序排列，形成重新排序的前沿 F_3。图 6-8 中，这个小区段紧邻 F_3。个体中距离极小的点剔除，其余的算入下一代 P（2）。这个过程称为拥挤距离排序，采用这种方法对全体的帕累托前沿进行个体分配（即防止转换为 1 或者几个帕雷托最佳点）。

等获得了 P（2）中的 N 个个体后，后代群体 Q（2）即创造出来。这些群体又合并成了含有 $2N$ 个个体的形式 $R2$。然后，同样的程序在每次迭代中重复进行，直至达到用户规定的最大迭代数。

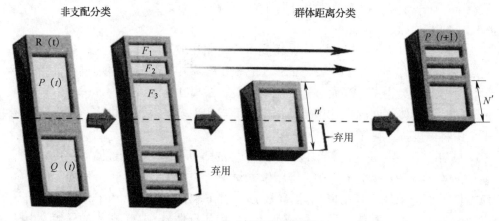

图 6-8　非支配分类遗传算法

6.3.4　ε -MOEA

ε -MOEA 是一种基于 ε – 支配概念的进化算法，ε – 支配概念由 Deb 等人最先引入[19]。该算法的特点如下：

（1）它是一种稳态的 MOEA。也就是说它保持分布（即个体在帕累托前沿的分布），同时试图收敛到真实帕累托最优。

（2）它使用普通的支配概念强调非支配解。

（3）它保持了存档的多样性，通过预先设定的、位于帕累托最优解前沿（e-支配）非正常尺寸的超级匣子（hyperbox），只允许存在一个解。

（4）通过运用精英原则，保证在计算进行的整个过程中，存储器中存档的均为整个群体中的最优个体。

在 ε-MOEA 中，目标域被分成许多网格单元（或超级格子），参见图6-9左边的说明。群体的多样性，通过保证每个网格单元（黑点）中仅有一个唯一解。有两个共同进化群体[19]：一个进化算法群体 $P(t)$ 和一个存储器群体 $E(t)$，如图6-9下边所示。其中，t 为迭代计数器，而存储器群体用来储存已经发现的最优个体，直到 t 次迭代完成。ε-MOEA 型由一个（随机产生的）原始种群 $P(0)$ 开始。存储器群体 $\pounds(0)$ 分配给了 $P(0)$ 中的 ε 非支配个体。ε-支配概念参见图6-9顶部及图6-10。

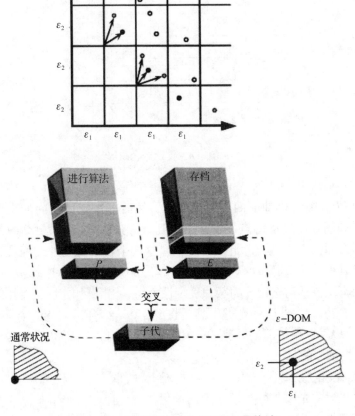

图6-9　元建模目标域（左边）和值域

161

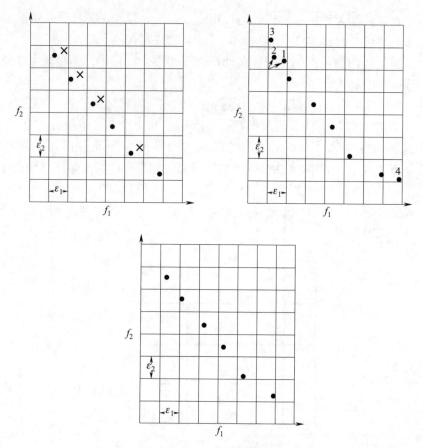

图6-10 ε - 支配概念图解

  然后，分别从 $P(0)$ 和 $E(0)$ 中选择一个解杂交。从 $P(0)$ 中选择解的方法为，从 $P(0)$ 中随机抽取两个群体成员，然后检查它们之间的支配关系（一般意义上，如图6-9左边的点表示，以达到目标最小化）。如果其中一个解支配另一个，那么即前者入选。除此之外，如果这两个解彼此为非支配关系，则简单地随机选择其中一个。用 p 来表示选择的解。为了从 $E(0)$ 中选择一个解 e，可制定一些策略，包括与选定 p 的某一确定性关系[19]。例如，Deb及其他人员[19]，他们随机从 $E(0)$ 中抽取一个解，然后将解 p 和 e 结合，创造一个子代解 λ，c_i（$i=1$，2，…，λ）。在目前的研究中，常常设定 $\lambda=1$，而这也正是Deb及其他人建议使用的处理方法[18]。

  根据 ε - 支配概念[19]，利用 ε - 非支配性检验方法，将后代解 λ 与存档项做比较。这些解首先要与网格单元中的帕累托支配比较。接下来，依据这些个体的帕累托支配性，与网格内的多重解比较。如果子代解支配一个或多个存档项，则用该子代解替换一个存档项（随机挑选）。为存储器中的每个解分配一个识别序列 B，可以指出网格单元的适应性情况，序列大小等于目标函数的总数

$$B_i \left(\boldsymbol{f} \right) = \left\lfloor \frac{f_i - f_i^{\min}}{\varepsilon_i} \right\rfloor \qquad (6-21)$$

其中，$\lfloor\ \rfloor$ 表示对数值取整，$f_i^{\min}$ 是对所有存档项取其最小可能值，ε_i 是许用公差。这里的 ε_i 值与 ε - 支配中对 ε 的定义[19]相同。识别序列适合于各存档 a 项及子代 c_i。如果有任何存档项 a 的 B_a 支配着子代 c_i，那么将不接受 c_i，因为这就意味着，这个子代 c_i 是被存储器 ε - 支配的。另一方面，任意存档项 a 子代的 B_{c_i} 支配 a 本身的 B_a，那么以其子代替换 a。这就是图 6-10 中，个体 3 和 4 不被接受为存档项的原因。虽然在普通的帕累托支配意义上说，他们是非支配性解，但他们却是 ε - 支配定义下的支配解，因为他们的识别序列是由他们临近解的识别数列支配。个体 1 和 2 的网格单元支配了个体 3 的网格单元。

如果子代和存储项均为 ε - 非支配性的，那就是说，前述的情况均不会发生，那么将对另外两个输出值进行如上操作。如果子代属于一个空着的网格单元（不同的识别序列），那么子代 c_i，将被加入存储器。而如果该子代 c_i 与一个存档项在同一网格单元（具有同样的识别序列），那么将进行常规性的非支配性检查。还可能出现如图 6-10 中所示的个体 1 和 2 的情况，即子代和存档项为非支配性的。如果出现了这种情况，那么就选择距离 B 向量的欧几里德距离更近的那一个（例中选个体 2），而另一个（例中个体 1）则不会保留在存储器中。

可以采用不同的策略来决定一个子代是否可以替换群体成员 P。其中一个方法就是将子代与所有的群体成员做比较。如果子代支配一或多个种群成员，那么将用子代任意替换一个种群成员（随机选择）。另一方面，如果有任何群体成员支配子代，那么就不接受该子代。如果子代和种群中成员均为非支配性的，那么就用子代随机替换一个种群成员，以保证进化算法的种群大小保持恒定。

上述程序持续重复运行一个确定的次数，而且认为最终的存档里均为 ε 非支配解。

6.3.5　ε-MOEA 的改进：ε-NSGA

ε-MOEA 存在一些缺点：①缺少位于帕累托最优解前沿的边界解，即目标值高和目标值低的解；②需要进行多次成本昂贵的函数求值运算，这是没有效率的。缺少边界解为超级匣子作用的结果。这个问题并不总具有关键性意义，因为边界值区域并非我们最关心的设计区域，而且这个问题可以通过减小 epsilon 值得到缓解。

因为 ε-MOEA 分别计算每个个体的目标函数值，也就是说，我们不能利用向量化计算。尤其在目标函数计算成本昂贵时，这种方法是没有效率的。所以

我们将 ε 元建模法和 NSGA–Ⅱ 结合起来（我们将其命名为 ε–NSGAⅡ），如图 6-11 所示。虽然这种结合已经早为 Kollat 和 Reed[33] 所提出，但我们在这里使用的是一种不同的方法，来结合这两种算法。在他们提出的算法中，采用了一个可变的种群容量，比较存储器的大小。我们发现，这个方法对于探索最初几代的搜索空间的附加区域非常有效。但是往后的阶段，随着存储器规模的增加，群体大小越来越大，直到存储器的容量恒定不变。就此一点，我们发现对于那些成本昂贵的函数计算来说，这个方法的效率较低。

依据上述理由，我们采用了固定种群大小方法，因而在算法的后面阶段，仍然能够高效计算。为探索最初几代搜索空间的附加区域，我们随机生成新的个体，并控制存储器容量不超过群体大小的一半。我们发现"种群大小的一半"这个存储器大小界限，对于一个最多 100 个体的种群，效果最好。

ε–NSGAⅡ（参见图 6-11）使用 NSGAⅡ 来生成新的子代个体。当它发现新的更优的个体后，开始进行支配排序，排序结果保存在存储器中。演变到下一代的新个体选自存储器和当前迭代中新的更优个体。这里，50% 采用当前迭代种群，而另外 50% 的群体来自存储器。如果存储器规格小于群体的 50%，就继续随机生成新的个体。

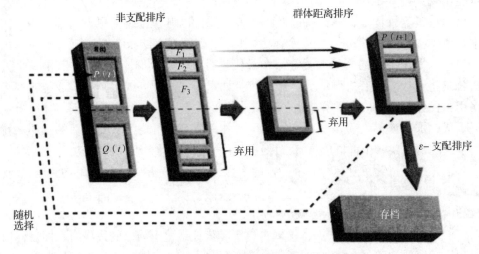

图 6-11 ε–非支配遗传排序算法的图解

6.4 案例研究：跨声速飞机机翼设计的多目标优化

6.4.1 案例研究引言

本节运用前几节中描述的元模型和优化算法，研究飞行器机翼优化问题。

本章研究的案例叙述了对飞机航程和燃料效率的研究。燃料效率在这里表示单位有效载荷在单位燃料供应下可飞行的距离。研究关注跨声速飞机机翼在初步设计阶段中的优化。本研究中的设计分析采用了多学科分析体系，将飞机特性作为一系列设计参数[35]的函数进行评估。评估包括，利用有限元法（FEM）进行的机翼的结构定型和优化；利用计算流体力学（CFD）分析进行的巡航升阻比特性。设计参数包括机翼平面形状几何参数，如翼展、翼弦、后掠翼，以及"飞行器运行参数"，例如，最大起飞重量（MTOW）和巡航高度。将这些设计参数输入机翼多学科设计分析体系，即可获得相应的重量分配信息、最大航程和燃料消耗等飞机特性。有关这个多学科设计分析体系的更多细节在机翼的多学科分析一章中详细给出。

为有效地控制不同的（可能是相互冲突的）设计目标，采用前文中描述的多目标帕累托前沿[30]优化算法进行当前的飞行器机翼设计研究。多目标帕累托前沿结果直接提供了设计资料，进一步可以对机翼设计不同的目标进行权衡考虑。

为了限制多学科设计分析体系中成本昂贵的计算次数，多目标优化迭代已经从多学科设计分析评估中去除，来使用前述的元建模法（参见参考文献 [36]）。元建模法允许在一个预先确定设计领域中对飞机特性进行计算因子测定。不同的元建模法如多项式回归、克里金法模型和神经网络法，使用时会着重检查其预测精度，以获得最优表现。很显然，优化的结果依赖所用元模型的准确度，因此也需要谨慎评定和验证，正如当前飞行器设计优化的研究结果显示的那样。

6.4.2 飞行器多学科设计分析

将前几章中描述的多学科设计分析体系，用于飞行器机翼设计优化研究中。飞行器设计要同时追求航程和燃料效率具备最佳性能。

在目前的机翼设计优化研究中，我们追求理想的全航程和燃料效率，因此，我们要把 Breguet 航程和燃料消耗总量作为飞行器机翼优化目标，这两者都要在多学科设计分析体系内计算。Breguet 航程 R_B 表示飞行实距，考虑在巡航 c_{fs} 期间发动机燃料效率、气动力升阻比特性 L_{oD_cruise}，以及实际燃料耗费量 W_{fc}

$$R_B = \frac{v_{cruise}}{c_{fs}} \times L_{oD-cruise} \times \ln\left(\frac{W_{MTO}}{W_{MTO} - W_{fc}}\right) \qquad (6-22)$$

燃料重量 W_{fc} 取决于飞行器结构重量，通过对给定的飞行器结构进行结构优化，在学科设计分析中计算其值。将飞机燃料效率 η_f 视为航程和实际燃料消耗量的综合性问题，并通过以下公式计算

$$\eta_f = R_B \Big/ \left(\frac{W_{fc}}{n_{pax}}\right) \qquad (6-23)$$

其单位为 km/（L/人）。这些值易于与其他燃料效率数值比较，例如，对汽车来说

（$\eta_f \sim 14$，对于驾驶一辆中型汽车的单个人来说）。多学科设计分析体系中可能使用的设计参数，我们选择其中 4 个作为独立变量，进行机翼的优化：机翼半翼展、外侧前缘后掠角、翼弦，以及飞行器的最大起飞重量（参见图 6-12）。三个翼弦（翼根处、曲柄处和翼梢处）缩减为一个参数，通过翼弦比例系数，将这三种翼弦按线性比例平均到翼弦中。多学科设计分析体系中的其他所有的设计参数等于他们参照飞行器的数值，并在这个研究中，保持不变。

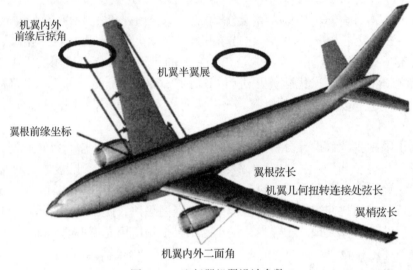

机翼内外前缘后掠角

机翼半翼展

翼根前缘坐标

翼根弦长

机翼几何扭转连接处弦长

翼梢弦长

机翼内外二面角

图 6-12　飞行器机翼设计参数

对飞机航程和燃料效率的多目标优化问题，其结果可以列出如下方程

$$\max_{(s_p, s_w, c_h, W_{MTO})} (R_{Bcorr}, \eta_f) \tag{6-24}$$

6.4.3　元模型

要建立元模型，首先要在我们关心的设计领域内，寻找一个适当的飞行器特性标本。利用多学科设计分析模拟系统，在选定的设计中，进行有限次迭代运算得出。这些设计点是根据一列四维设计空间（即设计参数的参数空间）内的部分因子（即全因子的）样本的集合：机翼半翼展、外侧机翼后掠角、翼弦长和飞行器最大起飞重量。半翼展变化范围在 29 ～ 32m 之间。外侧机翼后掠角在 21° ～ 39° 的范围内变化。三个测量点上的翼弦（翼根、曲柄和翼梢）经同一个弦长比例系数等比例变化，变化范围在 1.000 ～ 1.075 之间。最大起飞重量在 150000 ～ 280000kg 之间变化。

在这个参数空间中共计建立 99 个设计点，并用总的多学科设计分析模拟系统对其进行估值计算，得出（综合设计模型中许多其他的可用数据）这些设计点中的航程和燃料消耗值。做一个快速的初步设计估计，按照基本的帕累托排序程序[30]将航程和燃料热值排序，如第4章4.3节所描述的那样，来获得在那些我们关注的设计区域内的结果。在这个排序程序中，最好的（或者说非支配性的）设计要点，即对于航程和燃料消耗量的最优解，被指定为帕累托等级为1；第二好的点集，被指定为帕累托等级为2，依此类推，直到所有的设计要点均指定分配到等级值。

对这99个设计点的排列分配结果和它们在目标域中的分布及其参数值，均在图6-13中给出。这99个设计点的航程和燃料的目标以及设计参数的值构成的数据集，利用该数据集建立元模型。在参数空间的每个点上，元模型尽可能精确地逼近为目标函数。

运用不同的多项式函数（表6-2和表6-3中的poly$n$）、克里金模型（表6-2和表6-3中的Kriging-xy）、神经网络（表6-2和表6-3中ann），以及径向基函数（表6-2和表6-3中的rbf），并从这些函数中选择最佳拟合函数。通过对数据集进行不同的交叉验证评估，找出最佳拟合函数，使得这些函数对设计目标（航程、燃料效率）的预测值偏差最小。选择不同的确认点集合，进行4次不同的交叉验证评估。

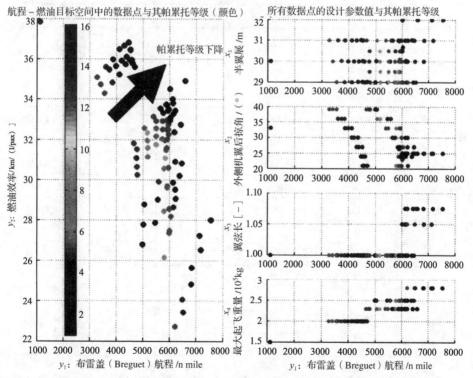

图6-13 在目标域（左图）和参数空间（右图）中99个设计要点上航程和燃料排序结果，按照其帕累托序列缩放。（序列数为1的点（黑点）具备最高航程值和最高燃料效率值。）

表6-2 航程数据：进行交叉验证的不同拟合函数（左列显示）的精确度

Fit function	RMSE				MAPE
	99/9	99/20	99/1/20	99/1/99	99/1/99/%
poly0	1824.8	1450.2	1464.0	993.2	18.5785
poly1	789.0	720.6	541.0	401.6	6.7994
poly2	739.3	509.2	460.8	234.1	3.7504
Kriging–cG	1386.0	1155.3	886.3	400.3	4.2159
Kriging–cE	1297.2	730.4	913.8	414.1	4.2473
Kriging–IC	1025.6	722.3	814.8	367.0	3.8202
Kriging–IG	608.7	519.3	301.7	138.6	1.7258
Kriging–cE	567.6	418.8	465.5	210.1	2.2546
Kriging–cC	600.9	440.5	411.0	186.8	2.2124
ann	1175.3	1053.7	957.3	859.6	12.8121
rbf	784.1	5130.0	205.0	99.7	1.1252

表6-3 燃料效率数据：进行不同交叉验证评估的不同拟合函数的精确度

Fit function	RMSE				MAPE
	99/9	99/20	99/1/20	99/1/99	99/1/99/%
poly0	4.648	4.182	3.909	3.259	8.4636
poly1	1.984	1.499	1.368	0.995	2.3676
poly2	0.722	0.544	0.258	0.264	0.6371
Kriging–cG	1.746	1.422	0.830	0.421	0.6577
Kriging–cE	**2.435**	**1.289**	**0.947**	**0.430**	**0.3894**
Kriging–cC	2.103	2.251	1.198	0.576	0.7798
Kriging–IG	1.590	1.358	0.939	0.443	0.4836
Kriging–IE	1.692	1.378	1.187	0.539	0.4136
Kriging–IC	1.778	1.404	1.305	0.607	0.6339
ann	1.886	1.393	0.672	1.179	3.7600
rbf	6.990	66.977	4.740	2.140	1.1210

第一次交叉验证评估了9个分层等级为1的数据点，即对于航程和燃料效率（图6-13中的黑点），那些数据点具备最优（最低）的帕累托等级值，它们

被用作确认点，而余下的 90 个点用来建立模型。结果得出的均方根值表明克里金 – 线性 – 指数（kle）[27] 和二次多项式（poly2）拟合函数，分别对航程和燃料效率的拟合性最好（表 6-2 和表 6-3 中 99/9 列）。然而，该评估仅表示在等级为 1 的数据点周围的局部区域内拟合的准确度，因为仅利用设计参数点的拟合，以得出等级为 2 或者更低的目标函数。为获得一个更加全面的准确度评定，我们在确认集合（表 6-2 和表 6-3 中 99/20 列）中加入 11 个等级为 2 的数据点，以获得更多确认点。因为这个确认集相当大（99 个点中的 20 个），确认拟合在相对较小的数据集（79 个点）中建立，而这与通过完全的数据集（99 个点）获得的 "全" 拟合有着很大的差别，而且，最优点事实上已从拟合阶段中剔除了。因此，我们会通过这个确认集（表 6-2 和表 6-3 中 99/1/20 列）的留一法[28]，估算有效值的残差。在留一法试验中，确认集中的每个点都与数据集单独分开，再根据剩下的 98 个点建立拟合，对确认点的残差进行估算，最后计算 20 个残差的有效值。最后，为了对整体精度进行评定，我们也对整个完整的数据集（表 6-2 和表 6-3 中 99/1/99 列）进行留一法试验。由于拟合相对精度的补充说明，我们也将总体留一法残差（表 6-2 和表 6-3 中 99/1/99/% 列）的平均绝对百分差包括在内。

为进行不同的交叉验证评定，我们发现了合理相容的准确度，以得到拟合性最好的函数（参见表 6-2 和表 6-3）。在每次评估中发现的最优的有效值残差，均用阴影单元标出。对于航程数据（参见表 6-2），径向基函数拟合可得出留一法试验的最好结果，但是据 99/20 试验，其拟合质量很差，因此未被选为航程的最佳拟合。

根据所执行的五次评定中每一次的结果，尤其是通过留一法试验（表 6-2 中，99/1/99 列和 99/1/99/% 列）对整体准确度的评估中，通过克里金 – 线性 – 高斯（klg）拟合函数，推断出对航程的最佳拟合。另外，二次多项式提供了一个关于数据的最小二乘回归（非插值的）拟合，相反，克里金模型提供了关于数据的插值拟合。因为数据显示的是确定性计算机模拟结果，通过克里金 – 常量 – 指数（kce）拟合函数，得出燃料效率的最佳拟合。

对于表 6-2 和表 6-3，在确认点内，值为残差（或者预测误差）的有效值。而黑体单元表现出最优的整体适应性方法。

6.4.4 设计优化

对飞行器航程和燃料效率的帕累托前沿优化，是利用一种多目标遗传算法（根据前一节中叙述的非支配分类遗传算法 – Ⅱ）进行的，其中把对航程和燃料效率拟合度最好的函数作为目标函数。在这个优化过程中，采用含 99 个体的种群，这 99 个设计点来自数据集，被用作第一次迭代种群。优化的研究领域的界限用来计算着 99 个设计点上的设计参数的最大值和最小值。在前三代，要运用遗传算法，评估大约 300 个目标函数。得出的结果群体以图 6-14 中的圆圈来表示，为了对遗传算法的收敛过程做出图解。把这个群体用作初始种群，利用遗传算法对包含大约 100 次迭代进行分析。在这个优化过程中，目标函数数量总计大约为 10000，每一个标准程序（Pentium-4，2.8kMHz）的计算时间大约为 20s。在数据集中与最初设计相比，设计结果帕累托前沿解（图 6-14 中的菱形）提出了一组清晰的改进设计。

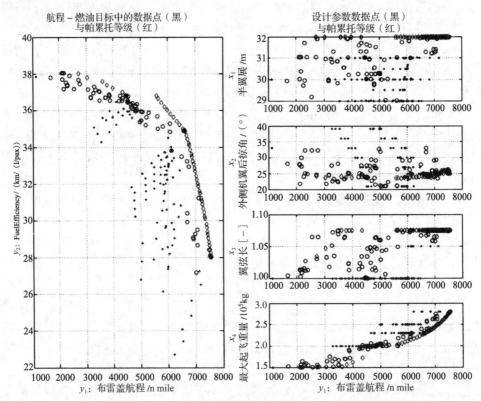

图 6-14　数据集（＊）的设计要点，三代以后的群体（〇，●），和应外 100 个世代的帕累托前沿，经克里金－线性－高斯和克里金－常量－指数元模型，发现航程最大值与燃料效率最大值，分别得出航程和燃料效率。4 个设计参数的结果显示在目标域（左图）中，而航程－参数子空间（右图）内

　　在帕累托最佳设计点（预测根据元模型进行）上，飞行器的特性在参数空间的特性由飞行器设计专家进行进一步的探测和解释。选择一个候选最优设计点（参见图 6-15），并且经多学科设计分析模拟系统做出准确估测。这个估测的结果在图 6-15 中给出。该候选最佳设计点的参数值是：翼展 32.5m；后掠角 25.1°；弦长

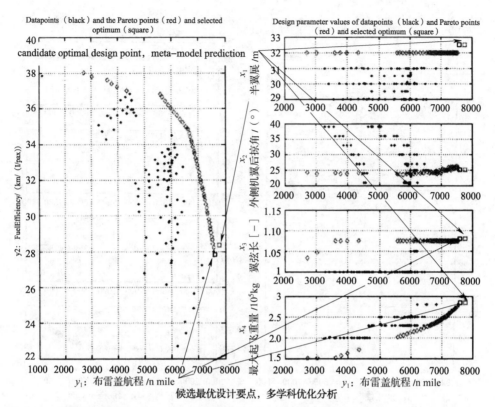

图 6-15　利用初始元模型（◆，◇），数据集（∗），以及多学科设计分析法分析和元模型预测，
得出候选最优设计要点（□）

1.08m；最大起飞重量 285000kg。

当我们更进一步考查这些结果时，我们可以从多学科设计分析结果中推断出，
该点为补充的帕累托最佳设计点（参见图 6-16）。

对于这个点，元模型法过高估计了航程和燃料效率值，这个新的设计点为数
据集提供了一个非常有价值的辅助观测点，在这个点上建立元模型，由此进一步
改进并再次用于多目标优化。因此用于估算航程和燃料效率值的元模型，通过与
前述相同的克里金法模型（keg 用于航程，kle 用于燃料效率）进行重建。在这个
优化过程中，取自新建数据的 100 个设计要点，被用作初始世代，而研究领域的
范围用来确定这 100 设计要点上设计参数的最大值和最小值。

在这些改良的元模型中发现的，结果改进帕累托前沿（图 6-16 中变换的菱
形），与上述的元模型中发现的帕累托前沿（图 6-16 中的菱形）相比，略有改
善，如图 6-16 所示。帕累托前沿还有助于进一步指导计算成本昂贵的，团队中的
专家设计师最为感兴趣的整体多学科设计分析评估。

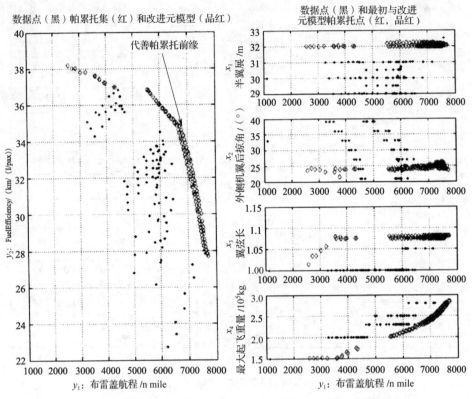

图 6-16　利用初始元模型（◆，◇），和改良元建模法切换空间

6.5　结论

在本章对飞行器设计中，将改进元建模和多目标最优化算法相结合，可以很灵活地解决多种设计问题。这种方法的一个重要的优势在于以较少的分析费用，相对较快、较容易地发现大量我们关心的（帕累托最优）设计要点，与此同时，还保证准确度在合理的水平范围内。设计参数空间和目标域结果的表达，为设计决策提供了有价值的参考信息，要求该过程中要有设计专家参与。

然而，高维空间设计问题可见性、评估和我们最关心的设计要点的选择需要特别注意。经拟合对目标函数值的估测的准确度也是如此。以下列举几种处理准确度方面问题的方法：利用尽可能多的可用信息，例如，适当的试验设计，尽可能多的数据点，基础函数的先验知识。

使用不同的拟合法，确定最佳拟合；谨慎定义拟合的适当有效域（如避免外推法）。

通过合并残差估测，设法说明拟合预测中的适配性误差。

经证实，NSGA-Ⅱ是在多目标设计优化中帕累托最佳设计点最为有效的方法，在一台标准计算机上，进行这项优化仅需 20s，则与单点多学科设计分析评估法 30min 的计算时间相比，是非常非常快。根据元模型找到的帕累托点需经总体多学科设计分析确认和专家的认证。实例研究显示，虽然元模型多少超过帕累托最佳点，但其检验值仍在帕累托前沿的范围之内。通过这种认证，元模型能够得到进一步改进，同时，对更加精细的优化程序产生影响。

这里使用的优化方法也被用于发动机设计案例（TBD 章），同时，除了适用于机翼的设计外，还适用其他规模较大的设计问题。

参考文献

[1] Pardessus, T., "Concurrent Engineering Development and Practices for Aircraft Design at Airbus," *Proceedings of the ICAS Conference 2004*, paper 2004-7.7.1, (Yokohama, Japan), International Council of the Aeronautical Sciences (ICAS), Stockholm, Sweden, Optimage Ltd., Edinburgh, UK, 2004.

[2] Torenbeek, E., *Synthesis of Subsonic Airplane Design*, Delft Univ. Press, Kluwer Academic Publishers, Delft, The Netherlands, 1982, pp. 215–262.

[3] Sobieszczanski-Sobieski, J., and Haftka, R. T., "Multidisciplinary Aerospace Design Optimization: Survey of Recent Developments," *Structural and Multidisciplinary Optimization*, Vol. 14, No. 1, 1997, pp. 1–23.

[4] Laban, M., Arendsen, P., Rouwhorst, W. F. J. A., and Vankan, W. J., "A Computational Design Engine for Multi-Disciplinary Optimization with Application to a Blended Wing Body Configuration," AIAA Paper 2002-5446, Sept. 2002.

[5] Ko, A., Leifsson, L. T., Mason, W. H., Schetz, J. A., Grossman, B., and Haftka, R. T., "MDO of a Blended-Wing-Body Transport Aircraft with Distributed Propulsion," AIAA Paper 2003-6732, Nov. 2003.

[6] Kesseler, E., Laban, M., and Vankan, W. J., "Multidisciplinary Wing Optimization," VIVACE Forum-1, Warwick, U.K., 20–21 Sept. 2006, Session 4, CD-ROM; http://www.nlr.nl/id~2608/l~en.pdf [retrieved July 2009].

[7] Simpson, T. W., Peplinski, J., Koch, P. N., and Allen, J. K., "Metamodels for Computer-Based Engineering Design: Survey and Recommendations," *Engineering with Computers*, Vol. 17, No. 2, 2001, pp. 129–150.

[8] Zink, P. S., DeLaurentis, D. A., Hale, M. A., Volovoi, V. V., Schrage, D. P., Craig, J. I., Fulton, R. E., Mistree, F., Mavris, D. N., Chen, W., Röhl, P. J., Lewis, K. E., Koch, P. N., Cesnik, C. E. S., and Simpson, T. W., "New Approaches to High Speed Civil Transport Multidisciplinary Design and Optimization," *Proceedings of the 2000 IEEE Aerospace Conference*, 2000, http://ideal.mech.northwestern.edu/pdf/IEEE-351-99.pdf [retrieved July 2009].

[9] DeLaurentis, D. A., Mavris, D. N., and Schrage, D. P., "System Synthesis in Preliminary Aircraft Design Using Statistical Methods," *Proceedings of the 20th ICAS*

Congress (Sorrento, Italy), International Council of the Aeronautical Sciences (ICAS), Stockholm, Sweden, 1996, pp. 866–878.

[10] Vankan, W. J., Lammen, W. F., Kos, J., and Maas, R., "Complementary Approximate Modeling in Matlab and Modelica," *Proceedings of the EUROSIM 2004 Conference*, Paris, France, Sept. 2004, sponsored by EUROSIM (Federation of European Simulation Societies).

[11] Obayashi, S., Sasaki, D., Takeguchi, Y., and Hirose, N., "Multiobjective Evolutionary Computation for Supersonic Wing-Shape Optimization," *IEEE Transactions on Evolutionary Computation*, Vol. 4, No. 2, July 2000, pp. 182–187.

[12] Oyama, A., "Multidisciplinary Optimization of Transonic Wing Design Based on Evolutionary Algorithms Coupled with CFD SOLVER," *Proceedings of European Congress on Computational Methods in Applied Sciences and Engineering (ECCOMAS)*, Sept. 2000, http://flab.eng.isas.ac.jp/member/oyama/papers/eccomas2000.pdf [retrieved July 2009].

[13] Oyama, A., and Obayashi, S., "Multidisciplinary Wing Design Optimization Using Multiobjective Evolutionary Algorithm," *PPSN/SAB Workshop on Multiobjective Problem Solving from Nature (MPSN)* (Paris, France), 2000.

[14] Oyama, A., Obayashi, S., Nakahashi, K., and Hirose, N., "Coding by Taguchi Method for Evolutionary Algorithms Applied to Aerodynamic Optimization," *Proceedings of the Fourth ECCOMAS Computational Fluid Dynamics Conference* edited by K. D. Papailliou, D. Tsahalis, J. Périaux, and D. Knörzer, (Athens, Greece), Wiley, New York, Vol. 2, 1998, pp. 196–203.

[15] Zitzler, E., Laumanns, M., and Bleuler, S., "A Tutorial on Evolutionary Multiobjective Optimization," *Metaheuristics for Multiobjective Optimization*, Vol. 535 of *Lecture Notes in Economics and Mathematical Systems* edited by X. Gandibleux, et al., Springer-Verlag, Berlin, Germany, 2004, pp. 3–38.

[16] Deb, K., *Multiobjective Optimization Using Evolutionary Algorithms*, Wiley, Chichester, U.K., 2001, pp. 77–300.

[17] Deb, K., "Single and Multiobjective Optimization Using Evolutionary Computation," KanGAL, Technical Report 2004003, Feb. 2004.

[18] Deb, K., Agrawal, S., Pratap, A., and Meyarivan, T., "A Fast and Elitist Multiobjective Genetic Algorithm: NSGA-II," *IEEE Transactions on Evolutionary Computation*, Vol. 6, No. 2, 2002, pp. 182–197.

[19] Deb, K., Mohan, M., and Mishra, S., "A Fast Multiobjective Evolutionary Algorithm for Finding Well-Spread Pareto-Optimal Solutions," KanGAL, Technical Report 2003002, Feb. 2003.

[20] Fonseca, C. M., and Flemming, P. J., "Genetic Algorithms for Multiobjective Optimization: Formulation, Discussion and Generalization," *Proceedings of the Fifth International Conference on Genetic Algorithms*, edited by S. Forrest, Morgan Kauffman, San Mateo, CA, 1993, pp. 416–423.

[21] Knowles, J. D., and Corne, D. W., "Approximating the Non-Dominated Front Using the Pareto Archived Evolution Strategy," *Evolutionary Computation*, Vol. 8, No. 2, 2000, pp. 149–172.

[22] Zitzler, E., Laumanns, M., and Thiele, L., "SPEA2: Improving the Strength Pareto Evolutionary Algorithm for Multiobjective Optimization," *Evolutionary Methods for Design Optimization and Control with Applications to Industrial Problems*, Eurogen 2001, International Center for Numerical Methods in Engineering (CIMNE), 2002, pp. 95–100.

[23] Zitzler, E., and Thiele, L., "Multiobjective Evolutionary Algorithms: A Comparative Case Study and the Strength Pareto Approach," *IEEE Transactions on Evolutionary Computation*, Vol. 3, No. 4, 1999, pp. 257–271.

[24] Optimization Toolbox, The MathWorks, Natick, MA, http://www.mathworks.com/products/optimization [retrieved Aug. 11, 2009].

[25] Kleijnen, J. P. C., and Sargent, R. G., "A Methodology for the Fitting and Validation of Metamodels in Simulation," *European Journal of Operational Research*, Vol. 120, No. 1, 2000, pp. 14–29.

[26] Bradley, E., "Estimating the Error Rate of a Prediction Rule: Improvement on Cross-Validation," *Journal of the American Statistical Association*, Vol. 78, No. 382, 1983, pp. 316–331.

[27] Lophaven, S. N., Nielsen, H. B., and Søndergaard, J., "DACE—A Matlab Kriging Toolbox, Version 2.0," Informatics and Mathematical Modelling (IMM), Rept. IMM-REP-2002-12, Technical University of Denmark (DTU), 2002.

[28] Bishop, C. M., *Neural Networks for Pattern Recognition*, Clarendon Press, Oxford, U.K., 1997, pp. 170–180.

[29] Bäck, T., Hammel, U., and Schwefel, H. P., "Evolutionary Computation: Comments on the History and Current State," *IEEE Transactions on Evolutionary Computation*, Vol. 1, No. 1, 1997, pp. 3–17.

[30] Goldberg, D. E., *Genetic Algorithms in Search, Optimization, and Machine Learning*, Addison Wesley Longman, Reading, MA, 1989, pp. 197–198.

[31] Wolpert, D. H., and Macready, W. G., "No Free Lunch Theorems for Optimization," *IEEE Transactions on Evolutionary Computation*, Vol. 1, No. 1, 1997, pp. 67–82.

[32] Genetic Algorithm and Direct Search Toolbox, The MathWorks, Natick, MA, http://www.mathworks.com/products/gads [retrieved Aug. 11, 2009].

[33] Kollat, J. B., and Reed, P. M., "The Value of Online Adaptive Search: A Performance Comparison of NSGAII, ε-NSGAII and εMOEA," *Evolutionary Multi-Criterion Optimization: Third International Conference, EMO 2005*, in series *Lecture Notes in Computer Science*, edited by C. A. Coello, et al., Vol. 3410, Springer, 2005, pp. 386–398.

[34] Deb, K., and Agrawal, R. B., "Simulated Binary Crossover for Continuous Search Space," *Complex Systems*, Vol. 9, 1995, pp. 115–148.

[35] Kesseler, E., and Vankan, W. J., "Multidisciplinary Design Analysis and Multi-Objective Optimization Applied to Aircraft Wing," *WSEAS Transactions on Systems and Control*, Vol. 1, No. 2, Dec. 2006, sponsored by WSEAS (World Scientific and Engineering Academy and Society), pp. 221–227.

[36] Vankan, W. J., Kesseler, E., and Baalbergen, E. H., "Distributed Collaborative and Multi-Disciplinary Design of Civil Aircraft Wings," *PDT Europe 2006*,

16–18 Oct. 2006, Toulouse, France, sponsored by Product Data Technology Europe, pp. 107–116.

[37] Vankan, W. J., Maas, R., and Laban, M., "Fitting Fitness in Aircraft Design," *ICAS 2006 Conference*, paper 2006-1.11.3, Hamburg, Germany, Sept. 2006, sponsored by the International Council of the Aeronautical Sciences (ICAS), Stockholm, Sweden.

第7章 机身结构优化

Stéphane Grihon
AIRBUS，Toulouse，France
Manuel Samuelides，Antoine Merval
ONERA，Toulouse，France
Alain Remouchamps，Michael Bruyneel，Benoit Colson
SAMTECH，Liége，Belgium
Klaus Hertel
AIRBUS，Bremen，Germany

缩略语

CFRP	碳纤维增强塑料
COTS	商业成品
DoE	试验设计
GFEM	全局有限元模型
GUI	图形用户界面
HPC	高性能计算
LHC	拉丁超立方
MDO	多学科设计优化
MoE	各领域专家集合
MSE	均方误差
NLFEA	非线性有限元分析
NN	神经网络
PB	后屈曲裕度
PCL	PATRAN 命令语言
PHP	超文本预处理器
RF	储备因数（曾译储备系数）
STIFFOPT	加筋板优化

术语

aft	连接法兰厚度
afw	连接法兰宽度
D_{next}	目录值与目录中下一个
DC，D_{fast}	紧固件直径，连续值
E_{skin}，$E_{stringer}$，E_{frame}	蒙皮、梁与框架的弹性模量
F_{XSR}	超大梁中的纵向力
fft	松套法兰厚度
ffw	松套法兰宽度
I	机身部分的二次矩
IL（λ）	更新后的内部载荷
IL^{*}	固定内部载荷
M_Y	机身部分的弯曲力矩
N_{xx}，N_{yy}，N_{xy}	通量
P_G	全局优化问题
P_L	局部优化问题
PLL	局部优化问题
p	梁间距
pt	护垫（发射坪）厚度
pw	护垫（发射坪）宽度
$RF_{fatXRaid}$，$RF_{fatXskin}$，$RF_{fatYSkin}$	疲劳储备因数
RF_{RS}	剩余强度储备因数
RF_{stat}	静力强度储备因数
rp	铆钉间距
S_{skin}，$S_{stringer}$，S_{frame}	蒙皮、梁与框架的截面面积
sh	梁高度
st	蒙皮厚度
$t_{angle}^{SKIN,i}$	蒙皮厚度变量（复合材料板使用案例）
$t_{angle}^{STRINGER,i}$	梁厚度变量（复合材料板使用案例）
$V = Z\text{--}ZG$	到重力中心的垂直距离
W（λ）	权重函数
W_h	腹板高度
w_t	腹板厚度

λ	尺寸设计变量
λ_f	屈曲与非线性分析的载荷因数
v	横向变形系数
σ	应力
σ_{all}	许用应力
σ_{max}	最大应力
σ_1，σ_{11}，σ_{VM}	最小主应力，最大主应力及等效应力
σ_1，σ_2	经验值

7.1　引言

7.1.1　导语

最早在数十年前，工程设计就引入数值优化应用技术，并应用于结构优化[1]。从那时起结构优化问题就一直是多学科优化技术的核心问题，如今也是构成多学科设计优化（MDO）的重要组成部分。由此发展的结构优化算法适用范围很广，对多学科设计优化——尤其是对本章中所讨论的多层次优化有关的多学科设计优化的发展大有益处。

7.1.2　背景

航空工业是一个被产品性能、成本及上市时间等客户需求所深深影响的行业。反过来，得益于数学理论与相关算法的成功结合，数值优化成为实现这些目标的关键技术。而且能够保证较高的优化性能，并研发出高水平软件，促进设计生命周期自动化和一体化过程，从而缩短完成周期[2-4]。

基于这一背景，商业的全球化趋势、大量并行 IT 解决方案，以及万维网推动人们在结构设计中采用分布式计算概念[5-6]。本书将在第 10 章中更为详尽地讨论一些扩展型企业的观点。为满足这些要求，将结构蒙皮优化流程模块化处理，从而完整地映射人工调整尺寸的具体流程。

7.1.3　规格调整流程

由于飞行器结构由本质为膜的薄壳制成，因而必须考虑弯曲强度。这也是被称为加强筋的纵梁为什么要添加到机壳中的原因[7]。这种布置方法称为加筋板概念，一般应用于机身蒙皮（参见图 7-1）。

而且，出于局部分析需要，各加筋板可分解为面板托架，又称作超强加筋板，如图 7-2 所示。因此，加筋板表现为机身蒙皮应力和尺寸人工调整的基本模式。

当然，假设屈曲／后屈曲局部化处理，分离超强加筋板，分析机身蒙皮的稳定性：如果有合适的机身加筋，那么一般来说是一个极好的近似值（如机身结构为环形架构）。

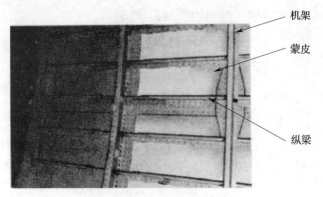

图 7-1　加筋板概念

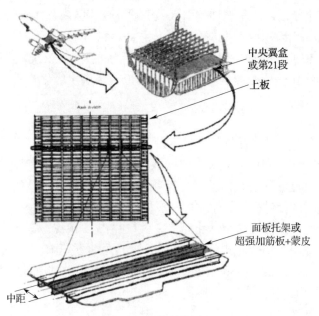

图 7-2　机身结构分解

　　这种方法的优点在于尺寸调整流程分解到一个非常精细的粒度水平，可非常灵活地应用这些优化方法。

　　因此，超强加筋板一般利用基于分析的标准应力工具进行计算，包括指导手册、测试数据库及经验数据工程方法。

　　基于外部载荷进行静力线性分析后，局部分析使用从全局有限元模型（GFEM）提取的内部载荷。必须使用特定的后处理工具计算适合超强加筋板模型的负载，参见图 7-3。

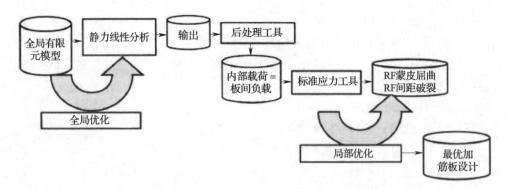

图7-3 设计与应力流程/全局–局部分析与优化连接

局部分析提供储备因数（RF）。如果结构可行的话，储备因数为大于1的值。例如，如果σ_{all}为一种给定材料的破坏应力，那么储备因数就为比率$\sigma_{\text{all}}/\sigma$，这里$\sigma$为当前压力值。

对于屈曲/后屈曲，储备因数包括壳弯曲储备因数和超强加筋板塌陷（柱塌陷）储备因数。因此，通过全局和局部分析，当前机身结构设计和压力过程为错落式结构[8-9]。

7.1.4 优化流程的选择

同样，优化过程可看作一个局部或全局优化过程。局部优化包含局部分析并基于固定的内部载荷。局部优化问题P_{L}通过下式求解

$$P_{\text{L}}\begin{cases} \text{Min } W(\lambda) \\ \text{RF}(\lambda, \text{IL}^*) \geqslant 1 \end{cases}$$

全局优化包含全局优化分析并基于更新的内部载荷。全局优化问题通过下式求解

$$P_{\text{G}}\begin{cases} \text{Min } W(\lambda) \\ \text{RF}[\lambda, \text{IL}(\lambda)] \geqslant 1 \end{cases}$$

为了得出正确的结果，本公式需要结合储备因数灵敏度计算内部载荷灵敏度（连锁法）。这虽然可行但很复杂。这个流程自从欧洲空客公司进行该研究工作以来就已得到了执行[10]，但它过于复杂和繁琐，仍未用于完全的结构的定型。

此研究工作的地位在于能够更好地反映人工尺寸调整流程，同时保证简单性与模块化操作，使得分布式计算方法更加易于使用，即使它并不是最优秀的方法。人工尺寸调整流程，调整每一块加筋板的尺寸，与固定内载荷无关。并选择局部优化作为相应的优化方案。然而，此局部优化流程使用固定的内部载荷完成，但我们非常清楚，改变尺寸同时也会影响刚性参数，因此会导致内部载荷重新再分布。在建立一个新的全局有限元模型时，我们会进一步考虑内部载荷的重新再分

布问题，并将其纳入设计流程中。

因此，只有在完成较长时期的循环（飞行器项目的有限元与载荷循环）运行后，才能保证优化结果的质量。此处的目的是向前更进一步，重复更新内部载荷，达到收敛效果。

因此，使用算法如下：

第 1 步：使用新的尺寸性能参数 λ_k 更新 GFEM。

第 2 步：计算新的内部载荷 Il_k。

第 3 步：使用 $\text{IL}^*=\text{Il}_k$: λ_{k+1}，求解 PL。

第 4 步：λ_k—λ_{k+1}。

第 5 步：如果 λ 与 / 或 IL 变化很大，回到第 1 步。

使用这种方法，第一个目标为整合尺寸调整流程，即将超强加筋板的优化能力与全局设计与应力流程集合在一起。以超强加筋板优化为起点，作为主要基石，建立全板优化能力，并以 GFEM 更新和静态重新分析为基础，考虑内部载荷的重新分布。

剩余各节的布置如下：

在第 7.2 节中，引入此工作中使用的研究案例。

在第 7.3 节中，提出对有代表性的超强加筋板实施局部优化操作，然后使用一组超强加筋板进行演示。

在第 7.4 节中，描述 STIFFOPT 软件的一体化。

在第 7.5 节中，提出紧密耦合迭代方法。并在一组板上进行演示。之后为使用计算机组，对整个机身进行优化。

在第 7.6 节中，以建立的设计曲线、局部优化以及神经网络为基础，探索松耦合方案。

在第 7.7 节中，对所讨论的尺寸调整流程做一些补充。

在第 7.8 节中，根据超强加筋板的非线性有限元分析，提出局部优化流程的改进方案。

7.2　测试实例介绍

用于所有方法比较与评定的测试实例是一个非常大型的民用运输机的部分机身。这段机身处于左边的货舱门和机翼之间的部位，更准确地说，是在图 7-4 中所描绘的，在第 38 块框架板和第 46 块框架板之间的机身。

这段沿机身方向有 8 块框架板，而每块板沿纵向方向有 146 根纵梁。因此这段区域一共包含 1168 根桁条。为测定优化方案，共使用了 50 种负载方案，但只制作了一个包络图（注释参见第 6 章）。

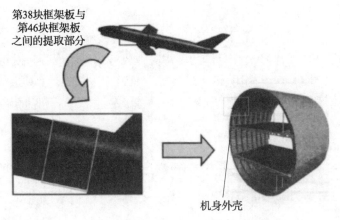

图 7-4　机身测试实例

7.3　局部优化

此部分的目的在于演示并证明主要的优化过程：局部纵梁的优化。

7.3.1　定义

如上所述，局部优化是为了解决下列问题

$$P_{\mathrm{L}} \begin{cases} \mathrm{Min}\ W(\lambda) \\ \mathrm{RF}\ (\lambda\,,\mathrm{IL}^{*})\ \geqslant 1 \end{cases}$$

解决局部优化问题的具体实例介绍和更多的物理描述如下。

7.3.1.1　设计原则

使用实例的设计原则如下：①材料：金属（各向同性铝）；②梁段截面：Z 形（参见图 7-5）。

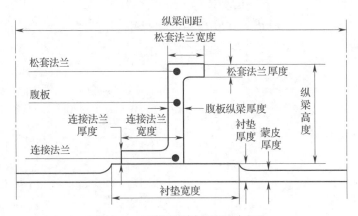

图 7-5　Z 形纵梁剖面的设计变量

7.3.1.2　应力假设与标准

具体计算应考虑全局有限元模型（GFEM）直接输出的内部载荷（NASTRAN 静态线性分析 –SOL101）[11]，具体的许用应力要考虑满足疲劳和损伤容限。

为保证稳定性，需要使用 ASSIST 技术工具[12]。ASSIST 工具进行工程公式的运算，分析基于超级纵梁模式的加筋板的屈曲 / 后屈曲。后屈曲指在考虑材料可塑性的同时，材料一直到被破坏时的现象。

7.3.1.3　目标函数

因为作为实例分析的这段机身部分具有统一的框架间距和相同的材料，对重量的优化就等同于优化每一个超级纵梁的横截面面积。因此，目标函数为超级纵梁的横截面面积。

7.3.1.4　设计变量

需要考虑以下 6 种变量，它们所给定的界限范围为（所有数据以 mm 为单位）：纵梁的高度（sh）：25 <sh< 55；腹板纵梁的厚度（wt）：1.6 < wt < 4；松套法兰的宽度（ffw）：8<ffw<26；松套法兰的厚度（fft）：2 < fft < 4；连接法兰的厚度（aft）：1.6<aft<4；蒙皮的厚度（st）：1.6<st<8。

纵梁的截面面积使用这些变量进行计算。连接法兰的宽度和衬垫的厚度值与蒙皮的厚度有关。间距没有选择作为设计变量。基于局部优化也可以提供一些最佳间距值的启示，但是，它应该和能够改变间距的参数化的整体有限元模型一起进行考虑。因此，我们将在未来的研究中考虑这一变量。

7.3.1.5　设计约束

由 6 种变量产生的一些设计约束使得几何转换的设计者能够利用经验来避免在纵梁的几何结构中产生的不连续性。每个约束的范围根据设计者的经验而设置，在局部优化过程的最后这些数值必须得到重视。

这三种尺寸之比（宽度 / 高度和厚度的比率）用于控制几何结构（参见图 7-5，对各种尺寸的定义）

$$3 < \frac{afw}{aft} < 20$$

$$3 < \frac{sh - fft - aft}{wt} < 20$$

$$3 < \frac{ffw}{fft} < 10$$

每一个桁条尺寸之间的厚度之比为

$$\frac{aft}{wt} > 1.3$$

$$\frac{\text{aft}}{\text{st}} > 1.3$$

为了避免松套法兰过长，连接法兰的宽度必须 2 倍大于松套法兰的宽度

$$\frac{\text{afw}}{\text{ffw}} > 2$$

基于以前对加筋板的优化研究的经验，并且由于一些明确的关系允许减少设计变量数目，与紧固件安装和衬垫有关的不等式约束被看作是主动的，也就是说，可以被看成等式进行计算。连接法兰的宽度可由自由边距和到腹板的最小距离决定。因此，连接法兰的宽度与直径和腹板的厚度有关（4 为圆角半径）

$$\text{afw} = 2 \times D_{\text{fast}} + \frac{D_{\text{next}}}{2} + \text{wt} + 4$$

D_{fast} 和 D_{next} 为给定目录中的紧固件的直径和下一个直径

$$D_{\text{fast}} \text{ 和 } D_{\text{next}} \in \{4; 4.8; 5.6; 6.4; 8\}$$

衬垫的宽度与连接法兰的宽度有关

$$\text{pw} = 2 \times \left(3 + \frac{\text{afw}}{2} \right)$$

衬垫的厚度只与蒙皮的厚度有关

$$\text{pt} = 1.4 \times \text{st}$$

紧固件的间距为紧固件直径的 4.5 倍

$$\text{rp} = 4.5 \times D_{\text{fast}}$$

D_{fast} 和 D_{next} 是连续直径计算出来的不连续值。DC 为紧固件直径的连续值。根据整体紧固厚度的规律，DC=0.5*（aft+1.4*st）。那么，通过下列阶跃函数，DC 可求得 D_{fast}

$$D_{\text{fast}} = 4 + 0.8 * f\,(\text{DC}{-}4) + 0.8 * f\,(\text{DC}{-}4.8) + $$
$$0.8 * f\,(\text{DC}{-}5.6) + 1.6 * f\,(\text{DC}{-}6.4)$$

其中，f 表示函数 $f(x) = [1 + \text{sign}(x)]/2$。

7.3.1.6　物理约束

屈曲

如果蒙皮的厚度（st）≤ 3，那么后屈曲余量（PB）≥ 60。

如果 3 ≤ st ≤ 5，则 PB ≥ 80。

如果 st ≥ 5，PB ≥ 100。

这三个条件为屈曲集建立了一个余量原则：根据蒙皮的厚度，蒙皮可以以极限载荷的后屈曲的一定比例屈曲。

实现这一步规则，可使用同样的与直径有关的方法

$$(\text{PB})_{\text{min}} = 60 + 20 * f\,(\text{st}{-}3) + 20 * f\,(\text{st}{-}5)$$

其中

$$f(x) = \frac{\left[1 + \text{sign}(x)\right]}{2}$$

崩溃的储备因数（RF）可通过 ASSIST 工具进行计算，并与局部纵梁屈曲的影响一起考虑。

静力强度

$$\text{RF}_{\text{stat}} = \frac{\sigma_{\text{all}}}{\sigma_{\text{max}}}, \quad \sigma_{\text{max}} = \max(\sigma_{\text{I}}, \sigma_{\text{II}}, \sigma_{\text{VM}})$$

残余强度

$$\text{RF}_{\text{RS}} = \sigma_1 * \left(\frac{E_{\text{frame}} * S_{\text{frame}}}{E_{\text{frame}} * S_{\text{frame}} + E_{\text{skin}} * S_{\text{skin}}} \right) + \sigma_2 \Big/ \frac{N_{yy}\text{tenue}}{\text{Skin}_{\text{thickness}}}$$

这一容许量由疲劳专家制定，它基于各种板的测试，并给出了应力许用值作为横向刚度比率的依据。

纵梁的裂纹萌生

$$\text{RF}_{\text{fatXStringer}} = \sigma_{\text{all}} \Big/ \frac{F_{\text{XSRfat}} * E_{\text{Stringer}}}{E_{\text{Stringer}} * S_{\text{Stringer}} + E_{\text{Skin}} * S_{\text{Skin}}} - \frac{F_{\text{Poisson}}}{S_{\text{Stringer}}}$$

蒙皮的裂纹扩展

$$\text{RF}_{\text{fatXSkin}} = \sigma_{\text{all}} \Big/ \frac{F_{\text{XSRfat}} * E_{\text{Skin}}}{E_{\text{Stringer}} * S_{\text{Stringer}} + E_{\text{Skin}} * S_{\text{Skin}}} + \frac{F_{\text{Poisson}}}{S_{\text{Skin}}}$$

纵梁的裂纹扩展

$$\text{RF}_{\text{fatYSkin}} = \frac{\sigma_{\text{all}}}{N_{\text{YYfat}}/st}$$

蒙皮的裂纹萌生没有列出，因为它被包括在了纵梁的裂纹萌生中。

当出现了一个纵向应力时，由于泊松效应，蒙皮也有向机身方向变形的趋势

$$F_{\text{Poisson}} = \frac{v}{st} * \frac{E_{\text{Stringer}} * S_{\text{Stringer}} * S_{\text{Skin}}}{E_{\text{Stringer}} * S_{\text{Stringer}} + E_{\text{Skin}} * S_{\text{Skin}}} * N_{yy}$$

所有的这些公式考虑到了在蒙皮和纵梁之间内部负荷的局部再分配。因为在优化过程中，蒙皮和纵梁的尺寸是变化的，所以，这种考虑是有必要的。

根据认定的标准，使用了特定的负载情况：强度的静态极限载荷（极限载荷的残余强度）和裂纹萌生和扩展的参考疲劳载荷情况。

该优化问题最终归结为如何基于以上所述的设计变量，将超级纵梁的横截面面积最小化，考虑设计变量界限（箱形约束），考虑设计变量之间的（显式）关系，以及考虑设计变量、设计约束和当储备因数 ≥ 1 时，也被称为物理约束的结构可行性约束之间的隐含联系。数学程序是很容易（在此基础上总结）写出，为简洁起见，在此不再列出。

7.3.2　执行

目的是要建立一个局部优化过程，该优化过程中含有基于线性方程的约束条件，以及基于复杂程序输出（技术工具）的约束条件，另外还有 ASSIST 稳定分析工具。

没有使用数学库，如 NAG[13] 或 NASTRAN 等有限元分析软件，来写入界面的方法，相反，使用能够容易和快速地集成外部软件的一种软件架构，生成一个友好的图形用户界面。SAMTECH 公司的 BOSS Quattro 软件用来实现这一目的[2-4]。

使用图 7-6 所示的优化架构，使对外部工具的整合、对进行约束和优化的设计变量，以及结果的识别变得非常简单。此外，BOSS Quattro 软件的算法库对于处理之前所描述的复杂优化问题，以及对处理反应的非线性特性以及所采用的奇异点问题（如直径的阶跃函数）[14-15]都令人非常满意。

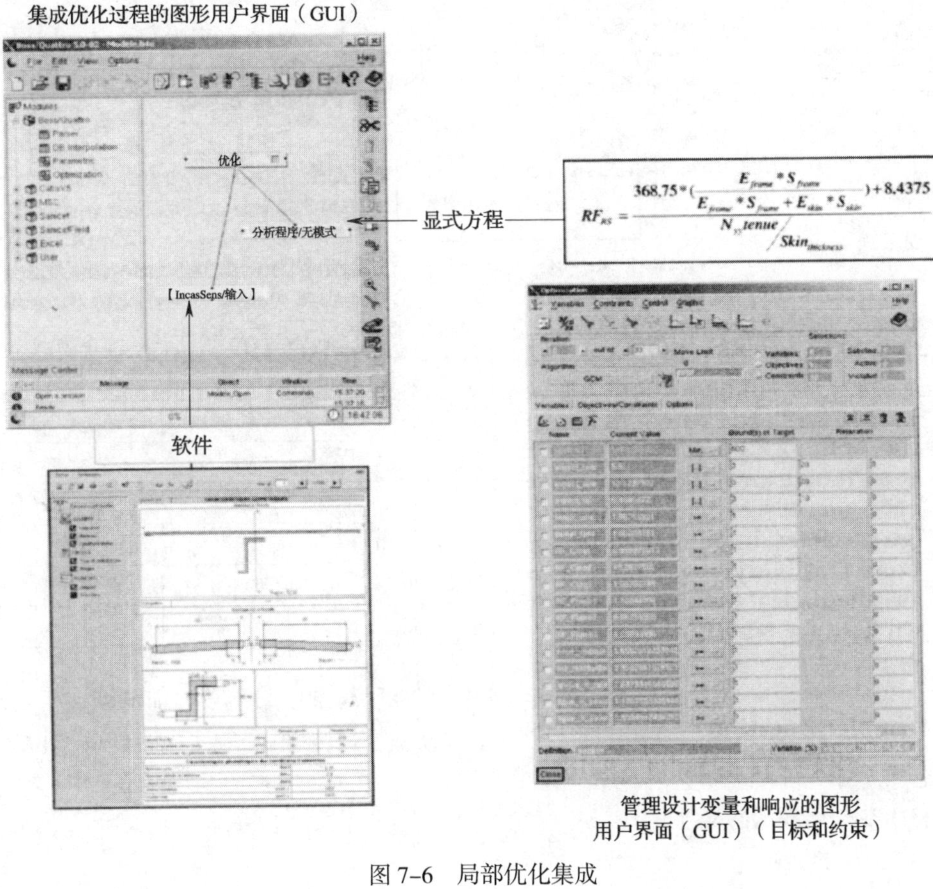

集成优化过程的图形用户界面（GUI）

$$RF_{RS} = \frac{368.75 * (\dfrac{E_{frame} * S_{frame}}{E_{frame} * S_{frame} + E_{skin} * S_{skin}}) + 8.4375}{\dfrac{N_{xy} tenue}{Skin_{thickness}}}$$

显式方程

优化

分析程序/无模式

[IncasSeps/输入]

软件

管理设计变量和响应的图形
用户界面（GUI）（目标和约束）

图 7-6　局部优化集成

一个实际应用的手段值得注意：在软件框架通过文件与外部应用程序进行连接时，利用有限差分法进行敏感性计算（小微扰：参见图7-7的图解），发现计算外部敏感度是可以的（参见表7-1）。

这一现象出现的原因不仅仅是因为使用了 ASSIST 软件。也就是说，当一列几何结构（以及一列负载实例）能够作为输入给定后，不需进行重新初始化和进行额外的输入/输出，在工具内部能够将分析进行迭代化处理。与单独计算相比，这种方法大大减少了计算次数。

鉴于灵敏度的相对阶跃 $h=10^{-3}$，表7-1给出了对 ASSIST 软件的输入设定。这个方法非常可行，因为它符合零级算法，在每步迭代计算中计算一个全域。

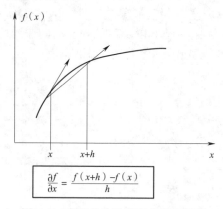

$$\frac{\partial f}{\partial x} = \frac{f(x+h) - f(x)}{h}$$

图7-7　有限差分灵敏度分析的原理

表7-1　当前分析计算和灵敏度计算所用到的几何结构

sh	wt	ffw	fft	aft	st
sh*（$1+10^{-3}$）	wt	ffw	fft	aft	st
sh	wt*（$1+10^{-3}$）	ffw	fft	aft	st
sh	wt	ffw*（$1+10^{-3}$）	fft	aft	st
sh	wt	ffw	fft*（$1+10^{-3}$）	aft	st
sh	wt	ffw	fft	aft*（$1+10^{-3}$）	st
sh	wt	ffw	fft	aft	st*（$1+10^{-3}$）

使用上述实现手段估计大约可节省时间60%：与未使用参数之前的40s相比，一个迭代只需15s。使用较短时间的主要原因是，通过有限差分计算的外插使得文件输入/输出的时间减少，如图7-8中所示。

7.3.3　在一组超级纵梁上的论证

7.3.3.1　试验案例

为检查和论证局部优化的效果，从机身上选择了一组超级纵梁，它由5根超级纵梁组成，分别位于框架 42 和框架 43 之间的框架间隔内。图 7-9 注明了这些超级纵梁所在的位置。

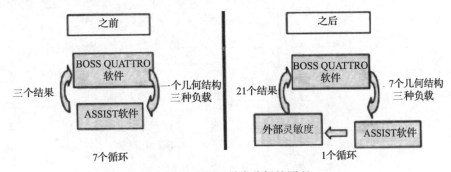

图 7-8　实现灵敏度分析的原理

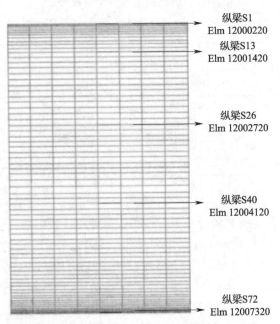

图 7-9　实现灵敏度分析的原理

在实际详细的设计中，需要计算全部的 72 根超级纵梁。另外，还有机身的另外一个半面，因此需要加倍。然后，相互对称的顶部和底部的纵梁（S0 和 S73），也必须加入计算。所以，整个框架间隔内 146 根超级纵梁被全部考虑在内。

7.3.3.2　最优截面

图 7-10 显示了在收敛性分析中超级纵梁的截面。它们与超级纵梁的负载保持一致：较高的压力导致一个具有较大截面面积的超级纵梁。例如，纵梁 1 能够支撑 106116N 的压力，而纵梁 26 只支撑 23514N 的压力（参见表 7-2）。

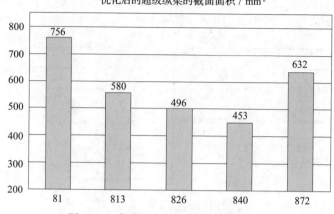

图 7-10　优化后的超级纵梁的截面面积

表 7-2　超级纵梁的负载 [a]

应力	S1	S13	S26	S40	S72
超级纵梁最大压力 /N	-106, 116	-46, 561	-23, 514	-20, 499	-116, 670
超级纵梁静态压力 /N	184, 267	84, 989	21, 222	35, 666	39, 273
超级纵梁疲劳压力 /N	58, 563	27, 943	21, 294	14, 733	6, 289

[a] 超级纵梁 S1 的截面比 S72 的更大，但压力却比 S72 更小，是因为疲劳负载更为重要。

7.3.3.3　收敛记录

由于 ASSIST 软件的非线性特点，使得收敛变得比较困难：有些反应结果是不可微分的。这就是收敛记录为什么出现混乱，以及有时非常长的原因。

但是，优化记录显示出在少于 40 次迭代的情况下出现收敛情况。图 7-11 中的收敛图，也显示出在大约 30 次迭代之后的收敛可以被删截。这是一个很好的经验：当运行与内部负荷有关的几个循环时，可以截短收敛时间，以减少计算次数。这一原理在下面的 STIFFOPT 过程将进一步得到应用。

7.3.3.4　纵梁侧面图

当必须设计一个具有较大截面的超级纵梁（具有较重负载）（如纵梁 S1 和 S72），腹板的高度要比较高。事实上，腹板的高度被认为是柱状崩溃储备因数的决定性因素。

松套法兰和连接法兰总是要比腹板的厚度更厚，如图 7-12 所示。由于一个确定的设计约束被增加，松套法兰的宽度要小于连接法兰的宽度，这个试验展现了局部优化行为的正确性并契合了设计者的经验，下一步将要开始集成。

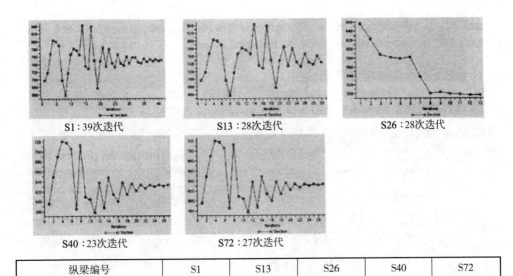

图 7-11　优化记录

纵梁编号	S1	S13	S26	S40	S72
迭代次数	39	28	13	23	27

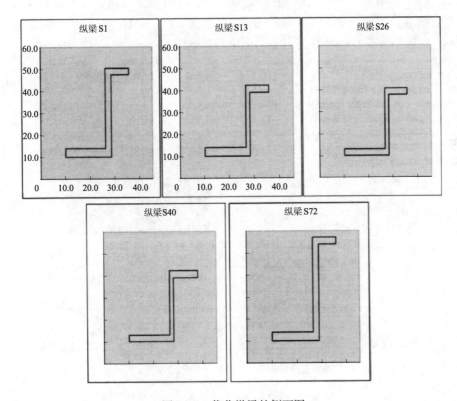

图 7-12　优化纵梁的侧面图

191

7.4 集成

7.4.1 加筋板优化框架

7.4.1.1 加筋板优化原理

加筋板优化的原理是，在一个更广阔的环境内集成之前有效且已验证的局部优化流程，执行引言中所提出的算法。假设存在一种机制能够初始化尺寸、准备所有局部优化会话、启动所有局部优化流程、在完成这些优化工作之后收集全部的尺寸调整结果，更新 GFEM 性能、使用更新后的 GFEM 进行一次新的线性静态分析、后处理包括载荷包线在内内部载荷，以及以上述尺寸调整结果为基础启动一次新的优化流程。

由于 GFEM 兼容 NASTRAN 格式，且作为流程的一部分要求更新 GFEM 性能，所以在流程中，PATRAN 被认为是必需元素。此外，PATRAN 可提供一个图形用户界面（GUI），且因为其内部命令语言 PCL 而授权专用化[16]。另外，PATRAN 还可以用于推动 NASTRAN 分析，例如，SOL101 线性静态分析。

另外，还可以对 PATRAN 进行调整，用于其他流程，例如，局部优化流程。总之，集成将以三种商业成品（COTS）工具为基础：如图 7-13 所示。除上述工具外，它还集成了空中客车公司的内部工具 ASSIST。

此外，通过 PATRAN 的预处理能力，还能够定义利益相关区域：需要被优化的超级梁。另外，它还能够定义具有相同尺寸特性的超级梁组，从而简化并降低尺寸问题。这一点我们将在之后详细描述。

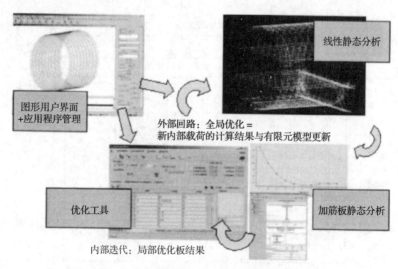

图 7-13　加筋板优化原理以及使用的商业成品工具

7.4.1.2 加筋板优化的图形用户界面

加筋板优化流程将出现在 PATRAN 主窗口的纵向菜单中。在图 7-14 中，展示了这一菜单以及流程相关步骤。

备注：在图 7-14 中的回路每隔一环就必须以新的几何学参数为起点，以保证有限元分析结果与纵梁间距的最新定义保持一致。

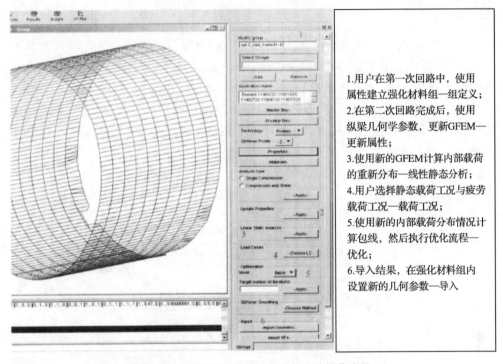

1.用户在第一次回路中，使用属性建立强化材料组—组定义；

2.在第二次回路完成后，使用纵梁几何学参数，更新GFEM—更新属性；

3.使用新的GFEM计算内部载荷的重新分布—线性静态分析；

4.用户选择静态载荷工况与疲劳载荷工况—载荷工况；

5.使用新的内部载荷分布情况计算包线，然后执行优化流程—优化；

6.导入结果，在强化材料组内设置新的几何参数—导入

图 7-14   加筋板优化垂直菜单与连续操作步骤

第 1 步：组定义。在这一步骤中将设置超级加固材料组，并为每一组选定性质与材料。可以创建、变更或者删除组群。通过"变更"选项，用户可以根据他的意愿改变当前设计方案而不会与流程发生任何的相互作用（除非收敛减慢，因为设计被更改过多会影响到最终的最优结果）。在最后阶段，这一选项可能非常重要，因为它能够保证设计工作顺利进行，并获得纵梁尺寸的连续变化（如定高度）。另外，也发展了一些工具协助此人工处理。

可选择使用总间距与包线跨度方法。这些方法能够划分超级纵梁组群，降低需执行优化流程的次数，节省计算时间：

（1）"总间距"方法为，将从某一个超级纵梁中求得的尺寸，赋值在一组中所有的超级纵梁上。

（2）"包线跨度"方法，使用一组超级纵梁计算得出的内部载荷包线，优化理论上的超级纵梁。然后将此理论上的超级纵梁的尺寸赋值在整组的每一个超级纵梁上。

系统预置的选项是独立优化全部超级纵梁。

之后选择工艺与纵梁形状。目前，铆接 Z 形纵梁是唯一的选择，但是在以后的版本中，将出现 I 形与 J 形纵梁[17]。在过去的应用中，已经可以使用优化会话。

在图 7-15 中，一共展示了三种输入属性的方法：人工输入通过在列表中写入"值"，可能需要复制一个表格数值到其他重复的属性中；通过点击"ASSIST"按钮直接使用 ASSIST 图形用户界面得到属性的图形参考；或者通过点击"导入"（已可使用的数据）按钮，输入现有的 ASSIST 文件。当然，有可能复制–粘贴其中一个纵梁的信息至另外的纵梁属性中，来降低输入工作量。之后则需要在给出的列表中，选择蒙皮、纵梁及框架的材料。

最后一步为选择 ASSIST 的计算类型。如果研究区域并没有承受太大的剪切载荷，则选择"单压缩"。"压缩与剪切"为系统预置选项。

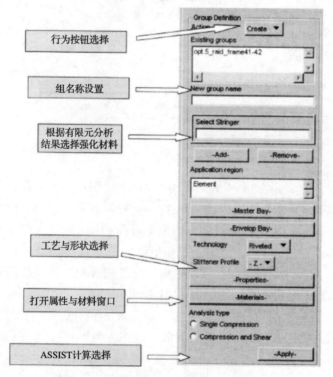

图 7-15　加筋板优化：超级纵梁组的定义

第 2-4 步：更新属性，线性静态分析，以及载荷工况。"更新属性"（参见图 7-16），可在 GFEM 中设置纵梁的新属性。在 GFEM 中，更新使用新属性（腹板高度、松套法兰厚度等）进行计算后得出的纵梁与蒙皮截面面积。纵梁属性来自上次优化回路得出的结果或属性设置。

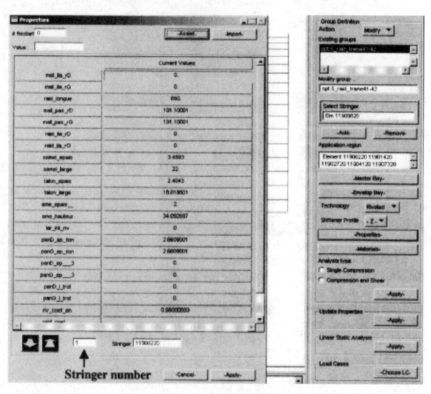

图 7-16　属性输入值

由于 GFEM 中的几何参数已经修改，所以必须进行线性静态分析 SOL101[11]。分析完后，将得出内部载荷的最新载荷分布情况。分析步骤参见图 7-17：当用户点击"应用"时，将生成一个 *.blk 文件，在运行 NASTRAN 之后则会生成一个 *.xdb 文件，之后，用户会将 *.xdb 文件连接到 GFEM 上。点击"载荷工况"按钮，可以打开一个窗口，用户可以在其中选择静态载荷工况与疲劳载荷工况。这些选择将用于线性静态分析与包线计算中。

第 5 步：包线计算与优化。在进行优化流程之前，每一条纵梁都必须生成三个文件，并将它们放在一个储存库中：一个 BOSS QUATTRO 会话文件 .b4o，一个 ASSIST 文件 .ses，以及一个中性文件 .in。在图 7-18 中，展示了怎样在由分组与纵梁组成的储存库树形结构中，设置这些文件。

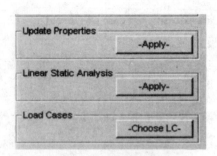

图 7-17　全局分析管理

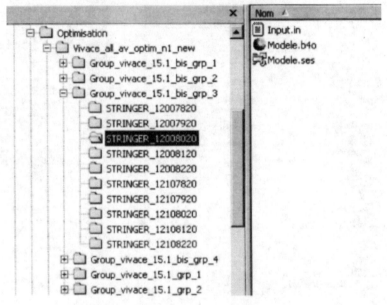

图 7-18　优化数据管理

　　为了获得规格调整的约束值使用适用于内部载荷的包线方法，通过 PATRAN 命令语言（PCL）生成这些文件，。因此，之后需要使用内部载荷的重新分布情况以及已选择的载荷工况，来重新计算每一个超级纵梁的包线。

　　纵梁 F_x 中的纵向力与蒙皮中的三个通量（N_{xx}、N_{yy} 与 N_{xy}），取自每个纵梁间距的线性静态分析结果。使用每个纵梁的这 4 个结果，在选定载荷工况的回路中，计算结构响应（参见第 7.3 节）：最大间距压力（纵梁中力与相邻蒙皮通量的总和乘以间距值的一半），以及关联剪力（直接应力输出值），最大剪力与关联压力，最大主应力的压力与关联剪力，静态载荷工况的最大力，静态载荷工况的通量 N_{yy}，疲劳载荷工况的最大力，以蒙皮为中心、疲劳载荷工况的最大力蒙皮通量的总和乘以间距、再乘以邻近纵梁中力总和的一半，以及疲劳载荷工况下蒙皮通

量 N_{yy}。

　　为开始进行优化，用户可以选择"批处理"模式或者"交互"模式。在"批处理"模式中，首先需要设置优化会话文件，然后执行优化流程。在"交互"模式中，仅设置优化会话文件，而不执行优化流程。如果用户愿意接受不完全收敛结果，可以手动设置最大迭代次数。最后，用户可以点击"应用"按钮（参见图 7-19），开始优化。

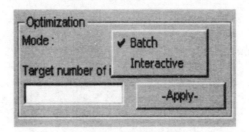

图 7-19　优化流程管理

　　第 6 步：导入。在优化流程结束时，可以执行三个动作（参见图 7-20）：①在纵梁属性中设置新的几何学参数——导入几何学参数；②在一个阵列中显示屈曲储备因数——导入 RF；③在一个阵列中显示每条纵梁的质量——导入质量。当用户点击"导入几何学参数"时，每条纵梁的数据库都将被清空，只保留最终文件（例如，modele_end.b4o 与 input.in），在 modele.txt. 文件中，设置每条纵梁的几何学参数。读取文件后，每条纵梁的属性阵列中，将显示新的属性值。

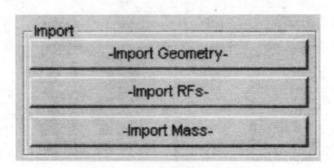

图 7-20　优化结果管理

7.4.2　单板演示

　　为了验证使用更新后内部载荷执行的全局优化流程结果的收敛性，我们将在限制区内，进行一个初步试验。（在板 15.7 中，优化 4 个纵梁间距）我们观察到尺寸调整快速收敛。之后，按照下文中的阐述，执行更深一步的试验案例。

我们将对框架 42 与 46 之间区域内 72 纵梁间距，以及板 15.1 与 15.2 的纵梁 0–21 执行优化，如图 7–21 所示。纵梁的最初尺寸大小，与有限元属性相同并一致：

（1）纵梁的初始截面面积为 114.24mm^2（与 GFEM 相同）。

（2）纵梁间距的初始截面面积 = 661.24mm^2（GFEM 纵梁间距截面面积为 650mm^2）。

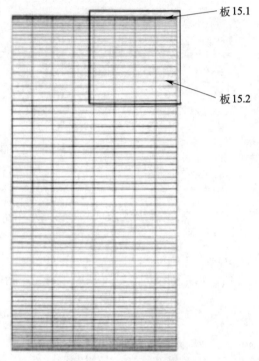

板 15.1

板 15.2

图 7–21　优化结果管理

在一组优化后的纵梁间距中，再一次观察到快速收敛现象。在完成三次全局优化迭代流程后，将尺寸确定下来。如图 7–22 中所示，在极限值附近可以观察到一些收敛振荡现象，这证明收敛性是非单调的，因为在局部优化试验案例中我们已观察到这种现象。

在机身的上半部分，纵梁间距的截面面积呈增加趋势（纵梁 1：最终纵梁截面面积为 163.5mm^2；最终纵梁间距截面面积为 713.6mm^2），而在机身的下半部分，呈下降趋势（纵梁 15：最终纵梁截面面积为 135.8mm^2；最终纵梁间距截面面积为 597.9mm^2）。这种变化将作为示例，参见图 7–22 中三个纵梁间距。

		init	1optim	2optim	3optim	4optim	5optim
Str 1	aft	4	2,618	2,62	2,618	2,618	2,618
	afw	10	23,782	23,798	23,782	23,782	23,782
	fft	1,8	1,817	1,929	1,818	1,819	1,876
	ffw	24	18,874	19,188	16,151	15,042	15,197
	wt	1,8	2,182	2,198	2,182	2,182	2,182
	wh	22,4	31,972	32,966	32,727	32,727	32,727
	st	2,75	2,724	2,695	2,711	2,689	2,702
	tt	3,5	3,814	3,773	3,795	3,764	3,782
	pw	14,5	14,51	14,52	14,53	14,51	14,51
	S Str	114,24	166,318238	171,82368	163,034108	161,032988	162,181162
	S StrBay	650,365	702,418138	702,22124	712,336148	705,828488	709,604762
Str 10	aft	4	2,618	2,618	2,618	2,618	2,618
	afw	10	23,782	23,782	23,782	23,782	23,782
	fft	1,8	1,821	1,818	1,818	1,818	1,818
	ffw	24	15,901	9,841	9,839	9,79	9,827
	wt	1,8	2,182	2,182	2,181	2,181	2,182
	wh	22,4	25	28,161	28,149	27,707	28,038
	st	2,75	2,275	2,295	2,295	2,266	2,288
	tt	3,5	3,185	3,213	3,213	3,172	3,203
	pw	14,5	14,51	14,51	14,51	14,51	14,51
	S Str	114,24	145,766997	141,599516	141,541547	140,488463	141,305678
	S StrBay	650,365	593,496097	593,264696	606,526907	599,686583	604,866978
Str 20	aft	4	2,618	2,618	2,618	2,618	2,618
	afw	10	23,782	23,782	23,782	23,782	23,782
	fft	1,8	1,818	1,818	1,818	1,818	1,818
	ffw	24	9,476	9,472	9,472	9,544	9,472
	wt	1,8	2,182	2,182	2,182	2,182	2,182
	wh	22,4	25	25	25	25,598	25
	st	2,75	2,1	2,09	2,09	2,166	2,1
	tt	3,5	2,941	2,926	2,927	3,032	2,941
	pw	14,5	14,51	14,51	14,51	14,51	14,51

图 7-22　4 个纵梁间距规格的变化：纵梁 1, 10, 20, 框架 43-44

我们对最大压力迭代循环中的变化进行了调查，以评估内部负载的重新再分布。除了规格受控的纵梁之外（纵梁 1、5、10、15 与 20），我们将使用量规纵梁测量远离优化区的内部负载的变化。这些纵梁包括 21、31 与 41，处于框架 43 - 44 与 44 - 45 之间。

已优化纵梁间距 1、10 与 20 的内部载荷的变化，以及量规纵梁间距 0、21、31 与 41 的内部载荷的变化，参见图 7-22。

一些尺寸很快便达到了所有纵梁的共同的终值。这是激活与此类尺寸相关的几个约束条件的结果，参见 7.3 节。这表明这些约束条件可能已经被缓和和 / 或改善，得出纵梁的最佳截面面积。

图 7-23 中表明：

（1）在执行第一次优化流程之后，内部载荷发生了很大的变化，但之后变化程度降低，表明优化流程很快便稳定了下来。除去第二次优化流程之外，尺寸没有发生真正的变化，因此，没有对内部载荷变异进行评估。

（2）在纵梁间距截面面积增大的机身上半部分，内部载荷（绝对值）出现了突然间的急速下降。

（3）在纵梁间距截面面积降低的机身侧部，内部载荷也呈上升趋势。

（4）在量规纵梁间距中，内部载荷的变化程度很低。

		init	1 optim	2 optim
Str 0	Fx StrBay	−99964	−98286	−98062
Str 1	Fx StrBay	−98365	−96630	−96753
	Fx Str	−23784	−23808	−24611
Str 10	Fx StrBay	−57888	−59126	−59008
	Fx Str	−11515	−14730	−14256
Str 20	Fx StrBay	−37747	−37179	−37159
	Fx Str	−7936	−9158	−9147
Str 21	Fx StrBay	−33730	−32961	−33049
Str 31	Fx StrBay	−12970	−12908	−12922
Str 41	Fx StrBay	23946	23956	23952

图 7-23　三个已优化纵梁间距的内部载荷的变化（纵梁 1，10，20），以及 4 个量规纵梁间距的内部载荷变化（纵梁 0，21，31，41）；框架 43-44

我们试图去清楚地解释尺寸变化对于内部载荷产生的影响，但是非常困难，因为在区域中，截面面积有时增大有时减小。根据第 4 章中曾详细讨论的梁理论，机身部分轴向负载分布，受以下方程式控制

$$F_{XSR} = \sigma \cdot S = \frac{M_Y}{I} \cdot v \cdot S$$

所以，轴向力的变化为全局变化、(I, z_G) 变化，以及局部截面面积变化的总和。此外，应在被包含在尺寸载荷工况（侧阵风）内的横向弯曲力矩的纵坐标轴中进行相同的分析处理。因此，我们应完成精确的计算来证明内部载荷行为的合理性。

总而言之，第一个验证案例表明，加筋板优化流程的结果出现快速收敛现象，但是现在我们必须进行大面积扩展。实际上，优化区域仍然非常有限，因此，尺寸变化对于内部载荷分布的影响也是非常有限的。如果想要提出更具有说服性的案例，就必须在整个机身部分进行研究工作。这也是下一节的目的。

7.5 紧密耦合

在本节中，我们将研究紧密耦合流程。紧密耦合直接调用局部优化流程内的应力工具 ASSIST。紧密耦合是与 7.6 节中所描述的松耦合相反的定义。松耦合流程中，是使用代理模型而非以 ASSIST 工具为基础的局部优化。这些代理模型是在使用加筋板优化之前，根据事先执行的大量局部优化流程而建立起来的人工神经网络。

7.5.1 高性能计算（HPC）运行

7.5.1.1 为什么必须进行高性能计算且为什么它易于执行

在一个完整的使用案例中，优化过程中的计算时间非常漫长。尽管我们可以通过在局部优化流程内进行外部灵敏度分析、以包线为基础降低载荷工况、可选择使用总间距与包线间距等方法来节省一些时间，但是，逐个优化超级纵梁将花费很长一段时间。如果 STIFFOPT 优化框架 38 与 46 之间的区域，必须发出 1168 局部优化会话文件（1168 为 8 框间的优化时间：2 × 72 + 2 = 146 纵梁 / 框间；在对称面中，上、下梁没有得到优化）。由于每次迭代循环持续 15s，且大约需要进行 15 次迭代循环才能达到收敛性，所以一条纵梁的优化时间大约为 4min。而优化 1168 条纵梁将持续大约 80h。

尽管如此，我们所选择的方法具有一个非常大的优势，那就是它的天然并行性：所有超级纵梁的优化流程全部互相独立。因此，一个最自然、最直接地减少计算时间的方法，便是在独立的处理器上执行每条纵梁的优化流程。当然，并非一定使用 1168 台处理器。但至少我们应该提供一组规模设置相等计算机，然后发送每一种设置到每一台独立的处理器中。

7.5.1.2 计算方法

我们将使用标准台式计算机来演示这一流程。我们安排一组、共 30 台计算机一整晚进行并行计算。在图 7-24 中展示的是如何使用 30 个每天工作的 Dell Precision 工作站组成一个网络。因此，只有夜间才能使用计算网格。技术性能如下：工作站 Dell Precision 360、处理器 PIV 2.5 ~ 3.2 G kMHz、512 Mo 与 2Go 双通道同步动态随机存储器，［80 - 120］Go 硬盘（IDE & SATA），以及视频捕捉卡 Quadro4 与 Quadro Fx。

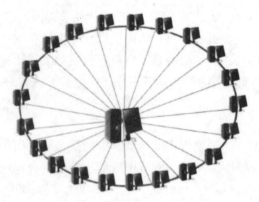

图 7-24　计算机网格原理展示

7.5.1.3　计算机网格原理

网格计算方法一共由 4 步构成，参见图 7-25。

（1）在总工作站中，生成 Boss Quattro 文件。

（2）总工作站向每一个从属工作站分派一份文件。

（3）在从属工作站中进行优化。

（4）优化完成后，将生成的文件导入主工作站中。

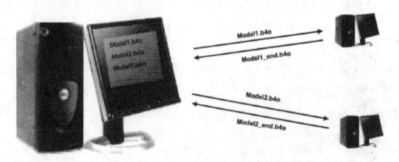

图 7-25　网格计算原理

理论上，提速因数为计算机台数。在实际情况中，提速因数与理论因数非常接近。如果使用 30 个工作站进行网格计算，计算时间将以接近于 30 的系数降低，其中 30：3h vs.80h，参见图 7-26。

7.5.1.4　并行处理的管理

超文本预处理其中的图形用户界面：已发明超文本预处理器（PHP）编程语言，来执行网格计算［18，19］、步骤为①流程初始化；②统计调查可用计算机；③统计调查可用会话文件；④运行流程。这一程序将在总工作站中进行，参见图7-27。

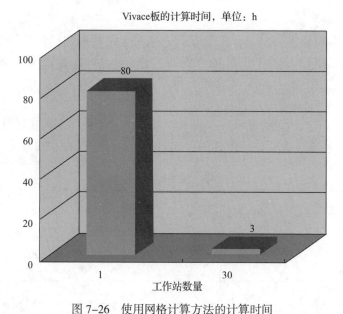

图 7-26　使用网格计算方法的计算时间

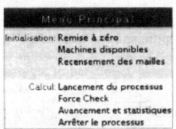

Machine	Maille	Calcul	Transfert	Itérations
mhoarau	Group_vivace_15.1_bis_grp_1/STRINGER_11607820/	121 s	1 s	0
elemenach	Group_vivace_15.1_bis_grp_1/STRINGER_11607920/	60 s	1 s	0
fhopp	Group_vivace_15.1_bis_grp_1/STRINGER_11608020/	122 s	1 s	0
slesaint	Group_vivace_15.1_bis_grp_1/STRINGER_11608120/	-	0 s	0
nkawski	Group_vivace_15.1_bis_grp_1/STRINGER_11608220/	123 s	1 s	0
gschlosser	Group_vivace_15.1_bis_grp_1/STRINGER_11707820/	124 s	1 s	0
melduayen	Group_vivace_15.1_bis_grp_1/STRINGER_11707920/	125 s	0 s	0

图 7-27　平行流程管理

　　通过使用这种高性能计算（HPC）方法，我们现在可以去设想一下整个机身的优化流程。然而，现在我们将重点演示机身筒体试验案例，这个案例可能在"合理"时间内完成优化流程。

7.5.2　全机身演示

　　共设置 48 组强加固材料。但是在每一组中，将对强加固材料逐个进行优化。在机身段一共有 12 块板（机身每个侧面上有 6 块板），且每块板都将被分成 4 组：第 1 组，框架 38 ~ 40；第 2 组，框架 40 ~ 42；第 3 组，框架 42 ~ 44；第 4 组，框架 44 ~ 46。在表 7-3 中列出了 48 个组的名称。物理排版，参见图 7-21。在图 7-28 中展示的结果表明，一个计算共 4 次优化回路，因为很快便收敛。事实上，收敛性是在第 2 次回路后出现的，当时差距百分比仅为 0.23%。

表 7-3　分组的拓扑结构

板	组 1	组 2	组 3	组 4
15.1	15.1_grp_1	15.1_grp_2	15.1_grp_3	15.1_grp_4
15.1_bis	15.1_bis_bis_grp_1	15.1_bis_bis_grp_2	15.1_bis_bis_grp_3	15.1_bis_bis_grp_4
15.2	15.2_grp_1	15.2_grp_2	15.2_grp_3	15.2_grp_4
15.2 bis	15.2_bis_bis_grp_1	15.2_bis_bis_grp_2	15.2_bis_bis_grp_3	15.2_bis_bis_grp_4
15.3	15.3_grp_1	15.3_grp_2	15.3_grp_3	15.3_grp_4
15.3 bis	15.3_bis_bis_grp_1	15.3_bis_bis_grp_2	15.3_bis_bis_grp_3	15.3_bis_bis_grp_4
15.34	15.34_grp_1	15.34_grp_2	15.34_grp_3	15.34_grp_4
15.34 bis	15.34_bis_bis_grp_1	15.34_bis_bis_grp_2	15.34_bis_bis_grp_3	15.34_bis_bis_grp_4
15.42	15.42_grp_1	15.42_grp_2	15.42_grp_3	15.42_grp_4
15.42 bis	15.42_bis_bis_grp_1	15.42_bis_bis_grp_2	15.42_bis_bis_grp_3	15.42_bis_bis_grp_4
15.46	15.46_grp_1	15.46_grp_2	15.46_grp_3	15.46_grp_4
15.46 bis	15.46_bis_bis_grp_1	15.46_bis_bis_grp_2	15.46_bis_bis_grp_3	15.46_bis_bis_grp_4

所有组别在四次优化回路中的总质量，单位：kg

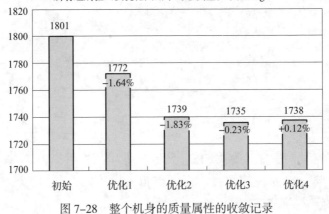

图 7-28　整个机身的质量属性的收敛记录

204

之后，我们将逐块分析结果，而不是逐组为单位分析。一共有 12 块板。图 7-29 和图 7-30 显示了每组每次优化之间的差距百分比。每块板的收敛性并不同时出现。一共存在两种情况：

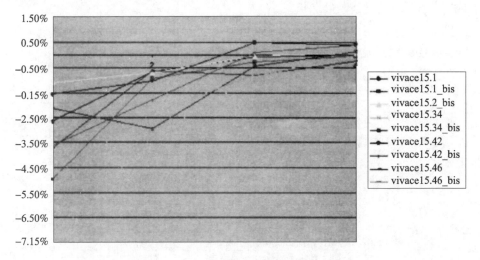

图 7-29　情况 1 的收敛性

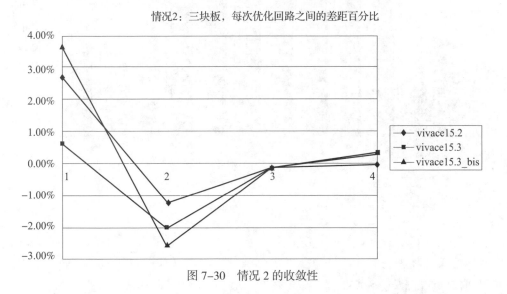

图 7-30　情况 2 的收敛性

（1）情况 1 ～ 9 块板：由于初始约束条件没有起作用，因而初始质量过大，且质量随着优化流程的进行不断在降低。每次优化之间的差距百分比总为负值，之后达到 0。

（2）情况 2 ~ 3 块板：由于回路或者违反了一些初始约束条件，质量在第 1 次优化回路完成后上升，使得约束条件达到许用值。在执行第 2 次优化回路时，出现了与情况 1 中相同的问题。差距百分比第 1 次为正值，之后便一直为负值，最后达到 0，即纵梁处于最优状态。

图 7-31 中显示了 4 次优化回路中，每一块板的质量。

板 15.2、15.3 及 15.3_bis 在第 1 次优化回路完成后，质量上升。机身顶端中央的板接近于最优状态。实际上，初始质量与完成最后一次回路之后的质量几乎相等。

板 15.1、15.1_bis、15.46 及 15.46_bis 的质量并没有下降很多。因为这些板位于支撑强应力的区域（机身的顶端和底端），优化流程并没有导致其质量出现大幅下降。

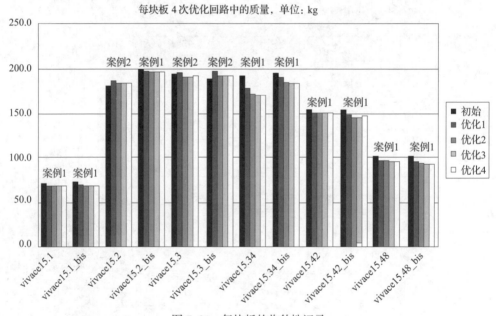

图 7-31　每块板的收敛性记录

在优化期间，对 6 个尺寸约束条件进行了计算。约束条件，对于模型尺寸调整的最大贡献为屈曲。当约束条件没有被激活时，强加固材料的尺寸为最小值，RF 值也不再重要。关于尺寸调整标准的映射参见图 7-32。

强加固材料的平均截面面积为 $524mm^2$。如图 7-33 所示，截面面积最大的强加固材料位于机身底端，而机身中部一般使用较小尺寸的强加固材料。

Stiffener Number	Frame 38-39 116	Frame 39-40 117	Frame 40-41 118	Frame 41-42 119	Frame 42-43 120	Frame 43-44 121	Frame 44-45 122	Frame 45-46 123	Panel
2	Buckling	Buckling	Buckling	Buckling	Buckling	Buckling	Buckling	Buckling	
3	Buckling	Buckling	Buckling	Buckling	Buckling	Buckling	Buckling	Buckling	
4	Buckling	Buckling	Buckling	Buckling	Buckling	Buckling	Buckling	Buckling	16.1
6	Buckling	Buckling	Buckling	Buckling	Buckling	Buckling	Buckling	Buckling	
8	Buckling	Buckling	Buckling	Buckling	Buckling	Buckling	Buckling	Buckling	
7	Buckling	Buckling	Buckling	Buckling	Buckling	Buckling	Buckling	Buckling	
8	Buckling	Buckling	Buckling	Buckling	Buckling	Buckling	Buckling	Buckling	
9	Buckling	Buckling	Buckling	Buckling	Buckling	Buckling	Buckling	Buckling	
10	Buckling	Buckling	Buckling	Buckling	Buckling	Buckling	Buckling	Buckling	
11	Min Design	Buckling	Buckling	Buckling	Buckling	Buckling	Buckling	Buckling	
12	Min Design	Min Design	Buckling	Buckling	Buckling	Buckling	Buckling	Buckling	
13	Min Design	Min Design	Buckling	Buckling	Buckling	Buckling	Buckling	Buckling	
14	Min Design	Min Design	Buckling	Buckling	Buckling	Buckling	Buckling	Buckling	16.2
15	Min Design	Min Design	Buckling	Buckling	Buckling	Buckling	Buckling	Buckling	
16	Min Design	Buckling	Buckling	Buckling	Buckling	Buckling	Buckling	Buckling	
17	Buckling	Buckling	Buckling	Buckling	Buckling	Buckling	Buckling	Buckling	
18	Buckling	Buckling	Buckling	Buckling	Buckling	Buckling	Buckling	Buckling	
19	Buckling	Buckling	Buckling	Buckling	Buckling	Buckling	Buckling	Buckling	
20	Buckling	Buckling	Buckling	Buckling	Buckling	Buckling	Buckling	Buckling	
21	Buckling	Buckling	Buckling	Buckling	Buckling	Buckling	Buckling	Buckling	
22	Buckling	Buckling	Buckling	Buckling	Buckling	Buckling	Buckling	Buckling	
23	Buckling	Buckling	Buckling	Buckling	Buckling	Buckling	Buckling	Buckling	
24	Buckling	Buckling	Buckling	Buckling	Buckling	Buckling	Buckling	Buckling	
26	Buckling	Buckling	Buckling	Buckling	Buckling	Buckling	Buckling	Buckling	
26	Buckling	Buckling	Buckling	Buckling	Buckling	Buckling	Buckling	Buckling	
27	Buckling	Buckling	Buckling	Buckling	Buckling	Buckling	Buckling	Buckling	
28	Buckling	Buckling	Buckling	Buckling	Buckling	Buckling	Buckling	Buckling	
29	Buckling	Buckling	Buckling	Buckling	Buckling	Buckling	Buckling	Buckling	16.3
30	Buckling	Buckling	Buckling	Buckling	Buckling	Buckling	Buckling	Buckling	
31	Buckling	Buckling	Buckling	Buckling	Buckling	Buckling	Buckling	Buckling	
32	Buckling	Buckling	Buckling	Buckling	Buckling	Buckling	Buckling	Buckling	
33	Min Design	Min Design	Buckling	Buckling	Buckling	Buckling	Buckling	Buckling	
34	Min Design	Min Design	Min Design	Min Design	Min Design	Min Design	Buckling	Buckling	
36	Min Design	Min Design	Min Design	Min Design	Min Design	Buckling	Min Design	Buckling	
36	Min Design	Min Design	Min Design	Min Design	Min Design	Buckling	Buckling	Buckling	
37	Min Design	Min Design	Min Design	Buckling	Buckling	Buckling	Buckling	Buckling	
38	Min Design	Min Design	Buckling	Buckling	Buckling	Buckling	Buckling	Buckling	
39	Min Design	Min Design	Buckling	Buckling	Buckling	Buckling	Buckling	Buckling	
40	Buckling	Min Design	Buckling	Buckling	Buckling	Buckling	Buckling	Buckling	
41	Buckling	Buckling	Buckling	Buckling	Buckling	Buckling	Buckling	Buckling	
42	Buckling	Buckling	Buckling	Buckling	Buckling	Buckling	Buckling	Buckling	
43	Buckling	Buckling	Buckling	Buckling	Buckling	Buckling	Buckling	Buckling	
44	Buckling	Buckling	Buckling	Buckling	Buckling	Buckling	Buckling	Buckling	
46	Buckling	Buckling	Buckling	Buckling	Buckling	Buckling	Buckling	Buckling	16.34
46	Buckling	Buckling	Buckling	Buckling	Buckling	Buckling	Buckling	Buckling	
47	Buckling	Buckling	Buckling	Buckling	Buckling	Buckling	Buckling	Buckling	
48	Buckling	Buckling	Buckling	Buckling	Buckling	Buckling	Buckling	Buckling	
49	Buckling	Buckling	Buckling	Buckling	Buckling	Buckling	Buckling	Buckling	
60	Buckling	Buckling	Buckling	Buckling	Buckling	Buckling	Buckling	Buckling	
61	Buckling	Buckling	Buckling	Buckling	Buckling	Buckling	Buckling	Buckling	
62	Buckling	Buckling	Buckling	Buckling	Buckling	Buckling	Buckling	Buckling	
63	Buckling	Buckling	Buckling	Buckling	Buckling	Buckling	Buckling	Buckling	
64	Buckling	Buckling	Buckling	Buckling	Buckling	Buckling	Buckling	Buckling	
66	Buckling	Buckling	Buckling	Buckling	Buckling	Buckling	Buckling	Buckling	
66	Buckling	Buckling	Buckling	Buckling	Buckling	Buckling	Buckling	Buckling	
67	Buckling	Buckling	Buckling	Buckling	Buckling	Buckling	Buckling	Buckling	
68	Buckling	Buckling	Buckling	Buckling	Buckling	Buckling	Buckling	Min Design	16.42
69	Buckling	Buckling	Buckling	Buckling	Buckling	Buckling	Buckling	Buckling	
60	Buckling	Buckling	Buckling	Buckling	Buckling	Buckling	Buckling	Buckling	
61	Buckling	Buckling	Buckling	Buckling	Buckling	Buckling	Buckling	Buckling	
62	Buckling	Buckling	Buckling	Buckling	Buckling	Buckling	Buckling	Buckling	
63	Buckling	Buckling	Buckling	Buckling	Buckling	Buckling	Buckling	Buckling	
64	Buckling	Buckling	Buckling	Buckling	Buckling	Buckling	Buckling	Buckling	
66	Buckling	Buckling	Buckling	Buckling	Buckling	Buckling	Buckling	Buckling	
66	Buckling	Buckling	Buckling	Buckling	Buckling	Buckling	Buckling	Buckling	
67	Buckling	Buckling	Buckling	Buckling	Buckling	Buckling	Buckling	Buckling	
68	Buckling	Buckling	Buckling	Buckling	Buckling	Buckling	Buckling	Buckling	
69	Buckling	Buckling	Buckling	Buckling	Buckling	Buckling	Buckling	Buckling	16.48
70	Buckling	Buckling	Buckling	Buckling	Buckling	Buckling	Buckling	Buckling	
71	Buckling	Buckling	Buckling	Buckling	Buckling	Buckling	Buckling	Buckling	
72	Buckling	Buckling	Buckling	Buckling	Buckling	Buckling	Buckling	Buckling	

图 7-32　优化设计有效尺寸调整标准映射图

Stiffener Number	Frame 38-39 116	Frame 39-40 117	Frame 40-41 118	Frame 41-42 119	Frame 42-43 120	Frame 43-44 121	Frame 44-45 122	Frame 45-46 123	Panel
2	729.12	705.17	687.93	680.04	676.54	673.92	672.15	671.27	
3	793.05	701.06	680.23	672.48	667.96	665.80	664.73	662.49	
4	801.25	687.69	669.82	660.02	656.36	655.19	655.00	654.52	16.1
5	732.13	670.23	653.31	644.72	642.24	642.55	643.78	645.21	
6	691.38	645.56	630.53	625.61	627.22	627.94	631.61	637.01	
7	667.29	609.60	604.01	603.21	608.58	612.30	617.61	625.16	
8	602.73	572.82	572.56	579.33	587.09	595.61	602.97	609.85	
9	511.31	529.41	539.19	553.21	567.01	578.91	589.61	597.60	
10	449.94	478.86	505.94	527.66	547.77	564.05	577.14	587.11	
11	428.96	441.47	475.97	506.23	531.51	551.34	566.26	578.92	
12	428.96	428.96	457.48	484.07	522.27	543.63	559.54	572.11	
13	438.24	438.24	476.93	516.81	541.41	562.82	578.39	589.88	
14	447.52	469.06	507.23	545.44	570.13	587.08	599.59	608.47	16.2
15	463.43	486.35	525.52	558.27	581.43	594.12	599.92	604.22	
16	476.88	518.57	553.38	578.37	591.87	599.58	600.15	599.29	
17	511.44	553.96	585.27	599.70	604.50	603.87	601.16	596.11	
18	527.65	573.99	596.58	600.88	597.88	592.36	585.12	575.39	
19	537.85	584.47	596.10	582.31	584.11	575.11	564.73	553.73	
20	564.11	608.48	609.73	597.79	584.84	571.35	558.48	546.82	
21	538.57	576.44	568.67	551.65	536.52	522.58	511.03	488.73	
22	533.76	560.67	540.41	518.00	500.88	487.55	477.23	467.81	
23	648.56	619.74	575.05	543.98	521.96	504.67	490.23	479.32	
24	746.99	651.73	583.21	550.31	525.08	505.88	489.52	477.67	
25	829.28	638.40	573.31	542.65	517.63	498.63	483.89	474.97	
26	876.92	580.81	542.22	516.30	494.46	476.41	465.40	459.60	
27	698.51	512.26	484.36	476.97	460.33	447.65	440.40	436.92	
28	484.30	466.62	433.03	421.84	412.13	398.92	395.98	394.47	
29	413.04	389.22	377.37	372.77	370.05	360.96	360.96	360.96	
30	382.88	368.92	366.24	366.24	366.24	366.24	366.24	366.24	16.3
31	374.62	371.52	371.52	371.52	371.52	371.52	371.52	371.52	
32	379.52	379.52	379.52	379.52	379.52	379.52	379.52	379.52	
33	371.52	371.52	371.52	371.52	371.52	371.52	371.52	371.52	
34	355.52	355.52	355.52	355.52	355.52	355.52	355.52	355.52	
35	397.52	397.52	397.52	397.52	405.22	421.64	431.16	397.52	
36	439.44	439.44	439.44	462.92	481.04	510.90	670.79	501.47	
37	439.44	439.44	441.58	473.29	507.44	576.12	602.79	784.91	
38	400.72	400.72	402.86	421.09	463.63	538.39	642.71	860.70	
39	369.92	369.92	369.92	369.92	411.42	445.41	505.18	677.54	
40	389.65	377.92	377.92	377.92	405.39	434.53	500.25	675.28	
41	402.28	388.11	388.18	378.00	407.27	435.30	488.57	714.88	
42	420.55	402.78	389.12	389.21	407.29	431.27	484.15	662.64	
43	397.13	380.05	358.53	363.51	374.76	399.12	432.62	565.09	
44	355.48	346.54	337.70	338.72	341.57	358.07	372.41	467.20	
45	395.00	386.67	379.89	379.71	385.08	388.62	411.42	461.46	16.24
46	466.95	446.93	431.71	426.69	428.75	435.54	461.14	536.70	
47	474.49	448.03	425.78	419.16	414.25	422.08	440.22	533.08	
48	459.97	434.88	414.71	401.43	393.07	399.55	415.10	463.98	
49	462.30	436.40	416.97	399.67	389.83	397.64	406.74	452.62	
50	472.65	447.16	425.07	408.81	388.62	382.70	384.34	377.61	
51	483.93	460.01	435.36	413.62	392.58	380.44	375.62	369.60	
52	444.85	475.55	447.38	422.55	397.92	379.79	371.23	369.60	
53	471.74	484.09	461.83	433.73	405.18	382.40	369.60	369.60	
54	547.88	509.23	477.15	445.72	415.38	385.49	371.75	369.60	
55	551.09	521.77	492.79	459.95	428.89	393.46	371.75	369.60	
56	544.79	532.94	510.46	478.01	444.59	407.55	369.99	369.60	
57	537.16	541.10	528.86	496.87	463.20	425.11	378.44	369.60	
58	533.69	547.09	545.46	525.96	488.43	447.76	399.54	369.60	
59	529.67	551.72	558.51	552.04	520.10	475.05	427.99	374.35	16.42
60	524.59	552.48	573.70	575.00	557.25	512.33	463.02	500.22	
61	513.94	568.36	586.34	597.12	597.15	578.65	521.60	631.72	
62	546.62	578.70	598.85	622.64	642.99	676.47	621.34	650.98	
63	582.06	574.06	609.08	648.14	699.56	730.93	722.28	676.70	
64	559.43	579.00	609.32	655.10	729.77	749.77	771.75	674.32	
65	536.03	576.07	609.57	640.22	729.76	766.34	824.47	692.43	
66	534.36	571.30	608.27	640.22	729.76	763.37	837.17	785.76	
67	548.87	573.73	608.54	645.44	729.76	792.51	833.14		
68	560.81	570.89	602.35	665.44	729.76	738.73	812.59		
69	552.83	562.31	584.32	632.89	711.43	731.40	763.60		
70	544.17	555.22	569.41	590.09	651.57	712.61	713.61	838.52	16.46
71	540.45	551.35	563.48	577.21	604.21	653.85	656.58	655.01	
72	538.57	550.36	561.50	574.77	590.63	606.62	610.94	592.41	
73	538.27	547.67	559.97	573.54	586.95	600.28	607.12	614.93	
74	639.21	545.01	599.65	571.29	591.01	599.44	621.36	633.13	

图 7-33　纵梁间距截面积优化设计的映射图

机身底端材料截面面积较大，是因为底端的板支持较大的应力。在框间 38 ～ 39，以及板 15.1 与板 15.3 中找到较大截面，是因为应力集中在框架间距 37 ～ 38 内货舱门角周围。另外，在框间 45 ～ 46，以及板 15.3 与板 15.4 中找到较大截面，是因为应力集中在框架间距 46 ～ 47 内中心翼盒角周围。

较小的截面出现在最小设计区域内，此部分区域的板，相较于其他板而言，支持较小应力，仅支持很低的切应力（参见图 7-33 中的红色区域，表明了每个强加固材料的截面面积）。蒙皮的平均厚度为 2.17mm。厚度映射与强加固材料截面面积映射完全相符，参见图 7-34。相同的解释也适用于截面面积。

Stiffener Number	Frame 38-39	Frame 39-40	Frame 40-41	Frame 41-42	Frame 42-43	Frame 43-44	Frame 44-45	Frame 45-46	Panel
	116	117	118	119	120	121	122	123	
2	2.66	2.63	2.64	2.62	2.61	2.60	2.59	2.59	
3	2.90	2.63	2.62	2.59	2.58	2.57	2.57	2.56	16.1
4	2.94	2.63	2.58	2.55	2.54	2.54	2.54	2.54	
5	2.71	2.57	2.53	2.50	2.50	2.50	2.50	2.51	
6	2.64	2.48	2.45	2.44	2.44	2.45	2.46	2.47	
7	2.53	2.37	2.36	2.36	2.37	2.40	2.42	2.43	
8	2.31	2.24	2.24	2.27	2.30	2.34	2.36	2.39	
9	1.99	2.07	2.11	2.17	2.22	2.27	2.31	2.34	
10	1.71	1.85	1.97	2.07	2.15	2.21	2.26	2.30	
11	1.60	1.67	1.84	1.98	2.08	2.16	2.22	2.27	
12	1.60	1.60	1.75	1.92	2.04	2.13	2.19	2.24	
13	1.60	1.60	1.79	1.96	2.07	2.16	2.22	2.26	
14	1.60	1.66	1.88	2.05	2.14	2.21	2.25	2.29	16.2
15	1.63	1.79	1.98	2.10	2.19	2.23	2.25	2.27	
16	1.74	1.95	2.09	2.18	2.23	2.25	2.25	2.25	
17	1.92	2.11	2.21	2.26	2.27	2.27	2.26	2.23	
18	2.05	2.24	2.30	2.31	2.30	2.27	2.25	2.21	
19	2.15	2.33	2.36	2.34	2.30	2.27	2.22	2.18	
20	2.27	2.43	2.42	2.37	2.32	2.26	2.21	2.15	
21	2.31	2.44	2.41	2.33	2.27	2.21	2.16	2.10	
22	2.32	2.41	2.33	2.24	2.17	2.11	2.06	2.02	
23	2.48	2.50	2.36	2.25	2.16	2.08	2.02	1.97	
24	2.72	2.60	2.40	2.28	2.17	2.09	2.02	1.96	
25	3.16	2.56	2.36	2.25	2.15	2.07	2.00	1.95	
26		2.40	2.26	2.16	2.07	2.00	1.94	1.91	
27	2.33	2.19	2.08	2.00	1.93	1.88	1.84	1.82	
28	2.12	2.00	1.90	1.83	1.79	1.74	1.69	1.68	
29	1.89	1.76	1.71	1.68	1.66	1.60	1.60	1.60	
30	1.68	1.60	1.60	1.60	1.60	1.60	1.60	1.60	16.3
31	1.60	1.60	1.60	1.60	1.60	1.60	1.60	1.60	
32	1.60	1.60	1.60	1.60	1.60	1.60	1.60	1.60	
33	1.60	1.60	1.60	1.60	1.60	1.60	1.60	1.60	
34	1.60	1.60	1.60	1.60	1.60	1.60	1.60	1.60	
35	1.60	1.60	1.60	1.60	1.60	1.60	1.60	1.60	
36	1.60	1.60	1.60	1.60	1.64	1.72	1.77	1.60	
37	1.60	1.60	1.60	1.67	1.81	1.96	2.43	1.90	
38	1.60	1.60	1.61	1.77	1.94	2.25	2.79	3.00	
39	1.60	1.60	1.61	1.70	1.97	2.32	2.54	3.44	
40	1.67	1.60	1.60	1.60	1.77	1.95	2.21	2.63	
41	1.79	1.66	1.66	1.60	1.78	1.95	2.20	2.88	
42	1.87	1.76	1.66	1.57	1.78	1.92	2.14	2.71	
43	1.88	1.76	1.60	1.57	1.69	1.88	2.03	2.45	
44	1.73	1.67	1.60	1.60	1.60	1.73	1.78	2.18	
45	1.78	1.74	1.70	1.70	1.72	1.73	1.82	2.08	16.34
46	2.04	1.94	1.86	1.83	1.84	1.88	2.00	2.33	
47	2.11	2.00	1.90	1.84	1.81	1.85	1.95	2.34	
48	2.08	1.97	1.86	1.79	1.74	1.76	1.86	2.07	
49	2.08	1.97	1.86	1.78	1.70	1.70	1.76	1.91	
50	2.12	2.02	1.90	1.81	1.71	1.68	1.69	1.85	
51	2.17	2.07	1.95	1.85	1.73	1.67	1.64	1.60	
52	1.99	2.11	2.00	1.89	1.76	1.67	1.61	1.60	
53	2.03	2.16	2.06	1.94	1.80	1.68	1.60	1.60	
54	2.29	2.20	2.11	1.99	1.85	1.70	1.61	1.60	
55	2.29	2.23	2.15	2.05	1.92	1.74	1.61	1.60	
56	2.27	2.26	2.20	2.11	1.99	1.81	1.60	1.60	
57	2.27	2.27	2.25	2.17	2.05	1.90	1.65	1.60	
58	2.26	2.29	2.29	2.24	2.14	2.00	1.77	1.60	
59	2.25	2.30	2.32	2.30	2.23	2.10	1.91	1.63	16.42
60	2.24	2.31	2.35	2.35	2.31	2.20	2.05	2.44	
61	2.23	2.35	2.37	2.40	2.39	2.34	2.19	2.44	
62	2.34	2.39	2.39	2.45	2.56	2.75	2.58	2.57	
63	2.42	2.38	2.42	2.55	2.88	3.08	3.03	2.74	
64	2.34	2.38	2.43	2.59	3.08	3.21	3.35	2.72	
65	2.29	2.38	2.43	2.53	3.08	3.31	3.86	2.83	
66	2.30	2.39	2.45	2.50	3.08	3.30	4.10	3.44	
67	2.36	2.40	2.47	2.60	3.08	3.23	4.07	4.38	
68	2.39	2.41	2.47	2.66	3.08	3.14	3.81	6.44	
69	2.37	2.40	2.44	2.56	2.96	3.09	3.29	6.24	
70	2.35	2.38	2.42	2.46	2.67	2.91	2.96	3.78	
71	2.35	2.38	2.41	2.44	2.48	2.69	2.68	2.76	16.48
72	2.35	2.38	2.41	2.44	2.46	2.52	2.54	2.47	
73	2.35	2.38	2.41	2.44	2.47	2.51	2.51	2.52	
74	2.35	2.37	2.41	2.44	2.48	2.51	2.51	2.54	

图 7-34　最优设计中蒙皮厚度映射

7.6　松耦合[20]

为了在整个机身的范围中进行优化，紧密耦合方法在处理器的数量方面要求过高。为了达到相同机身计算时间，硬件需求大约要高 10 倍，即 300 台处理器。如此大数量需求的处理器，即使在大型公司内，也不可能供应。这便是人们去探索另一种方法，松耦合方法的原因。

这种方法不再调用应力分析工具（此处为 ASSIST），而是调用代理模型。关于代理模型的更多信息，请参见专门讨论优化问题的章节。另外，还可以在 Simpson 等人[21]与 Sellar 等人[22]中，找到更多的参考资料。需注意的是，代理模型也称作元模型或者响应面。

7.6.1　应力工具的代理模型

最开始时，主要目的为近似表示应力反应，也就是说，使用代理模型替换应力工具，但是我们必须考虑这种方法存在的两个缺陷：

（1）我们仍然需要执行优化流程。即使代理模型要比 ASSIST 工具快一些，但是仍然有大量优化工作需要完成，而且非常耗费时间。

（2）建立一个代理模型需要非常大量的输入数据。

根据 7.3 节中提出的局部优化问题，代理模型的输入数据如下：纵梁高度、腹板纵梁厚度、松套法兰宽度、松套法兰厚度、连接法兰厚度、蒙皮厚度、F_{XSR}、N_{xy} 及曲率半径。

需要注意的是，载荷已经简化且尺寸调整流程（考虑到机身筒体调整尺寸的主要标准为屈曲）已经缩减至仅剩屈曲 / 后屈曲。输入数据总数为刚才列出的 10 个。为了覆盖这样一个设计空间，我们需要采集大量样本，从而需要完成大量的计算工作。这便是非常著名的维数灾难问题。

无论怎样，我们已经做出了尝试，且我们会使用一种特殊的分段方法来考量 ASSIST 工具的非线性的反应现象。这种分段方法及混合多种神经网络，被称作 MoE（专家混合）。神经网络因具有一般化与推断的能力，可高度覆盖非线性反应而出名[23-24]。MoE 方法将给予维数灾难问题一个实用性答案[25-26]。

然而，工作人员需要花费很长时间去领会该软件的非线性并准备一个适当的 MoE。出于这一原因，我们认为这种方法尚不成熟，无法应用于工业之中：仍需要进行其他的大量研究工作。

7.6.2　设计曲线

我们还可以选择一种方法，就是直接地去粗略估计优化结果。这样做的优势在于所有的优化设计变量将从输入空间中消失。此外，优化流程将事先完成，不会在全局回路中执行：只需要使用适当的内部载荷计算代理模型去得到最小厚度与最小截面面积。如果存在多种载荷工况，将选择最保守的蒙皮厚度与纵梁截面面积。

最终确定的输入数据组为 F_{XSR}、N_{xy}、间距以及曲率半径。输出数据局限于局部优化流程中找到的最小厚度与最小面积。在这种情况下，基于输入空间维数降低、计算工作量合理很多，这时才能真正地考虑使用代理模型进行估测。另外，如上文所述，如果我们使用这种方法，在全局水平上不再必须执行局部优化流程，它将被一个简单的设计曲线问题所代替。此时，计算效率会进一步提高，参见 7.6.3 节。

在设计曲线中，每一组（F_{XSR}、N_{xy}、间距以及曲率半径）经过局部优化后都会得出相应的最小蒙皮厚度与最小纵梁截面面积。紧接着，还可以导出具体设计变量和设计纵梁剖面。另外还有一些初步研究表明，对于须估量的非线性反应，神经网络将是最适用的代理模型。更多有关神经网络的信息，参见优化章节或参考文献[23]和[24]。

在第一次尝试段落 1 中所描述的内容（回归分析）时，输入空间的维数要求利用填充空间试验设计，如拉丁超立方。在这种新的方法中，输入空间维数明显减少（从 10 变为 4），这样我们便可以使用全因数试验设计[27-28]。

关于神经网络的连接，我们将通过使用一个特殊的 BOSS Quattro 会话完成，参见图 7-35：它是一个 2 倍参数会话。参数任务为执行因数试验设计并推动优化任务的进行：如图 7-36 所示，将对试验设计中的所有四联体执行优化流程。

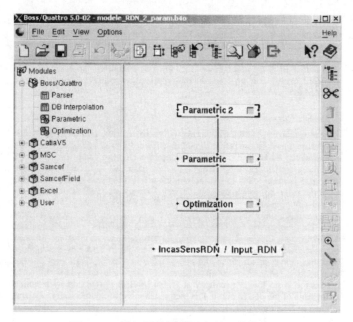

图 7-35　神经网络图形用户界面的主窗口

压力/N	10 000	25 000	50 000	75 000	100 000
	125 000	150 000	175 000	200 000	225 000
	250 000	275 000			
剪力/MPa	5	30	50	70	90
	110	130			
间距/曲率半径/mm	191.1/3300	202.7/3300	154.0/3430	132.4/5220	145.2/5220
	149.2/5220	154.0/5220	158.6/5220	165.2/5220	172.1/5220
	180.4/5220	191.1/5220	197.7/5220		

图 7-36 训练集的全因数试验设计

由于（间距、曲率半径）都是离散值，将使用双倍参数会话：参数 1 为连续输入值——压缩与剪力组合；参数 2 为离散输入值——{间距/曲率半径}。执行优化程序后，从输出文件 *.log 中提取结果，然后在训练集中执行。之后以训练集为基础，使用 1092 个输入实例（12×7×13）进行训练。在 *.log 文件中，共提取出 7 个输出值：腹板高度、腹板厚度、连接法兰宽度、连接法兰厚度、松套法兰宽度、松套法兰厚度，以及蒙皮厚度。然后，使用 7644 个输出案例（1092×7）建立神经网络。在建立神经网络时，应遵照[23-24]以下规范：一个隐蔽层、反曲激活以及一个线性输出层。备注：反曲激活即每个神经元（亥维赛函数调整）的转换函数。我们将使用 MATLAB 神经网络工具箱建立神经网络[29]。我们将执行 4 个网络：分别使用 40、50、60、70 个神经元。训练流程的收敛性，参见图 7-37。另外，我们可以通过三种方法验证神经网络的质量：均方误差值、比对训练集输出值与神经网络输出值，以及使用相同的输入值（试验基础）比对输出值与 BOSS QUATTRO 会话。更多有关代理模型质量的信息，可参见优化章节。

对强加固材料的截面面积（使用每个输出值计算得出）进行比对的结果，参见表 7-4。我们所追求的准确度目标为最小值/最大值误差小于 5%。然而，不可能直接完成这种误差测定，并自动找到神经元的最佳数目。这便是为什么要分别使用 40、50、60、70 个神经元来建立神经网络的原因。

图 7-38 表明，貌似 70 个神经元建立的神经网络，能够得出令人满意的准确度（在使用试验基础进行比对后，最小值与最大值误差低于 4%）。图 7-39 中为强加固材料截面面积在目标中的响应面（左），以及 70 个神经元神经网络（右）。

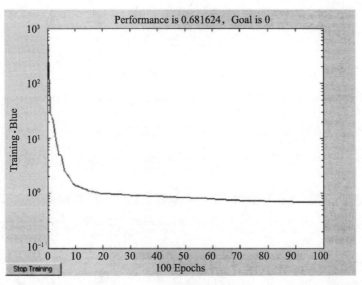

图 7-37　40 个神经元的 MSE

表 7-4　训练结果

均方误差	40 个神经元	50 个神经元	60 个神经元	70 个神经元
	0.68	0.43	0.36	0.35
差异化训练				
集合 / 神经网络				
最小值 / 最大值	−23/16.7	−12.4/14.6	−14.1/9.1	−12.2/16.1
相对误差	−0.02	−0.05	−0.038	−0.042
绝对误差	2.44	2.09	1.67	1.72
差分神经网络				
输出 / 测试基				
最小值 / 最大值	−6.5/6.9	−4.4/5.9	−3.7/8.0	−2.4/4.0
相对误差	−0.16	−0.32	0.028	0.028
绝对误差	2.15	1.94	1.74	1.26

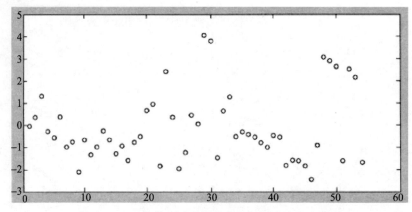

图7-38　70个神经元的训练集目标与试验基础误差

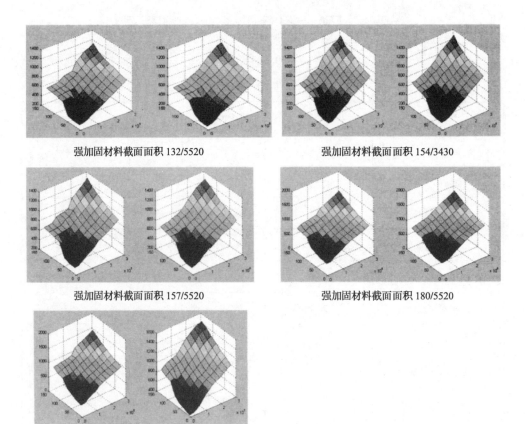

强加固材料截面面积 132/5520　　　　　强加固材料截面面积 154/3430

强加固材料截面面积 157/5520　　　　　强加固材料截面面积 180/5520

强加固材料截面面积 191/3300

图7-39　不同（间距、曲率半径）对确定的截面面积响应面

7.6.3 演示过程

在一个全筒体中进行演示，并会以这种松耦合方法为基础，建立一个新版本的 STIFFOPT，即使用调用设计曲线，代替调用 BOSS Quattro。之后将以 PCL 为基础，PATRAN 内部进行尺寸调整。这样优化速度将变得非常快。

在 STIFFOPT 的图形用户界面中，已经添加了一个新的窗口（参见图 7-40）。用户在定义优化方法时，可以选择神经网络方法。

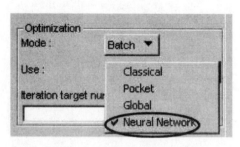

图 7-40　STIFFOPT 优化窗口

当然，这种新方法在紧密耦合法面前，将非常具有竞争力。但是需要提醒使用者，它的准确度经常会出现问题。这就是为什么不推荐在具体设计阶段、为结构寻找极限重量减轻时，使用这种方法的原因。

7.6.3.1　紧密耦合收敛性

图 7-41 中描绘了使用紧密耦合方法，完成的三次优化回路的结果。第一次优化回路执行时，初始值与神经网络会话初始值相同。第二次优化与第三次优化回路，都以之前的优化结果值（分别为，优化 1 结果与优化 2 结果）为基础。

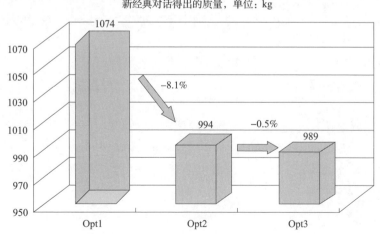

图 7-41　三次优化回路间的质量下降

在执行第一次优化回路后，质量下降 8.1%，之后再次下降 0.5%。在执行第三次优化回路之后，出现收敛现象。第一次执行优化回路时，使用了较高的初始值，导致无法得出最优结果。第二优化以优化的结果为基础，因此，优化值降低。

7.6.3.2　神经元优化的收敛性

我们使用多个初始值的神经网络共执行了 7 次优化回路。从图 7-42 中可以看出，在第二次优化时便出现收敛现象。在第二次优化回路完成后，质量的下降或者上升都局限在 0.1% 的范围内。

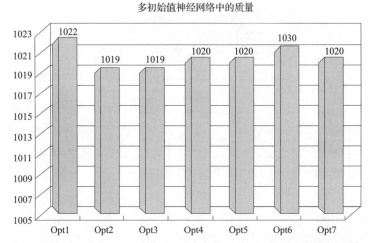

多初始值神经网络中的质量

图 7-42　使用多个初始值神经网络执行的 7 次优化回路间的质量下降

虽然在第二次优化回路结束后，全局质量就得到了稳定，但是图 7-43 显示，随着迭代循环的进行，强加固材料的截面面积与内部载荷都出现轻微的重新分布现象。

7.6.3.3　经典优化方法与神经网络优化方法之间的比对

在三次优化回路结束之后，在经典方法结果与神经网络方法结果之间，存在 30kg 的差异（参见表 7-5）。尽管设定了多个初始值能够避免出现局部最小值，但是使用神经网络执行优化程序仍然会受到初始值的限制：局部优化的收敛性大概会好一点，因为在前几次使用闭合起点的迭代循环中，相同的优化会被考虑多次。这会强制出现收敛现象。另一个理由也是，神经网络的精确性无法达到标准，约为 4%（参见表 7-4）。

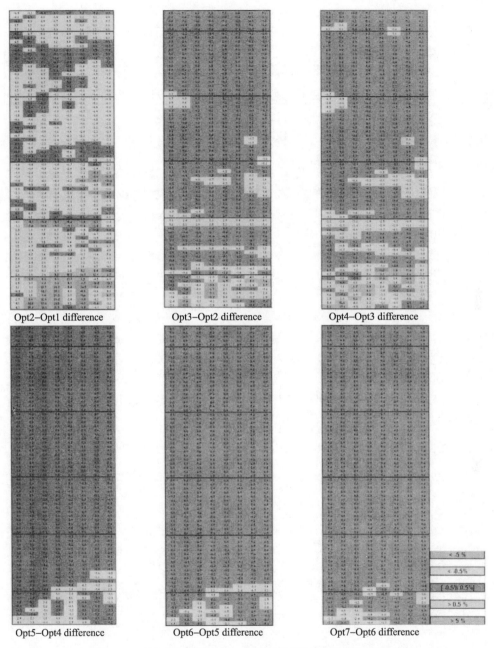

图 7-43　两个优化回路之间，每个强加固材料的截面面积差异

表 7-5　紧密耦合与松耦合之间的比较

质量 /kg	新经典对话	多初始值神经网络	增量 /%
Opt 1	1074	1022	−4.2
Opt 2	993.6	1019	2.4
Opt 3	988.7	1019	2.9

7.7　其他考虑

近年来，科研人员研发出各种方法来改进并完善 STIFFOPT 优化流程。其中有一种特殊的方法，将优化的重点放在蒙皮外壳上，根据屈曲设置标准对外壳规格进行逐次调整，并通过纵梁单独优化得到补充，纵梁优化一般在之后执行以完成具体的尺寸调整任务。

另外，我们还选择了一种备用方法，在优化后协助设计工作的进行。因为优化为局部优化，所以非常有必要在最后调准纵梁的维数，比如说，为了获得一个固定的纵梁高度。

最后，我们将在 STIFFOPT 优化流程与一个更加完善的优化流程之间进行比对，后者能够优化控制内部载荷的重新分布。我们将神经网络方程式作为 NASTRAN 优化模块内部的约束条件来完成比对：SOL200。比对结果表明，两种尺寸优化方法的效果相似。然而，需引起注意的是，这里的效果并非指优化流程是同等的，而是指在上述考虑的试验案例中，它们是具有可比性的。我们必须认清根本不存在等效，尤其是在一些刚度准则控制设计流程时。

7.8　改进局部优化[10, 30]

如之前所提到的那样，一般会在具体设计阶段推荐使用紧密耦合优化方法，而代理模型方法，由于计算时间与准确度的问题，更加适用于快速尺寸调整优化流程。然而，考虑到具体设计阶段通常会在一个既定的边际政策中，尝试去寻找一种质量最小的结构，是否使用高保真度方法，而不是以设计师为准则的分析方法的问题可能被提出。

在实际情况中，稳定性的数字模拟正在被越来越多的科研人员使用，而且现在的趋势为使用此类数字模拟方法（虚拟试验）去代替以前的试验。下一步便是以虚拟试验为基础开始进行优化。在文献中，很少有内容可作为此类问题的参考资料，而且通常在优化过程中，需要做一些辅助试验[31]。

我们编写这一节的目的就是提出这样一种嵌入在商业工具中的方法[31]，并通过板进行演示[32]。其核心思想就是，简单地使用商业工具有限元模拟来代替 ASSIST 分析，从而建立以虚拟试验方法为基础的 STIFFOPT 框架。

7.8.1　板的使用案例

首先，需要提到的是目标应用。机身筒体被分割成局部有限元模型来进行稳定性分析。而且我们会局部考虑屈曲 / 后屈曲特性，也就是说，框架间距内可能会出现不稳定现象。事实上，局部有限元模型是一种数字形式的 ASSIST。

由于当前主要趋势为民用航空工业，包括此项目在内，所以决定以复合材料为研究重点。

这里使用的板使用案例，是以板来表示带有 7 条 omega 纵梁的碳纤维强化塑料（CFRP）机身的特性（参见图 7–44）。我们对边界条件进行了简化，展示单支持边。相关的有限元模型是使用商业工具建立起来的[31]。需要注意的是，这个模型有 17326 个节点，16000 个单元以及 109777 个自由度。

优化问题的定义被有意地简化为，示范非线性分析集成在微分优化工具中的过程。角度被固定在标准方向上：0°，–45°，45° 及 90°。直接定位角度变量的难度已经通过 Bruyneel 得到证实[33]。

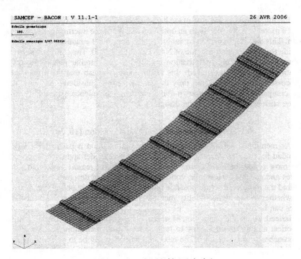

图 7–44　板的使用案例

我们并没有认为叠放顺序本身是可以设计的，即使我们已在空中客车公司研发了一个简化优化流程，将叠放顺序与厚度连接在一起，并生成可制造的外皮[34-35]。最后，我们以复合材料铺叠的均化形式为基础，且只使用角度厚度作为设计变量。

设计变量是全部 7 个超级纵梁中，每一个板层方向（0°，45° 和 90°）上的板层厚度。蒙皮壁板与纵梁之间的厚度是有区别的。合计考虑 $3 \times 7 \times 2 = 42$ 个设计变量。之后，我们对它们进行标示：

（1）关于蒙皮壁板，$t_{angle}^{SKIN,i}$，$i \in \{1, \cdots, 7\}$，且角度 =0°，45° 或 90°。

（2）关于纵梁，$t_{angle}^{STRINGER,i}$，$i \in \{1, \cdots, 7\}$，且角度 =0°，45°或90°。

这些变量的上下限分别设为 0.4mm 和 0.2mm。目标函数为需要将重量最小化。约束条件表示如下：

（1）屈曲储备因数

$$RF_{buckling} \geq 0.76$$

（2）破裂储备因数

$$RF_{collapse} \geq 1$$

目标函数屈曲 RF 以及他们的灵敏度，将使用线性有限元分析进行计算，另外，破裂储备因数及其灵敏度通过非线性分析得出。

7.8.2　非线性有限元分析中的灵敏度的发展

我们将使用一种商业工具[31]，解决非线性结构与力学问题的有限元软件包，来完成非线性分析工作。我们在这里描述研究工作的总框架与结果，来解决 7.2 节中定义的优化问题，其中一个约束条件采用形式

$$RF_{collapse} \geq 1$$

我们的目标有两个：

（1）找到一种适当的方法，以非线性分析提供的结果为基础，来计算结果。

（2）保证可以计算此结果（与所有设计变量相关）的灵敏度。

关于破裂 RF，一个明显的选择是载荷因数，之后我们使用 λ_f 来表示。作为例证，我们可能会使用一个简单的、受到压力与剪力双重载荷的加固材料。假定载荷是逐步施加的，全部载荷（100%）对应时间 1。由于时间步长过小，非线性分析在时间 0.566 终止（也就是说，在全部载荷中大部分还未施加之前停止）。这也就是意味着，在给定的设计变量条件下，在破裂发生之前，只有 56.6% 的载荷可以被施加。在这个案例中，我们可以得出

$$RF_{collapse} = \lambda_f = t \approx 0.566$$

图 7-45 显示，节点（属于强固材料的蒙皮壁板）沿着 z 轴发生位移。

然而，这种计算破裂 RF 的方法并不让人十分满意，因为 λ_f 的敏感度不是直接从非线性分析中得出的。这也是我们为什么选择另一种非线性分析方法，也就是 Riks 连续法[36]来导出灵敏度的原因。虽然经典的牛顿法在通过某一极限点时会出现一些问题（因为广义载荷—位移曲线，沿着曲线时间会减少），但是连续法（又称作弧长或 Riks 方法）中包含一个附加参数，即弧长（在下文中用 s 标示），可代替时间受控。

由于引入这一附加变量，我们需要在方程组内添加一个附加方程来描述广义位移 q 与载荷因数 λ_f 之间的关系，以及广义位移 q 与弧长 s 之间的关系。此约束方程的最简单形式，相当于垂直于预测值的超平面，第一次由 Riks 引入。

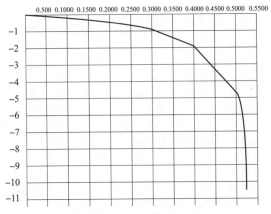

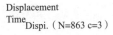

图 7-45　非线性分析中，载荷对比位移图示

另外，我们会以相似方式添加一个方程式来计算灵敏度

$$\frac{\partial \lambda_{\mathrm{f}}}{\partial a}$$

另外，我们限制未知向量必须正交于载荷—位移曲线，而非以垂直差距 $\Delta \lambda_{\mathrm{f}}$ 为基础进行简单的测量，这样能够得到更精准的灵敏度值，参见图 7-46。

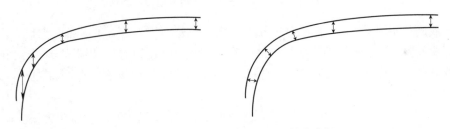

图 7-46　使用 Riks 方法进行的灵敏度分析

总之，这种方法使我们能够建立一个更加适用的算法流程，用于计算储备因数及其灵敏度。此流程在商业工具内部的运行以及在大量样本中的试验都非常成功。

7.8.3　板的优化

在此段落中，我们将展示本章 7.8.1 节中所描述的工业应用过程。首先我们会在展示所取得的结果之前，简短地描述一下程序管理员框架中的问题形成。为了应用逐步解决法，我们第一次仅考虑屈曲这一个约束条件。

7.8.3.1　优化对话

我们已建立一个完整的计算流程，其中包含与分析数目一样多的外部任务，后者与优化任务相连，详情参见图 7-47 中的屏幕截图。

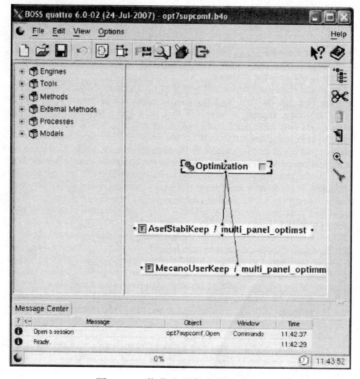

图 7-47　优化流程任务树主窗口

我们共使用了两种不同的分析方法：①以商业工具[31]——Asef Stabi 为基础的线性屈曲分析方法，来捕捉蒙皮中屈曲；②非线性有限元分析来捕捉板的破裂。当然，任务书中的任何一个分支都可以被删除，将优化流程的研究集中在一个标准上。

7.8.3.2　线性屈曲

在这一节中，我们首先将工作重点放在线性屈曲优化问题的解决方案上，不会将破裂约束条件从之前的公式中删除。由此可见，引起不稳定收敛性的一个潜在原因，为优化问题的不完全公式化。从实践性的角度出发，应使用商业工具[31]计算屈曲储备因数，此商业工具专门用于屈曲模式及相关数值结果的结算。

根据定义，在设计一种能够承受不稳定性的结构时，第一个屈曲载荷非常重要，且此单值相当于 $RF_{屈曲}$ 约束条件。然而，由于模态转换，因而无法担保第一个屈曲载荷总是对应相同的屈曲模态，且因此，相关灵敏度与之后的步骤便不再紧密关联，从而导致形成不稳定的收敛性。这就是为什么不使用模式追踪技术，在实际情况中总会计算一小组、n 个屈曲载荷的原因，之后 $RF_{屈曲}$ 约束条件变为一个向量值结果。由于现在所有 n 个约束条件，都必须被满足，所以 n 个值内部的模态转换不再成为问题。

我们在首次试验时，设 $n=12$，而且它让我们明白，在一些设计中，第一个屈曲模态不能代表整体结构。实际上，在既定迭代循环中，屈曲模态只能影响被设计结构中的一小部分，而剩余的结构部分并不是非常敏感。我们可以提高敏感部分板的厚度来满足稳定性标准，而非敏感部分的厚度应维持在其下限水平，因为厚度为最小化目标。在之后的迭代循环中，低厚度部分可能会因为局部刚性，对于屈曲较为敏感，相反剩余部分会对约束限制变得不敏感。如果重复进行，这个方案会导致优化流程的收敛性发生振动与恶化，参见图 7-48。

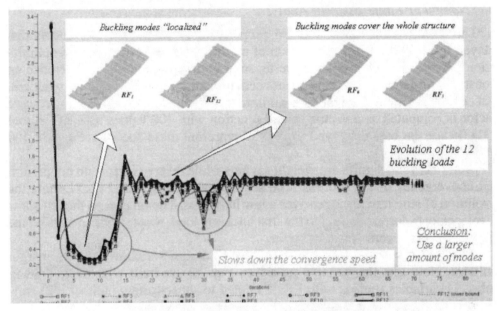

图 7-48　屈曲储备因数的优化收敛记录（初始）

当研究包括少量加筋板并限制尺寸的简单板时，或者当厚度设计变量的定义在一个比较广阔的区间内，很少会出现局部屈曲模态。一旦出现，它们必须得到覆盖大面积结构的设计变量的支持。因而设计变量值并不只是受到最小化重量的目标的影响，它还受到屈曲情况的控制，当研究大型结构时，一些设计变量可以不考虑优化问题中使用的第一个（局部）屈曲模态。在这种情况下，刚才讨论到的收敛性困难很可能会出现。

之后，我们会提高 n 的值，设 $n=100$。在这种情况下获得的结果，比那些只进行 6 次迭代循环便需要达到收敛性的优化流程要好得多，详情参见图 7-49。

这表明，在线性屈曲优化问题的公式化中，使用的第一个屈曲载荷范围必须较为广泛。根据参考文献［37］中的详细阐述，使用较大的设置值，不仅会使得整体结构对于屈曲载荷非常敏感，也可以避免优化流程的收敛发生振荡和 / 或减缓。

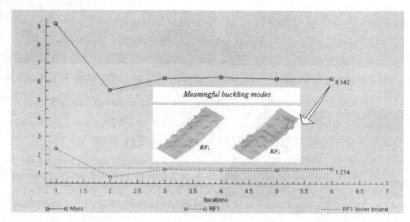

图 7-49　屈曲储备因数的优化收敛记录（改进后）

7.8.3.3　非线性有限元分析

优化流程大约在完成 17 次迭代循环后收敛。图 7-49 中所显示的曲线，展示了三个定义优化流程的函数的变化；示值为最优值。需要注意的是，我们所使用的约束条件违背公差（设为 2.5%）与空客公司的习惯保持一致。因而，所有的约束条件都得到最优满足。另外，屈曲储备因数作为向量函数，通过商业工具[31]，共使用 100 个值计算得出（因此图 7-50 中的条形图，为这 100 个值连续集合）。

两个流程，都使重量出现了大幅度的降低，且储备因数并没有干扰流程的收敛性。图 7-51 中图片的序列显示了，在几次迭代循环后，结构响应发生的变化。左边的图片显示位于与第一个屈曲载荷相当，而右边的图片显示的为破裂位移。

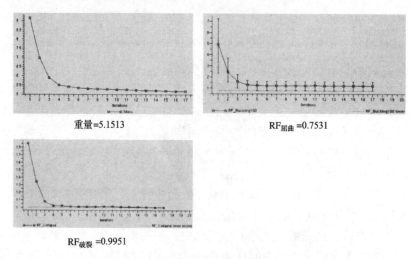

重量=5.1513　　　　　　　$RF_{屈曲}$=0.7531

$RF_{破裂}$=0.9951

图 7-50　各种结构响应的收敛记录

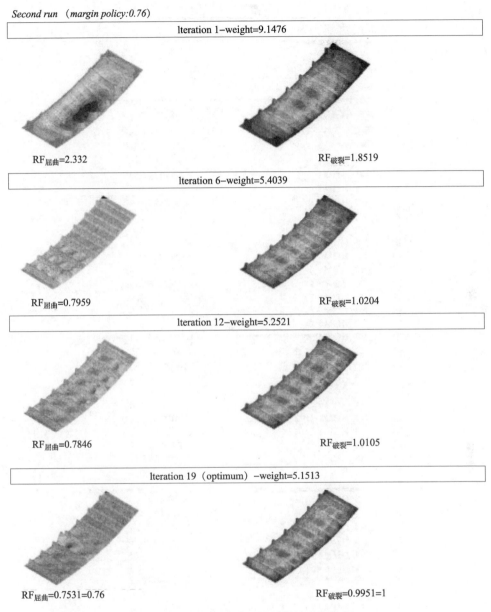

图 7-51 各迭代循环的屈曲与破裂模式

图 7-52 显示了两种边际政策中，42 个设计变量的最终值。需要注意的是，图 7-52 中的变量名称，是根据以下规则确定的：①最前面的 R_i 与超级纵梁数目 i 相关；②变量 R^*_HOM* 为蒙皮板层厚度；③变量 R^*_HOMSTY* 为纵梁板层厚度；

④最后一个数字与板层方向有关（1 代表 0°，2 代表 45°，4 代表 90°）。此外，由于假定 45° 与 –45° 板层之间为对称关系，在考虑总厚度时，值 R^*_HOM_1_3_2 与 R^*_HOMSTY_3_2 必须乘以 2。

表 7-6 显示了相同的结果，但是是在蒙皮壁板与纵梁水平上总和。

Number	Variable name	Value for margin 0.75
0	_R1_HOMSTY_3_1	0,4
1	_R1_HOMSTY_3_2	0,4
2	_R1_HOMSTY_3_4	0,4
3	_R1_HOM1_3_1	0,4
4	_R1_HOM1_3_2	1,031272354
5	_R1_HOM1_3_4	0,4
6	_R2_HOMSTY_3_1	0,408197074
7	_R2_HOMSTY_3_2	0,4
8	_R2_HOMSTY_3_4	0,4
9	_R2_HOM1_3_1	0,4
10	_R2_HOM1_3_2	1,096481502
11	_R2_HOM1_3_4	0,4
12	_R3_HOMSTY_3_1	0,738890995
13	_R3_HOMSTY_3_2	0,4
14	_R3_HOMSTY_3_4	0,4
15	_R3_HOM1_3_1	0,4
16	_R3_HOM1_3_2	0,968944711
17	_R3_HOM1_3_4	0,470371556
18	_R4_HOMSTY_3_1	0,609791644
19	_R4_HOMSTY_3_2	0,4
20	_R4_HOMSTY_3_4	0,4
21	_R4_HOM1_3_1	0,4
22	_R4_HOM1_3_2	0,998656614
23	_R4_HOM1_3_4	0,465830822
24	_R5_HOMSTY_3_1	0,743507517
25	_R5_HOMSTY_3_2	0,406364241
26	_R5_HOMSTY_3_4	0,4
27	_R5_HOM1_3_1	0,4
28	_R5_HOM1_3_2	0,97919137
29	_R5_HOM1_3_4	0,496159837
30	_R6_HOMSTY_3_1	0,421884952
31	_R6_HOMSTY_3_2	0,4
32	_R6_HOMSTY_3_4	0,4
33	_R6_HOM1_3_1	0,4
34	_R6_HOM1_3_2	1,095987273
35	_R6_HOM1_3_4	0,4
36	_R7_HOMSTY_3_1	0,4
37	_R7_HOMSTY_3_2	0,4
38	_R7_HOMSTY_3_4	0,4
39	_R7_HOM1_3_1	0,4
40	_R7_HOM1_3_2	1,033261722
41	_R7_HOM1_3_4	0,4

图 7-52　收敛时的设计变量值

表 7-6　收敛时的设计变量值

总厚度	
Stringer 1	1,6
Skin panel 1	2,862544708
Stringer 2	1,608197074
Skin panel 2	2,992963004
Stringer 3	1,938890995
Skin panel 3	2,808260978
Stringer 4	1,809791644
Skin panel 4	2,86314405
Stringer 5	1,956236
Skin panel 5	2,854542576
Stringer 6	1,621884952
Skin panel 6	2,991974547

7.9　总结与结论

本章中所提出的方法，是一个具有灵活性且稳健的、结构尺寸调整优化方法，可应用于产品设计的不同时期。在尺寸调整的早期，我们提出了一个快速调整方法，它以局部优化结果在神经网络内有效回归为基础。此种神经网络结构既可以用于 STIFFOPT 工具中，进行自动且快速的全结构外皮尺寸调整，或者通过询问方式，给出结构组件水平上的最优设计结果。我们已经对神经网络的结构以及试验设计方案做出一些改进，希望能够获得更加稳定的结果，并能够解决输入空间的高维度问题。

在调整尺寸的初步阶段，所有的局部优化流程都在尺寸调整流程的框架内进行，使用两个迭代循环系统，在两个水平的流程中调用专业工具。并使用计算机群进行大量计算工作。当时提出的方法特别适于进行并行计算，因为所有的优化流程之间都互相独立。进入具体的尺寸调整阶段后，我们在局部水平上提出了一个新的优化流程，加入了非线性有限元分析来评定每一块板的后屈曲特性。开始时，我们采用了一个混合方程来表达优化问题，将蒙皮屈曲的线性屈曲与板破裂的非线性分析组合在一起。为了解决优化问题，我们发明了一种半解析灵敏度方法，并将其嵌入在微分优化流程中。之后，展示整个优化流程的效率与稳健性。它是少量表现出准确性的微分优化流程之一，并应用于非线性有限元分析。在第三个尺寸调整阶段，考虑到每个优化流程需要的时间长度（20h），对于 HPC 的要求变得更高。

在不久后，我们将完成三个尺寸调整阶段的全部工作。并将使用同一个框架，将所有流程集合在一起。我们需要建立一个完整的多水平优化流程来控制整体最佳性，即考虑最优载荷分布、设计连续性，以及更加一般化的全局约束条件（如刚性约束条件）。且应以 HPC 结构体系（大量平行）为基础，来适当地分解、协调及执行流程。另外，还应当考虑到不断扩大的企业背景，由分布在世界各地的合作单位来完成一个结构设计方案。此次调查研究中出现的所有这些问题，都将称为最近启动的一个名叫 MAAXIMUS 的欧洲项目需要解决的问题之一，且他们将会研究重点集中在复合材料机身的虚拟设计与试验中。

参考文献

[1] Schmit, L. A., and Mallet, R. H., "Structural Synthesis and Design Parameter Hierarchy," *Proceedings of the 3rd ASCE Conference on Electronic Computation*, American Society of Civil Engineers, Structural Division, Reston, VA, 1963, pp. 269–300.

[2] "BOSS Quattro User's Handbook – Release 6.0-02," SAMTECH, Liège (Angleur), Belgium, 2008.

[3] Remouchamps, A., and Radovcic, Y., "BOSS Quattro: an Open System for Parametric Design," *Structural and Multidisciplinary Optimization*, Vol. 23, No. 2, March 2002, pp. 140–152.

[4] Remouchamps, A., Grihon, S., Raick, C., Colson, B., and Bruyneel, M., "BOSS Quattro: an Open System for Parametric Design," *Structural and Multidisciplinary Optimization*, Vol. 23, No. 2, March 2002, pp. 140–152.

[5] Schmit, L. A., Jr., and Ramanathan, R. K., "Multilevel Approach to Minimum Weight Design Including Buckling Constraints," *AIAA Journal*, Vol. 16, No. 2, Feb. 1978, pp. 97–104.

[6] Balling, R. J., and Sobieszczanski-Sobieski, J., "An Algorithm for Solving the System-Level Problem in Multi-Level Optimization," NASA Contractor Report 195015, Dec. 1994.

[7] Timoshenko, S., and Gere E., *Theory of Elastic Stability*, McGraw-Hill, New York, 1936.

[8] Merval, A., Samuelidès, M., and Grihon, S., "Multi-Level Optimization with Local Mass Minimization," *Second European Conference for Aerospace Sciences*, Paper number 1.02.04, Published as CD-ROM by von Karman Institute, Brussels, Belgium in cooperation with ULB, Université Libre de Bruxelles, Belgium, 2007.

[9] Merval, A., Samuelidès, M., and Grihon, S., "Lagrange Kuhn-Tucker Coordination for Multilevel Sizing of Aeronautical Structures," AIAA Paper 2008-2223, April 2008.

[10] Remouchamps, A., Grihon, S., Raick, C., Colson, B., and Bruyneel, M., "Numerical

Optimization: A Design Space Odyssey," *International Workshop, 2007: Advancements in Design Optimization of Materials, Structures and Mechanical Systems*, Northwestern Polytechnical University (NPU), Xi'an, China, 2007.

[11] *NASTRAN Linear Static Analysis User's Guide*, MSC.Software Corp., Santa Ana, CA, 2000.

[12] "MTS004: Manuel de Calcul Statique pour Matériaux Métalliques," AIRBUS France, Toulouse, France, 2000.

[13] "The NAG FORTRAN Library," Numerical Algorithms Group, Oxford, U.K., http://www.nag.co.uk/numeric/fl/fldescription.asp [accessed July 2009].

[14] Fleury, C., "Dual Methods for Convex Separable Problems," *Optimization of Large Structural Systems*, Vol. I, edited by G. I. N. Rozvany, Kluwer Academic, Amsterdam, 1993, pp. 509–530.

[15] Bruyneel, M., Duysinx, P., and Fleury, C., "A Family of MMA Approximations for Structural Optimization," *Structural and Multidisciplinary Optimization*, Vol. 24, No. 4, Oct. 2002, pp. 263–276.

[16] *PATRAN Programming Command Language Users Guide*, MSC.Software Corp., Santa Ana, CA, 2000.

[17] "MAAXIMUS," Integrated Project, 7th Framework, 2008–2013, http://www.maaximus.eu/ [retrieved July 2009].

[18] Vaswani, V., *PHP Programming Solutions*, McGraw-Hill, New York, 2007.

[19] "PHP—Hypertext Processor," http://nl.php.net/tut.php.

[20] Merval, A., Samuelides, M., and Grihon, S., "Application of Response Surface Methodology to Stiffened Panel Optimization," AIAA Paper 2006-1815, May 2006.

[21] Simpson, T. W., Mauery, T. M., Korte, J. J., and Mistree, F., "Comparison of Response Surfaces and Kriging Models for Multidisciplinary Design Optimization," AIAA Paper 1998-4755, Sept. 1998.

[22] Sellar, R. S., Batill, S. M., and Renaud, J. E., "Response Surface Based, Concurrent Subspace Optimization for Multidisciplinary System Design," AIAA Paper 1996-0714, Jan. 1996.

[23] Bishop, C. M., *Neural Networks for Pattern Recognition*, Clarendon Press, Oxford, U.K., 1997.

[24] Dreyfus, G., Samuelides, M., and Gordon, M., *Réseaux de Neurones: Méthodologie et Applications*, edited by Eyrolles, Paris, France, 2002.

[25] Jordan, M. I., Jacobs, R. A., Nowlan, S. J., and Hinton, G. E., "Adaptive Mixture of Local Experts," *Neural Computation*, Vol. 3, No. 1, Spring 1991, pp. 79–87.

[26] Jordan, M. I., and Jacobs, R. A., "Hierarchical Mixtures of Experts and the EM Algorithm," *Neural Computation*, Vol. 6, No. 2, March 1994, pp. 181–214.

[27] Wang, G. G., "Adaptive Response Surface Method Using Inherited Latin Hypercube Design Points," *Journal of Mechanical Design*, Vol. 125, June 2003, pp. 210–220.

[28] Cohn, D. A., "Neural Network Exploration Using Optimal Experimental Design," MIT CBCL Paper 99, June 1994.

[29] "MATLAB User's Guide–Release R2008b–Neural Network Toolbox," The Mathworks, Natick, MA, 2008.

[30] Colson, B., Bruyneel, M., Grihon, S., Jetteur, P., and Remouchamps, A., "Composite Panel Optimization with Nonlinear Finite Element Analysis and Semi-Analytical Sensitivities," *NAFEMS Seminar–Simulating Composite Materials and Structures*, Nov. 2007, http://www.nafems.org/events/nafems/2007/compositeDACH/ (in German).

[31] "A COTS tool: Software Package for Finite Element Analysis of Structures," SAMTECH, S.A., Liège Belgium, http://ftp.samtech.com/en/pss.php?ID= 5&W=products [retrieved July 2009].

[32] Lanzi, L., and Giavotto, V., "Post-Buckling Optimization of Composite Stiffened Panels: Computations and Experiments," *Composite Structures*, Vol. 73, No. 2, May 2006, pp. 208–220.

[33] Bruyneel, M., "A General and Effective Approach for the Optimal Design of Fiber Reinforced Composite Structures," *Composites Science and Technology*, Vol. 66, No. 10, 2006, pp. 1303–1314.

[34] Carpentier, A., Barrau, J.-J., Michel, L., and Grihon, S., "Buckling Optimization of Composite Panels via Lay-up Tables," *III European Conference on Computational Mechanics: Solids, Structures and Coupled Problems in Engineering: Book of Abstracts*, edited by C. A. Mota Soares, et al., Springer, Netherlands, 2006, pp. 226.

[35] Carpentier, A., Barrau, J.-J., Michel, L., and Grihon, S., "Optimization Methodology of Composite Panels," *12th European Conference on Computational Mechanics, Solids, Structures and Coupled Problems in Engineering*, Paper number 142, 29 Aug.–1 Sept. 2006, Biarritz, France.

[36] Riks, E., Rankin, C., and Brogan, F., "On the Solution of Mode Jumping Phenomena in Thin Walled Shell Structures," *Computer Methods in Applied Mechanics and Engineering*, Vol. 136, No. 1, 1996, pp. 59–92.

[37] Bruyneel, M., Colson, B., and Remouchamps, A., "Discussion on Some Convergence Problems in Buckling Optimization," *Structural and Multidisciplinary Optimization*, Vol. 35, No. 2, Feb. 2008, pp. 181–186.

第8章 吊架的多学科优化

Stéphane Grihon，Mathieu Meaux，Albert Lucchetti，
Patrick Sarouille
AIRBUS，Toulouse，France
Julien Laurenceau
CERFACS，Toulouse，France
Gérald Carrier，Sylvain Mouton
ONERA，Paris，France

缩略语

CFD	计算流体力学
COTS	商业成品
DOC	直接使用成本
DoE	试验设计
FBO	风扇叶片飞脱
GFEM	全局有限单元模型
MDO	多学科设计优化
MMFD	可行方向法
RSM	响应面模型

术语

A	空气动力矩阵
$[\text{AGFM}((\omega))]$	
$[\text{AGFC}(\omega))]$	动作、操纵面与涡流的空气动力的总合力
$[\text{FGT}((\omega))]$	
a	加速度向量
a, b	应力－空气动力优化的权衡系数
B	阻尼矩阵
$C_D(\alpha)$	阻力系数

$C_L(\alpha)$ 升力系数

D 阻力

$D(\alpha)$ 阻力

$\{F\}$ 写入模态库固定内部载荷的其他输入力

$\{g\}$ 重力产生的加速度场

$g(\lambda)$ 几何学约束条件

$J(\alpha)$ 空气动力目标函数

$\boldsymbol{K}$ 刚度矩阵

$L(\alpha)$ 升力

$\boldsymbol{M}$ 质量矩阵

$\{N\}$ 非线性力

$\{P\}$ 作用力

q 动态压力

$\{q\}\{q\}\{q\}$ 广义坐标（位置、速度、加速度）

U/V   阵风剖面

$\boldsymbol{u}$ 位移向量

$\boldsymbol{v}$ 速度向量

W 吊架宽度

W GFEM 权重

$W(\lambda)$ 重量

X, Z 发动机的水平与垂直位置

$\boldsymbol{a}$ 优化形状变量的向量，下限 a_{min} 与上限 a_{max}

$\boldsymbol{a}, a_{min}, a_{max}$ 空气动力形状变量的向量与界限

a_{aero} 空气动力变量

a_{MD} 多学科变量

a_{struct} 结构变量

$\{\&\}$ 控制面动作（输入值）

$\boldsymbol{\lambda}, \lambda_{min}, \lambda_{max}$ 结构设计变量的向量与界限

$\boldsymbol{\Phi}$ 模态基础 / 矩阵

$\sigma(\lambda), \bar{\sigma}$ 应力与应力许用值

∇ 梯度

$\boldsymbol{u\beta r}$ 模态基础中的质量、阻尼与刚度矩阵

8.1　引言

8.1.1　背景

航空工业是由顾客需求推动的商业，顾客在对其产品性能要求提高的同时，又要求其降低成本和投放市场的时间。对于欧洲工业来说，这些目标的价值已经在 2020 年远景计划中提出[1]。而数值优化正是达成这些目标的关键技术之一。它采用数学理论和联合算法以确保产品的最佳性能，并采用设计阶段综合和自动化软件设备，以确保减少订货交付时间。然而，对飞行器性能的更高要求促使各学科专注于其自身的发展，但随着产品复杂性日益增长，对多学科设计优化的需求呼之欲出。

因此，鉴于单一学科优化方法十分完备，并已集中应用于飞行器工程项目，当前的目标就是提高各学科的性能和耦合性，为全球飞行器研发设计的各个阶段，建立一个集成平台。

作为动力装置装配界定的一部分，发动机吊架的设计（参见图 8-1）是一个固有多学科课题，理所应当地成为飞行器制造业中多学科优化的首要目标。

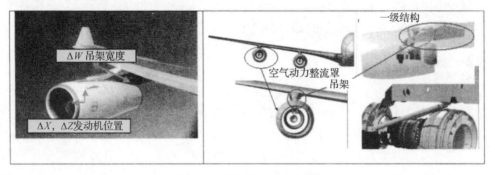

图 8-1　吊架设计研究案例

8.1.2　设计流程

目前，发动机吊架的设计过程主要分为结构和系统的设计推动两部分。飞行器发动机选定安装区域后，后续项目办公室（大型客机可能性试验阶段的主管部门）在发动机故障、尾翼尺寸、飞行器载重和机翼结构重量等因素的基础上，沿翼展方向安装发动机。然后，根据基本的气动力设计规则，建立一个水平位置和垂直位置的假设。然后根据选用的吊架与发动机之间，以及吊架与机翼之间的连接接头的结构，选用不同结构的吊架。这些附属装置与飞行器对吊架/发动机总体的技术要求息息相关，该技术要求则是以结构整体的柔性为主要依据的。同时，要对吊架内部，以及构成吊架结构的周边部件进行试验研究。最后，进行更加细分的空气动力学研究：从根本上设计和优化吊架整流罩，以限制冲击影响（波阻力）；卧式发动机和立式发动机的位置可以稍微重新考虑；无须研究尺寸大小引起的直接刚度的变化对载重的影响。

当然，整个设计过程并不一定严格按照上述顺序进行，在多学科设计复验的过程中，各个学科包括所有研究团队（参见参考文献［2］和［3］中关于动力装置的工业设计流程的实用性描述）在内，都会出现需要反复试验的情况。不过，集成化水平是可以大大提高的。该研究旨在以充分的数值模拟和最优化技术为基础，提出一套更具综合性的工艺流程。

由于目前很难直接处理全部的设计变量和学科，因而制定了以下假设和简化条件：

（1）假设发动机翼展定位已经固定。

（2）结构设计变量受发动机水平和垂直位置，以及吊架宽度的限制。这些是空气动力学和结构之间相互制约的主要变量。

（3）通过双学科情景研究多学科优化过程。

本章节其余部分罗列如下：研究试验案例将在 8.2 节进行详述；单学科的优化过程将在 8.3 节（结构和空气动力学优化）中陈述；压力和空气动力学优化则将在 8.4 节进行描述；压力和载荷的综合性优化内容将在 8.5 节介绍。

8.2　试验案例选列

测试实例是一个巨大的民航客机的外部动力装置，主要对吊架进行优化。在所有的多学科任务中，吊架尺寸都被认为是重量计量指标的基础。假设发动机是固定的。参见图 8-1 机翼吊架结构。

在空气动力学方面，只考虑吊架整流罩的形状问题。假定具体的空气动力学变量是独立的，并将在后文中进一步详述（参见 8.3.2.1 节，图 8-5）。

关于耦合的多学科变量，需要研究发动机的水平位置 X 和垂直位置 Z，以及吊架宽度 W。这些变量对压力和空气动力学特性均有影响。然而，这些变化假定为足够小，因此它们对飞行器载荷的影响可以忽略。

8.3　单一学科优化

8.3.1　结构优化

8.3.1.1　定义

考虑到许用应力代表了应力标准，对结构优化过程进行了专门简化。这种方法通常用来快速确定吊架的尺寸[4]。许用应力取决于材料、载荷情况（疲劳情况或静态情况）和温度。需要解决的优化问题可以表示为

$$\begin{cases} \text{Min } \widetilde{W}(\lambda) \\ \lambda_{\min} \leqslant \lambda \leqslant \lambda_{\max} \\ \sigma(\lambda) \leqslant \bar{\sigma} \\ g(\lambda) \leqslant 0 \end{cases}$$

对于 λ 值，其优化设计变量的向量介于下限 $\lambda_{\min}$ 和上限 $\lambda_{\max}$ 之间，这些设计变量表示指定区域的厚度，且该厚度均一。它们还可以作为一个区域内所有构件尺寸参数的比例系数。在第二个案例中，尺寸性质无须一致。优化约束条件 $\sigma(\lambda)$，是给出特定应力响应的上界或下界的不等式约束。这种简化的公式允许使用 NASTRAN-SOL200[5] 优化模块，并执行全局有限单元模型（GFEM）的自动尺寸调整。

下一阶段中对尺寸定位流程的细化，要求把稳定性（屈曲 / 后屈曲）和附加的几何约束条件都考虑在内。

目标函数——目标函数为全局有限单元模型的重量 W，它是一个典型的重量指标。然而，值得注意的是它远非实际重量，因为并非所有元件的重量都可以模拟（举个例子，部分接头没有模拟），其几何结构是粗略估计的，而且应把附加载荷也列入考虑范围（有关结构紧固件、加工、二级结构和系统）。然而，我们已经假定用 ΔW 表示由尺寸的全局有限单元模型造成的重量增量。

设计变量——要求设定具体的上、下限，考查不同区域的 27 个厚度。区域参见图 8-2 中对子部件的详细说明。

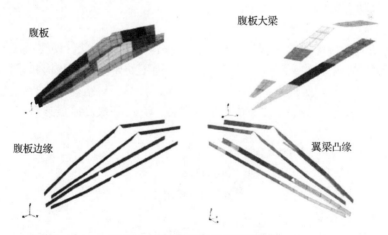

图 8-2　吊架结构设计变量的定义

约束条件——约束条件为依据载荷工况规定的许用应力：

（1）风扇叶片飞脱（FBO）工况是与风扇叶片故障有关的。故障情况材料破损许用值要考虑到静载荷。机动载荷情况也被认为是极限负载情况，但这与风扇叶片飞脱无关。

（2）飞行情况基本上被视为疲劳允许的极限载荷情况（基于等效应力的减少许用值）。疲劳许用值当然比静态许用值要求更高（更严格）。热效应也考虑到了这两种应力许用值。主应力、次应力和切应力控制在腹板和腹板大梁中。纵向应力（牵引/压缩）控制在法兰中。为了控制法兰边缘的应力，采用了特殊的测量元件。

还有与工艺相关的几何约束条件：翼梁凸缘厚度大于翼梁腹板厚度，并且翼板（又称壁板）侧面厚度大于翼梁腹板厚度。

8.3.1.2 执行

优化问题定义在 NASTRAN-SOL 200 大数据文件中。事实上，此类批量数据文件的产生与全局有限单元模型参数化和自动化有关。在过去，利用 PATRAN 编制程序命令语言来对大型客机全局有限单元模型的外观形状和拓扑结构进行参数化，然后与 NASTRAN-SOL 200[6]自动关联。该方法参见图 8-3 的详解。

8.3.1.3 论证

接下来描述在尺寸定位优化过程中发现的典型性结果。图 8-4（a）展示了优化后的厚度分布。厚度由翼梁腹板处的 2.5mm 变化为翼梁凸缘和翼板边缘处的 22mm。图 8-4（b）显示了优化后的应力分布。

疲劳飞行载荷情况是在仪表测量的纵向应力下法兰边缘的单位载荷情况。风扇叶片飞脱静载荷是指在第一主应力许用值下翼梁腹板单位载荷和切应力许用值下翼梁腹板的单位载荷。

8.3.2 空气动力优化

8.3.2.1 定义

空气动力学特性优化过程旨在改变吊架整流装置的形状，使飞机飞行时受到的反作用力最小化。整流罩应覆盖整个吊架，而不妨碍其内部结构和装置。因此，只要空气动力学设计变量界定在有限变差之内，就不会对结构性能造成直接影响。这些参数为涉及整体吊架蒙皮微小变形的参数，它们随最高阶层参数 X，Z，W 的变化而变化。

待解决的优化问题可以归结为以下不等式

$$\begin{cases} \text{Min } D(\alpha) \\ \alpha_{min} \leq \alpha \leq \alpha_{max} \end{cases}$$

其中，α 为形状参数。

总的来说，增加机翼的气动力设计变量是很有必要的。由于吊架和机翼之间存在气动力干扰，吊架的优化是无法与机翼分割开来独立进行的。在将来的研究工程中，将会把这一点考虑在内。

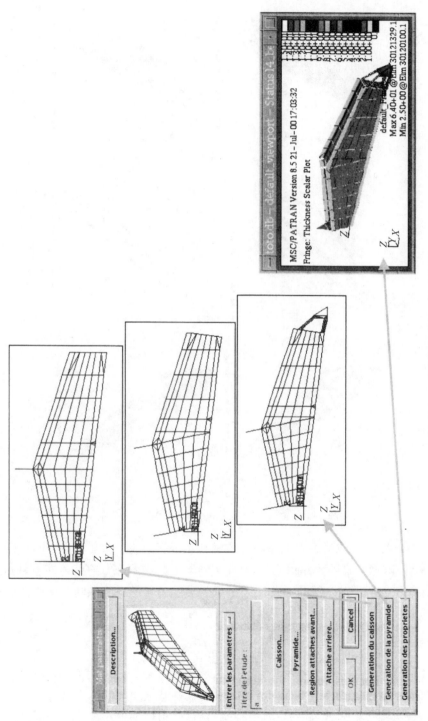

图 8-3　参数化的吊架模型建立和尺寸定位

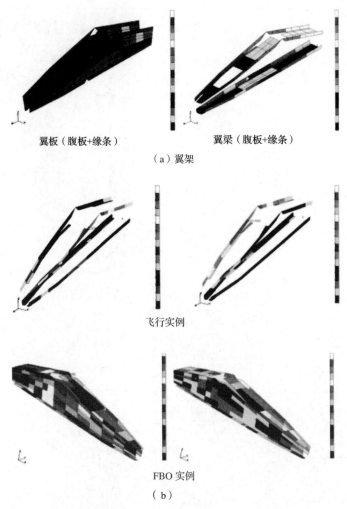

翼板（腹板+缘条）　　　　翼梁（腹板+缘条）

（a）翼架

飞行实例

FBO 实例

（b）

图 8-4　（a）优化厚度分布；（b）优化应力分布

　　目标函数。在该项研究工作中，考虑到一个已知的升力会将一个空气动力外形变更到另一个，迎角保持恒定，而优化问题中显式的升力约束条件由目标函数 D 的惩罚项代替。这一惩罚考虑了因吊架外形的变化带来的微弱升力变化，进而导致了剩余诱导阻力的变化。实际优化问题的目标函数为

$$J = C_D - \frac{\mathrm{d}C_D}{\mathrm{d}C_L} C_L$$

　　在后续工艺中，气动力可以通过飞行器表面受到的基本力进行积分计算（最显著的方法称为拟域渐近法），或者通过整体计算体积的平衡力计算，这允许物理贡献的分离（远源场渐近法）[7]。我们选择了拟域渐近法，是因为我们无须对

飞机飞行的各种阻力单独分析，在优化过程中仅考虑整体阻力。

通常认为摩擦阻力的变化不大，因此，应忽略摩擦阻力的影响，以避免优化程序中不必要的数字干扰。摩擦力造成的升力可以忽略，因此唯一需要考虑的是压力。最后，在基准形式优化评估的过程中，将 dC_D/dC_L 当作常数。这样，目标函数就可以改写为

$$J(\alpha) = C_{Dp}(\alpha) - \left(\frac{dC_{Dp}}{dC_{Lp}}\right)_{\text{baseline}} C_{Lp}(\alpha)$$

以及关于形状参数 α 的变化率

$$\nabla_{\alpha} J(\alpha) = \nabla_{\alpha} C_{Dp}(\alpha) - \left(\frac{dC_{Dp}}{dC_{Lp}}\right)_{\text{baseline}} \nabla_{\alpha} C_{Lp}(\alpha)$$

根据对阻力改进的影响程度分为三级，一级为黏滞压力、诱导阻力（由机翼上载荷分布变化引起的），二级为波阻力，三级为可以忽略的摩擦阻力。

设计变量。我们选择一个含 19 个参数的解决方案，由不同程度的 17 个 Hicks-Henne 凹凸函数[8]分布在吊架上从 1 到 6 编号的不同区域中，具体参见图 8-5。

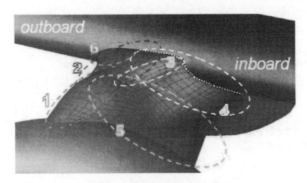

图 8-5 吊架设计变量图例
1—较低前缘；2—较高前缘；3—"béret basque"；
4—机翼吊架内侧交叉口；5—吊架内测法兰盘；6—机翼吊架外部交叉口

"béret basque" 是法文绰号，代表一种具体的吊架缘条形变。它的主要作用是在低速性能中，加强横梁的气密性。béret basque 增加了吊架正面的截面面积；而该截面必须在不造成分流和速度峰值的情况下减小顺流。下限用来避免吊架整流装置和系统或吊架一级结构之间的干涉。上限要设置得足够大，保证不易变动。图 8-6 显示机翼吊架横切交线区域可变动的最大形态。

约束条件。将目标函数定义为 J，为剩余升力参数引入一个校正项，使其更接近实际反作用力，在优化过程中不利用任何显约束条件，除非设计变量本身是有界的。将恒定升力的限制条件明确列入目标函数中考虑，详见前述。

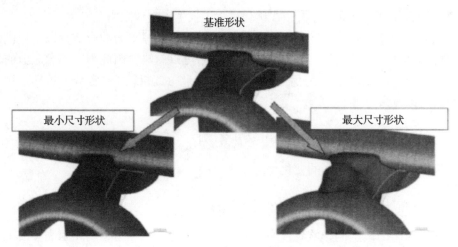

基准形状

最小尺寸形状

最大尺寸形状

图 8-6　形状变化示意图

8.3.2.2　执行

优化过程采用 G. Vanderplaats[9] 提出的优化程序库 DOT 进行。所采用的优化算法是可行方向改良法（MMFD）[10]。总体的气动力特性优化进程在 OptaliA——大型客机气动力特性优化方案框架[11] 中进行。该框架允许参数化、网状结构变形、空气动力学分析（计算流体力学（CFD））、后处理，并且还包含了最优化算法。专门的语法和 XML 文件的利用，使设计人员更容易定义参数，并且在整个框架内实现共享。同时，它还允许自动生成分界面，设置这些设计变量。

计算流体力学分析。考虑到复杂的跨声速流和来自黏滞压力巨大影响，最好进行雷诺平均纳维‒斯托克斯物理模拟。CFD 计算采用 Spalart‒Allmaras 湍流模型和二阶 Roe 方案，使用 elsA 软件，这是由法国航空航天研究院、欧洲科学计算研究与高级培训中心和欧洲空中客车公司[12] 联合开发的多应用流解程序。

为保持计算时间控制在合理的范围内，优化过程中对考查的众多流动计算，仅对机翼和外侧吊架（参见图 8-7）进行边界层模拟。也是因为同样的原因，在各个方向上，每两个点中，仅对其中一个原始网状结构进行粗化。在几个试验之后，最终在 134 个结构组中，网格尺寸可达到 150 万叉点。据证实网状结构平稳而显著地提高了收敛过程和干扰性阻力水平，实现了在 500 多栅周期数中达成一个收敛性解决方案（按 0.1 的阻力计算），如图 8-8 所示。

基于优化目的对计算时间的限制，和工况的复杂性，网格非常粗糙，绝对精度有所降低，不过，从一个形状变换到另一个形状的过程中，预计会有一定程度的提高。

待优化吊架

图 8-7　飞机几何参数和网状结构图

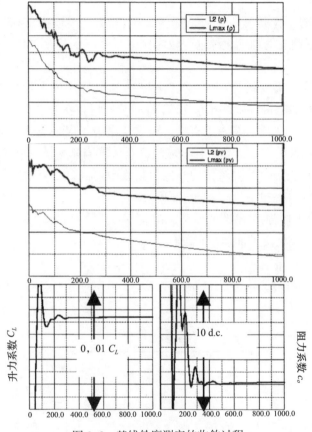

图 8-8　基线轮廓测定的收敛过程

灵敏度分析。灵敏度分析基于一个称为"伴随法"的传统微分分析法[12-13]。通常，对于设计变量 N 的响应灵敏度的计算大约可以达到 N 分析的成本。伴随法中，将灵敏度方程转置。这样的话，如果 M 是灵敏度特征曲线的数目，灵敏度分析即转化为对 M 分析的时间。因此，伴随法对空气动力学的要求很高，因为微分灵敏度特征曲线的数量很少：全阻力和飞行器潜在总升力。相反地，在那些灵敏度特征曲线数目大于设计变量数目的案例中，伴随渐近线法有些不太适用于结构分析。

用于进行灵敏度分析的伴随法是 elsA 软件[11]的一个功能，它被欧洲空中客车公司的气动力学特性最优化框架 OptAlia[14]所采用。

除了在多学科优化方面的努力之外，还完成了许多其他的重要工作，这些工作使得运用伴随渐进法进行的灵敏度分析更为实用。用伴随法建立一个线性体系，在用迭代法求解的过程中，要利用人工耗散条件，同时还要施行专门的数值格式。

本书所列的工作是基于伴随法做灵敏度分析、并应用于复杂的三维 Navier-Stokes 方程的案例在气动优化课题中较为少有。

8.3.2.3　论证

优化过程大约需要进行 20 次迭代法和 70 次计算流体力学分析法（包括为灵敏度分析而进行的辅助伴随解析法）。该过程参见图 8-9 中的图解。由于采用线搜索方法，每次迭代法都需要多次直接分析，这是为了保证收敛性的必要条件。无论如何，其他现有的方法，如信任区域法，对计算流体力学分析的次数要求较低。还有，用到有限差分法计算流体力学的分析次数可高达 200 次。优化过程得到的新设计参见图 8-10 中的图解。注释如下：

（1）近翼侧的机翼和吊架横切交，构成一个新的型面。

（2）远翼侧横切交的曲率半径增加。

（3）吊架前缘缩小。

这种几何结构的变化为飞行器总体减小了 0.6 的阻力。阻力的减小本质上是因为压差阻力的改变。

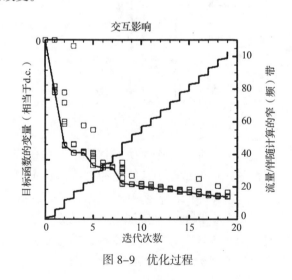

图 8-9　优化过程

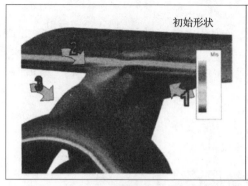
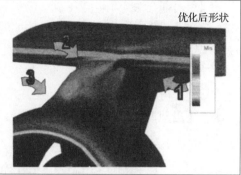

图 8-10　优化结果——初始形状和优化形状的对比

8.4　应力和空气动力特性优化的综合化[15-16]

8.4.1　目的

本章提议的优化过程，旨在兼顾考虑以下两个学科以优化动力装置的安装：结构和空气动力学。在结构和空气动力学特性之间，存在一个折中。吊架宽度是达到这种折中的一个很好的例子：吊架越宽，其结构就要更加坚硬，因而重量也就越轻。然而，扩大的吊架宽度对空气动力性能方面有消极影响，因为吊架一侧的气流速度增大，增大了对机翼的干扰。

待解决的多学科优化问题列举如下。

（1）设计变量

为了论证此方法，将校验数据简化为三个参数，包括两个发动机位置参数，X 坐标位置和 Z 坐标位置，以及吊架宽度。发动机 Y 坐标位置暂不考虑，因为它对飞机总体平衡和外负载都有极大的影响，应考虑其他学科来处理这个新变量。

（2）目标函数

为保证吊架设计达到最佳的折中，应导出一个整合了载荷和阻力目标的多学科优化标准，帮助认识结构和空气动力学的耦合对于飞机性能的影响。该影响可由后续项目团队，利用他们的总飞行器评定方法提出的权衡系数进行评定。权衡系数 a 和 b，使得一个单一的多学科目标函数能够成为直接使用成本（DOC）的指标

$$DOC = aD + b\widetilde{W}$$

（3）约束条件

除了接下来按照试验规划定义的设计变量的上、下限之外，没有其他的约束条件。

（4）弱耦合法

旨在找出发动机最佳安装位置，以及综合考虑总重量和阻力尺度后确定的最佳吊架宽度。设计变量图解参见图8-11。当然，载荷和阻力还可以依据8.2节和8.3节中所述的学科进行优化，即结构尺寸定位设计变量和改良的气动外形设计变量。另外，可以十分明确的一点是，尺寸定位设计变量对阻力没有重要影响。同样地，适当地改变和调整气动外形参数，对结构强度特性的影响也可以忽略不计（刚度）。

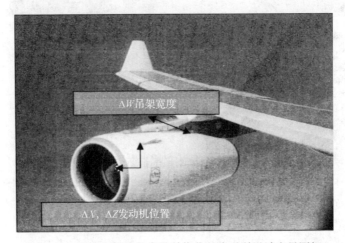

图8-11　对动力装置的多学科优化的多学科设计变量图解

因此，多学科优化问题可以表示为

$$\operatorname*{Min}_{\alpha_{\mathrm{MD}},\alpha_{\mathrm{struct}},\alpha_{\mathrm{aero}}} aD(\alpha_{\mathrm{MD}},\alpha_{\mathrm{aero}})+b\widetilde{W}(\alpha_{\mathrm{MD}},\alpha_{\mathrm{struct}})$$

该数学式又等价于下列问题

$$\operatorname*{Min}_{\alpha_{\mathrm{MD}}} aD^{*}(\alpha_{\mathrm{MD}})+b\widetilde{W}^{*}(\alpha_{\mathrm{MD}})$$

其中

$$\begin{cases} D^{*}(\alpha_{\mathrm{MD}})=\operatorname*{Min}_{\alpha_{\mathrm{aero}}} D(\alpha_{\mathrm{MD}},\alpha_{\mathrm{aero}}) \\ \widetilde{W}^{*}(\alpha_{\mathrm{MD}})=\operatorname*{Min}_{\alpha_{\mathrm{struct}}} \widetilde{W}(\alpha_{\mathrm{MD}},\alpha_{\mathrm{struct}}) \end{cases}$$

有两个嵌入优化层次（参见图8-12）：上层与多学科设计变量 α_{MD} 有关，而下层则与单一学科设计变量 α_{aero} 和 α_{struct} 有关。弱耦合法构建的函数 D^{*} 和函数 W^{*} 的组合，以将二者同时去耦合化。当然，这种情况只有在使用逼近方法时才能实现。为了实现这种情况，采用代理模型法，同时采用：①与多学科设计变量 α_{MD} 有关的试验规划定义，也就是说，一张列有不同结构的发动机位置和吊架宽度的列表；②每个特性曲线（阻力和载荷）分别确定一个合适的代理模型结构。已知试验设计（DoE）和代理模型可以结合起来，尤其是在采用多项式代理模型（也称为响应曲面）的情况下。

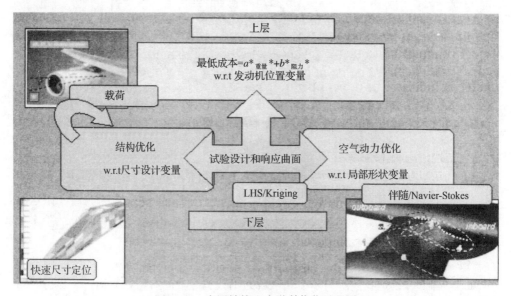

图 8-12　多层结构和多学科优化过程图

我们采用代理模型来最小化接下来提出的阻力和载荷响应面。了解关于响应面更加深入的内容，参见优化章节（第 6 章）的内容。

弱耦合法归结为以下算法，参见图 8-12：

（1）关于上层设计变量对于每个学科试验规划的定义。

（2）与下层设计变量相关的每个试验的优化。

（3）构造下层优化结果（与上层设计变量相关）的代理模型结构。

（4）组合代理模型。

（5）与上层设计变量相关的优化。

此方法可以看作 BLISS 方案[17]的简化算法，并且已经运用于一个过去的欧洲工程项目（MDO Brite-Euram 项目 96-97）[18]的框架下层中计算流体力学分析。

8.4.2　设计空间

设计空间基于待考虑的三个设计变量中的中间变量。这些变量大约为 20%，并且对其进行研究论证。他们对于吊架形状的影响参见图 8-13。

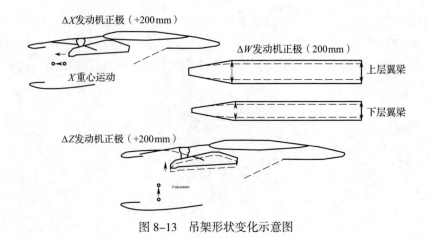

图 8–13　吊架形状变化示意图

8.4.3　结构代理模型

8.4.3.1　DoE 和代理模型

为追求最小化载荷结果的代理模型，实为一个简易的多项式响应面。做这种选择因为载荷在选定界限（+/–20% 的变化范围）内较为平稳。选择一个二阶多项式（二次函数）来逼近载荷情况。

再定义一个具体的 DoE，泰勒试验设计，插入该二阶多项式。之所以称其为"Taylor"（泰勒），是我们认为多项式系数为函数偏导数的有限差分逼近。该方法可以概括用来组建任何多变量多项式。原理参见图 8–14 中三个设计变量的算例图解。

DoE 适于如下二阶多项式响应面模型（RSM）（二次型）：

初始试验（中点）用 a_0 表示，N（=6）正值直接效应用 a_i 表示（线性影响），N 负值直接效应用 a_{ii} 表示（二次项），N（$N-1$）/2 相互作用用 a 表示，其中 $i \neq j$（直角形式）。完成二次响应面模型，需要一共进行 N（$N+1$）/2 次运算。

8.4.3.2　论证

下层设计变量已在 8.2 节具体阐述，而对每个试验的优化已在 8.3 节描述。二次插值的计算结果将在图 8–15 中显示。指定 X_1 为发动机 X 坐标位置，X_2 为发动机 Z 坐标位置，X_3 代表吊架宽度 W。对于给出的二次多项式，解正则线性系求出未知数 a_i。图 8–15 中，等式的右侧是由 NASTRAN–SOL2（X）尺寸定位优化获得的。

载荷计算结果的连续性是很明确的，可以解释如下：X 坐标上载荷因杠杆臂加大而增加，Z 坐标上的载荷因杠杆臂减小而缩小，而吊架宽度因惯性减小而受到载荷减小的影响。最差的配置为最靠前的发动机搭配最短的吊架宽度（最狭长的吊架几何结构），因而最终确定，最佳的配置为将发动机 X 坐标最小化。在根据响应面对载荷最小化的过程中，发现了这种配置，同时显示出载荷为单调函数。

$$\begin{bmatrix} 0 & 0 & 0 \\ + & 0 & 0 \\ 0 & + & 0 \\ 0 & 0 & + \\ - & 0 & 0 \\ 0 & - & 0 \\ 0 & 0 & - \\ + & - & 0 \\ + & 0 & - \\ 0 & + & - \end{bmatrix}$$

常数　　a_0

一阶项　a_i

二阶项　a_{ii}

交叉项　$a_{ij}(i \neq j)$

$$\widetilde{W}(\lambda)=a_0+\sum_{i=1,3} a_{ii}\cdot\lambda_i+\sum_{i=1,3} a_{ii}\cdot\lambda_i^2+\sum_{\substack{i=1,3\\j=1,3\\i<j}} a_{ij}\cdot\lambda_i\lambda_j$$

图 8-14　试验设计和响应面模型图

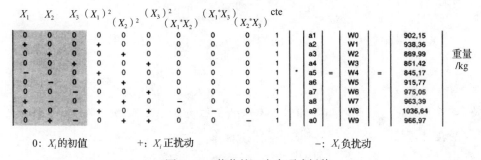

0：X_i 的初值　　　　+：X_i 正扰动　　　　　　　　-：X_i 负扰动

图 8-15　载荷的二次多项式插值

　　根据在设计空间内随机抽样，检验出插值的精确度在 1% 内。因此，二阶多项式的选择经校验证实符合要求，所以不必再引入更为复杂的代理模型。

8.4.4　气动力代理模型

8.4.4.1　DoE 代理模型

　　与载荷的函数模型相比，阻力代理模型的性能更为非线性化。因此，决定采用一个更加先进的代理模型。空气动力学家支持采用克里金模型（Kriging models），该模型已经被证实可以降低误差水平。更多关于克里金法模型的信息，请参见第 6 章优化部分以及注释[19]的内容。

　　克里金代理模型基于样本（图 8-16 顶部的方程的矩阵 R）之间的统计相关性

建立，并且假定样本为高斯概率分布（图 8-16 中底部等式中的函数 SCF）。借高斯分布 θ_v 的参数，可以支持其具备拟合精度的特性曲线的平稳性。由于采用了克里金法，高度非线性的特征曲线可以被逼近。

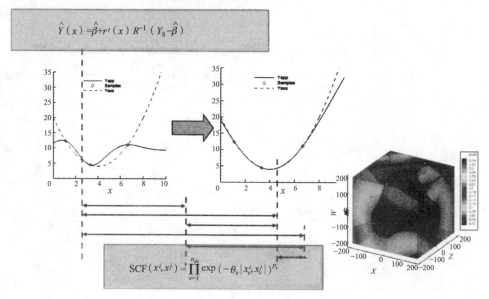

图 8-16　克里金法在二维（教学案例）和三维空间（我们的测试案例）中的图解

8.4.4.2　论证

由克里金代理模型获得的响应面，参见图 8-17 左边的图解。本试验为模拟试验，是根据飞机翼剖面波阻力的变量设计的，与两个"鼓包"设计变量有关。试验数据表明，克里金模型能够捕捉到高度的非线性。

我们的校验数据的响应面列于图 8-17 的右边。因为有三个上层变量，依据比色刻度尺得出的数值列于三维空间。

8.4.5　多学科设计优化论证

最后，结合结构重量的多项式代理模型和空气动力学阻力的克里金代理模型（参见图 8-18），多学科设计优化过程最终得到论证。模型达到了多学科最优化结果。

这与单目标优化中获得的阻力值一致。这就意味着，阻力是设计考虑的主要因素。同时，发现一种奇异的结构，即增加吊架宽度会降低阻力。这可以解释为：由于吊架变薄导致局部气流速度增加。

然而，值得一提的是，宽度的增加对于在高马赫数情况下的抖振边界不利，在该框架下应不予考虑。总体的飞机性能的改善来自载荷 77kg 的减小，和 0.9dc 的阻力的减小。结构优化结构最优化如下

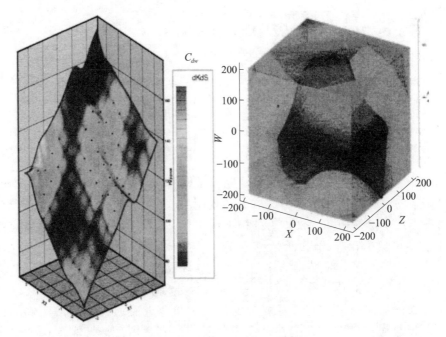

图 8-17　克里金代理模型图解

$$\begin{cases} \Delta X=+90\text{mm} \\ \Delta X=+200\text{mm} \\ \Delta W=+200\text{mm} \end{cases}$$

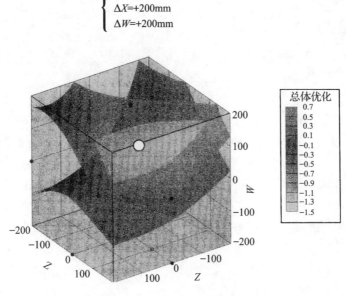

图 8-18　多学科设计优化示例

249

$$\begin{cases} \Delta X = -200\text{mm} \\ \Delta Z = +200\text{mm} \\ \Delta W = +200\text{mm} \end{cases}$$

减小的载荷大约为 83kg。当 W 和 Z 增加，即达到了多学科最优结果，这时不仅减小了阻力，而且减小了重量。

8.5 应力和载荷综合优化

8.5.1 目的

该章节的目的是提出一个具备更完善结构的优化过程，探讨了载荷刚度的效应带来的益处。目标是在考虑应力和载荷的情况下，进行多学科优化。在这种情况下，变量是相同的，均为结构设计变量，但是存在两种不同的效应：结构特征曲线（应力和内部载荷），以及飞行器整体刚度的载荷。

目前已研究了不同方案，并在挠性效应的优化方面对其加以区别。从本质上对两个方案的比较如下：第一个方案跨越了飞机的改进发展，它以无源负载环为依据，升级了与载荷相关的尺寸定位，进而通过载荷的变化影响刚度改善收敛性；第二个方案则是根据载荷的最小化原理，来驱动这个迭代过程。

需要考虑两种载荷：计算上廉价的机动载荷，和基于非线性暂态分析的风扇叶片飞脱载荷。就第二种载荷来说，由于计算过程相当繁琐，因而最好研发一种弱耦合算法，而不是像用于计算机动载荷的强耦合算法。第一种载荷的灵敏度分析是根据一种半解析法进行的；在对第二种载荷的计算中，建立一个响应面，并用于求导。两个方案是相互对比而言的。第二个方案的优越之处在于它的载荷更高效，具体论证参见 8.5.2 节内容。

8.5.2 机动载荷[20]

本部分内容目的是，通过阐述由基本的静气动弹性现象引发的，简单、易懂的应力和载荷影响，说明应力和载荷的相互作用。这组校验数据告诉我们，应考虑提出一个比吊架本身更具综合性的结构，因为吊架的挠性对稳定机动载荷并无重要影响。基于这个原因，我们将测试扩展到了机翼和吊架的综合结构。已研究了将弯头机件最大化（ $2.5g$ 上拉机动载荷），然而采用这种弯头对于机翼来说，通常又太接近临界值。这种情况参见图 8-19 的图解。

基于这种现象，我们期待能通过对应力和载荷的优化，将厚度分布向前移动至底部，以分别增加弯曲度和俯冲扭矩。事实上，该过程将在下文的描述中得到证实，依照优化过程中，与耦合应力与载荷相关的方案，分别给予不同程度的论证。

- 一个基础的静气动力弹性模具

更具挠性的机翼

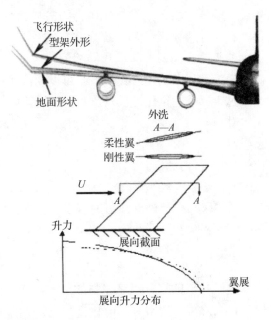

- 产生更多的负扭转力
  由于后掠角，机翼机头朝下

- 有利于舱内升力分部

- 减小弯矩

  应力（σ）和重量（W）

图 8-19　静气动弹性载荷减轻的基本现象

8.5.2.1　两种强耦合情形

上文中已经提到的两种情形，参见图 8-20 中的描述。关于 8.3 节中结构优化问题的注释是相同的，唯一不同的是，设定外部载荷为尺寸定位设计变量的函数 $F(\lambda_k)$；k 表示迭代次数。

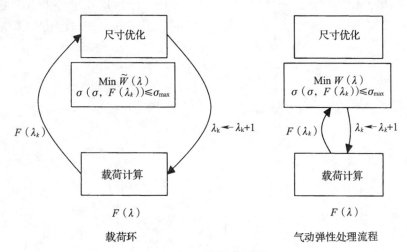

图 8-20　两种情形的图解

"载荷环"是在飞行器设计过程中遇到的情形，在后续设计阶段（也就是在初步设计确定之后）中发挥作用，因为在细节水平上，无法控制对整体的飞行器优化。在尺寸决定载荷的前提之下，被称为"气动力弹性处理"，是处理结构优化过程的较为适当的方法。我们相信，这种方法应在初步设计阶段应用，以保证正确的模型载荷和刚度。我们甚至可以期待在后续设计阶段，仅改变部分设计细节，而不过于影响优化配置，以及对飞行器整体的优化。

载荷对尺寸定位的这种依赖性，同时应列入应力特征曲线。进一步说，我们会发现很有必要引入一个灵敏度项（sensitivity contribution term），在结构尺寸定位过程中合理升级。

8.5.2.2 载荷模型和灵敏度分析

计算飞机框架外部载荷的基本方程为全飞机平衡方程，称为拉格朗日方程：

$$[\mu] \cdot \{\ddot{q}\} + [\beta] \cdot \{\dot{q}\} + [\gamma]\{q\} = \bar{q} \cdot [\text{AGFM}(\omega)] \cdot \{q\} + \bar{q} \cdot [\text{AGFC}(\omega)] \cdot$$

$$\{\delta\} + \bar{q} \cdot [\text{FGT}(\omega)] \cdot \frac{U}{V} + \{F\}$$

这是拉格朗日方程最完整的形式。在我们更简化的拉力稳定策略中，我们可以通过去除阵风的限制来简化方程，认为操纵面效应同 $2.5g$ 的加速度引起的惯性力一样，是另一个输入力；因而得到

$$\gamma q = \Phi^{\text{T}} A \Phi q + \Phi^{\text{T}} f$$

其中，$\Phi^{\text{T}} A \Phi = \bar{q}[\text{AGFM}(\omega)]$，并且 $\Phi^{\text{T}} f = \bar{q}[\text{AGFC}(\omega)]\{\delta\} - 2.5[M]\{g\} + F$

欧洲空中客车公司做过的工作证明，进行灵敏度分析是考虑把模型基础作为固定的偏移量，可得出较为满意的结果[21-22]。还有其他的研究表明可以利用模型基础做静态分析和优化[23]。接下来有关结构尺寸定位变量 λ 的推导就变得相当简单了，因为唯一的广义刚度矩阵取决于 λ，通过刚度矩阵 K 可得到 λ

$$\gamma(\lambda) = \Phi^{\text{T}} K(\lambda) \Phi \quad 导出 \quad \frac{\partial \gamma(\lambda)}{\partial \lambda_i} = \Phi^{\text{T}} \frac{\partial K(\lambda)}{\partial \lambda_i} \Phi$$

最后，研究上述方程，我们可以得到

$$\frac{\partial q}{\partial \lambda} = -(\gamma - \Phi^{\text{T}} A \Phi)^{-1} \Phi^{\text{T}} \frac{\partial K}{\partial \lambda} \Phi q$$

这样，对载荷的计算即可推导为

$$\frac{\partial F}{\partial \lambda} = A \Phi \frac{\partial q}{\partial \lambda}$$

接下来，就要了解这些灵敏度分析如何影响结构优化过程了。如果我们像之前那样进行研究，尺寸定位优化的约束条件就能制定出来，如应力许用值，其目的在于准确表示出应力对于尺寸定位的双重依赖关系

$$\sigma = \sigma\left[\lambda, F(\lambda)\right]$$

由于优化过程中所有特性曲线的逼近都采用了值或者他们的一阶导数形式，因此提供应力值（以及适当的外部载荷提升）和它们的导数，就足以进行优化

$$\frac{d\sigma}{d\lambda} = \frac{\partial\sigma}{\partial\lambda} + \frac{\partial\sigma}{\partial F}\frac{\partial F}{\partial\lambda}$$

为了进行气动弹性处理，我们需要在标准灵敏度中加入互补项 $\partial\sigma/\partial F\ \partial F/\partial\lambda$，在应力特征曲线上表现为"挠性影响"。

该项用来减小应力水平，进而减小载荷。

另外，如果我们设定 $\partial\sigma/\partial F$ 仅为线性算子，即允许通过外部载荷计算应力，那么该引入项将变得非常简单。补充的灵敏度项事实上通过辅助静态线性分析，依据 pseudoload $\partial F_k/\partial\lambda_i$（同载荷情况时间设计变量一样多）。

这样，全灵敏度分析就可以通过 SOL200 和 SOL101，以及多载荷方案进行计算。

8.5.2.3　施行

整个气动弹性处理方案的运算过程参见图 8-21 中的图解。同时，在图 8-21 中，还采用了不同的软件解决方案：

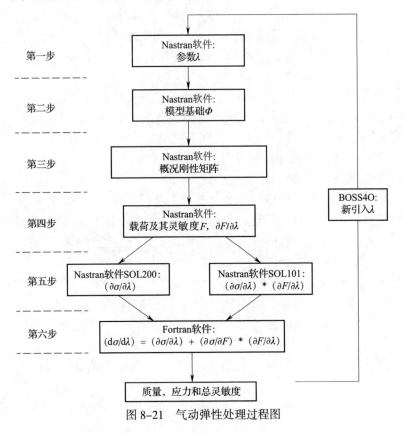

图 8-21　气动弹性处理过程图

（1）MATLAB 用来计算载荷及其灵敏度，计算依据为结构（模型基础和广义刚性矩阵）以及空气动力学信息（空气动力学影响系数）。

（2）NASTRAN 用来计算应力及其灵敏度和载荷数据。采用专用的 FORTRAN 代码来进行应力灵敏度分析。

基于这个原因，采用优化软件框架来综合整个过程，并将其与优化运算结合起来，运算以一级信息（值及其灵敏度）为基础展开。BOSS Quattro 软件[24-25] 刚好适合此项任务，特别是它的凸线性算法，仅需要一级信息来获得目标函数及约束条件。

为简化运算与优化运算（参见图 8-22 的中间窗口）相关的每一个结果，都要对其进行气动弹性分析论证。然而，我们还是能够制作一个任务树，将所有过程和步骤包含其中。图 8-22 中左右两边的窗口显示出结果获得过程，和将优化问题（目标函数及其约束条件）用公式表示的过程。

根据气动弹性处理方法来模拟载荷环法是非常容易的：只要有一个关于载荷提升的顺序结构优化程序在每次迭代运算中运行，那么必须取消载荷灵敏度，以及每一项正在运行的工作。然而，要严格地执行载荷环模式，那么每次结构优化都应在载荷提升之前完成，在每次迭代运算中，载荷是不会提升的。期间，该研究的一些并行进行的试验显示，用这种方法得到的计算结果更糟，而且观察到了更为明显的早熟收敛现象。我们很好理解，在每次迭代运算中进行载荷提升的做法是最好的，因为这样可以达成载荷的稳定变化。

8.5.2.4　论证

就如前文提到过的那样，论证试验在机翼和吊架的复合结构中进行。变量定义的原则已经在 8.3 节阐述了，沿用到机翼部分的内容中。优化问题的定义与吊架优化模拟的定义类似。图 8-23 中图解了定义来支持优化设计变量的机翼的 82 个部件，构成了一个 82 变量的设计空间。

设置下层蒙皮大约 320MPa、上层蒙皮约 -320MPa 的纵向应力许用值，来模拟一个简化的优化问题。在每个区域中选择一项代表性的元件，以将优化简化到 X 变量设计空间内。因此，不能保证在优化过程的结尾，全结构的可靠性：有些元件可能会略微违背其各自的约束条件。然而，简化过程对于获得相应的尺寸定位和载重来说，是可以接受的。

要考虑到的 6 个载荷工况分别为：+2.5g，马赫数 0.5；+2.5g，马赫数 0.85；+1.67g+ 平衡侧滑，马赫数 0.5；+1.67g+ 平衡侧滑，马赫数 0.85；-1g，马赫数 0.5；-1g，马赫数 0.85。设三组对比试验情形：固定载荷进行优化，根据载荷环情况可变载荷进行优化，以及根据气动弹性处理情况可变载荷进行优化。

得到的结果参见图 8-24 ~ 图 8-26。注意，图中的色彩与每个区域内初始尺寸定位相关的比例系数有关。这里的比例系数介于 0.7 和 1.5 之间。下面数据白色区域涉及机翼的一部分，与初步设计相比，增加了 30% 的灵活性。

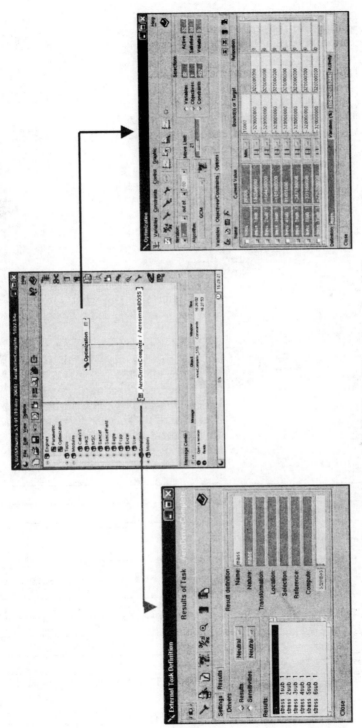

图 8-22　气动弹性处理过程：BOSS Quattro 论证

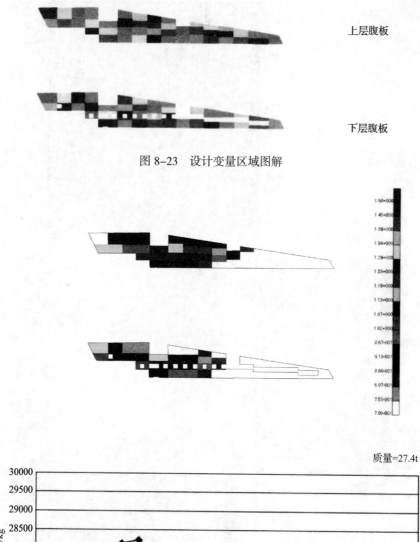

上层腹板

下层腹板

图 8-23　设计变量区域图解

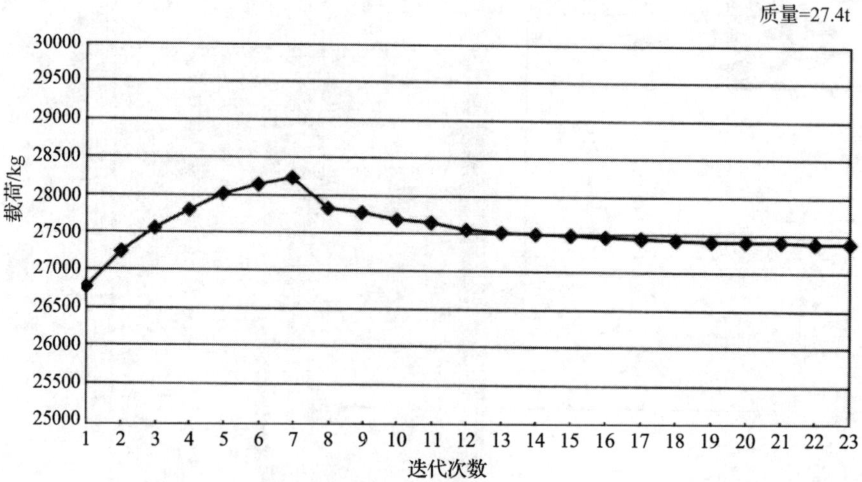

质量=27.4t

图 8-24　固定载荷进行的优化

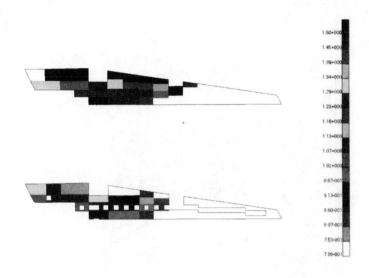

质量=26t

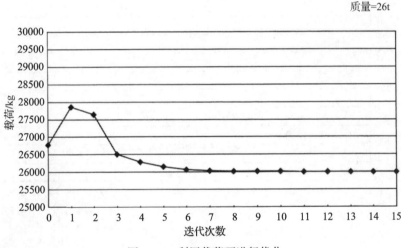

图 8-25　利用载荷环进行优化

在结构优化的过程中，提升载荷的作用是十分显著的。正如本章节介绍中预测的那样，机翼后部采用的原材料减少时，翼梢的灵活性更大。

如图 8-19 中解释的那样，这是对后掠翼的典型影响。由于后掠角的存在，每个翼剖面的俯冲扭转度增大，导致我们看到的在飞行方向更大的垂直偏转。增大的俯冲扭转度，包括了升力的减小和弯矩的减小。另外，机翼翼盒（弦向升力分布）后端厚度的减小，导致了俯冲作用（弯矩的微分）的增加。载荷提升直接造成的载荷的减小约为 1.4t。

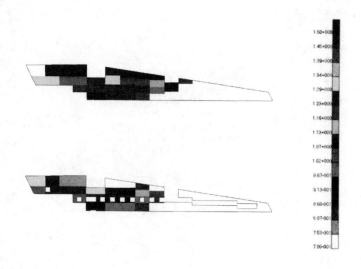

质量=25.8t

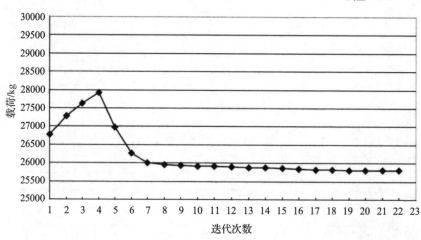

图 8-26　载荷灵敏度优化（气动弹性处理）

　　在进行包括载荷灵敏度在内的气动弹性处理及过程中，也会出现同样的尺寸定位重新分配的问题，甚至程度更严重。

　　这样又造成了载荷减小 200kg。从而论证了适当的应力优化，以及含载荷灵敏度的载荷优化的好处。

8.5.3　风扇叶片飞脱载荷[26]

　　对于较复杂的动力学载荷情况来说，在开头部分对优化过程进行描述要困难得多。于是，我们被迫做出这样的尝试，即在稳定的机动载荷工况下，将优化过程中的动力学载荷与前面的介绍稳定机动载荷匹配起来。我们的兴趣是研究找出一种合适的处理载荷挠性的方法，采用载荷环比较法和气动弹性处理法。

8.5.3.1　两种情形下的强耦合或弱耦合

出于这个目的，我们决定将研究建立在有可能是最复杂的动力学载荷模拟过程中，风扇叶片飞脱载荷。这部分载荷是由风扇叶片的断裂，以及动力装置的高度非线性动力学行为造成的。考虑研究两个飞行器集成配置和 4 个叶片分离角度方案（0°，90°，180°，270°）。因此，风扇叶片飞脱模拟需要计算非线性瞬时动力学分析（以 NASTRAN-SOL 129 软件为基础），动力学分析过程需要使用 16-处理器进行数小时的计算。

然而由于方程的复杂性以及非线性（包括振动），计算分析灵敏度是非常困难的。在优化过程中利用有限差分处理灵敏度，因为我们不知道需要的迭代次数，并且发现其缺乏实际稳定性。这就是研究工作采用弱耦合法的原因，也就是代理模型法。采用这种方法，运算次数可以根据提前定义的配置表（DoE）确定，并被严格控制。

8.5.3.2　载荷模型和代理模型

载荷模型：应用拉格朗日方程，依据全高度自由飞行器结构的计算载荷表达式为

$$\boldsymbol{Ma} + \boldsymbol{Bv} + \boldsymbol{Ku} = \{P\}\{N\}$$

这里，在时间域、与冲击相关的结构非线性、接触面距离范围内研究拉格朗日方程。模拟过程通过 NASTRAN 软件 SOL129（大多数用户自选软件的迭代解决方案没有合适的灵敏度分析），在全动力装置限定元件模型的基础上进行（参见图 8-27）。

图 8-27　进行风扇叶片飞脱模拟的动力装置限定元件模型

在这种情况下，尺寸设计定位变量的作用并非通过气动弹性现象体现，而是通过动力学效应、经刚度矩阵的形式表现出来。然而，我们都知道这种作用是显著的，且一个更灵活的吊架通常能减小风扇叶片安全性载荷。这就是该研究想要

探寻的结果。

然而这一次，由于非线性特性，不可能再利用模型基础降阶（modal basis reduction）。唯一可能的模型降阶（modal reduction）为利用飞行器其余部分的 Guyan 降阶模态综合。

风扇叶片飞脱模拟程序由两个阶段构成：

（1）第一阶段是利用 SOL103 系统，对发动机和吊架模型降阶。外部发动机和机翼已经降低（Guyan ruduction）。

（2）第二阶段是非线性瞬时解决方案（SOL129）[27]。后阶段的计算分为两种 "子情况"：

（a）第一阶段代表发动机演变到最大推力。这一阶段是无故障的。这个子情况为下一个子情况奠定了初始条件。

（b）第二个子情况为适当情况下的风扇叶片飞脱，使用于发动机故障。

获得风扇叶片飞脱载荷的运算过程，参见图 8-28。

图 8-28　风扇叶片飞脱模拟程序

在非线性瞬时解决方案的结尾部分，要求 MSC Nastran 解算器给出不同的结果。要考虑两种风扇叶片飞脱结果，来定义临界载荷，因为吊架的附属装置也应考虑在内：吊架到机翼的连接装置和吊架到发动机的连接装置。

对于每个附属装置，每次非线性瞬时解决方案的每一步都要测量其受力与力矩。他们转移到发动机的重心，即为吊架结构载荷的参考点。接下来计算载荷封套。当一个作用力或者力矩达到临界值时，要为任意 4 个叶片分离角度选一个载荷。

代理模型：为建立一个代理模型，我们决定采用吊架的递减参数化法，这样即可主要考虑刚度的作用。事实上，这种降阶的参数化法可以与一个更好的方法混合使用，能够更加注重对应力的控制，但是首要目的是简化程序，我们决定对刚度和应力控制采用相同的参数化方法。参数化方法降阶至只包含 6 个设计变量，如图 8-29 所示。

方案决定采用应力和空气动力学优化部分（参见 8.3 节）中描述载荷的 DoE

和二阶多项式。鉴于形状变化较为合理（正负 20% 范围），因而希望在该范围内，可以用一个泰勒二阶多项式来逼近。"泰勒"DoE 的设定参见图 8-30。采用与风扇叶片飞脱载荷（发动机和机翼的连接面）的 12 个部分相同的 DoE。

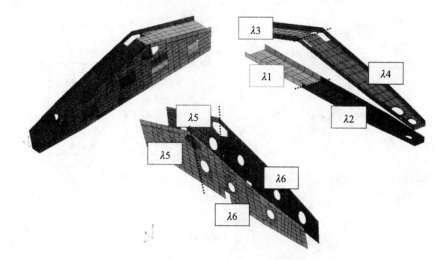

图 8-29　尺寸定位变量图

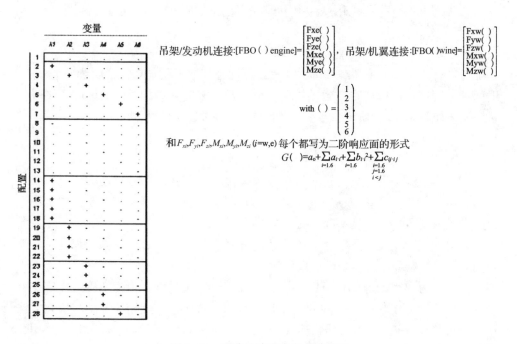

吊架/发动机连接:[FBO ( ) engine]= $\begin{bmatrix} Fxe() \\ Fye() \\ Fze() \\ Mxe() \\ Mye() \\ Mze() \end{bmatrix}$,吊架/机翼连接:[FBO( )wine]= $\begin{bmatrix} Fxw() \\ Fyw() \\ Fzw() \\ Mxw() \\ Myw() \\ Mzw() \end{bmatrix}$

with ( ) = $\begin{Bmatrix} 1 \\ 2 \\ 3 \\ 4 \\ 5 \\ 6 \end{Bmatrix}$

和 $F_{xi}, F_{yi}, F_{zi}, M_{xi}, M_{yi}, M_{zi}$ (i=w,e) 每个都写为二阶响应面的形式

$$G( ) = a_0 + \sum_{i=1.6} a_{i \cdot i} + \sum_{i=1.6} b_{i \cdot i}^2 + \sum_{\substack{i=1.6 \\ j=1.6 \\ i<j}} c_{ij \cdot ij}$$

图 8-30　试验设计和响应面模型图

二阶多项式代理模型经过了两次切分变量，分别与工程判断（参见图 8-31）以及一种配置的确切结果对比。逼近误差在论证的允许范围之内。通常情况下，二次检验要对"足够多"的样本进行抽样检测。但是，时间约束条件制约了对比工作。

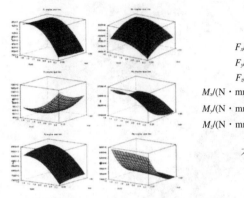

	数值计算	响应面	改变量
F_x/N	4.95E+03	4.54E+03	8%
F_y/N	3.50E+04	3.56E+04	−2%
F_z/N	−6.13E+05	−6.10E+05	0%
M_x/(N·mm)	−5.48E+08	−5.49E+08	0%
M_y/(N·mm)	2.70E+09	2.71E+09	−1%
M_z/(N·mm)	5.89E+08	6.05E+08	−3%

不同 λ 下的比较 = $(0.8\ 1.2\ 0.8\ 1.2\ 0.8\ 1.2)^{\mathrm{T}}$

图 8-31　代理模型检验

8.5.3.3　执行

为获得机动载荷，优化过程利用 COTS 优化软件 BOSS Qrattro（参见图 8-32）进行。

8.5.3.4　论证

通过对这两种方法（载荷环法和气动弹性处理法）的比较，说明了一个事实，即两种方法最终可以获得一致的结果。也许是与刚度变量相关的风扇叶片飞脱变量单调。如图 8-33 中所示，在 3 ~ 4 次迭代法之间，收敛最快。

8.6　总结和结论

在该项研究中，主要考虑了两个双学科优化过程：应力和气动力优化，以及应力和载荷优化。这里仅研究两个学科，是因为在设计的第一步，要达成实用性目的，考虑太多的学科是不现实的。

在每种工况下，探寻一种较为合适的方法，结合学科之间的耦合程度及其涉及的运算的复杂程度。主要发现列举如下：

（1）应力和气动力优化可以轻易分解成双层优化过程，因为结构尺寸定位变量和调整气动力形状变量之间的相互影响是较为微弱的。应用单一学科优化方法得出与这些变量相关的最优化结果。然后，基于试验设计和响应面模型，采用合适的方法，解决涉及耦合变量的多学科设计优化问题。采用 DoE/RSM，来分析复杂的特性曲线，利用泰勒 DoE 和二次多项式近似载荷（低非线性），用 Latin

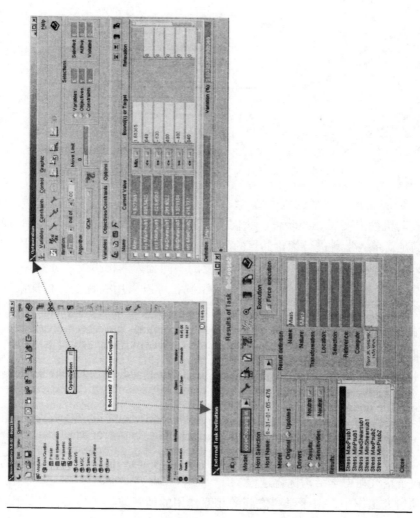

图 8-32　在 COTS 软件下进行的风扇叶片飞脱优化过程图

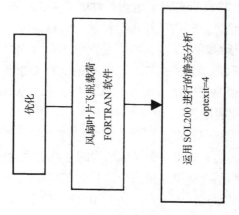

263

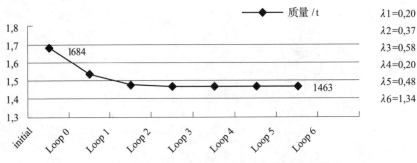

图 8-33　风扇叶片飞脱载荷和应力优化程序的集合

超立方和 Kriging 模型法来近似（高非线性）空气动力阻力。接下来，这种方法成功用于发动机动力装置。经验告诉我们，这种方法非常简单，保持了各学科的自主性，满足对单一学科进行优化的目的。并且，还适合迅速进行工业化推广。

（2）应力和载荷优化根据载荷复杂程度的不同分为两种工况：分别是稳定的机动载荷和风扇叶片飞脱载荷。对第一种工况，可以采用一种全分析法来处理，这种方法基于分化的载荷梯度，以及结合了结构的灵敏度。接下来，将综合性的灵敏度加入嵌入全分析链中的一个梯度优化程序。在第二种工况中，由一个非常复杂的非线性模拟，得到风扇叶片飞脱载荷，这个非线性模拟有可能获取，但却非常难于分化。另外要兼顾到运算时间，因此，对于数量较少的参数来说，建立一个响应面模型更为高效。

在这两种工况当中，都要对标准载荷环情况和载荷灵敏度主导的方法进行一个对比。对比后发现，第二种方法更好，特别是存在机动载荷的工况中，采用这种方法可以显著减小载荷。这是一个重要的结果，它强调了适用于工业推广的方法，加快了空气动力学结构优化过程。

此项研究工作中，对于学科之间的相互作用的理解取得了显著进步。发现了研究 DoE 和 RSM 的方法，并成功实现了运用。发展了复杂的梯度优化程序和分析差分法，并对其进行了论证。同时，在单学科优化的框架中，也取得了显著进步，现阶段，其应用已处于自动化阶段，特别是在空气动力优化的工况中，用于进行灵敏度分析的伴随法取得了很大的提高。这些进步对于处理动力装置的三维 Navier–Stokes 方程模拟来说是必需的。所有这些成果，都大大增进了行业能力，来实现数值多学科设计优化程序。

考虑到未来的研究和发展的前景，虽然本章中的两个双学科优化过程都对飞行器应用很有意义，但是，为了获得一个飞机结构的全数值优化过程，进行应力、空气动力学和载荷的三学科耦合将更具价值。这一点在对机翼的优化中尤其明显。同时刚度也对阻力特性（多项式优化）[28]产生了影响。对动力装置来说，结构和空气动力学在刚度方面的耦合是可以忽略的。

对于积极减载理论（经操纵面）的研究是另一个重要课题，旨在提升气动伺服弹性全数值优化能力[29]。

参考文献

[1] "European Aeronautics: A Vision for 2020," ACARE (Advisory Council for Aeronautic Research in Europe), Office for Official Publications of the European Communities, C-2985, Luxembourg, Jan. 2001.

[2] Bècle, J. P., and Mogilka, P., "Powerplant Integration for Transport Aircraft at Cruise Conditions—French Experience," ONERA French Aerospace Lab, Technical Paper 1996-8, May 1995.

[3] Garcia, A., "Intégration des Systèmes Propulsifs, Choix et Compromis," *colloque AAAF Aéropropulsion 1990*, Paris, France, 20–21 March 1990.

[4] Grihon, S., "Application of Structural Optimisation to AIRBUS Engine & Pylon Designs," *AERO 2002 MSC Software Worldwide Aerospace Conference & Technology Showcase*, Paper 122, Toulouse, France, 8–10 April 2002.

[5] Moore, G. J., "MSC Nastran User's Guide for v68: Design Sensitivity and Optimization," MSC.Software Corp., Santa Ana, CA, April 1994.

[6] Finette, S., "Presentation of Parametric Model of A380 Engine Power Plant," *AERO 2002 MSC Software Worldwide Aerospace Conference & Technology Showcase*, Paper 104, Toulouse, France, 8–10 April 2002.

[7] Van der Vooren, J., and Destarac, D., "Drag/Thrust Analysis of Jet-Propelled Transonic Transport Aircraft: Definitions of Physical Drag Components," *Aerospace Science and Technology*, Vol. 8, No. 7, Oct. 2004, p. 671.

[8] Hicks, R. M., and Henne, P. A., "Wing Design by Numerical Optimisation," *Journal of Aircraft*, Vol. 15, No. 7, 1978, pp. 407–412.

[9] *D.O.T User's Manual*, Vanderplaats Research & Development, Colorado Springs, CO, 1995.

[10] Zoutendjik, G., *Method of Feasible Directions*, Elsevier, Amsterdam, The Netherlands, 1960.

[11] Lazareff, M., Vuillot, A-M., and Cambier, L., *Manuel Théorique ElsA (ElsA Theoretical Manual)*, ONERA French Aerospace Lab, Chatillon Cedex, France, 2002.

[12] Jameson, A., "Aerodynamic Design via Control Theory," *Journal of Scientific Computing*, Vol. 3, No. 3, Sept. 1988, pp. 233–260.

[13] Peter, J., "Discrete Adjoint Techniques in elsA (Part I): Method/Theory," *Proceedings of 7th ONERA/DLR Aerospace Symposium*, ODAS 2006, Toulouse, France, 4–6 Oct. 2006.

[14] Meaux, M., and Cormery, M., "Viscous Aerodynamic Shape Optimization Based on the Discrete Adjoint State for 3D Industrial Configurations," European Congress on Computational Methods in Applied Sciences and Engineering (ECCOMAS) 2004, July 2004, http://www.mit.jyu.fi/eccomas2004/proceedings/pdf/897.pdf [retrieved July 2009].

[15] Mouton, S., Carrier, G., Meaux, M., and Laurenceau, J., "Multidisciplinary Optimizaton of Powerplant," VIVACE, Forum II, World Forum Convention Centre, Den Haag, The Netherlands, 24–26 Oct. 2006.

[16] Mouton, S., Laurenceau, J., and Carrier, G., "Aerodynamic and Structural Optimization of Power Plant Integration on the Wing of a Transonic Transport Aircraft," *42ème colloque d'Aérodynamique Appliquée AAAF*, Sophia-Antipolis, France, 19–21 March 2007.

[17] Sobieszcanski-Sobieski, J., Agte, J. S., and Sandusky, R., Jr., "Bi-Level Integrated System Synthesis (BLISS)," AIAA Paper 1998-4916, Sept. 1998.

[18] Grihon, S., and Cormery, M., "Multidisciplinary Optimization Applied to a 500 Seat A/C," *Proceedings of the 4th ECCOMAS Conference*, European Congress on Computational Methods in Applied Sciences and Engineering (ECCOMAS), edited by K. D. Papailiou et al., Wiley, 1998.

[19] Jones, D. R., Schlonlau, M., and Welch, W. T., "Efficient Global Optimization of Expensive Black-Box Functions," *Journal of Global Optimization*, Vol. 13, No. 4, Dec. 1992, pp. 455–492.

[20] Grihon, S., "Stress & Loads Optimisation of a Wing & Pylon with Manœuvre Loads," *VIVACE Forum 3*, Oct. 2007, http://www.vivaceproject.com/content/forum3/6.3%20Grihon.pdf [retrieved July 2009].

[21] Grihon, S., and Esquerré, J. P., "A Reduced Basis Model for Aeroelastic Optimization," *CEAS/AIAA/ICASE/NASA Langley International Forum on Aeroelasticity and Structural Dynamics*, June 1999, Pt.1, pp. 325–332.

[22] Grihon, S., Mahé, M., and Seigneuret, F., "Une Méthode de Réduction pour la Réanalyse Modale et Aéroélastique de Structures Avion," *Actes du Colloque National en Calcul des Structures de Giens*, CSMA-AFM, Giens, France, 1999, pp. 173–178.

[23] Karpel, M., "Stress Consideration in Reduced-Size Aeroelastic Optimization," AIAA Paper 94-1480-CP, 1994.

[24] *BOSS Quattro User's Handbook, Release 6.0-02*, SAMTECH, Liège (Angleur), Belgium, 2008.

[25] "BOSS Quattro: An Open System for Parametric Design," *Structural and Multidisciplinary Optimization*, Vol. 23, No. 2, March 2002, pp. 140–152.

[26] Grihon, S., "Pylon Design Optimisation," *VIVACE Forum 1*, Sept. 2005, http://www.vivaceproject.com/content/forum1/4-5.pdf [retrieved July 2009].

[27] "MSC.Nastran SOL129 Explicit Nonlinear Users Guide," MSC.Software Corp., Santa Ana, CA, 1994.

[28] Martins, J. R. R. A., Alonso, J. J., and Reuther, J., "Aero-Structural Wing Design Optimization Using High-Fidelity Sensitivity Analysis," Confederation of European Aerospace Societies (CEAS), Cologne, Germany, June 2001, pp. 211–217.

[29] Krammer, J., Höhnlinger, H. G., and Stettner, M., "MDO Technology Needs in Aeroelastic Structural Design," AIAA Paper 1998-4731, Sept. 1998.

第9章　针对双级涡轮展开的发动机多学科设计优化工作

Roland Parchem，Bernd Meissner

Rolls−Royce Deutschland, Dahlewitz, Germany

Marc Nagel

MTU, Munich, Germany

Ernst Kesseler

Katern 09, Amsterdam, The Netherlands

缩略语

ASA	自适应模拟退火
B2B	企业间商务连接
CAD	计算机辅助设计
CAE	计算机辅助工程
CFD	计算流体力学
COTS	商业成品
DoE	试验设计
FE	有限元
GSP	燃气涡轮模拟程序
GUI	图形用户界面
HPT	高压涡轮
IGES	初始图形交换规范
IPR	知识产权
IT	指令技术
MDO	多学科设计优化
MTO	最大起飞
NSGA	非支配排序遗传算法
PLM	产品生命周期管理

POF	故障概率
RD	鲁棒设计
RMSE	均方根误差
SaS	共享空间，EUROSTEP PLM 服务器在斯德哥尔摩
SFC	单位燃油消耗率（简称耗油率）
SQP	序列二次规划算法

术语

$c(T)$	应力系数
F	鲁棒函数
G	鲁棒约束函数
g_k	第 k 个不等式约束条件
$m(T)$	应力指数
N_f	生命周期数
T	温度
X_i	设计变量 i
$\sigma(T)$	随温度变化的应力

9.1 引言

在包含多学科设计优化（MDO）与鲁棒设计（RD）的协同工程环境中，多级自动分布设计方法在当前技术水平的基础上向前迈进了一大步，但同时也面临着巨大的挑战。欧洲虚拟企业的目的是在综合体系，以及大量相关供应商中嵌入分布式协同设计研究。在这种环境下，虚拟企业的每个合作单位基于特定需求和现有技术，使用必要的优化和鲁棒设计工具与方法来运行单独的设计框架。将这些单独的设计框架连成一个整体，创建一个综合性设计框架，使得各合作单位之间能够共享优化与鲁棒设计任务，允许在一个闭环中进行大量设计迭代。然而，当前在涉及多个合作单位的协同工程中，所使用的方法比较繁琐且一般为人工操作（通过电子邮件与书面文件交换设计要求），这导致在规定的时间内只能完成有限的迭代次数，进而限制了对设计空间的探索。

在这一章中，我们将针对虚拟企业（第1章引入）内的虚拟双级涡轮展开航空发动机的多学科设计优化与鲁棒设计。此处，我们对多学科优化目标进行了修正，与航空发动机客户要求保持一致，包括更加优秀的性能、更低的重量、更长的生命周期以及更低的成本。此类要求是通过对远景 2020[1] 目标进行解读之后得到的。另外，需要进行空气动力与热机分析，对此类目标进行评定。研究的双级涡轮发动机主要由轮盘和涡轮叶片组成。针对此类部件的优化与鲁棒研究分析工作，被分布在虚拟企业之中。各个合作单位将分别执行优化与鲁棒设计任务，并会通过综合系统控制的灵活接口互相耦合。每个合作单位所使用的（局部的）特定的优化与鲁棒设计框架，将与主工作流程相连，由第10 章中所描述的综合系统（全局）进行控制与驱动，但同时必须尊重所有的安全特性与所有权。另外，会利用虚拟企业协同中心这一结构理念，来组织管理合作单位之间的公共数据存取（接口数据）。每一个参与工作的合作单位都将使用计算机辅助工程（CAE）工具以及代理建模技术进行分析工作，例如，响应面法。后者将有助于参数化双级涡轮发动机的优化与鲁棒设计流程。第一步，我们将演示耦合初步设计阶段与具体设计阶段内的设计流程；第二步，我们将演示设计概念研究中的设计流程。因此，与航空发动机业务案例相关的场景可以在协同环境中在线演示。基于不同合作单位的单独设计框架的解决方案，我们找到了一种全局综合框架的解决方案，包括多学科优化与鲁棒设计能力。

在下面各节中，将说明要求整个工作流程、每个合作单位承担的优化与鲁棒设计任务，以及在虚拟企业中进行多学科优化与鲁棒设计过程中积累的经验。

9.2 在虚拟企业中，发动机多学科优化与鲁棒设计相关要求

合作单位间在进行分析工作中，一个重要的要求是针对各自的设计框架（局部）的一般分析流程与有效性，适用于优化与鲁棒设计的目的。其实，每一个参与工作的合作伙伴已经建立了自己的多学科优化与鲁棒设计框架。每一个合作单位都会在自动设计分析流程中使用自己公司专用的工具，例如，计算流体力学（CFD）、计算机辅助设计（CAD）、有限元（FE），以及评估工具、优化与鲁棒设计算法。另外，合作单位还会使用各种流程综合软件，例如，商业成品（COTS）软件（可从网站 http://www.engineous.com 获取数据）、专有解决方案（可从网站 http://www.spineware.nl/frmpr.html 获取数据）以及 UNIX 脚本语言。首先我们会分别阐述多学科优化与鲁棒设计技术，然后扩展至整体的级别。合作单位在多学科设计优化与鲁棒设计策略以及代理模型技术方面经验丰富，面对所有相关问题，例如，稳定的计算机辅助设计建模、稳定参数化、稳定有限元网格划分、数据评估，以及在适当的分析时间内处理大量参数问题。在图 9-1 中，我们展示了一个局部设计流程的示例，其中包含部件或整体的参数化模型（计算机辅助设计），部件或整体的热机分析（有限元），以及数据评估——计算部件或整体的生命周期与质量作为目标函数。

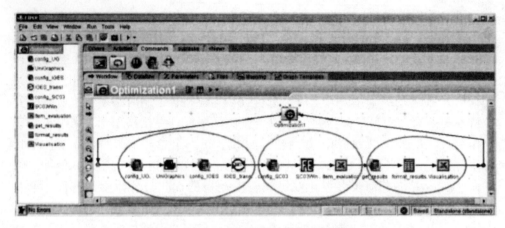

图 9-1　自动化局部设计分析流程示例

9.2.1　多学科优化与鲁棒设计目标

将虚拟双级涡轮发动机作为研究对象，详情参见图 9-2。双级高压涡轮发动机主要由两个带有叶片的轮盘及两排喷嘴导向叶片组成。高温与压力分布以及离心力是涡轮承受的主要载荷，这就是我们为此案例选择符合技术要求设备的原因。

涡轮的主要设计目标为提高涡轮性能（即降低功耗因数）、降低重量，以及提高各部件（轮盘、工作叶片与导向叶片）的使用寿命。

此处，主要的约束条件包括几何尺寸限制、材料强度、温度界限、要求的鲁棒性（用故障概率（POF）表示），以及成本（材料的选择，制造能力）。

要求进行的分析工作包括：对工作叶片与导向叶片进行空气动力学分析，对工作叶片、导向叶片以及轮盘进行热机分析。

鲁棒设计与优化方法已经整合在了自动设计与分析流程中。

双级涡轮

图 9-2　航空发动机中双级涡轮截面

　　分析的结果（如轮盘中的应力分布），将用于计算设计目标（如轮盘的生命周期），之后则要对设计目标——生命周期进行评估，需要相关的方法与数据（如提升方法、材料数据等）。上述的内容通常都为每个公司的知识产权。

　　设计通常会受到制造公差、材料性质、载荷条件、环境变化，以及噪声因素等的不确定性与可变性的影响。在评估设计方案的鲁棒性与可靠性时，必须考虑到这些不确定性因素。一般我们会使用可变性与不确定性的概率密度函数来确定目标的变化，从而评价能够满足客户要求的程度。

　　最后，通过多目标优化流程后，我们将得到一个帕累托前沿的结果，例如，标称质量对比标称寿命（生命周期），参见图 9-3。我们可以根据客户的要求对此类折中点进行评定，然后确定一个设计方案。影响设计方案的参数 X_i 的不确定性与可变性，参见图 9-3（制造容差、材料性质分布等），且在确定目标 Y_i（生命周期、重量）的概率密度函数时，必须将这些因素考虑进去。通过这些工作，我们可以了解到，我们的设计方案可以满足多少比例的客户要求。

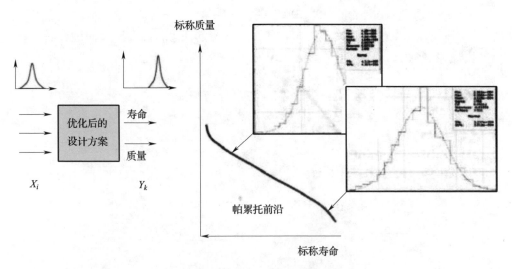

图 9-3　带有鲁棒性评估的帕累托前沿示例

9.2.2　建模与参数化

　　一个成功的优化流程中，需要充分参数化的部件模型或机组模型。从这种观点出发，分析模型中不需要完全表现出带有全部设计特性的制造模型。当然，如果模型代表相关的热机与空气动力行为，则允许更少的特征。另外必须核查模型的拓扑结构，保证它在设计迭代期间和在优化回路内的稳定性。更多细节可参见9.5节。

9.2.3 分析方面

成功地自动设置边界条件，例如，指定部件表面上的压力或温度分布，是分析工作稳定进行的必需条件。另外，还必须要考虑对生成的数据进行评估、以设计目标为重点的自动化数据评估，以及为进一步评估标准进行的数据储存等问题。

9.2.4 协同设计流程中的多学科优化与鲁棒设计

每个合作单位能够有效地局部操作设计框架，是成功连接所有框架并将其整合在主流程中的首要条件。我们在此处列出了基本要求，但是关于指令技术（IT）结构与整个综合流程的更多详细信息，需参见第10章：

（1）评定公共数据储存，即一个协同中心，以方便各合作单位之间交换数据（VEC-中心理念）。

（2）在任何可能的方式（网络服务）评定主设计流程（参见图9-4）。

（3）通过主流程驱动，自动开始局部设计流程。

（4）各合作单位关于公共数据格式与接口的定义，达成一致意见。

（5）考虑所有权以及每个合作单位的安全政策。

另外，合作单位之间关于如何共享设计任务的理念，以及顺序问题，必须在工程虚拟企业内部达成一致意见。

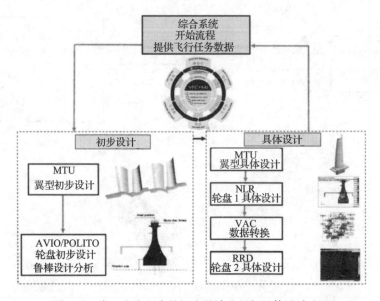

图9-4　嵌入主流程中的初步设计流程与具体设计流程

9.3　对于虚拟企业中发动机多学科优化与鲁棒设计的认知

根据发动机研发计划，我们将通过两个案例来展示工程联盟内部的设计任务分布：第一，耦合的初步设计与具体设计流程；第二，基于商业方案的设计概念研究。

在图 9-4 中我们显示出了综合系统控制的基本设计流程的概念，并将其分为初步设计阶段与包含合作单位可访问协同中心的具体设计阶段，要求可永久访问主流程与公共数据库，考虑到 VEC 中心理念，我们将通过在瑞典斯德哥尔摩建立一个共享数据服务器（数据可在网站 http://www.eurostep.com 在线获取）来保证这种永久可访问性（更多详情参见第 10 章）。另外，将使用商业成品软件（数据可在网站 http://www.engineous.com 在线获取）来运行整个多公司流程综合系统（与主流程连接）与 VEC 中心。

9.3.1　初步设计流程与具体设计流程

初步设计流程与具体设计流程中的分析步骤，参见图 9-4。合作单位所在地理位置，参见图 9-5，而指令技术支持的具体信息，则参见图 9-10。合作单位都已建立好参数化模型，准备用于协同分析流程。流程将从荷兰海牙开始，并在此进行控制（数据可在网站 http://www.vivaceproject.com 在线获取）。

9.3.1.1　综合系统

在综合系统中，将提供双级涡轮多学科分析工作所必需的所有相关飞行任务数据。数据将储存在斯德哥尔摩（参见图 9-5）的共享数据服务器（数据可在网站 http://www.eurostep.com 在线获取）中。综合系统在控制设计流程的过程中（在海牙联网控制），不会对合作单位所有权造成侵犯。综合系统无法控制各合作单位所在地的独立流程，除非合作单位授予此类权力。更多细节可参见第 10 章。

9.3.1.2　初步设计流程

在初步设计流程中，主要目的是完成涡轮叶片剖面的初步优化，并使用结果作为轮盘设计的初步分析输入数据，因为轮盘是叶片连接的地方。另外，还应提供鲁棒设计数据（不确定性的分布密度函数）对轮盘的鲁棒性进行评估。

位于德国慕尼黑的叶片剖面设计合作单位。使用叶片剖面设计合作单位的专有优化流程完成叶片剖面（翼型）的初步空气动力学优化。通过主流程给出相关分析数据。之后，生成的数据（叶片重量、轮盘外径、旋转速度等）将会储存到共享库，供下一个合作单位在设计工作流程中使用。更多细节参见本章中多学科设计优化叶片剖面设计部分。

位于意大利都灵的轮盘设计合作单位。此设计合作单位负责轮盘的初步分析工作，并以慕尼黑合作单位的叶片剖面设计的数据结果为基础，进行第一次鲁棒

图 9-5　分布在整个欧洲地区的协同团队

性评估。都灵的局部设计流程由综合系统驱动，生成的数据将储存在共享数据
服务器中。

9.3.1.3　具体设计流程

位于德国慕尼黑的叶片剖面设计合作单位。由此合作单位负责叶片（叶片剖面）的具体设计工作。生成的结果，将通过主流程储存在共享数据服务器中，供下一个合作单位在设计工作流程中使用。

位于荷兰阿姆斯特丹的轮盘设计合作单位。此合作单位将使用通过综合系统调用的内部分析与设计优化流程，进行一个轮盘的具体设计优化工作。生成的结果（轮盘重量、生命周期）将上传至共享数据服务器中。

位于瑞典特罗尔海坦的合作单位。此合作单位负责不同合作单位软件包之间的计算机辅助设计数据的转换工作。关于数据形式与转换的更多信息，参见第 10 章。

位于德国柏林的轮盘设计合作单位。此合作单位将使用通过综合系统调用的内部分析与设计优化流程，完成第二个轮盘的具体设计优化工作。生成的结果（轮盘重量、生命周期）将上传至共享数据服务器中。

9.3.1.4　初步与具体设计流程评述（注解）

在整个流程的最末端，将针对涡轮的每一级执行多次翼型（叶片剖面）设计迭代循环，包括规定飞行任务的一些鲁棒性分析工作。在流程中使用的数据结构应适用于产品周期管理（PLM）体系（更多细节参见第 12 章）。

在此设计流程中，将使用代理模型技术和在线有限元程序。每一个部件（叶片、轮盘）的参数数目将被缩减，以求能够加速设计优化流程，以演示此案例的研究。使用更多数量的参数，以更加具体的方式，来分析这些部件的能力，在很大程度上取决于协同工作流程可接受的反应时间。此分布式设计流程的主要目标，为展现协同工程环境中多学科优化与鲁棒设计的能力，而非进行涡轮部件的综合性优化。部件的优化工作，将以之前其他公司完成的相关部件优化工作所得出的接口数据为基础，在每个合作单位的框架中完成。以慕尼黑叶片剖面设计合作单位为例，初步设计流程中求得的数据会作为具体设计优化流程的起始点。阿姆斯特丹与柏林的两个轮盘的分析工作，将通过固定法兰盘的位置耦合。叶片剖面设计合作单位的输出数据也将被用于两个轮盘的设计流程之中。因此，叶片设计人员之间存在耦合关系。但是，在此阶段将不会展示两个轮盘设计合作单位之间耦合优化的真实过程。

9.3.2　设计概念研究

对虚拟企业中多学科设计优化与鲁棒设计的深一步认识，将以商业方案为基础，且将在法国图卢兹进行网上演示（数据可在网站 http://www.vivaceproject.com 在线获取）。协同团队在欧洲各地的分布情况，参见图 9-5。同样适用瑞典斯德哥尔摩的共享数据服务器，来储存分析工作的相关数据以及试验结果。

此处，同样以双级高压涡轮的空气动力与机械设计作为研究主题（参见图 9-2）。研究的主要目标为，以全部协同合作单位完成的多学科评估结果为基础，提供设计概念的选择。图 9-6 中展示的两个商业案例将作为调研对象：1—气动效率提高概念；2—成本缩减概念。

与之前子段落所提及的初步设计流程与具体设计流程中所得出的标准设计方案相比，预计方案 1 能够得到更优秀的性能（单位燃料消耗率（SFC）），但是同时也会提高部件的质量，使用更多的叶片，并因此提高部件成本。而预计方案 2 能够适当降低成本，因为在此方案中使用了较少的叶片，部件质量也相对较轻；然而，想要获得这种利益，将以较低的性能作为代价。

此概念研究工作的设计工作流程，与图 9-4 中所展示的工作流程较为相似。概念研究工作结果总结，参见图 9-7。尽管此工作的主要意图在于展示一种分布式、协同概念研究工作，奠定设计评估基础的能力，但是其结果能够为设计决策提供一定的参考意见。从结果来看，概念 1 貌似适合于远程任务，而概念 2 则较适用于短程任务。

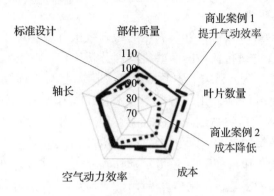

图 9-6　商业案例蛛网图（差别展示）

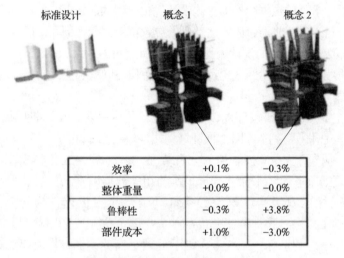

	概念 1	概念 2
效率	+0.1%	−0.3%
整体重量	+0.0%	−0.0%
鲁棒性	−0.3%	+3.8%
部件成本	+1.0%	−3.0%

图 9-7　具体概念研究的工作结果

总之，通过商业案例，对虚拟企业中多学科设计优化与鲁棒设计形成了更加深刻的认识。综合流程完全自动化，对每个合作单位的设计框架进行评定，且框架也会反之得到进一步的改进，同时考虑到所有的安全政策。在这之中，没有个合作单位的所有权遭受侵犯，没有一个局部设计框架被透露给其他合作单位，只有得到批准后的数据与结果才会得到交流。建立此综合工作流程的详细信息，参见第 10 章。

在以下各节中，将描述涡轮叶片与轮盘设计工作，包括此分布式设计流程中使用的每一个设计框架的信息。

9.4 位于德国慕尼黑的（叶片剖面）设计合作单位的多学科优化

9.4.1 背景

这一节的讨论重点为空气动力设计，尤其是优化体系结构与转子叶片的空气动力学优化。

目前各地在紧密进行双级涡轮的空气动力学优化工作，保证合作单位在优化流程中能够使用到高保真机密数据与高水平机密工具。将此局部优化系统与流程综合系统主回路整合在一起，所使用的信息技术，将在第 10 章中进行详细阐述。综合系统将提供飞行任务数据（旋转速度、质量流、入口总温度等），流程也将返回关于两个转子叶片的说明（包括计算机辅助设计模型、分析数据，如质量、重心等），而这些数据将作为虚拟企业中负责转子轮盘设计工作的合作单位的基础数据。之后，两个合作单位负责设计转子轮盘，另外一个合作单位则专注鲁棒设计的研究，参见图 9-4。

我们选择偶联空气动力与结构设计，来证实多学科联合工作的可行性。这种联合工作方法的目标是降低学科之间的迭代循环，同时缩减设计时间与设计成本。在图 9-8 中，展示出了普通学科导向的多学科设计优化与综合性跨学科设计优化之间的联系。在跨学科设计流程中，每一个设计步骤，都会通过所有相关许可对其进行评价。通常情况下，根据任务具体情况，偶联某一个学科的具体流程（A）与其他学科的普通流程（B）做法非常有效。

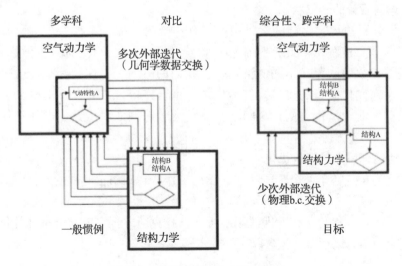

图 9-8　多学科对比综合性跨学科

空气动力学与结构力学的相互作用，将导致科研人员在轮盘设计的每一个回路中，都考虑通过空气动力学优化的叶片的转速与叶片质量。例如，某一合作单位耦合空气动力学设计与结构力学，即在空气动力学设计中，已经包含了坎贝尔图或最大应力等约束条件，以确保叶片不会出现共振现象。

这种方法不仅要求各学科之间的大量数据交换，同时还要考虑联合设计工作中所使用的工具与流程。

传统上，设计部门之间仅交换数据。为了完成跨学科设计，必须直接偶联所有工具与方法（参见图 9-9）。

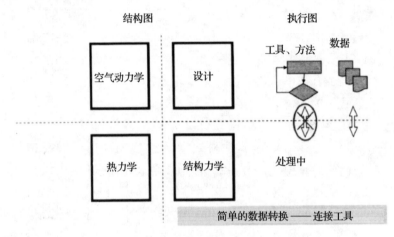

图 9-9　当前工业中多学科交换状态概览

跨学科设计的一般状态

根据学科边界，组建的设计流程工作重点为建立一个模块化优化框架，直接引入多学科流程链。此框架能够广泛应用于不同设计级别的多种优化问题，但前提是必须确认存在不同的流程链。我们的另一个工作目标是，通过定义外部访问内部优化框架的接口，创造出与外部合作单位共同合作的机会。下面我们将以空气动力优化为例，来阐述空气动力叶片剖面翼型具体设计工作中的最后一步。

9.4.2　协同环境中的涡轮优化

研究的重点在于两个转子叶片的设计工作。基础涡轮叶片的几何学参数，参见图 9-10。

转子叶片的优化工作，即使用纳维–斯托克斯方程完成三维单叶片优化。在优化框架中执行流程链，包含以下处理步骤（参见图 9-11）：

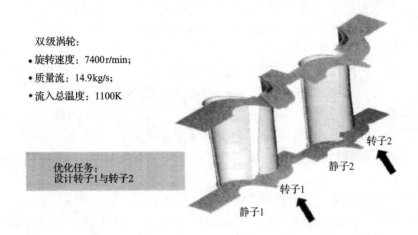

图 9-10　双级涡轮工作叶片（转子）与导流叶片（静子）的基础几何学参数

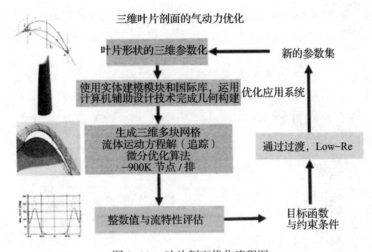

图 9-11　叶片剖面优化流程图

（1）第一步为叶片剖面几何学的三维参数化。叶片的几何学参数一般使用二维叶片截面沿着流线进行定义。一般会使用 4 条曲线来定义每一个叶片截面（前缘、尾缘、进口侧、压力侧），受无量化参数控制。以多项式为基础，这些参数通过一个附加的径向参数呈径向连接，以确保形成一个径向平滑的三维叶片。三维叶片剖面的形状受优化回路中径向参数的控制。

（2）第二步为使用计算机辅助设计工具（parasolid，unigraphics）来处理几何形状。

（3）第三步为生成三维多块低雷诺数网格。

（4）第四步用三维纳维–斯托克斯流体运动方程求解，采用纳维–斯托克斯编码跟踪，使用过渡标准。在 Linux 集群系统中进行并行计算。

（5）第五步为后处理整体流标准。

（6）最后一步为后处理局部流现象，例如，涡流、气流角分布等。

优化目标为降低损失，降低三维流现象，如二次流。

我们将使用以下设置执行优化程序：29 个参数（叶片的几何学参数），以及 34 个约束条件。目标值（目标函数）由两部分组成。在优化过程中，将使用微分优化的序列二次规划算法（SQP）。该程序应能够明显改进目标函数，同时满足所有约束条件。

在优化程序的末端，最终生产的叶片剖面将与叶片架、倒角半径以及枞树形叶根结合在一起。之后对叶片的三维模型进行分析以获得结果，如叶片质量（参见图 9–12）。

使用优化框架完成的整个流程将与互联网服务结合在一起，通过中心工作流程进行描述（参见第 10 章）。目前，流程还在试验阶段。预计会在进行大量试验与改进（如在处理方法方面）之后，将框架转为正式的产品模型。

将实际数据管理（或 PLM）的优化框架与设计环境整合在一起，需要考虑到数据处理问题。在"准备"模式之后，应能够通过输出流程，自动提供所需要数据。之后运行优化回路，并将优化后的结构作为输入文件返回至数据管理系统。

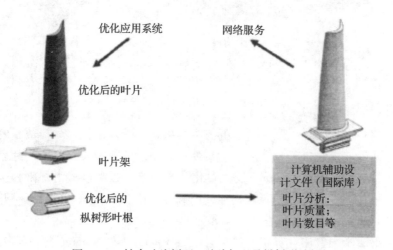

图 9–12　结合叶片剖面、叶片架以及枞树形叶根

9.4.3 优化框架中流程的相关要求

针对当前设计任务的复杂程度，要求建立一种通用框架。由于不同的工具被放在一个多学科设计系统中，所以在工业应用整合流程时有许多问题必须解决。

相关设计必须能够简单地定义优化过程中运行的流程链，即用户能够从多个备选工具中选择合适的一个去定义流程链（考虑具体水平与部分流程的可能备选方案，例如，求解程序、网格生成软件等）。此外，还应能够容易选定变量范围、目标与约束条件。应为用户设置和确定一个系统默认值，并保存获得的设计经验。另外，应达到优化框架的完全自动化，且优化框架应能够达到较高的运行有效性。由于计算工作量很大，应探索一切的并行计算可能，这对于非常耗时的具体设计计算工作尤其重要。程序应能够适应公司内部的信息技术结构，以保证能够最大化利用计算资源（工作站、Linux 集群、成批系统等），并在一个合理时间段内，完成优化框架的运行与维护工作。另外，各部门必须保证单学科子程序的运行能力。由于授权费用、供应商锁定等问题，不要与商业工具进行独家绑定。

9.4.4 优化框架中的流程整合

在建立框架的过程中，必须严格遵守模块化原则，以保证框架具有高度灵活性。主要组件包括中央框架工具、流程模块、优化算法、图形用户界面，以及使用商业优化工具的接口。在图 9-13 中，展示了当前所用框架。

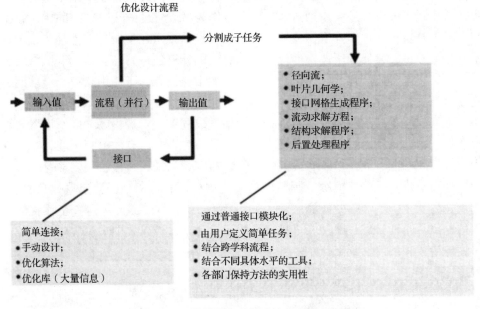

图 9-13 当前的多学科设计优化流程框架

　　为实现所有要求，优化框架结构如下：系统核心将在中央工具中运行。此工具可管理流程结构，即访问流程链中的模块。根据每项任务，流程链被分割成可交换模块，例如，几何学参数化、网格生成程序、空气动力学流体运动方程，以及结构求解程序等。包括多级嵌套在内的所有计算工作都是并行的。流程链计算，例如，递变度搜索过程中的参数向量，以及流程链内的模块，如空气动力学与结构评估、二维空气动力学计算结果的评估，都是并行完成的（嵌套叉状结构）。另外，嵌套并行，能够使外部程序与内部子程序同时运行，这缩减了冗余信息。所有并行运行的程序，都可以通过所有进程级别发出的通用信号叫停。中央工具与流程模块之间所交换的信息，如变量或结果，将被写入固定数据格式的文件中。另外，还会为所有的流程模块提供一个库函数，统一并简化文件处理、数据记录等附属任务。中央工具可提供所有的框架功能。用户可以通过图形用户界面，或者以批量模式完全自动化操作这些功能。优化变量（如调整范围）与所有子流程的结果的处理以及目标函数的计算，都将在中央工具中完成。另外，中央工具还负责所有正在运行的流程链（如几何学）的目录管理，以及规定数据的核查工作。在运行的过程中，将会通过流程链复制所有必需文件或者在这些目录中生成所有必需文件。数据量由可评定的清理程序管理，它会根据每一步优化程序的质量，自动删除文件/目录。中央工具与图形用户界面之间的接口为 xml 文件，其中包括进程树、所有必要的菜单功能等，为通用形式且独立于供销商。只需改动 xml 文件，无须改动图形用户界面中的程序，就能够改变流程链，添加菜单功能，或者执行流程。另外，还可以通过 ASCII 文件作为易于管理的接口，访问优化技术与商用工具。在这种形式下，在框架中可以轻易连接至几乎所有其他优化技术或工具。框架将同时处理所选定的优化技术相关的计算任务并计算目标函数。所有的相关信息都将储存在数据库中。另外，框架中还设有易于使用接口，可访问公司的信息技术结构。

　　流程模块（如几何数据生成流程，网格生成程序，求解程序，以及后置处理模块等）拟定了各自流程的运行逻辑并启动相应工具。所有的流程模块，都会使用框架的库功能，例如，所有文件的运行都与变量和结构转换相关。而且，我们能够轻易地建立一个新模块，所有程序都通过一个开关激活，这个开关可使用图形用户界面（GUI）通过中央工具控制。如有必要，也能够提供每一个流程的其他控制值。流程会通过库功能，将各自的变量与结果输入到中央流程中，以确保与固定格式相一致。所以，在中央工具、进程树中，并行整合流程模块是比较容易进行的。

　　图形用户界面，即（仅供）用户使用的界面，它是一种完全通用程序。进程树、菜单功能、所有按钮等，都是由中央工具创建的 xml 文件定义的。由用户自己来选择理想设计工具的类型与结构。图形用户界面中有包含全部适当控制值的进程树。用户可以通过不同运行模式的按钮激活程序,并根据指示逐步完成操作。

优化期间所有变量与结果的分布,可呈现为不同的画面形式。视图中包含流程模块提供的数据(如压力分布),还可能对各个优化步骤进行比对。在优化工作较为简单时,图形用户界面可允许编辑并采用预设定值。

在优化技术方面,我们将几种优化算法通过适用接口,整合到框架中。已采用的技术包括:基于梯度的序列二次规划算法(SQP),并行遗传算法,自适应模拟退火(ASA)算法,以及商业优化软件的一个部分并行接口(数据可在网站 http://www.vivaceproject.com 在线获取)。这些商业算法将在成批模式中使用,作为一个优化算法库,并不用于流程整合(数据可在网站 http://www.vivaceproject.com 在线获取)。

框架仅在内部运行。这种方法节省了授权费用,并具有灵活性,适用于不同的(多学科)设计任务。

这种方法的缺点在于执行成本,包括运行图形用户界面的成本以及研制周期。将在 Perl 内,运行中央工具与所有的流程模块,这保证了框架的平台独立运行。图形用户界面则在 Qt-4 中运行(数据可在网站 http://trolltech.com 在线获取)。较为耗费时间的程序,则将通过成批系统,并行发送至 Linux 集群中(LSF;数据可在网站 http://www.science-computing.de 在线获取)。为了能够在较短的反应时间内,快速运行并行计算工作,我们将专门在成批系统中配置大量处理器,方便执行框架工作。

这种运行方式的主要优势在于高度稳定性以及框架与其子流程的并行(嵌套)。如果存在适当的流程模块,可以偶联多学科流程。

此框架的名称为 opus(优化效用系统)。在图 9-14 中,将展示优化效用系统的用户图形界面。

9.4.5 优化框架的工作流程

我们将定义一个特殊的程序,用于运行优化框架。在所有期望的计算任务中,这一程序都是相同的。用户必须按照一定的顺序去运行程序,详情参见图 9-15。

驱动一个优化流程的程序,步骤如下。首先,用户必须通过选择在流程链中需要运行的流程模块/设计工具(参数化、网格生成程序、求解程序、后置处理模块等)定义设计任务。之后,必须为每个流程设定相应的控制值(如版本号,剖面图数量)以及中央控制因数(如并行、数据清理等)。然后,根据计算流程、设计问题,以及时间目标选择优化策略。一般来说,标准微分算法比较适用于耗费时间的空气动力学与结构学三维具体优化程序。耗费时间较短的优化任务,例如,二维空气动力学评估,可使用随机搜索技术。

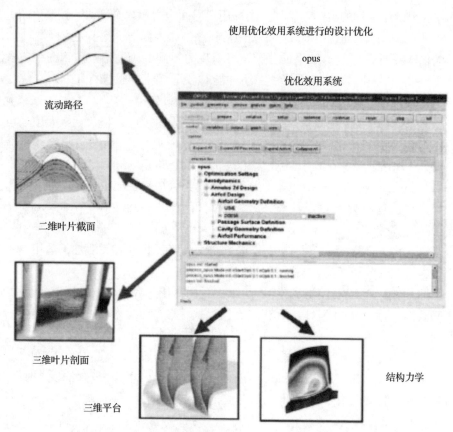

图 9–14　优化效用系统的图形用户界面以及案例研究

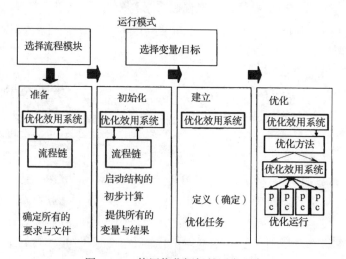

图 9–15　使用优化框架的固定顺序

在"准备"模式下运行框架，所有的流程将报告他们的执行前要求（如文件）。用户必须提供所有的文件，可在生产数据管理与设计系统中挑选并核查后上交。规定版本管理是 PLM 中的一部分。

在"初始化"模式下运行框架，将启动几何学数据的参数化（如果需要，进行近似），以开始文件为基础计算初始（参考）解，并向用户提供所有的变量与结果。

用户必须选择所有的有效设计变量并确定它们的调整范围，或者可选择预设值（如果可用），来确定优化问题。另外，用户还必须要选择所有的边界条件以及结果的权值，或者如果可用于目标函数，可选择预设值。

在"建立"模式下运行框架，将核查然后最终确定优化问题的定义。

在"优化"模式下运行框架，将激活框架中所选定的优化技术。优化流程可以读取建立信息，写入期望的参数向量，并在"运行"模式下（也可由用户手动运行）迭代循环启动框架。框架将读取适当的优化工作，建立目录，运行参数向量或并行运行多个向量，计算并写入目标函数，记录数据。

最后，用户必须分析图形用户界面自动更新的运行数据，并比对每一次的迭代循环结果。

9.4.6 优化框架中嵌入的主要工具

优化框架中的流程模块会使用各种各样的工具。在批量模式中，所有的程序将自动运行。各个流程模块会使用中央库功能以及一些固定的惯例，彼此协作。

重要的私有组件，包括流动路径、叶排，以及叶片架的几何学参数化工具；计算机辅助设计工具内部的几何学处理程序，如 NX（数据可在网站 http://www.science-computing.de 在线获取）、实体建模模块（数据可在网站 http://www.plm.automation.siemens.com/en_us./products/nx/index.shtml 在线获取）；多叶排的空气动力学多块网格生成程序；空气动力流体求解方程（跟踪）；空气动力后置处理程序；结构几何学，如压缩机叶片的按钮；结构网格生成程序；结构求解程序 Calculix（数据可在网站 http://www.plm.automation.siemens.com/en_us./products/open/ 在线获取）；结构模型跟踪程序以及结构后置处理程序。

优化框架的结构具有高度灵活性，能够根据设计任务需求自由选择流程链组合，但每一种工具只能整合一次，它们可以参与框架中每一项优化任务。我们使用该框架测试了各种不同应用范围的优化程序。

9.5 高压涡轮轮盘的设计优化

9.5.1 背景

在此节中，将描述两级高压涡轮（HPT）轮盘设计流程的基本情况，包括参数化建模，建立网格，分析原则，以及优化与鲁棒设计相关内容。这一设计流程由两个协同合作单位共享（柏林的轮盘设计合作单位，以及阿姆斯特丹的轮盘设计合作单位，参见图 9-5），他们会使用自己的设计框架，与综合主流程相连，详情参见第 10 章。因此，这一节的内容是汇集两个轮盘设计合作单位的经验而编成的。另外，将在这一节的最后描述他们各自的设计框架。

在轮盘设计的过程中，有几个约束条件必须考虑进去。关于轮盘设计的第一组约束条件来自于较高级别的两级发动机的初步设计阶段。第二组约束条件源于工作叶片与导向叶片的具体设计阶段，详情参见此章中关于叶片剖面设计部分。第三组约束条件来自通过连接法兰位置的两个轮盘之间的连接口。其结果为含有许多约束条件的设计空间。几何学约束条件包括轮盘宽度、每一级的外径，以及轴的直径。工程学特性包括轮盘的温度分步、叶片的机械载荷。在满足这些约束条件的情况下，进行一次较低级别的两级、单轮盘设计优化，并以两种方式演示：单独与组合。然后将所得结果返回给较高级别的设计流程，形成多级别设计能力。在复杂的设计过程中，此类多级设计流程非常典型。它将计算要求附加在较低级别的设计工具链的计算效率上。

9.5.2 建立模型与参数化

优化流程中，需要各个部件的参数化计算机辅助设计模型。针对分析目标适当参数化，是成功完成优化流程的必要因素。适用于分析工作的参数化模型，与用于制造过程中的计算机辅助设计模型并不相同。因此，那些模型（在一些案例中并不固定的模型）一般称作分析模型或工作模型。当几何学的驱动参数变化时，这些模型的拓扑结构，在每一次设计迭代循环中都必须保持稳定。

在商业成品－计算机辅助设计软件包（CATIA 或 Unigraphics（UG））（数据可在网站 http://www.plm.automation.siemens.com/en_us./products/nx/index.shtml 在线获取）中，可进行参数化三维轮盘设计工作。在建立分析模型方面，由于协同研究是相对早期的设计阶段，模拟结果所需要达到的准确率可以允许科研人员做出一些简单的假设，这些假设将大大降低分析工作中的计算要求以及建模工作量。比如，他们会忽略叶片－轮盘分析，使用二维轴对称来描述轮盘。然而，在实际的设计工作中，全三维轮盘几何学模型，将储存在产品周期管理系统中。更多关于产品周期管理系统的信息，参见第 12 章。工作人员需要从三维描述中抽取二维描述。在图 9-16 中，展示了轴对称二维几何学模型与三维轮盘几何学描述之间存在怎样的关系。为了简化描述，假定数据提取是一个独立的过程，没有涉及产品周期管理系统。在数据交换方面，应使用符合产品周期管理方法的标准数据格式。在此案例中，应使用初始图形交换规范（IGES）。

在图 9-17 中，展示出了此类二维（轴对称）涡轮轮盘的参数化过程，这一描述将使用在优化与鲁棒设计研究中。

图 9-16　三维 HPT 轮盘中的轴对称二维几何形状的方位图

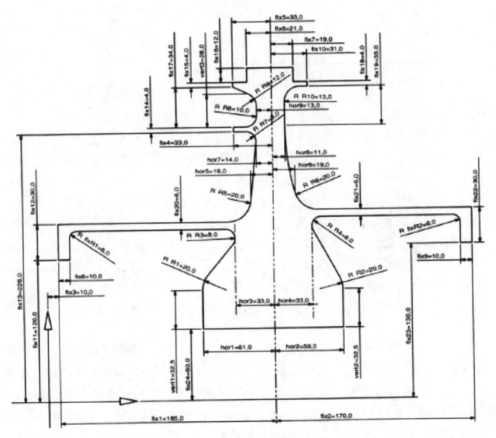

图 9-17　参数化二维涡轮轮盘模型

　　为了达到最佳参数化效果进而达到优化目的，在迭代过程中，需要人工干预。作者自己是无法定义一些通用规则的，例如，轮盘设计参数之间的最高依赖性与最低依赖性。针对优化目标，每一个部件都有自己的参数化规则。图9-18中展示出了扭曲的几何形状，通过参数的设置规则，可以避免这种情况的出现（$P1$，$P2$，$P3$）。

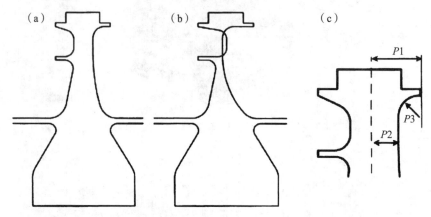

图9-18 （a）拓扑结构；（b）扭曲的几何形状；（c）参数化规则 $P2+P3<P1$

9.5.3 生成网格

生成稳定的有限元网格，对于优化与鲁棒设计来说非常重要，因为由于几何形状改变，网格的拓扑结构也会改变，结果受网格质量影响，也会发生与轮盘设计物理参数无关的变化。但如果科研人员考虑到网格相对误差以确保网格质量，这种现象就不会发生，否则优化算法会变得不稳定，或者导致得出错误的结果。在图9-19中就展示出了这种效应，在参数连续变化时，粗网格并没有给出连续反应。而且，如果目标函数对于分析结果（应力值）非常敏感，这种负面作用会被迅速放大。例如，使用周期数目，它与应力值之间存在指数关系。因此，应力值发生细微的改变，就会对于预期生命周期造成很大的影响。将这一结果应用于代理模型技术后，例如，响应面法，就会出现错误的结果。

尽管标准数据格式的应用已经使不同软件工具之间的数据转换简化了，但是在实际工作中，转化问题并不总是简单明了的。尤其是在几何形状中包含多条曲线且半径相对较小时，就如同轮盘设计，这时想要以曲线为基础建立网格并确定载荷就十分困难了。轮盘设计中发生细微的变动，就会导致曲线形状和数目发生变化。而以曲线定义为基础的载荷工况，与网格大小可能会在生成的所有轮盘设计中变得无效，也有可能在自动化设计流程中并没有被注意到，但一定会因此而产生错误的结果。图9-20中展示出此类示例。修正设计变量 X_2（参见图9-21）导致几何形状发生变化，进而导致案例中使用的商业成品软件无法准

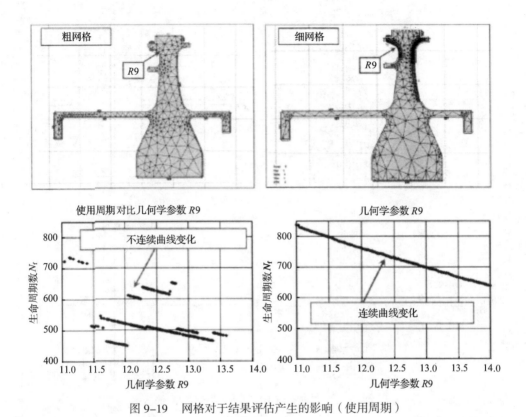

图 9-19 网格对于结果评估产生的影响（使用周期）

确地定义曲线，而且在小曲线中设置了较大的半径。这导致曲线的内部号码发生改变。

如果在此案例中，在一条特定编号的曲线上施加载荷，则会施加在错误的曲线上（参见图 9-20（b）），进而生成错误的结果。

因此，在使用有限元软件，为二维几何形状自动建立网格时，必须十分谨慎。轮盘设计合作单位（阿姆斯特丹，柏林），分别使用不同的计算机辅助设计系统与有限元软件。

9.5.4 热力学分析

涡轮轮盘的主要设计目标为周期（疲劳寿命，表示为生命周期数）和轮盘重量（质量）。

在工作条件（怠速、最大起飞、巡航）下，受到的主要载荷为热载荷（源于温度分布）与机械载荷（源于旋转引起的离心力）。

（a）

（b）

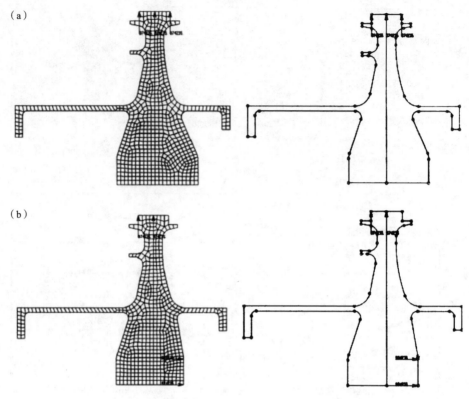

图 9-20 （a）正确载荷工况；（b）错误的载荷工况

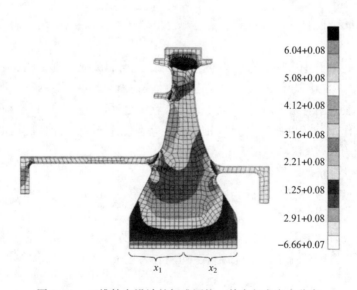

6.04+0.08

5.08+0.08

4.12+0.08

3.16+0.08

2.21+0.08

1.25+0.08

2.91+0.08

-6.66+0.07

图 9-21 二维轮盘设计的标准网格，其中包含应力分布

因此，我们必须进行热力学分析来评定设计目标。热力学分析结果包括温度分布、应力及轮盘位移。然后科研人员可以使用所谓的"提升法"将应力结果计算转换成生命周期数，在分析流程中应用（数据评估）。一般情况下，提升法由合作单位研发、应用于特殊设计目标，所以属于每个合作单位的私有财产。参数化涡轮轮盘模型的几何参数，将会在每一次设计迭代循环中提供轮盘质量值。

为防止生成不可行的轮盘设计方案，将应用不破裂标准。不破裂标准中规定了一个面积加权环向应力平均值的最大许用值，以防止轮盘破裂。

疲劳寿命的定义为在轮盘发生故障前的飞行周期数。在计算寿命时，需要对飞行周期进行界定。出于安全考虑，在计算疲劳寿命时，需要假设一个最糟的真实情况。为了获得最糟境况下的寿命值，每一次飞行周期都以达到稳态空载工况、稳态最大起飞（MTO）工况，以及稳态巡航工况为基础。轮盘中温度与环向应力的分布决定了最终的轮盘寿命。假设轮盘由各向同性镍基合金材料制成。关于低周疲劳，使用 Basquin 方程式

$$N_f (\sigma, T) = \left[\frac{1}{c(T) \cdot \sigma(T)} \right]^{1/m(T)} \tag{9-1}$$

另外，使用 Palmgren–Miner 规则公式（9–2），组合每一次飞行状态的计算结果。Palmgren–Miner 规则假定，可通过在每次飞行周期中添加已消逝的生命周期，估算轮盘的整个生命周期

$$\frac{1}{N_{ftotal}} = \sum \frac{1}{N_{fi}} = \frac{1}{N_{fidle}} + \frac{1}{N_{fMTO}} + \frac{1}{N_{fcruise}} \tag{9-2}$$

其中，N_{ftotal} 为预期生命周期数。

9.5.5　验证轮盘分析工具链的有效性

验证轮盘分析工具链所产生的结果是非常重要的，因为之后在自动化环境中会使用到它。且此类验证工作在多合作单位的工具链中更为重要，因为某个合作单位的学科专家可能并没有对某一轮盘分析结果进行评定，因而非常可能会出现不正确的数据没有被检测出来的情况。如之前曾提到的那样，网格建立非常重要，我们会在这里再次进行详细的阐述。在有很多设计方案需要评估的情况下，大网格（单元数量少）非常有效，但是小网格可能会生成更加精准的结果。图 9–21 中显示了二维轮盘设计的计算后得到的标准（过程）网格。另外，在图 9–21 中还展示了在真实条件（如温度、实体叶片载荷等）下环向应力的计算结果；轮盘设计为协同设计。

另外，我们将展示轮盘中存在的几个可能为最低生命周期的区域（更多细节参见 9.5.6 节）。由阿姆斯特丹的轮盘设计人员来定义变量网格，且对每个轮盘区域的网格进行修正。在人工定义这些局部修正网格后，就可以将其自动应用于所

有相关的设计变体中。图 9-22 的左半部分显示了结果，经过修正的局部网格，以及计算得出的压力分布。另外，在表 9-1 中展示出了两种网格的单元数量、计算时间以及得出的生命周期。

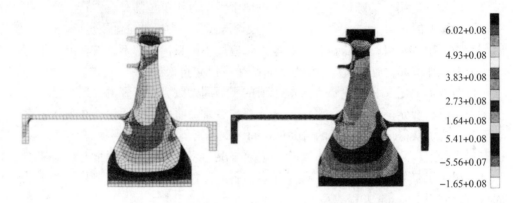

6.02+0.08
4.93+0.08
3.83+0.08
2.73+0.08
1.64+0.08
5.41+0.08
−5.56+0.07
−1.65+0.08

图 9-22　二维轮盘设计的标准网格，包含应力分布

表 9-1　案例 1 中，计算流程模型与 SCC 求解的详细内容

网格	单元数目	计算时间 /s	生命周期
粗	665	2.8	59823
可变	827	3.4	59975
细	4058	18.2	52801

　　从表 9-1 结果来看，粗网格与可变网格，能够得出相同优质的结果，即准确率都在优化流程允许范围之内，所以计算效率也是更加高的，粗网格看起来更加合适。将这些结果与柏林轮盘设计人员提供的结果进行比对时，我们发现了其中的差别。我们发现只有在修正网格之后，结果才会变得具有可对比性，如图 9-22 中的右半部分所显示的那样，其结果同样显示在表 9-1 中。由于每个合作单位都是用自己专用的工具组件，所以如果得出的结果相似，便可用于协同设计中。但如果协同设计进入到后续设计阶段，则需要进行进一步的验证，例如，将计算结果与测得的温度分布及轮盘变形进行比对。需要注意的是，其中的一些验证数据可能会因为知识产权而极具灵敏性。在多合作单位协同案例研究中，我们已使用细网格。在工业中，可以在这种研究中对变量网格进行修正，以获得与使用细网格法所得结果同样精准的计算结果，但同时少消耗的计算资源却相对较低。在项目中所累积的经验表明，证实的确必要，在将结果应用于自动化工具链之前，的确有必要对工具结果进行验证。假如最初计算效率很高，但是估计过高的提升结果，将生成一个貌似合理但实际错误的结果。对于设计师来说，用整个工具链

作为"黑匣子"来检测此类错误，会非常困难[2]。

网格生成标准可用于某些领域。例如，9 部欧洲规范可用于土木工程领域，许多用户可使用此类标准保证准确性符合规定，将有助于最后得出合理结果。然而，在航空领域并不存在这样的公共标准，所以无法进行参考。一些大型的航空公司都建立了自己独有的程序与流程。

如果想要他人确信计算结果的准确度，一个简单的方法是确定或估计误差。在探索整个设计空间之前，针对每一个设计变型，都执行此程序。Stein 等人[4]描述了一种通过建立自适应模型，再验证估算相关物理性质中错误的方法。但由于这种方法加大了工作量，所以只有在商业成品工具支持这一方法的时候才会应用。而商业成品工具只在一些标准（如欧洲规范[3]）要求的时候才会加入此类功能，但并不以此作为案例。

我们在这里提出的关于生成网格和验证结果的重要性的经验，同样适用于海运领域。Bergan 和 Skeie[5]发现，网格建立最高占工程量的 70%~80%，这也进一步说明扩展商业成品解决方案非常重要。

9.5.6　优化与鲁棒设计

优化与鲁棒设计流程的主要步骤如下：

（1）灵敏度研究——确定那些对目标函数有重要影响的参数。

（2）优化流程——多学科与多目标优化结果，形式为帕累托前沿。

（3）代理模型技术——使用响应面法，不去执行耗费时间的有限元分析程序，从而减少分析时间。

（4）鲁棒性与可靠性评估——必须根据其自身的鲁棒性与可靠性，对在帕累托前沿中确定的优化设计方案进行评估。

9.5.6.1　灵敏度研究——柏林轮盘合作单位

进行此项研究的目的在于找到联系最紧密的输入参数，降低优化算法中的计算工作量。出于这一目的，我们执行了一项使用优化距离拉丁超立方的试验设计（DoE）方案。其中，只有几何学参数被认定为输入变量。所有的边界条件，包括温度、热转换系数等，都作为约束条件。然后，我们发现生命周期最低的区域，会随着输入变量的实际值发生变化。因此，轮盘截面被划分为 6 块区域。取决于输入变量值，计算后生命周期最小的区域为 6 块区域之一。在图 9-23 中，显示了区域的划分情况。应用于在试验设计方案的样本中，有多少样本的最小生命周期会出现在一个特定的区域内，这一数量占所有数量的百分比参见图 9-23。一些 DoE 样本的最小生命周期区域在这些区域之外，因此，数据不能增加至 100%。

科研人员将使用商业成品工具[6]中提供的确定系数，来评定多变的几何学参数的关联性。图 9-23 显示，在绝大多数的 DoE 案例中，轮盘的最小生命周期通常会出现在区域③与区域①中。我们将举例来描述 4 个最具影响的几何学参数，参见图 9-24。

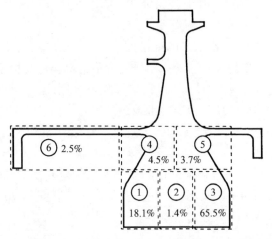

图 9-23　轮盘截面划分，确定 DoE 研究中生成的最小生命周期的位置

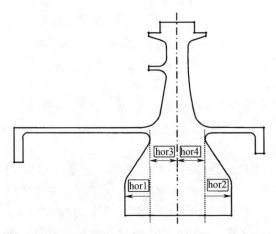

图 9-24　视图说明 4 个最具关联性的几何学参数，作为灵敏度研究的结果

案例 1（参见图 9-25 中列"全局"）综合了所有的结果。但并未注意最小生命周期出现的区域。案例显示"水平 2"与"水平 4"为最具关联性的几何学参数。

案例 2（参见图 9-25 中列"区域①"）仅考虑最小生命周期出现在区域①中的 DoE 样本。这个案例给出了相反的结果，即"水平 1"与"水平 3"才是最具影响力的几何学参数。

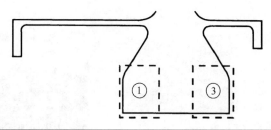

几何学参数	全局	区域①	区域③
水平 1	3%	20%	0%
水平 2	20%	2%	27%
水平 3	7%	33%	8%
水平 4	31%	13%	37%

图 9-25　DoE 结果（线性决定系数），考虑不同区域以预期最小生命周期区域

最后一个案例的研究重点在于最小生命周期区域出现在区域③中的 DoE 样本（参见图 9-25 中列"区域③"）。结果与第一个案例中的全局评估结果较为相似。

这些结果表明，DoE 结果与输入参数范围之间的灵敏程度。结果显示，在总结对于某一优化任务而言，哪些参数最具影响力时，必须十分谨慎。太过限制参数的数目可能会使优化结果受到限制。因此，在此项调查中，科研人员使用了较多（7 个）的参数来完成优化工作。

从数学学科的角度来看，在确定输入（即设计）参数范围后，使用一个简单的试验设计方案是无法一次性得出全局灵敏度（梯度）的。灵敏度为输入参数的函数，并会随着输入参数值发生变化，因为在一定的参数范围内，目标存在一个区域极值。小范围设计参数，鲁棒性分析示例，可得出正确的缩减范围内的全局灵敏度。目标函数的绝对极值与局部极值互相关联。科研人员通过简单地设定参数范围（长距离）并执行试验设计方案，便能够进行审查。不管怎样，全面了解部件的物理行为，并掌握工程技术，对于成功完成这项任务非常重要。

9.5.6.2　优化——柏林轮盘合作单位

两个目标——预期寿命与轮盘质量——为优化对象。因此，必须进行多目标优化，并使用商业成品工具[6]提供的多目标进化算法。在图 9-26 中，显示了计算得出的帕累托前沿。

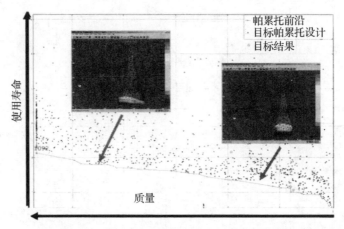

图 9-26   多目标优化结果

之后，科研人员必须从帕累托前沿的设计方案中确定出标称设计，用于之后的可靠性分析。一般情况下，会根据较高水平的信息，例如，客户对于某一特定飞行任务提出的要求，来决定最终选择哪一个设计方案。最后，科研人员选择了预期寿命标称值为 35280 周期的设计方案，这代表在此案例中，轮盘的质量大约为 35kg。之后，会将此标称设计用于进行稳健性与可靠性分析。

9.5.6.3   优化——阿姆斯特丹轮盘合作单位

如之前所提及的那样，参数化二维轮盘中有许多独立的参数。为阐述这种方法以及获得的结果，只有两个参数将发生改变，X_1 和 X_2；参见图 9-21。这种选择可保证结果清晰明了。如之前一样，使用轮盘重量与寿命作为设计目标。所使用的方法也同样适用于更多参数或更多设计目标的情况。在优化一章，会提供更多关于所用方法的细节。使用的单个发动机–涡轮–轮盘分析工具并未提供梯度信息。在这种设计目标在相关设计空间行为复杂的案例中，如在灵敏度研究部分中所提议的，应使用鲁棒优化方法，如遗传算法。但此类算法需要大量的设计分析工作，大约上千次或者更多，所以使用了优化章节中所描述的响应面方法。

首先使用一个恰当的试验设计方案，在设计空间内进行采样。在每个设计方案中，都必须对轮盘进行全面分析。由于所有的这些设计方案都是互相独立的，所以可以同时进行他们的分析工作。图 9-27 中，显示了所使用的多个拟合函数的均方根误差（RSME）。以往经验表明，没有某一个拟合函数在所有案例中都表现出色，因而工具套件提供了多个拟合函数。在图 9-27 中，从上到下依次为光滑样条、三阶多项式、二阶多项式、多个克里金函数，以及样条插值。科研人员使用两个字母对克里金函数进行区分。第一个小写字母表示回归函数为常值，线性或二次的。第二个大写字母表示相关函数为常值，高斯函数或指数函数。我们会在优化一章中对克里金近似值进行全面阐述，以及描述是怎样确定均方根误差的。在选择最佳拟合函数时，对于轮盘优化而言，这些近似值误差必须足够小，所以使用响应面法作为优化算法是非常合理的。当然，必须使用全轮盘分析工具链来验证最终确定的最佳方案。

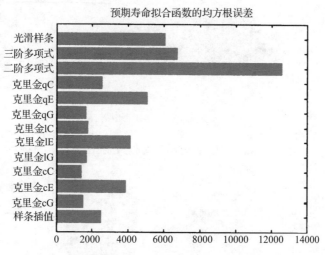

图 9-27　使用寿命响应面的各个拟合函数的准确度

图 9-28（a）中显示了轮盘寿命在选定的设计空间内的响应面。图 9-28（a）中的平面，表示轮盘设计中规定的最小周期数。在参数化轮盘设计方案中，当参数 X_1 与 X_2 为最小值时，质量也将为最小值，即图 9-28（a）中的右侧区域。由于原始设计方案在左侧区域，这个示例很好地阐述了鲁棒优化程序的需求。基于梯度的方法不能在不相交的右侧可行区域找到最优方案，然而，由于需要进行大量的设计评估工作，如果没有响应面法，仅单靠遗传算法是不可能完成任务的。另外，使用响应面法，将质量作为约束条件，可以找到使用寿命最长的轮盘设计方案。其结果显示在图 9-28（b）中。最后，得出的 53200 飞行周期的最长寿命，相较于第二个轮盘的基础设计方案提高了 19%，而轮盘质量稍微降低了一点。即使最初的轮盘以最大寿命为目标进行了设计，但是，通过多学科优化方法也能做出重要改进。当使用多学科优化方法时，这种改进效果非常典型，且得到了 Chaput[7] 和 Rostrand[8] 的证实。另外，图 9-28 也显示了约束条件定义的重要性：较低的轮盘质量约束条件，将移除左侧的寿命峰值。

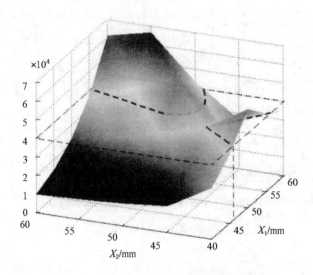

（a）预期寿命作为尺寸参数的函数

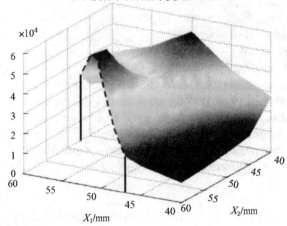

（b）预期寿命，轮盘质量小于95kg

图9-28　（a）在二维轮盘的定义设计空间内，使用寿命的响应面；
（b）使用寿命的响应面，质量作为限制条件

　　如之前优化工作中所证实的那样，在实际情况中，最优设计方案中将涉及
多个目标与约束条件之间的权衡。某一个设计方案不可能对于不同的目标都是
最佳方案。如优化一章中所阐述的那样，在处理多目标优化问题中，我们可
以选择帕累托优化这种方法。图9-29（a）中为最终得出的关于使用寿命（竖
轴）与轮盘质量（横轴）的帕累托前沿。图9-29（b）在质量的响应面上叠加
了帕累托前沿设计。仅显示符合最小寿命为4000飞行周期的约束条件的设计

方案。以最低轮盘质量的设计方案（不含最低使用寿命要求）为起点，第一个帕累托点起始于最低的 X_1、X_2，如图 9-29 的中间前侧。通过增大 X_1 来增加质量以服从设计约束，直到在右 / 前可行设计区域内获得最大值。从帕累托前沿中我们可以看出，当质量为 93.5kg 时出现这种现象。质量在 93.5kg 与 95kg 之间的轮盘设计方案并非帕累托最优方案，因为质量增加的同时，使用寿命在降低。只有当质量超过 95kg 时，寿命才大于之前的数值。最终确定的设计方案位于图 9-29（b）中的尾部可行区域内。在这个设计方案中，X_1 和 X_2 同时在增加。通过此图，轮盘设计人员能够看到他们的设计选择最后生成的结果。

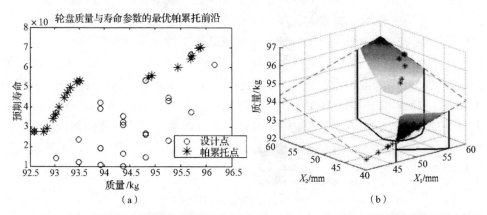

图 9-29　（a）使用寿命与重量目标的帕累托前沿；（b）可行设计空间内的帕累托设计方案

通过一些额外的处理，我们可以扩展刚才所描述的方法和工具，例如，将用于估算某一轮盘设计方案的制造或维护成本的工具作为额外的目标或约束条件。如果此类工具含有商业或知识产权的限制条件，不可提供给其他合作单位，但是我们可以将它加入到多合作单位协同的安全工作流程中。

9.5.6.4　鲁棒性与可靠性

鲁棒性与可靠性的一个定义是，与标准差[6]相关的故障发生概率（POF）的水平。POF 是指一定数量的总体（制造部件、轮盘示例）样本中没有达到客户要求，例如，轮盘的规定生命周期。因此，需要建立一个抽样群体，将设计方案的可变性与不确定性考虑进去，并根据客户要求对这样的群体进行评估。POF 越小，设计方案的鲁棒性与可靠性越高。在鲁棒性调查中，需要的抽样率比 POF 小于 10^{-6} 的可靠性分析要低。换句话说，如果 10^{-6} 的样本中只有一个样本不满足客户需求那么设计方案是可靠的。科研人员将在所使用的商业成本工具中，使用在自适应响应面上自适应采样（ASonARS）的算法进行可靠性分析[6]。最具有关联性的几何学参数以及边界温度值是变化的（不确定性与可变性）。科研人员会针对每一个参数进行采样，并假定统计分布为截尾正态分布。

科研人员需要针对预期生命周期的可靠性，核查在帕累托前沿（参见图 9–26）中选择的、标称使用寿命为 35280 周期的设计方案——没有考虑不确定性与可变性。预期使用寿命被定义为虚构要求，假设它的 POF 小于 10^{-6}。在实际应用中，必须解答这一问题：生命周期为多少时，可达到假定的 POF 水平？

在第一次分析中，预期使用寿命的极限状态函数值被设定为 30000 周期。同样，由于分析工作的计算成本太高，因而我们仅计算了其中两个案例。此极限值生成的结果为 POF 等于 3.0×10^{-5}，不满足预定要求。

在第二次分析工作中，我们将极限状态值设为 28000 周期，这一次 POF 结果为 1.3×10^{-8}（参见表 9–2）。这一数值明显已经超出了要求。因此，对于目标周期为 30000、POF 小于 1.0×10^{-6} 的算例，第一次分析中的设计决策是不满足要求的，因而科研人员需要在帕累托前沿中，选择一个标称使用寿命更高的新设计点，并再次检查它的可靠性。标称使用寿命较高的第二个设计点，最后得出的轮盘质量较高，但是它更加可靠。

表 9–2　可靠性分析结果

	分析 1	分析 2
极限状态函数（预期生命周期）	30000 周期	28000 周期
故障发生概率	3.0×10^{-5}	1.3×10^{-8}

很明显，在多目标优化程序之后，核查鲁棒性或可靠性的成本非常高（参见图 9–30（a））。每一个设计决策（帕累托前沿中的点），在验证之前，我们并不知道它是否能够达到规定的鲁棒性或可靠性要求。

这样看起来，在多目标优化中加入可靠性信息，即进行可靠性优化（参见图 9–30（b））是值得的。所以，帕累托前沿中的每一个设计点，都符合可靠性要求（规定的 POF 比率）。然而，分析工作量会明显增多，因为必须对每一个设计点进行蒙特卡罗模拟。我们必须建立代理模型技术与高效计算策略，来减轻分析工作量。

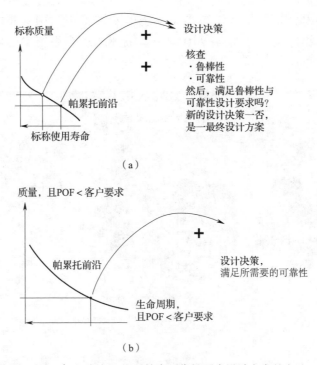

图 9-30　（a）当今，找到符合可靠性要求设计方案的方法；
（b）将来，找到符合可靠性要求设计方案的方法

9.6　柏林轮盘设计合作单位使用的设计框架

在上述文中，所阐述的要求都是关于多个合作单位协同环境中的综合设计流程的。在这一节中，我们将描述多学科优化与鲁棒设计的通用框架的规则。在建立通用框架时，将三个案例研究结果为基础，在案例中展示了更加复杂的功能（数据可在网站 http://www.vivaceproject.com 在线获取）。

（1）发动机部件水平，在部件水平上展示了自动化多学科设计优化的能力，例如，高压涡轮发动机轮盘。

（2）发动机整体水平，扩展分析流程以求能够优化整体。这一水平囊括了在综合系统，以及供应商协同环境中各单独部件的集成与装配。

（3）最后为协同多学科设计优化与鲁棒设计：在多公司协同环境中，在一个虚拟企业发动机案例中，应用研发的各种工具、流程与方法。

通用框架中最基本的设计流程，参见图 9-31。科研人员会根据受优化或鲁棒设计实例控制的自动化工作流程中的设计标准与目标（使用周期与重量），对特定部件或整体的参数化设计模型（CAD）进行分析（有限元）和

评估。这一流程分布在具有不同操作系统的不同工作站中，并可以与更高水平的综合流程相连接，例如，第10章中所描述的综合系统中的协同工程主流程。

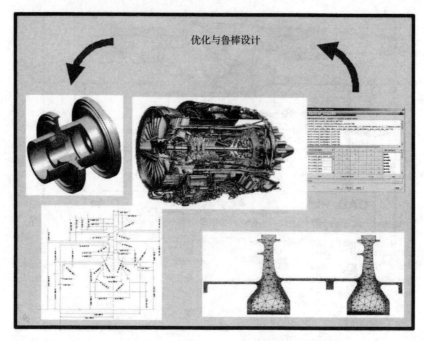

图 9-31   发动机多学科设计优化与鲁棒设计工作流程

我们应该在此对所建立的、用于多学科设计优化与鲁棒设计的通用框架做出一个大概的描述：分析、建模、优化、鲁棒性设计方法，包括协同工程方案。

考虑到协同工程能力，规定灵活综合分析流程的基本要求为：能够灵活整合不同的分析工具，轻松转换分析与优化流程，以及能够通过安全连接在各个公司站点之间分布设计与分析流程。另外，还期望能够将自动化流程储存在数据库（模拟数据管理）中，能够将流程转移至其他用户（平台独立），以及PLM整合可能性。

在图9-32中，显示了一个在局部框架内进行多学科设计优化与鲁棒设计的基本分析流程。流程包括访问CAD系统，使用分析工具（如有限元，计算流体力学）以及结果数据评估工具，来完成优化与鲁棒设计目标。框架能够在具有不同操作系统的不同工作站中运行，例如，UNIX与Windows，并应用各种工具。

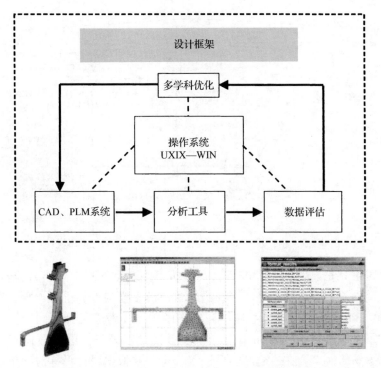

图 9-32　多学科设计优化与鲁棒设计的基本框架

科研人员可以使用商业成品软件（数据可在网站 http://www.simulia.com/products/ sim_ept.htm 在线获取）来整合流程，详情参见第 10 章。所需要的自动分析的必要相关工具也添加到了工作流程中。图 9-33 演示整合 CAD/ACE 工具的工作流程，包括参数化几何模型的 CAD 工具（可在网站 http://www.plm.automation.siemens.com/ en_us./products/nx/index.shtml 获取联网资料），该 CAD 工具与一个备用的能够使用专业有限元工具 SCO3（热力学分析）或者商业成品有限元工具的工作流程相耦合。

我们会执行一个关于在 UNIX 或 Windows 操作系统中，如何使用专用有限元工具的附加工作流程。

更多细节参见图 9-33，展示一个在 Window 系统中，通过任务管理器控制的工作流程，这个流程可用于 DoE 研究、优化、鲁棒设计、统计处理等。另外，在任务管理器模块中可以控制可变参数。在各设计工具之间设置参数。分析回路可分至各模块中，例如，轮盘或叶片等部件的自动化分析流程。工作流程与模块将安全储存在数据库中，供其他用户使用。

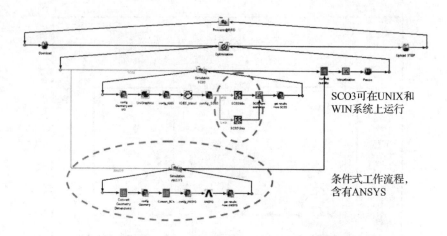

SCO3可在UNIX和
WIN系统上运行

条件式工作流程，
含有ANSYS

图 9-33　组件水平上的流程整合，可用于优化与鲁棒设计

框架的建立是以刚才提及的三个案例研究为基础的。扩展热力学分析流程，可在综合系统与供应商协同环境中，进行机体的多学科设计优化与鲁棒设计。流程参见图 9-34。考虑到 PLM 系统访问权限的问题（考虑两个不同的供应商的背景），可通过流程独立改变 CAD 零部件文件的几何外形。然后通过固定或可变的接口，将零部件组合在一起。随后进行分析，并根据设计目标对结果进行评定（考虑综合系统的功能）。

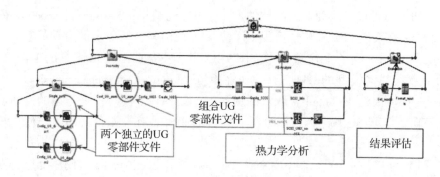

组合UG
零部件文件

两个独立的UG
零部件文件

热力学分析

结果评估

图 9-34　整体的设计流程

在第三个案例研究中，框架扩展后应用于多公司的协同工程环境中。如第 10 章所描述的那样，使用局部设计流程去访问综合系统控制的主协同流程，需要一个网络接口。用于协同工程的局部设计流程，与图 9-33 中所示流程较为相似。可通过运行工作流程中特殊的触发器，自动启动局部设计流程（参见第 10 章）。

9.7　阿姆斯特丹轮盘合作单位使用的设计框架

之前几节中所描述的、用于单发动机 – 涡轮 – 轮盘分析的规则，以及它们的支持工具，将结合在一个工具链[2]中，参见图 9-35。关于工具链的技术信息，将在第 10 章中单独讨论。

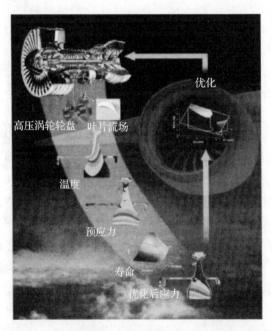

图 9-35　高压涡轮轮盘协同多学科设计的柔性工具链

为了使机构将资源都应用在工程方面而不是致力于信息技术，所以工具链中的绝大多数工具都应为商业成品工具。其中，主要一个特例是提升工具，在之前我们已经对此工具进行了描述。综合使用商业成品工具与专用工具，在发动机多学科设计优化中十分典型。在第 12 章中所描述的 PLM 解决方案，可支持不同工具之间的信息的自动转换。由于专用工具可能仅能够用于某一特定平台，所以在发动机工作流程的相关章节中，我们会阐述是怎样考虑这一问题的。由于需要分析许多发动机轮盘的设计变型，所以会将一整套工具放入最高水平的自动化工作流程中，可调用自动化工作流程完成合作单位的单轮盘分析工作。尽管刚才所描述的工具链中，并不包含计算成本非常昂贵的、由另一个合作单位执行的工作叶片与导流叶片相关的计算流体力学部件（参见之前几节），但是单轮盘的设计分析工作仍需 5min 左右。在一些鲁棒优化算法中，需要进行大量的设计评估工作，一般为上千次或更多。为了提高计算效率，需要将元建模或响应面法加入到工具链中。

9.8 结论

参与此发动机案例研究的合作单位，共同研发了一个多学科设计优化与鲁棒设计框架，并在建立框架时考虑到协同工程能力。每个合作单位根据各自的技术、策略建立了相应的框架，并将商业成品工具与专用工具结合在一起。不同的单位从在部件与整体水平上展示多学科设计优化与鲁棒设计的简单设计案例研究出发，进而扩展到设计工作流程，得出不同的框架解决方案。因此，我们可以在互联网上演示，工程联合体内部以商业方案为基础的协同分布式设计流程。事实上，这是项目的主要目标之一。在这种环境下，我们实际需要考虑的是，设计技术与理念、高水平优化与鲁棒设计方法，以及不同公司之间优化程序的耦合。

尽管每个合作单位都建立了不同的专用框架，并不存在一个共用的解决方案；但是将不同公司的框架连接在一起依旧是可行的，因为每个合作单位自己找到一个安全的方法去访问主流程。对于参与项目的合作单位来说，这是一个很大的挑战，因为他们必须确保自己单位的所有权。关于安全与保密的更多信息，参见第 11 章。

我们可以研发出一个高度成熟的局部设计框架解决方案，并等待进一步地开发宣传以供每个合作单位使用。总之，我们将通过技术解决方案与架构理念（VEC 中心）两方面，来展示以各独立设计框架方案为基础的、用于协同工程的全局综合性框架方案。

这一理念的创新性在于，能够在由不同公司组成的联盟内部使用各种设计工具与分析方法，执行一个自动化分布式、多水平与多学科设计优化及鲁棒设计流程，同时还考虑到所有的安全问题、保密事项，以及每一家单位的所有权。此次在网上展示的这些协同工作流程，是在欧洲联盟内涉及范围最广的一个协同项目。

此节内容是关于欧洲联盟内部杰出团队合作的另一次展示。本章作者在此感谢整个团队以及他们的辛勤努力与优秀成果。

鸣谢

作者（柏林轮盘设计合作单位）在此衷心感谢公司 DYNARDO 与 CADFEM，在优化与可靠性研究方面给予的鼎力支持。

参考文献

[1] Argüeles, P., et al., "Report of the Group of Personalities," *European Aeronautics: A Vision for 2020*," European Commission, Jan. 2001, http://ec.europa.eu/research/

growth/aeronautics2020/en/personalities.html [retrieved July 2009].

[2] Kesseler, E., and van Houten, M. H., "Exploring Automatic Multi-Objective Turbine Disc Design for Virtual Engines," *ECCOMAS Multidisciplinary Jubilee Symposium*, Vol. 14 of *Computational Methods in Applied Sciences* edited by J. Eberhardsteiner, C. Hellmich, H. A. Mang, and Périaux, J., Springer, Netherlands, 2009, pp. 251–262.

[3] "Eurocode Part I Basis of Design and Actions on Structures," *Eurocode, Nine Parts (1991–1998)*, http://www.eurocode-resources.com/eurocodes/eurocodes.php [retrieved July 2009].

[4] Stein, E., Rüter, M., and Ohnimus, S., "Adaptive Finite Element Analysis and Modeling of Solids and Structures. Findings, Problems and Trends," *International Journal for Numerical Methods in Engineering*, Vol. 60, No. 1, 2004, pp. 103–138.

[5] Bergan, P. G., and Skeie, G., "Achievements and Challenges for Computational Mechanics Within the Offshore Industry," ECCOMAS Multidisciplinary Jubilee Symposium, 2008. The invited presentation was held on 20 Feb. 2008 from 9:20–9:45; see http://emjs08.tuwien.ac.at/fileadmin/mediapool-emjs08/Diverse/Programme_010208.pdf.

[6] "optiSlang—The Optimizing Structural Language for Sensitivity Analysis, Multidisciplinary Optimization, Robustness Evaluation and Reliability Analysis," ver. 2.1, Dynardo Software and Engineering GmbH, March 2007, www.dynardo.de [retrieved July 2009].

[7] Chaput, E., "Design Challenges in the Airbus A380 and A350 Projects," *ECCOMAS CFD 2006*, edited by P. Wesseling, E. Oñate, and J. Périaux, European Community on Computational Methods in Applied Sciences (ECCOMAS), Sept. 2006. E. Chaput was an invited speaker on 7 Sept. 2006 from 9:00–9:40; see http://eccomascfd2006.fyper.com/?menu=program.

[8] Rostand, P., "Status and Challenges of Aero Shape Design of Future Aircraft," *ECCOMAS CFD 2006*, edited by P. Wesseling, E. Oñate, and J. Périaux, European Community on Computational Methods in Applied Sciences (ECCOMAS), Sept. 2006, http://proceedings.fyper.com/eccomascfd2006/ [retrieved July 2009].

第 10 章 应用虚拟企业协同中心完成分布式发动机优化工作

Holger Wenzel

Engineous Software GmbH, Aachen, Germany

Fredrik Almyren

Volvo Aero Corporation, Trollhättan, Sweden

Johannes Barner

MTU Aero Engines, Munich, Germany

Erik Baalbergen

National Aerospace Laboratory(NLR), Amsterdam, The Netherlands

Bernd Meissner

Rolls-Royce Deutschland, Dahlewitz, Germany

Mats Lindeblad

Volvo Aero Corporation, Trollhättan, Sweden

缩略语

ACL	访问控制列表
ACS	应用程序管理系统
ADP	叶片剖面设计合作单位
API	应用程序接口
B2B	企业间商务连接
CAD	计算机辅助设计
CAE	计算机辅助工程
CORBA	公共对象请求代理体系结构
COTS	商业成品
DCOM	分布式组件对象模型
DDP1	轮盘设计合作单位 1（第 1 级）
DDP2	轮盘设计合作单位 2（第 2 级）

DMZ	非军事区
FEM	有限元方法
GUI	图形用户界面
HTTP	超文本传输协议
HTTPS	安全超文本传输协议
ID	身份
IPR	知识产权
IT	指令技术
JCR	Java 内容储存库
JeCARS	Java 可扩展内容与权限系统
JEE	企业版 Java
LAN	局域网
LDAP	轻量目录访问协议
MDO	多学科设计优化
MRO	维护、维修及彻底检修
OASIS	结构信息标准促进协会
OEM	原始设备制造商
OWL	网络本体语言
PDM	产品数据管理
PKI	公共密钥基础结构
PLCS	产品使用周期支持
PLM	产品使用周期管理
RDL	参考数据库
REST	具象状态传输
RPC	远程程序调用
SaaS	服务型软件
SME	中小型企业
SOA	面向服务的体系结构
SOAP	简单对象访问协议
SSL	安全套接层
TLAP	涡轮寿命评估合作单位
URL	统一资源定位符
VE	虚拟企业
VEC hub	虚拟企业协同中心

WSDL	网络服务定义语言
W3C	万维网联盟
XML	可扩展标志语言

10.1 引言

至今为止，大多数可用的复杂产品均由许多组件与子系统组成，而这些组件与子系统并不是由将产品带向市场的企业设计的，而是由不同的、且通常是多个不同的公司设计的。如果子系统不是直接买来的，即不是商业成品，而是专门针对于某种终端产品而定制或专门制作的，那么原始设备制造商（OEM）会将供应商加入到设计流程中。

传统意义上的信息交换，是每个合作单位完成其相应设计任务时所必需的，是通过人工完成的，方式一般为发送电子邮件，数据光盘或纸质文件。这种方式不仅会严重阻碍设计流程的进度，而且会将许多危险因素引入产品研发过程中。例如，谁也无法保证，所有的合作单位在任何时间段都使用一致的数据集。

因此，我们需要一种能够适应在多企业环境中工作的设计系统。取决于行业性质，一般有两种方案可供使用。在扩展企业方案中，存在一个实力优于其他所有合作单位的单位，然后强制其他所有希望参与分布式设计流程的合作单位，使用自己的设计工具与流程。这些合作单位需要连接至协同基础结构，并根据主体公司提供的结构调整自己的研发工具与流程。

相反，如果某一产品是由具有相近实力的多个合作单位组成的联盟所设计的，那么他们便可以建立一个虚拟企业（VE）。我们将在此章中描述怎样在这样一个实体中，去组织信息与工作流程。

根据这种观点，第 9 章展示喷气发动机的两级高压涡轮的多公司、多国家以及多学科优化过程，可以被看作虚拟企业中的优化研究。在这里，虚拟企业是一个由多个具有相近实力的合作单位组成的、追求共同目标的联盟（参见图 10-1）。由于一起完成工作，共同承担风险，以及虚拟企业特有的其他商业因素，即使是主导单位也很难直接规定所使用的计算模拟环境、工具以及基础结构。这是任何自动化多学科优化研究的实现都可能遇到的严峻考验，所有分属于联盟中不同单位的工具都需要连接在一起并应用于自动化流程中。所以在这一章中所描述工作背后的实际目标在于对该问题进行处理，此章节内容总结如下。

首先，描述虚拟企业协同中心（VEC hub）的概念。虚拟企业协同中心是能够综合不同虚拟企业合作单位的不同设计系统的一个抽象层。

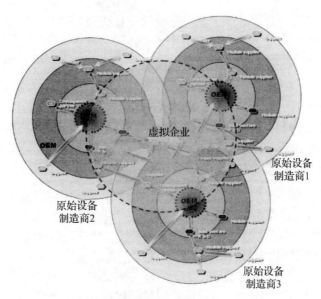

图 10-1　虚拟企业

此章节的第二部分将详细描述，使分布式多学科发动机优化方案（参见第 9 章）变为可能的虚拟企业协同中心理念的具体实现过程。此处，将直接在虚拟企业协同中心执行全局工作流程（驱动多学科设计任务各个方面）。在执行期间，它将调用第 9 章所描述的局部优化与模拟流程。另外，还会阐述完成此耦合的各种不同方法。

10.2　关于虚拟企业协同中心的描述

想要在虚拟企业中建立有效的协同工程设计流程，就意味着必须面对技术、社会、法律以及经济方面的大量难题。

每一个合作单位都拥有自己的信息技术基础结构与政策，包括不同的操作系统、计算机辅助设计系统、产品数据管理/产品使用周期管理（PDM/PLM）系统以及不同的模拟工具箱。而且，每个公司使用这些系统工作的方式也存在很大差异。

访问公司内部信息会受到不同的安全政策的限制。甚至在企业防火墙外部获取数据的方式，在每个合作单位站点都不尽相同。

然而，合作单位需要以一种有效且安全的方式来分享这些信息，以便能够在公共协同环境中访问这些信息，并将其应用于设计项目之中。

必须以一种精准的方式来管理数据、方法以及知识的所有权，这样便能够在任何时间都准确地定义设计任务与组件的所有权。如有任何信息发生变动，都必须进行追踪，但是，必须保证主要由在设计流程中有所体现的专业技术所构成的合作单位知识产权。

更进一步的挑战则源于，在产品周期内，虚拟企业合作单位可能发生变动的这样的一个事实。例如，一些合作单位可能只参与设计阶段，而另外一些合作单位可能会参与制造阶段，或维护、维修以及彻底检修（MRO）阶段。

在虚拟企业内部，建立一个协同工程项目时，公司之间的互相推动将起到一个非常重要的作用。这种推动必须以非技术方式建立，并且必须通过前述法律合同得到保护（关于安全与信任的相关内容，参见专门讨论安全问题的章节）。

在这种环境下，虚拟企业协同中心的目标是，为虚拟企业定义一个面向服务的体系结构（SOA），来支持指令技术（IT）层面上的协同合作，并牢记产品生命周期所有阶段内工程活动的特定需求。

虚拟企业协同中心建立了一个关于内部与外部技术（供应商与系统）的、中立的协同平台。因此，每个参与合作单位都可以连接至虚拟企业协同中心，该连接独立于其局部 IT 基础结构。合作单位可以通过一些商业技术，例如，网络浏览器或通过应用程序接口（API），使用协同环境资产，根据网络服务定义语言，上述技术为网络服务，详情参见 10.2.2 节及 10.3.2.4 节。

在虚拟企业协同中心理念中，定义了一个共用的、灵活的，由合作单位角色、产品信息、工作流程，以及协同项目参考数据构成的组织。它通过使用中立数据结构交流的中介服务，使合作单位与合作单位之间更加独立。从而使每个合作单位的知识产权（IPR）都能够得到有效保护。

虚拟企业协同中心的解决方案的基础为，综合并扩展刚刚出现的以及共同使用的软件解决方案，重点是建立并发展关于背景与内容的公开标准，例如，ISO 10303（是在 ISO/TC184/SC4 内建立起来的，详情参见 http://www.tc184=sc4.org）与由它衍生出来的标准，以及 OASIS 产品使用周期支持（PLCS）[1]。虚拟企业将选择这种标准方法，来确保长期审核与重复使用，其独立于用来生成并更新项目和产品信息内容的软件。

在定义虚拟企业协同中心理念时，通过参考以及建立新标准，可使扩展性与性能/服务余度得到保证。另外，我们发明了一些定义虚拟企业协同中心理念及其组件的常用词汇。

10.2.1 虚拟企业协同中心的定义以及核心理念

当许多公司一起工作生产一种产品时，他们可以建立一个可以跨越多个企业的虚拟企业，参见图 10-1。多个公司使用的商业成品方法不可能被完全利用，即每个扩展企业需要使用相同的工具。即使是这样，这些商业成品工具配置不同也会导致直接信息交换更为复杂。由于商业成品工具通常会和专有软件一起使用这一惯例，问题变得更加困难，这些商业成品工具和专有软件共同构成了参与单位带给虚拟企业的资产。

因此，在这种协同环境下，参与单位必须一直知道在哪里能够找到经过审批的数据，以及怎样通知其他利益相关方去改变它。如果数据没有得到适当的管理，就会出现相应的结构管理问题，并会在产品周期内耗费大量的时间与资源。通过共享数据，可以在整个产品周期内以少量的精力完成结构管理工作，而且与项目实际处在哪个阶段并无关联。

虚拟企业协同中心理念以及相关的指导原则中规定，大量服务项目如何在一起工作的合作公司之间，协同并共享数据。建立虚拟企业协同中心的目标在于使之成为一个中立的、合作单位管理平台。以平台 – 独立应用程序综合标准，即网络服务定义语言为基础来使用服务，可从技术角度提升这种中立性。实现这种功能的核心理念，便是使用万维网联盟（W3C）网络服务[2]，并没有规定哪个程序 / 系统 / 工具正在提供这种功能的相关细节。

10.2.1.1　共享公共数据

协同项目的要求是，采用一种共用的、灵活的，由合作单位角色、产品信息、工作流程，以及参考数据构成的组织结构。然而，在虚拟企业环境中，合作单位不会使用相同的基础结构，他们对于内部结构、产品数据或流程，也不会形成统一的观点。为了能够顺利启动协同项目并且定义谁将做什么以及怎样做，在虚拟企业协同中心的理念中，提供了许多服务来管理虚拟企业的共用数据，包括产品（P）信息（什么），组织（O）角色（谁），工作（W）流程（怎样），以及参考（R）数据。关于此协同合作的所有公共信息，都将以一种受控方式，在虚拟企业协同中心内虚拟企业合作单位之间共享。

10.2.1.2　中立格式

在必须保护信息的私密性与所有权的协同环境中，只有中立的数据结构与格式，才能保证公共数据的无障碍交流与使用。每一个参与虚拟企业协同项目的公司都有自己的内部结构，例如，程序、操作系统、防护墙以及其他安全问题解决方案。他们同样也有自己管理组织结构、产品以及相关的产品研发流程的方式。然而，在工作共担、风险共享的环境中，并不存在占主导地位的合作单位，虚拟企业协同中心的理念允许每个合作单位保留自己的基础结构。所以在这种制度下，必须使用中立的、最好为标准化的数据结构，才能使每个合作单位都能够使用共享信息。中立的数据格式支持互用性与持续性。这种持续性与长期存档有关，长期存档对于当前以及未来的商业，尤其是航空航天工业来说尤为重要，因为在这个行业内，飞行器的使用寿命可以长达数十年。

10.2.1.3　面向服务的结构体系

我们需要完全了解可伸缩性与灵活性的概念，才能够定义出一个中立的合作单位协同平台。将公共共享数据与流程包装为服务，有助于确保适当的可伸缩性与灵活性。这种面向服务的方法，通过中介服务，同样有助于提升合作单位与合作单位之间的独立性。

面向服务的结构体系的价值在于，它为需具备互用性的大型系统网络的组织工作，提供了一个简单的、具有伸缩性的规范，进而实现各个组件的内在价值。在虚拟企业协同中心的 SOA 规范中，可通过核心服务查看参考模型[3]、公共数据与流程，核心服务在图 10-2 的内环中分段表示，并标示"核心服务"字样。

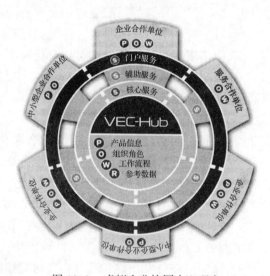

图 10-2　虚拟企业协同中心理念

企业合作单位可以通过将其变为一项虚拟企业协同中心服务项目，来共享他们的内部产品数据、组织结构与工作流程。这种方式能够使虚拟企业的其他单位看到那些服务项目并进行交互，而同时，提供这些信息的合作单位仍然可以控制此服务的使用权与访问权。共享服务，标有"S"标记，位于外环"门户服务"与内部区域"核心服务"之间，参见图 10-2。

服务合作单位，是基于按使用付费原则，专门提供软件即服务（SaaS）的合作单位，允许通过网络服务与程序或流程进行交互。服务合作单位不拥有任何内部产品数据，参见图 10-2"服务合作单位"区域。

访问并查看虚拟企业协同中心提供的服务，必须通过虚拟企业协同中心门户服务才能得到，门户服务在图 10-2 中表示为外分段环，标示"门户服务"字样。通过这些服务，能够使虚拟企业协同中心服务生效并经过批准，并可通过它来管理虚拟企业协同中心服务。另外，通过此类服务，使用商业工具如网络浏览器还能够访问协同环境资产。

10.2.2　结构体系

如刚才所阐述的那样，虚拟企业协同中心理念是一种特殊的面向服务的结构体系。它是一种描述怎样组织和利用分布式功能的规范，这种功能可能受不同所有权领域的控制。在描述 SOA 规范时，可视性、交互，以及效应都是非常重要的概念。

可视性是指有需求且有能力能够互相检查。意识、意愿以及可达性对于服务的可视性来说极其重要。我们将使用网络服务定义语言，来定义虚拟企业协同中心服务。服务说明供公众使用。结构信息标准提升组织[1]将与数据管理相关的服务标准化为产品周期管理/产品周期支持服务。如果某一服务项目被纳入虚拟企业协同中心中，规定服务相互作用的政策将被记录在相应的服务说明中。可达性将通过虚拟企业协同中心服务的管理服务得到提高。

在 SOA 规范背后的第二个概念为相互作用，即使用功能的行为。信息模型的结构与语义以及服务的行为模型，都是实现交互中的重要问题。使用服务说明对虚拟企业协同中心服务的交互性进行提升，在服务说明中，定义了方法、变元以及变元类型。

第三个概念即效应，是指互相作用中的信息返回或者实体状态的变化（已知或未知）。将通过虚拟企业协同中心服务的管理服务，来管理所有与虚拟企业协同中心服务之间的互相作用。当某一项服务返回信息时，信息将通过虚拟企业协同中心输送，从而启动服务使用的跟踪功能。

SOA 规范[3]不会自行规定所有与所有权、所有权领域，以及具有相同法律地位的个体之间的行为相关的概念。为了充分诠释某些概念，例如，信任、商业交易、权力及委托等，还需要额外的概念框架与结构元素。虚拟企业协同中心通过定义以下服务来详细阐述 SOA 规范：

（1）虚拟企业协同中心门户服务，提供访问管理与安全管理端，确保能够控制服务项目。他们建立了一个网络管理程序，以提供服务的可视性，以及与其之间的相互作用。

（2）虚拟企业协同中心核心服务，提供那些带有说明、能够通过标准方法访问，使得合作单位能够共享产品数据、组织结构数据、参考数据与流程，包括工作流程在内的服务项目。

（3）虚拟企业协同中心辅助服务，提供一种途径，使那些在核心包外部但符合接口要求的个体能够使用服务。例如，一个合作单位提供的服务项目，通过此服务其他合作单位能够打开一网络接口，进入他们自己的内部运行流程和数据储存区，但同时可管理这些服务的访问与使用。

标准接口将为程序提供一个应用程序接口（API），可访问使用虚拟企业协同中心服务，并提供一个图形用户界面（GUI）使之能够使用商业工具，如网络浏览器，来访问虚拟企业协同中心服务。

如图 10-3 所示，逻辑结构共分为 4 层。

位于最顶层的是表示层。它提供一个通往虚拟企业协同中心的安全接口，在中心，虚拟企业协同中心服务项目为可视状态。在表示层下方为商业逻辑层。在这里，它将组织虚拟企业协同中心提供的所有服务项目，即它与表示层一起，提供服务项目的可视性。在最底层为数据与基础结构层，此层负责管理网络与应用程序，进而储存数据并提供服务。这一层会产生服务效应。在数据基础结构层与商业层之间的信息收发中间件层，负责传达商业层中服务接口与数据与基础结构层中相应结构之间的信息交换。它能够实现服务之间的交互。

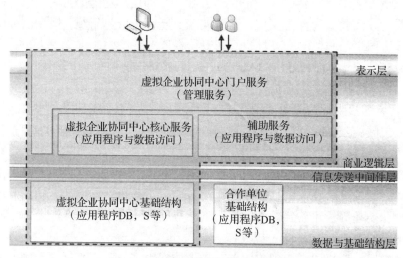

图 10-3　虚拟企业协同中心逻辑结构

将服务接口与产生服务效应的实际基础结构分开后，通过虚拟企业协同中心的逻辑结构可以独立选择服务提供商（参见图 10-4）。但这要求服务说明必须为标准形式。在虚拟企业协同中心中，将使用网络服务定义语言来描述服务项目。

另外，需要将服务接口标准化，以保证它所表示的功能能够正常使用。产品周期支持服务的网络服务接口（参见图 10-4），将应用于在虚拟企业协同中心的核心服务项目中，用于访问并处理产品数据。

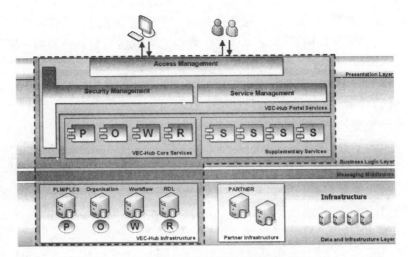

图 10-4　服务接口与基础结构分离

10.2.3　虚拟企业协同中心的核心服务

核心服务代表了虚拟企业协同中心的本质特性。在定义以下概念时，它们是具有强制性的：产品及其结构，拥有它们任务与使用权的组织 / 人员，如变更申请与动态设计流场的工作流程，以及以上所有概念的分类。此类服务的具体描述如下。

10.2.3.1　产品信息服务

核心服务中的 P 部分，代表了产品定义。遵守上文中所提及的中立格式的相关要求，产品周期支持服务标准（ISO 10303-239）为产品与产品相关项目在虚拟企业协同中心内表现形式的基础。可通过产品周期支持服务 / 产品周期管理网络服务，管理产品相关数据的创建、更新与删除[4]。

产品周期支持服务 / 产品周期管理服务的重要设置参数如下：

（1）组件管理服务，包括组件与组件结构的管理。

（2）文件管理服务，包括与文件管理相关的服务项目。

（3）变更管理服务，包括关于控制变更的服务，如管理工程变更提案。

（4）回拨服务，管理虚拟企业协同中心内事件的注意事项与调配。

10.2.3.2　组织服务

管理服务，例如，组织相关服务，即核心服务中的 O 部分，与虚拟企业协同中心中参与协同项目的单位以及人员相关。组织服务主要管理与企业、用户、其他虚拟企业协同中心服务承担的角色相关的信息，如安全服务相关信息。

通过定义组织、用户与角色，安全服务可升级认证流程，保证只有特定的用户才能登录中心。另外，在授权给虚拟企业协同中心用户以便他们获取已明确分配给他们访问权的相关服务时，这些信息也是非常重要的。这些过程处于用户管理及企业管理服务项目的控制之下，用户管理及企业管理服务项目均在虚拟企业协同中心中执行。

对于由某一企业合作单位或服务项目合作单位在其合作单位共享领域提供的服务，提供方仍然可以控制授权谁来做什么。

更多关于安全与认证的信息，参见专门讨论安全问题的章节。

10.2.3.3 工作流程服务

工作流程的相关服务项目（图10-4中，核心服务的W部分）主要解决协同项目中的商定流程，此类工作流程的细节级别各异，从通用级别，如变更申请，到具体级别；如涡轮轮盘的具体设计，我们将在本章中对其进行讨论。

此处提供的通用功能为工作流程管理，即创建、编辑、删除、开始远程工作流程、停止远程工作流程，以及监控远程工作流程（进度、状态）。从可用性角度来看，远程监控非常重要。

异常处理服务项目同样非常重要，这样用户既能在工作流程完成之后也能在工作流程执行时收到其发送的错误信息。

文件管理也属于工作流程服务项目中的一部分。后者处理大型输入与输出文件，而每一个独立的工作流程可能有多个输入与输出文件。另外，还有可能将参数输入到输入文件中，然后从生成的文件中提取输出参数。工作流程的安全级别应与数据级别相同。这是通过将工作流程模型看作使用虚拟企业协同中心中P服务储存的数据而建立起来的。

10.2.3.4 参考数据服务

参考数据相关服务，图10-4中核心服务的R部分，主要对象为局部虚拟企业协同中心的参考数据，这些参考数据可以是参考的外部数据或者项目细节。

参考数据也可以称作域模型，在参考数据库（RDL）中定义。将根据参考数据库，来核查虚拟企业协同中心中P部分所定义的产品，以确保分类正确。

局部参考数据服务器以产品周期支持服务——参考数据库服务器为基础，是一个通过一系列网络服务提供产品周期支持服务程序的网络本体语言分类的数据库。

10.2.3.5 门户服务

虚拟企业协同中心门户服务，能够实现虚拟企业协同中心所提供的服务项目的可视性以及与其之间进行交互。在图10-2中，表示为外部分段环形式，标有门户服务字样。此类服务项目主要与虚拟企业协同中心服务项目的认证、授权以及管理相关。另外，通过此类服务项目，还可以使用商业工具，例如，网络浏览器、访问协同环境资源。

10.2.3.6　访问管理

虚拟企业协同中心访问服务项目的数据库。每次通过应用程序接口（API）访问协同环境时，都会涉及访问服务项目。这是唯一一个能够通过它访问所提供服务项目的接口，即虚拟企业协同中心的唯一接口。

取决于组织服务项目中所定义的、安全服务项目中确认有效的、用户的组织结构与角色，会有相应的适用服务项目，以网络服务的形式出现在应用程序接口中。虚拟企业协同中心提供的网络服务中，包括控制服务项目访问与的数据库的政策说明。

为便于用户访问公共协同资源，虚拟企业协同中心访问服务项目中，提供了一个支持商业成品软件的用户图形界面，安装在应用程序接口的最上层。

10.2.3.7　服务管理

为了建立一个稳健的、可维护的、且易于运行的虚拟企业协同中心，需要对刚才提及的核心服务项目与辅助服务项目进行妥善管理。

这属于服务管理服务项目的职责。此类项目位于虚拟企业协同中心内，但是终端用户无法看到。只有具有管理角色的用户才能使用这些服务项目。

在虚拟企业协同中心内可访问的所有服务项目，都必须在服务项目登记簿中进行登记，之后服务项目库将向终端用户提供此类服务的相关信息。用户需要使用服务项目验证服务，确认所有的服务项目。访问服务项目的过程或使用服务项目中出现的问题，将通过登录并执行管理服务项目后进行记录，这样财务经理便能够提供结账时所必需的信息给使用过服务项目的客户。

最后，服务项目访问管理员提供了访问已登记过的服务项目的途径。服务项目管理中的这一部分职能将使以下规则生效：用户不能访问之前未对他（她）开放过的服务项目，即使通过其他服务项目试图调用此类服务时也不可以。

10.2.4　虚拟企业协同中心的安全性

虚拟企业的安全要求，可以划分为保护虚拟企业协同中心区域、保护虚拟企业协同中心信息交流、虚拟企业协同中心服务访问控制，以及关于虚拟企业协同中心特定网络服务的安全要求。

10.2.4.1　保护虚拟企业协同中心区域

如图 10-5 所示，虚拟企业协同中心区域为门户服务、核心服务，以及服务辅助区域，而合作单位的私有区域在虚拟企业协同中心区域外。必须拒绝非虚拟企业合作单位访问以保护这些区域。

由于所有的计算机都与互联网相连，所以必须将虚拟企业协同中心门户服务器安装在一个硬件机器上，通过所有可行方式保护机器不会受到恶意攻击。服务器应该只接受协同合作单位发出的连接请求。保护虚拟企业协同中心区域是负责运行和维护虚拟企业协同中心的服务项目提供商或虚拟企业的职责。

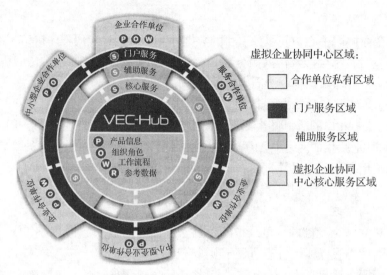

图 10-5　虚拟企业协同中心区域

　　为辅助服务项目提供保护服务，按以下前提为基础，即通常情况下，这些服务位于提供辅助服务项目的合作单位所管理的区域内。

　　与辅助服务项目连接的接口，通常都在单位非军事区（DMZ）内的硬件服务器上。如何实现一般取决于公司自有的 IT 政策而非虚拟企业或虚拟企业协同中心理念进行规定。在 10.3 节 A–V 中，将给出一些如何进行实施的相关示例。

　　保护每一个合作单位的私有区域（使用内部数据与服务，例如，由于许可证和可用硬件）是单位自己的职责。

　　在运行虚拟企业协同中心时，必须保证一次对于合作单位站点的成功攻击，不会对虚拟企业协同中心本身，以及其他合作单位站点的安全造成威胁。

10.2.4.2　保护虚拟企业协同中心连接

　　在图 10-6 中，显示了最常应用的、连接虚拟企业协同中心的方式。我们将在下面详细说明，每一种连接方式所对应的保护措施。

　　通常情况下，终端用户，例如，中小型企业（SME）与企业合作单位，会在一种不安全的媒介中使用他们各自的客户程序，即使用互联网来访问虚拟企业协同中心。

　　因此，我们必须针对这些连接采取保护措施。另外，当使用专用 / 租用线路作为连接媒介时，也需要对此类连接行为进行保护。

　　因为通常情况下，辅助服务项目都位于企业合作单位或服务项目合作单位管理的区域内，所以此类连接一般都会通过互联网完成，因而必须采取保护措施。保护合作单位管理的辅助服务项目与其自己私有区域之间的连接，是合作单位自己的职责。

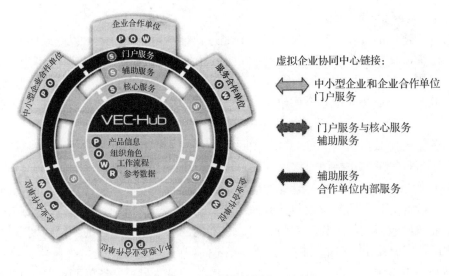

图 10-6　虚拟企业协同中心连接

10.2.4.3　虚拟企业协同中心访问控制

针对虚拟企业协同中心服务项目，设置访问权是非常重要的一个程序，仅允许特定的可信任 / 相互认证的用户、特定的用户组或公司，访问某些特定的服务项目，或以更加精细的粒度为标准，仅允许访问某服务项目中的某一部分。当用户对服务项目的访问获得授权之后，服务项目本身也会启动额外的访问控制程序：例如，仅允许指定用户或特定用户组进行修改，而授予其他用户只读许可等。

身份管理为在所有相关资源中，对于用户身份进行管理。身份管理的建立基于一个包含商业流程、政策与技术的集成系统，其能使组织帮助并控制用户对危险在线程序或资源的访问，也能保护机密的个人或商业信息免受未授权用户的访问。它代表了一类用于管理用户认证、访问权限、访问限制、账户信息、密码，以及在一个或多个应用程序或系统中的用户角色 / 信息的其他相关属性的解决方法（更多信息，参考专门讲述安全问题的章节）。

10.2.4.4　认证

用户在获得虚拟企业协同中心的访问权限之前，必须进行自行认证。认证信息包括简单的用户名 / 密码组合，或更加先进的共用密钥基础结构（PKI）或信任网络[5]。

在使用用户名 / 密码进行认证时，必须建立一个严格的密码政策。许多对于IT 系统的攻击之所以成功，主要原因为不适当的密码政策。虚拟企业协同中心应定义一个关于密码质量与密码更新的适用规则。

10.2.4.5　授权与角色管理

一个适当的授权流程能够确保只有经过认证的特定用户才可以登录中心，且每一个虚拟企业协同中心用户只能访问他（她）被明确授予访问权限的相关信息。

对于虚拟企业协同中心合作单位提供的、位于合作单位共享区域内的服务项目，此虚拟企业协同中心合作单位必须严格控制在他的服务项目中，谁被授权做什么。

关于提供数据访问服务的服务项目的访问权限，其特定要求如下：对数据访问权限进行管理，支持访问权限在用户中以及使用访问控制列表（ACLs）的用户组中的分配。一般地，通过管理功能可设置访问某一个实体的许可权、或访问实体集合的许可权。访问权限包括数据的读、写与删除的权利，以及执行储存在虚拟企业协同中心内的工作流程的权利。在不同的项目中，项目的不同周期中，或不同的协同合作中，可能会定义细节水平不同的许可权。

至少应该定义一些角色，如用户与系统管理员。另外，还需要设置完成项目管理工作的角色，例如，允许创建虚拟项目空间并在其中管理整个项目的角色。项目管理角色可以编辑项目结构，而普通用户只能使用被定义的用户角色在此结构中进行工作。

10.3　全局优化流程

本章剩余内容，描述怎样以虚拟企业协同中心理念为基础，完成高压涡轮的多企业协同优化工作，其中，高压涡轮的多企业协同优化的详细内容，请参见第9章。多站点、多公司、多学科优化工作流程，请参见图10-7中的框图。流程图中流场线左侧的文字表示虚拟企业协同中心中与产品周期管理/产品周期支持服务的交互。叶片剖面设计合作单位（ADP）与轮盘设计合作单位1（DDP1）在他们的局部设计流程中，并不直接与虚拟企业协同中心相连。对他们而言，协同数据与参数管理将通过主工作流程来处理。局部设计流程的技术细节与内容参见第9章。

在此项研究项目中，全局优化工作流程，将直接在虚拟企业协同中心，使用核心工作流程服务完成。建立此工作流程的任务则由负责全局设计工作流程整合的虚拟企业合作单位完成。

此合作单位通过虚拟企业协同中心的产品周期管理/产品周期支持服务启动设计流程，使用任务参数与初步设计阶段得到的结果，更新共享数据库。此类信息，将作为一组参数，被输入到多学科叶片设计流程中，此流程在叶片剖面设计合作单位的站点局部运行。叶片剖面设计合作单位将此服务作为合作单位提供服务，并在虚拟企业协同中心注册，参见图10-1。

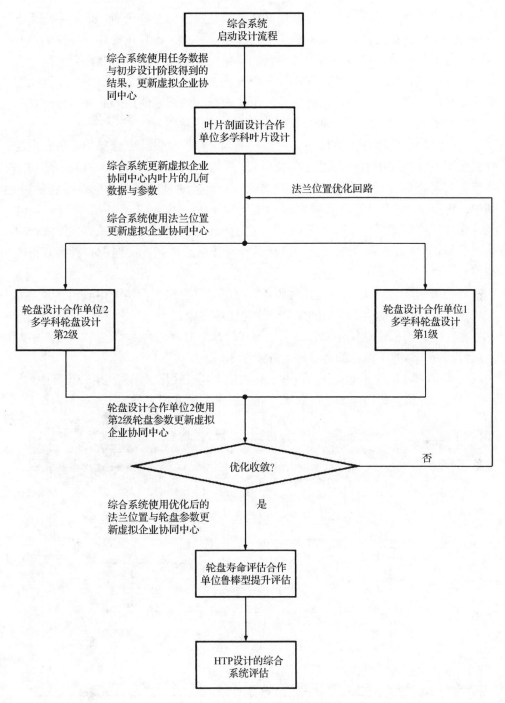

图 10-7　高压涡轮设计流程框图

323

　　叶片优化结果将返回至主流程中并在虚拟企业协同中心公布，之后会用于下一步骤中，即轮盘设计。该流程由两个合作单位运行，各自负责高压涡轮中的一级。两部分之间的接口为连接旋转轮盘的法兰位置。仅有这一参数需要在两个合作单位间共享。同时，法兰位置作为一个优化参数，将在两个合作单位站点间的优化循环中得到改变更新，该优化是为了使轮盘达到预期使用寿命并尽可能降低质量。在图 10-7 中，此优化循环标示为法兰位置优化循环。

　　与叶片剖面设计合作单位一样，客户端无法在轮盘设计合作单位 1 站点中连接到虚拟企业协同中心的产品周期管理/产品周期支持服务项目。因此，全局工作流程与局部轮盘设计合作单位流程之间，会直接通过网络服务交换必要参数，其中，轮盘设计合作单位 1 凸显在虚拟企业协同中心中。

　　相反，轮盘设计合作单位 2（DDP2）的局部流程，可以使用局部工作流程中的产品周期管理/产品周期支持服务项目，直接从虚拟企业协同中心直接获得此类信息。

　　而公司专用的 IT 要求则禁止将服务直接曝光于虚拟企业协同中心内，因此为实现轮盘设计合作单位 2 参与到多公司优化循环，建立了一个轮盘系统。

　　在完成跨公司轮盘优化流程之后，要在轮盘寿命评估合作单位（TLAP）站点内执行流程，对高压涡轮的寿命进行鲁棒性评估。

　　在图 10-8 中，显示此次执行顺序怎样被输入到参数化工作流程管理工具中[6]，此工具可为虚拟企业协同中心的此次建立，提供工作流程服务。

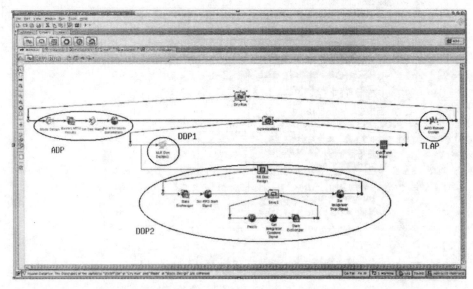

图 10-8　与虚拟企业不同合作单位连接的多站点多学科设计优化的全局控制流程

　　由于全局优化流程至合作单位站点局部流程之间的连接为项目中要求最高的任务，我们将在本章的剩余篇幅内进行详细阐述。

10.3.1　连接至叶片剖面设计合作单位

　　我们将执行原型基础结构，以演示基于互联网实现虚拟企业合作单位最低安全要求的过程，参见图 10–9。

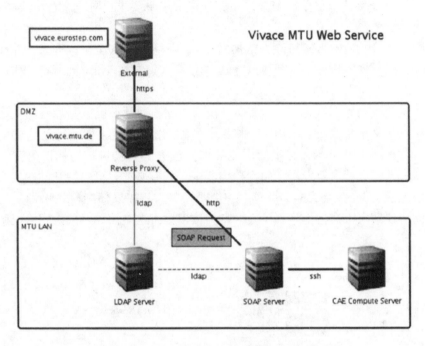

图 10-9　叶片剖面设计合作单位连接至主工作流程

　　通过网络服务定义语言文件发布服务说明，将空气动力学优化作为网络服务，提供给虚拟企业。为了使用此服务项目，须根据服务说明，通过申请（综合系统），发送简单对象访问协议（SOAP）信息至叶片剖面设计合作单位服务器。信息中包含输入数据，并被压缩为超文本标记语言请求。在提供服务合作单位的轻量目录访问协议（LDAP）服务器上得到授权后，该请求将被转发至内部的简单对象访问协议服务器，并进行进一步的核实。服务器会解压输入数据并开始在计算机辅助工程（CAE）计算服务器上进行优化。结果会被再次压缩成为简单对象访问协议数据结构，并返回至综合系统中。

　　在此过程中，必须满足以下安全要求：

　　（1）内容保密，防止未授权访问：通过超文本传输协议加密实现在供应合作单位之外的内容保密，而在合作单位内部则使用反向代理服务器进行存取控制。

（2）授权：将通过包含已授权服务用户信息的轻量目录访问协议服务器，对授权数据进行核查。原型显示其能够便利完成授权服务项目的执行与维护工作，是除去安全性之外，第二重要的要求。更多关于多公司授权的信息，参考有关安全章节。

为了完全保证合作单位安全，还必须考虑以下要求：防止恶意内容与认证，保证内容安全。

刚才提及的所有要求（除去认证之外），都会纳入安全结构理念，并在下文中进行详细描述。例如，一个单点登陆（sign-on）结构必须得到所有合作单位的认同，因为它无法独立运行。

由于简单对象访问协议中的输入/输出数据，通常情况下是加密的，因此使用常用的超文本传输协议扫描器，将无法侦测到隐藏在可扩展标记语言中的恶意内容。如图 10-10 所示，必须使用能够以一般方式解析可扩展标识语言结构的扫描器，并将原始内容发送至病毒扫描器中。如有必要，可以解开已知格式数据（例如，.gz，.zip，.exe，base64 等），并进行扫描。如果怀疑存在病毒，简单对象访问协议请求将会被拒绝；反之信息会依旧被发送至简单对象访问协议服务器中。

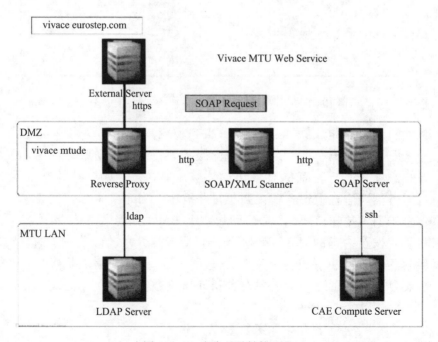

图 10-10　安全基础结构理念

简单对象访问协议服务器安装在非军事区内，以降低在局域网中外部可访问系统的安全隐患。另外，在封装计算机服务器时须格外小心，防止出现非法访问局域网的情况。

10.3.2　连接至轮盘设计合作单位 1

10.3.2.1　轮盘设计合作单位 1 工作流程的说明与使用

在整个发动机中，轮盘设计合作单位 1 部分使用的工作流程，由高压涡轮轮盘的热力学分析组成。轮盘设计合作单位 1 工作流程，定义并控制分析中所需要的各种工具的运行。对于几何学参数特定、承受（简化的）循环载荷的涡轮轮盘，将计算它的结构响应，例如，预期寿命及无破裂标准。涡轮轮盘须承受热气流产生的高温载荷，以及相连的涡轮叶片形成的离心力。轮盘分析工作简化为轴对称模型，其中只需要二维的几何模型就足以完成分析与优化流程[7,8]。（关于多学科设计优化流程的完整描述，参见第 9 章。）

流程中吸收了一些结构设计与分析方面的商业成品工具，包括用于处理几何结构的计算机辅助设计工具，有限元建模的后处理程序，在热机分析与应力分析中使用的有限元分析工具，以及以 Basquin 方程式及 Palmgren–Miner 规则为基础的专用寿命分析工具。涉及的流程概念、工具与数据文件参见图 10–11。自设计表格开始，以使用寿命值结束。此流程可用于外部优化循环中，该优化通过一个在设计工具控制流程中的迭代式应用程序，进而完成对设计表格的设定与修改。

计算机辅助设计工具一般在 Windows 系统计算机上运行，分析与后处理工具一般在 Linux 系统计算机上运行。在 Windows 系统计算机与 Linux 系统计算机之

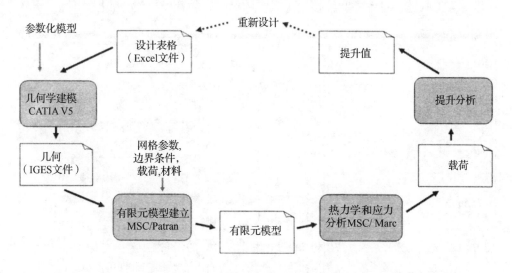

图 10–11　高压涡轮轮盘热力学分析的概念流程，以简化轮盘的参数化模型为基础

间使用共享文件系统，这样所有的输入与输出文件就可以存放在同一个目录下。输入变量，包括设计变量与定义设计案例的其他参数，使用一个文本格式的文件进行指定。这个文件中可能包含几何学参数、网格密度、载荷条件、设计变量的边界，以及建立分析模型所需要的约束条件。参数统一为一种特定的公共数据格式（Loadproc），此格式通常为轮盘设计合作单位 1 在各分析工具之间储存，以及交换工程学数据时使用的格式。在一段 python 代码的控制下，通过电子数据表（设计表格），将几何学设计变量转换至计算机辅助设计工具中。可使用一组特殊的数据文件，存储在设计与分析流程中没有发生改变的模型数据。

此流程可作为独立工具使用，即作为一个专用程序使用。在程序中设有一个面向工程学且易于使用的图形用户界面（参见图 10–12）。在程序中，可以指定轮盘的设计值，如宽度，并显示在执行程序链后得出的应力分布与预期使用寿命。设计师可以设定不同的值，并在自己的屏幕上检查结果，无须费心在系统内各个平台上启动相应工具。另外，此流程还可以作为一个组件在全局工作流程中使用。

在该流程的运行中，综合使用了轮盘设计合作单位 1 用于驱动工具链自动化的中间体，以及 Java 和网络技术。中间件[9]可定义工作流程，包括工具链中一系列工具的使用说明，以及数据集处理说明。后者为流程的图形表现形式，流程包括工具、用于储存并在各种工具之间传输数据的数据储存器，以及工具与数据储存器之间的连接。工具链能够保证清晰地定义一个流程，并控制和综合使用工具，管理流程中数据。图 10–13 展示了与图 10–11 中的概念流程相对应的工具链。一旦定义工具链，将由中间件控制工具链的运行，并管理相关的数据文件。

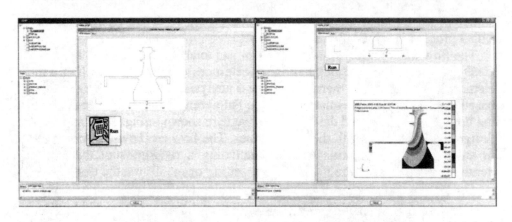

图 10–12　通过专用程序独立应用轮盘设计合作单位 1 热力学分析工具链，在专用程序中，已
　　　　　设定大多数参数。左侧为初始状态，右侧为完成结算循环后得出的结果

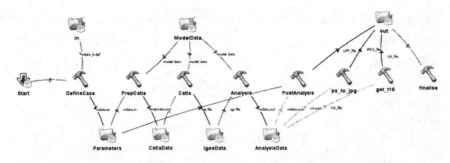

图 10-13　执行高压涡轮轮盘热力学分析流程作为工具链

中间件既能独立使用工具链，又能嵌入使用工具链。在独立案例中，设计师可能会直接运行工具链。这可以通过中间件的图形用户界面或专用应用程序实现。如图 10-13 所示，在白盒子模式下，图形用户界面可访问工具链以及其中的单个组件。在图形用户界面中，用户可以交互式探索工具链，放大显示任意子链与工具，进而控制其执行到单工具水平上，并在工具链运行期间以及运行后监控流程。通过使用图形用户界面，用户也可以通过单个图标将工具链作为一个黑匣子工具使用。另外，专用程序也只能在黑匣子模式下才能使用相同的工具链，如图 10-12 所示。在此案例中，终端用户会首先设计所有输入值，然后运行工具链，而且不需要进一步处理工具链或其他步骤以及中间结果，最后得出结果。

在嵌入使用案例中，须通过某一程序内的应用程序接口使用工具链，例如，在高水平（全局）工具链或者工作流程中，如虚拟企业协同中心全局工作流程。该应用程序接口是基于网络服务技术的。

中间件有助于工具链在公司网络内部与外部的使用。在网络外部的情况下，可在定义和执行工具链的局域网外部远程运行工具链。远程操作中，必须具备高水平的 Java 技术与网络接口技术才能完成。使用中间件图形用户界面的网络版本，可远程交互式操作工具链，而单个工具仍在批处理模式下运行。另外，通过网络服务，还可以远程嵌入并交互式操作工具链。例如，在全局工作流程中，涡轮轮盘预期寿命的计算工具，在一组专用的 Linux 系统与 Windows 系统中运行。参与与协同合作单位可通过互联网作为网络服务，嵌入并交互使用工具链，同时需要采取适当的安全措施。涡轮设计运行在外部的 DDPI 工作流程会执行这个工具链，从而通过网络服务提供输入数据和接收到的输出数据。相同的网络服务，通过专用的客户端程序，可以在一个交互式进程中独立使用，参见图 10-12。通过中间件图形用户界面的网络版本，可以在白盒子模式下，查看并操作远程工具链，工具链信息参见图 10-13。

10.3.2.2　轮盘设计合作单位 1 工作流程的本地与远程使用

总的来说，中间件能够支持不同水平的工具与工具链的综合使用与控制性使用，从独立使用松散耦合工具、人工处理数据文件，到专用工程学程序与工作流程内部的高度综合及自动化使用，详情参见图 10-14。

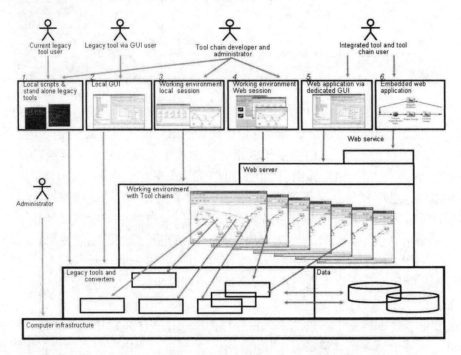

图 10-14　使用工具与流程的不同水平，从单个工具的非控制性独立使用
（1）到专用程序（5）与伞形工作流程（6）内部的高度自动化、嵌入使用

工具与工具链中间件可作为网络程序使用，由位于轮盘设计合作单位 1 IT 网络中所谓的项目区内的开放资源网络服务器控制的开放资源应用程序服务器提供服务，此体系参见图 10-15。项目区是轮盘设计合作单位 1 网络中非军事区的一部分，具有自己的安全政策，并通过防火墙执行。在此项目区内，通过安全的超文本传输协议（HTTPS）可在互联网上安全访问工具链，并使用有效的用户名 /密码组合对该访问进行保护。

10.3.2.3　轮盘设计合作单位 1 中间件

工具链的执行基于轮盘设计合作单位 1 中间件在工程学工具与工具链程序内储存、应用知识的效用[9]。轮盘设计合作单位 1 中间件可支持多种继承工具的使用。继承工具是原样保留的，使用代码压缩而成的，称作工具包装。继承工具通常为商业成品，内部研发，或由合作单位或客户提供，应用于易于操作的统一工具对象。

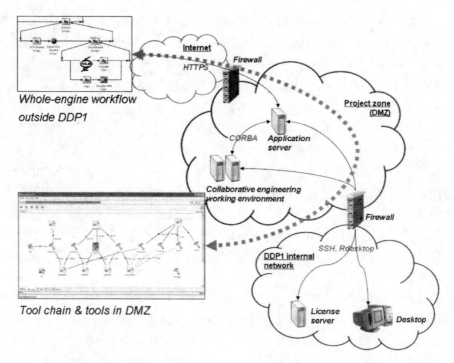

图 10-15　远程调用全局整体发动机工作流程中的轮盘设计合作单位 1 热力学分析工具链

因此，工具包装在没有工具资源代码或没有特定的工具库可用的情况下，使集成继承工具成为可能。另外，它也能够促进已经证实可用于飞行器设计中的各种工具的集成，但是当对其进行修正或重新编译时需要进行重新验证。工具对象有利于以统一方式使用继承工具。另外，工具对象还能够提供统一的构件，方便工具链的定义与使用。根据已形成的方案，例如，在参数化建模、优化，以及参数变化研究中，可以在工具链中反复、迭代循环使用系列工具。轮盘设计合作单位 1 中间件，可支持工具与工具链的交互式（即由工程师直接操作）使用或嵌入一个更大的工具链中，正如在全局优化工作流程中执行的那样。无论是交互式使用或是嵌入使用，都可以通过高水平网络技术，以安全的方式远程操作工具与工具链。

10.3.2.4　连接轮盘设计合作单位 1 所使用的网络技术

如上文中描述，可通过综合运用高水平 Java 技术与网络技术灵活地本地、远程、嵌入访问工具与工具链。这种技术，可以提供程序接口，使分散的软件组件在互联网上以安全的受控方式共同工作。Java 内容储存库（JCR）[10] 与 RESTful 网络技术 [11] 是实现轮盘设计合作单位 1 工作流程，尤其是实现对其可访问的关键技术。如图 10-14 中左上角所示（标签 1），工具链的客户端，是一个通过网络图形用户界面或专用客户端程序交互式操作工具链的人员，或者是一个协调各个合作单位流程的工作流程，它通过网络服务使用工具链，与工具链中间件通过 JCR 接口进行交互。我们将在下面的段落中，分别描述 JCR、网络服务，以及 REST 技术。

JCR。JCR 是以统一方式访问内容储存库的应用程序接口（API）[10]。内容储存库是一个分层的内容（或数据）储存库，支持结构与非结构数据，二元数据与文本内容，全文本搜索，过滤，版本管理，事务读 / 写访问，精细度访问控制，内容分类以及内容事件监控。如今许多应用程序，包括网络程序与文件管理系统在内，都是用内容储存库来管理数据。

从终端用户的角度出发，协同工程工作环境，例如，虚拟企业协同中心（或轮盘设计合作单位 1 工作流程）可以被看作一个数据储存库，其中的内容为工作环境中包含的对象，例如，文件、工具、工具链以及工具链与数据库中存储的所有对象。通过 JCR 接口，Java 程序能够以一种简单且精准定义的方式，以及一种嵌入形式，与工作环境进行交流，过程中无须工作环境中自带的用户界面内的图形用户界面组件。

轮盘设计合作单位 1 工具链中间件内 JCR 接口的应用，代替了用户界面中的图形用户界面组件。从工作环境的角度出发，JCR 接口与图形用户界面相似，接收指令与输入数据，并将输出数据返回给 JCR，而不是图形用户界面终端用户。JCR 接口是 Java 内容扩展与权力体系（JeCARS）[12] 框架中的一部分。Java 内容扩展与权限系统是 JCR 的开源实现[5]。

网络服务。在多合作单位协同工程工作环境中，计算资源，包括继承工具在内，一般都位于相关合作单位的局域网络中。在虚拟企业中灵活性协同的一个重要的目标是，使计算资源成为一种可访问的独立服务，使用人员无须了解实际执行细节与服务的基础平台。为了跨公司远程访问工具与工具链，使用标准和平台独立技术，又保证安全，必须选择使用网络服务。在比对完成分布应用的各种可用技术之后，我们选择了网络技术，将基于请求代理程序体系结构的共用对象（CORBA）与分布式组件对象模型（DCOM）的解决方案排除，详情参见参考文献［13］。

网络服务的概念是由万维网联盟定义的。如今万维网技术更加广泛应用于分布式软件组件之间的交流过程，并进而用于完成分布式应用。根据过去的经验以及网络的发展与要求，万维网联盟建立了网络服务。这种技术，为软件程序提供了程序接口，使得在不同平台与不同框架中运行的各种程序间能够互相通用。网络服务促进了不同公司软件 / 服务的集成，进而形成了综合性服务项目。网络服务使用公开标准与协议，例如，超文本传输协议、简单对象访问协议，以及可扩展标识语言。HTTP 为超文本传输协议的简写，通常用于在互联网与万维网的信息传输。SOAP 是在网络中传输 XML 信息的协议，一般使用超文本传输协议或它的安全变体：安全超文本传输协议或简单的超文本传输协议安全。XML，可扩展标志语言，是一种多用途的语言，用于序列化信息或为信息编码。一般情况下，通过网络连接与互联网，XML 用于各个系统间的结构信息共享网络服务。

网络服务由一组可通过多方式应用的工具组成。最常用的三种方式为 RPC（远程程序调用）、SOA（面向服务的体系结构），以及 REST（具象状态传输）。

在远程程序调用方法中，应用程序接口（API），在（分布式）函数或方法调用方面已被精准定义。此类调用的细节，包括限于特定协议的服务项目，都会以 WSDL 的形式发布给客户，格式为可扩展标志语言。WSDL 描述能够使客户与服务进行交互。另外，网络服务还定义了服务代理技术。服务提供者可以通过服务代理注册服务项目。服务请求者可以使用服务代理去找到一种特殊的服务并检索服务项目的 WSDL 说明，进而继续调用服务项目中的程序。

在面向服务体系结构的方法中，网络服务会被用于以 SOA 方式执行一个分布式系统[3]。这种软件结构，定义了单个、松散耦合服务项目在计算机网络中的使用，进而支持包含各种服务在内的综合软件系统的运行。服务项目通过信息进行交流，而不是函数或方法调用。此外，面向服务接口也通过 WSDL 进行发布。

在具象状态传输方法中，客户将通过精准定义的协议，通常为超文本传输协议或类似协议，与服务项目进行交互。会通过一组标准操作（例如，超文本传输协议安全取得、公布、发出、删除），对服务项目的接口进行定义。另外，还可以使用 WSDL 来定义这些操作，描述通过 HTTP 或 HTTPS 的 SOAP 信息发送。这种方法基于状态资源间的交互而非函数、方法调用与通信。

分布式服务与应用在发展的过程中开始慢慢支持网络服务技术的应用。例如，Java 研发环境 NetBeans，能够使软件研发者，第一个亲自执行网络服务，来快速验证程序可操作性。

协同工程工作环境的终端使用，包括执行工具链在内，将以网络服务项目的形式提供，并在 JCR 程序包的顶端运行。重要的网络服务操作即运行工具链。此工具链有一个独一无二的启动点，并能够以一种特定的顺序，在批处理模式下自动运行它的组成工具。输入文件将通过指定的数据存储器被传送至工具链，输出文件将在外部数据存储器内生成。图 10-13 中工具链符合这些要求。

我们采取了各种措施来建立达到一定安全等级的跨公司协同环境。在访问工作环境时，通过使用超文本传输协议，来保证互联网上数据交换的安全。客户需要使用有效的用户名和密码组合自行验证，完成验证程序后才能够访问工作环境中的内容。另外，在工作环境中使用用户与用户组对象访问控制，进行授权。

RESTful 网络服务。工具链网络服务项目，将以 RESTful 网络服务项目的形式实现，使用超文本传输协议安全与用户验证来保证安全等级。REST 是一种基于无状态客户端 – 服务器体系结构的方法[11]。REST 利用现有的网络技术与协议，例如，超文本传输协议与统一资源定位符。它以资源概念为基础，资源即为使用统一资源定位符确定的特定信息资源。客户端与服务器通过标准接口（超文本传输协议）进行交流，进而执行资源操作。通过独立请求规定具体操作，即请求之间的无状态交互作用。

早期运用工具链网络服务项目的时候，是以 SOA 网络服务方法为基础的。然而，进一步发展后，RESTful 网络服务取而代之。采用 REST 最主要的一个原因是，服务研发者能够简易应用它。REST 通过现有的、立即可用的、且经过验证的互联网技术、协议与标准，支持服务项目的应用。这使得完成与维护诸如每家协同公司的安全级别与安全措施（如防火墙与代理服务器）等变得简单。而且，基于 REST 提供网络服务正在变得越来越普遍（可在网站 http://www.programmableweb.com 获取联网资料）。几种大型网络应用，例如，谷歌、亚马逊、雅虎及易趣，都已经采用 REST 来共用他们的资源。

10.4 连接至轮盘设计合作单位 2

对于这个单位，其 IT 环境符合公司的安全政策，且不允许主动向虚拟企业协同中心发布服务项目。相反，他们需要使用轮询机制，以便主工作流程可启动此轮盘设计合作单位 2 工作流程。

主工作流程内组件"触发器 RRD"，可以更新虚拟企业协同中心内数据储存库中的文件，并核实轮盘设计合作单位 2 启动其设计流程所需要的所有信息都可用。此合作单位的内部工作流程会定期查询文件，只有在文件给出启动信号后，才会执行内部设计任务。在完成本地分析后，将结果上传。另外，一个独立的文件会被上传至虚拟企业协同中心，其中包含轮盘设计合作单位 2 内部工作流程已完成的信息。内部工作流程会使用虚拟企业协同中心的应用程序接口，自动检索并上传必要数据。

当内部工作流程在合作单位站点运行时，主工作流程会在虚拟企业协同中心同时执行一个相似回路即图 10-16 中下半部分中所示的"等待 RRD 完成"。一旦轮盘设计合作单位 2 优化流程结束，其便向包含由合作单位工作流程上传的更新信息的文件发起查询。只有在文件中发现需要的信息后，主工作流程才会继续运行。当主工作流程在之后的迭代循环中调用合作单位的子流程时，将自动重设更新信息为"未更新"。主工作流程总是会在继续进行下一次迭代循环之前，查询合作单位优化流程中的更新信息。

使用这种结构，轮盘合作设计单位 2 的本地流程，将与虚拟协同中心完全独立。本地流程的轮询循环可以于任何时间点在本地停止，从而使内部流程不再能为外部访问。

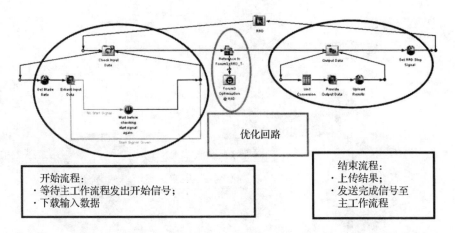

图 10-16　关于轮盘 2 的多学科优化与鲁棒设计的，轮盘设计合作单位 2 框架。触发器组件用于启动并完成本地设计流程

10.5　连接至涡轮寿命评估合作单位

在此合作单位站点，执行与虚拟企业协同中心非常相似的应用程序管理系统（ACS）。这个系统，是经过 Java 企业版（JEE）证实、商业可用的应用程序服务器[14-15]上建立的。为了将涡轮寿命评估合作单位（TLAP）集成在设计流程之内，在虚拟企业协同中心与涡轮寿命评估合作单位之间建立了一个企业间商务连接（B2B）。此商务连接采用了应用程序服务器中的安全措施。

应用程序管理系统，使用可扩展标志语言组件模型作为输入数据，并将工作分派给负责运行此模型的本地计算机。此解决方案提供了因特网连接与安全措施，来支持通过公共或专用网络 ACS 与 ACS 之间交流的安全性。它给予企业合作单位，创造并执行联合模型的能力，该模型的不同组件分布于物理意义上的远端地点。合作单位的内部安全流程之间的依赖性，通过使用第三方安全证书与实时认证被最小化。图 10-17 中，介绍了此种结构的大概情况。表明，耦合合作单位流程的这种方法，能够具有以下能力：一个特殊的模型可以被远程站点 / 用户使用；可以将远程模型归入联合模型中；可执行联合模型，使远程执行在本地流程面前透明化；保证所有的资源（本地与远程）都可以用于联合模型；可与远程站点，以及任何一个工作执行资源连接；包含网络基础架构，其通常应用于连接各公共网络，如防火墙与网关；使用超文本传输协议来完成加密传输；使用数字证书进行独立站点的用户认证；然后针对远程请求进行程序水平的认证。

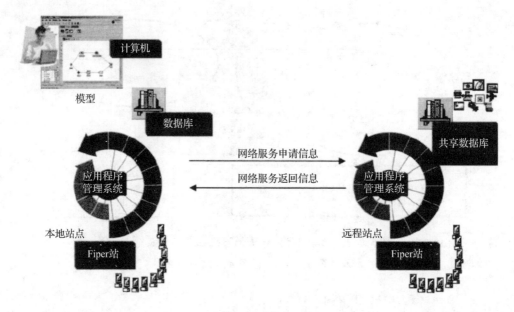

图 10-17　商业关系模型的执行过程

在建立联合模型时，模型中存在一个远程服务项目，为代理组件形式。此组件可作为远程服务项目的占位符。代理组件的输入数据与输出数据与远程模型所需要的数据能够准确匹配。除此之外，本地模型不知道其他任何关于远程模型的相关信息（例如，远程服务的运行被隐藏起来；仅知道输入数据与输出数据）。

代理组件以一个远程服务项目的通用占位符开始。需要根据模型中将使用的服务项目，对它进行专门的设置。我们可以通过代理编辑器进行此设置工作。B2B的运行，可让本地应用程序管理系统识别远程服务项目并在必要时使用它们设置代理组件。

代理组件的设置取决于在远程应用程序管理系统中检索服务信息的网络服务。这些网络服务可以检索一些必要的信息，例如，模型名称、输入值与输出值，模型创建者被授权使用或查看这些信息。

在将输入值设定为期望值以后，像其他所有模型一样，代理模型将在本地应用程序管理系统中运行。本地应用程序管理系统将调用某一网络服务来调用远程的应用程序管理系统进而运行远程服务，完成代理组件的运行。运行结果会从远程应用程序管理系统处传回，并成为本地模型中代理组件的输出值。

假定，在创建共享模型之前，将在各企业之间会进行一次商务会谈，以确定任何两个合作单位系统之间进行交流必须达到的安全级别。由于不同的商业协议，将导致不同的安全要求，这一解决方案允许用户验证与授权执行过程中存在灵活性。

将使用安全套接字层（SSL）协议来传输所有的网络服务信息。这可以防止第三方拦截并翻译数据。在加密的网络服务信息中，包括申请者的本地用户名称与本地系统的名称。为了进一步确认没有非法使用资源的现象发生，远程系统可能还会要求，提交第三方数字证书来完成身份认证。

远程系统收到网络服务申请后，本地用户身份（ID）变换为远程用户身份（ID）。这种转换可通过两种方式完成：

（1）系统水平，本地系统的所有用户 ID，都变为一个远程用户 ID，授权本地系统内所有的有效用户，使用远程系统中的模型。

（2）用户水平，本地系统中的每一个用户 ID 转换为独一无二的远程用户 ID，这使得每一个本地用户都有自己的身份，去执行远程系统中的模型。

在每次收到申请后，都会执行用户认证与授权流程，无论模型信息是否被申请归入代理组件中或者模型执行申请中。

10.6　总结与结论

在此章中所描述的我们针对多站点、多公司多学科设计优化进行的研究工作表明，在虚拟企业中没有一个单一解决方案能够适合于每个参与合作单位的特殊需求。

由于政策、安全、与 IT 结构存在差异，每家参与公司的要求也差距甚大。这种差异性也会扩展至每个合作单位使用的设计系统与设计工具中。任何的集成尝试，都需要合作单位各自本地工作流程随之改变，因而都有可能失败。原因主要是，这些工作流程都已经建立了很长一段时间，并能够非常贴切地反映每个合作单位的设计方法与原理。而且，这些流程通常构成每个合作单位带给虚拟企业的附加价值。

出于这些考虑，我们在此提出松散耦合各个本地设计系统的提议，其中，现有流程将被包装成网络服务，与虚拟企业协同中心互联。结果表明，这种方法提供了一个适用于所有问题的综合性解决方案。另外，这种方法在处理每个合作单位的不同要求时非常具有灵活性。在展示的研究中，4 个合作单位被集成，其每个合作单位都使用了不同的耦合机制：叶片剖面设计合作单位密码保护网络服务项目使用反向代理；轮盘设计合作单位 1 密码保护 Restful 网络服务项目；轮盘设计合作单位 2 轮询机制，使用虚拟企业协同中心中的安全文件，以及涡轮寿命评估合作单位专用 B2B 以及加密数字证书认证。

在虚拟企业中面临的另外一个难题是，需要共享公共数据，而不是在收到请求后点至点传送信息。在我们的工作中，由虚拟企业协同中心的产品周期管理 / 产品周期支持服务项目来提供这一功能。在呈现的多学科设计优化研究中，以这种方式共享数据，为多公司、多学科工作流程以一个可信赖且可重复的方式执行奠定了基础。多合作单位工作流程是具有弹性的。如果一个合作单位的工作流程失败，顶级的多个合作单位工作流程能从类似事件中还原。使用所提议的公共数据共享结构，能够保证，对于每个不管是共享的还是本地的工作流程的执行，所有使用的数据都有着良好的一致性。

最后同样重要的是，此章节中所描述的虚拟企业协同中心理念提供了一个框架，在其中，综合了此类型协同工程项目的工作流程与数据结构，并展示了安全基础结构。由于存在安全结构体系，只有授权用户有权访问虚拟企业协同中心，而且他们只能够访问授予他们权限访问的部分信息。

参考文献

[1] Smith, J., Mason, H., Kreiler, C., and McRae, M., "OASIS Product Life Cycle Support (PLCS) Technical Committee," Organization for the Advancement of Structured Information Standards (OASIS), http://www.oasis-open.org/committees/tc_home.php?wg_abbrev=plcs [retrieved July 2009].

[2] Christensen, E., Curbera, F., Meredith, G., and Weerawarana, S., "Web Services Description Language (WSDL) 1.1," World Wide Web Consortium (W3C), March 2001, http://www.w3.org/TR/wsdl [retrieved Jan. 2009].

[3] MacKenzie, C., Laske, K., McKabe, F., Brown, P., and Metz, R., eds.,"Reference Model for Service Oriented Architecture 1.0," Organization for the Advancement of Structured Information Standards (OASIS), Aug. 2006, http://www.oasis-open.org/committees/download.php/19679/soa-rm-cs.pdf [retrieved Jan. 2009].

[4] "PLCS Webservices," Product Life Cycle Support (PLCS), Eurostep Group, http://www.plcs-resources.org/plcs_ws/index.html [retrieved Jan. 2009].

[5] "Public Key Infrastructure," Wikimedia Foundation, http://en.wikipedia.org/wiki/Public_key_infrastructure [retrieved Jan. 2009].

[6] "FIPER," Dassault Systèmes, 2009, http://www.simulia.com/products/fiper.html [retrieved July 2009].

[7] Kesseler, E., et al., "Empowering Engine Engineers: Advancing the State-of-the-Art in Collaborative Multinational Multidisciplinary Engine Design," *First CEAS European Air and Space Conference*, Berlin, 10–13 Sept. 2007, CD-ROM published by Council of the European Aerospace Societies (CEAS), Paper number 2007-118.

[8] Kesseler, E., and van Houten, M. H., "Exploring Automatic Multi-Objective Turbine Disc Design for Virtual Engines," *ECCOMAS Multidisciplinary Jubilee Symposium*, Vol. 14 of *Computational Methods in Applied Sciences*, edited by J. Eberhardsteiner, C. Hellmich, H. A. Mang, and J. Périaux, Springer Netherlands, 2009, pp. 251–262.

[9] Baalbergen, E. H., and van der Ven, H., "SPINEware—A Framework for User-Oriented and Tailorable Metacomputers," *Future Generation Computer Systems*, Vol. 15, No. 5–6, Oct. 1999, pp. 549–558.

[10] "JSR 170: Content Repository for Java^{TM} Technology API," Java Community

Process (JCP), Sun Microsystems, Inc., http://jcp.org/en/jsr/detail?id=170 [retrieved Jan. 2009].

[11] Fielding, R. T., "Architectural Styles and the Design of Network-Based Software Architectures," Ph.D. Dissertation, Dept. of Computer Science, Univ. of California, Irvine, CA, 2000, http://www.ics.uci.edu/~fielding/pubs/dissertation/top.htm [retrieved July 2009].

[12] "JeCARS—Java Extendable Contents and Rights System," SourceForge, Inc., Mountain View, CA, http://jecars.sourceforge.net [retrieved Jan. 2009].

[13] Alexiou, A., Baalbergen, E. H., Kogenhop, O., Mathioudakis, K., and Arendsen, P., "Advanced Capabilities for Gas Turbine Engine Performance Simulations," *ASME Turbo Expo 2007: Power for Land, Sea and Air*, Montreal (Canada), 14–17 May 2007.

[14] Wujek, B, Koch, P., McMillan, M., and Chiang, W., "A Distributed, Component-Based Integration Environment for Multidisciplinary Optimal and Quality Design," AIAA Paper 2002-5476, Sept. 2002.

[15] "An On Demand PLM Infrastructure Framework for the Future," IBM Product Life-cycle Management, IBM Corp., Armonk, NY, 2007, ftp://ftp.software.ibm.com/solutions/plm/doc/content/bin/plm_on_demand_plm_infrastructure_framework_for_the_future.pdf [retrieved Jan. 2009].

第 11 章 保障虚拟企业协同

Michel Kamel

Paul Sabatier University，IRIT，Toulouse，France

Ernst Kesseler

Katern 09，Amsterdam，The Netherlands

Jean Paul Buu-Sao

Transglobal Secure Collaboration Program，Toulouse，France

Abdelmalek Benzekri

Paul Sabatier Unibersity，IRIT，Toulouse，France

Rene Wiegers

National Aerospace Laboratory（NLR），Amsterdam，The Netherlands

Francios Barrere

Paul Sabatier Unibersity，IRIT，Toulouse，France

Bert Schultheiss

National Aerospace Laboratory（NLR），Amsterdam，The Netherlands

Romain Laborde

Paul Sabatier Unibersity，IRIT，Toulouse，France

Erik H. Baalbergen

National Aerospace Laboratory（NLR），Amsterdam，The Netherlands

缩略语

AA	属性授权机构
ABAC	基于属性的访问控制
AC	属性证书
CIEEMG	军用材料出口研究跨部门委员会
DAC	自主访问控制
DMZ	非军事区
DRM	数字版权管理
DTD	文件类型定义

IBAC	基于身份的访问控制
Id*p*	身份提供者
IRIT	图卢兹信息研究院
IT	指令技术
LDAP	轻量级目录访问协议
NLR	国家航空航天实验室
OASIS	结构信息标准化促进组织
OrBAC	基于组织的访问控制
PDP	策略决定点
PEP	策略执行点
PKI	公共密钥基础结构
PMI	权限管理基础结构
RADIUS	远程认证拨号用户服务
RBAC	基于角色的访问控制
SAML	安全断言标记语言
SCE	安全协同环境
SME	中小型企业
SOA	面向服务的结构体系
SOAP	简单对象访问协议
SP	服务提供者
SSO	单点登录
SWIFT	环球银行金融电信协会
TSCP	环球安全协同计划
VE	虚拟企业
VEC hub	虚拟企业协同中心
VIVACE	通过虚拟航空协同企业提升价值
XACML	可扩展访问控制标记语言
XML	可扩展标志语言
WAYF	你来自哪里
WFE	工作流程引擎
WSDL	网络服务定义语言

11.1 引言

虚拟企业概念是作为技术推动者促进协同工作的网络与工具发展的直接结果站在需求角度，飞行器设计与制造需要大量财政投资，研发制造大型商用飞机如空客 A380 或者稍小的波音 787 客机，其投资最高可达 100 亿欧元[1-2]。为了共享投资并共同分担与之相随的风险，第一层供应商称为风险共担合作单位。因此，这些合作单位需要从一开始便参与其中，并需要分享他们的重要资产，即他们的设计方案与他们的设计工具套件。结果便形成了虚拟企业，拉动需求，进而推动技术。更多关于协同设计的信息，请参见第 9 章、第 10 章，其中第 9 章主要专注于发动机设计，此章同样也会使用它作为示例，第 10 章主要描述使能技术。本章中，重点讨论的示例将以虚拟企业为基础。为了验证方法的广泛适用性，在最后一节中，将讨论另一种虚拟企业能动技术。

当前，各组织间需要在不同领域中交换资源与能力，以求达成共同目标。虚拟企业为不同的合作单位提供了访问在地理位置上分割的不同站点上的可用资源的方法；这种形式的协同，将使得参与机构通过成为合作单位找到新的商业机遇，并通过与其他机构协同实现共同利益。建立合作单位间信息交流所需要的基础结构，将会带来许多安全问题，因为管理员必须敞开信息系统中的一些保险门。当决定建立一个虚拟企业时，参与机构必须铺展共享信息技术基础结构，确保各自站点间能够安全交换资源与能力。针对此种情况定义了许多策略（包括集中化、分散化，或者在定义的保护区域内重新进行资源分组）。如今有一种趋势，就是运用先进的网络技术，让每一个参与机构定义并管理有权使用虚拟企业资源的用户。因此，每一个参与机构都必须设有一名资源管理员并进行控制。每一个机构都保持自己的安全政策，并当协同中合作单位需要它时进行扩展。每一个机构将自行管理它的本地用户身份和属性，用于认证与授权。

Buljet 等人列举了虚拟企业特性[3]，并认为虚拟企业的主要特性为身份唯一以及协同合作，其中协同以各成员之间互相信任、信息技术共享为基础。因此，虚拟企业是在一个封闭环境下，即共同项目 / 活动，明确规定的信任关系的结果。信任可以缓和管理安全任务中的可伸缩性，例如，验证、授权与访问控制安全服务；它是虚拟企业存在的必需条件，并提供建立分布式安全协同环境的方法，在该环境中各机构将他们的重要资源投入其中，任凭他们的合作单位使用。

因此，虚拟企业系统环境应为工作人员与安全服务提供足够的灵活性，进而使每一个机构都能够在协同流程中的任何一步控制自己的资产。

剩下的篇章安排如下：11.2 节，我们将讨论在环球安全协同计划中，虚拟企业内部的信任理念；11.3 节，确定虚拟企业环境内部的安全约束条件；11.4 节，针对确定的安全约束条件，提出访问控制结构体系；在 11.5 节中，将详细描述用于理念论证的"工作流程引擎"（WFE）方案；11.6 节，我们将描述基于联合身份认证与权限管理基础结构（PMIs）理念建立协同环境时，我们采用的原型；11.7 节，提出了一个解决方案的升级版；11.8 节，将针对虚拟企业协同中心（VEC hub）理念进行讨论，虚拟企业协同中心需要依赖于我们的访问控制解决方案；最后 11.9 节，进行总结并陈述我们之后的工作内容。

11.2　信任

11.2.1　虚拟企业内部信任

只有当所有的参与机构及其工作人员互相信任后，虚拟企业才可以运行。当虚拟企业协同扩展至将产品生命周期的早期部分，如产品设计的各个阶段也归入其中时，此时敏感信息也需要共享。另外，还需要授权虚拟企业合作单位访问设计工具的权利。此类设计信息与设计工具组件是每一个参与机构的核心资产，因此需要互相信任。

虚拟企业运行的商业环境具有一个特性，即在当前协同项目是合作单位，在下一个项目中却可能成为竞争对手。因此，成功建立虚拟企业的先决条件是所有相关机构之间，必须建立并维持足够的信任。在此节中，将通过提出一些关于信任的定义详细阐述信任问题，并讨论虚拟企业的一些隐含问题，包括之前描述的工作布置问题。

一方面，在组织科学中，一般主张将机构之间的互相信任与对性能的极大正面影响联系在一起；另一方面，协同项目在每一个虚拟企业内持续时间短的特性，也会阻碍信任建立。

我们可以从多个不同的角度来看待信任问题，例如，经济学、社会科学以及组织科学。在信任关系中，三个共同元素如下：

（1）第一为委托人与受托人之间的互相依赖，即是否能够完成委托人的任务，取决于之前的行为或者其他人员或者被信任者的协调。

（2）信任能够提供一种方法，去面对委托人与受托人之间交互中的风险和不确定性。委托人需要与受托人一起承担风险。

（3）预期中，由于接受风险而导致的委托人利益易损性不会被其他人员，即受托人利用。

根据刚才所提及的不同角度，将信任分成以下三种：

（1）计算性信任以如下概念为基础，即信任涉及由委托人对信任成本与收益所进行的计算[7]。计算性信任通常应用于经济学与博弈论中。

（2）基于价值的信任，假定所有个体，都会分享公共（制度化）价值，信任即从这些价值中衍生而出[8]。由于虚拟企业中的合作单位都具有不同的背景（任务、国家、文化、司法），需要在虚拟企业中逐渐灌输这种公共价值。以价值为基础的信任关系，通常用于经济学、组织以及管理领域。

（3）基于期望的信任，假定所有合作单位的共同期望能够以一种可预见的方法规范其行为，进而形成信任的基础。这一概念来自于社会学，但通常用于组织领域中[9]。以期望为基础的信任关系相信信任递增理念，即委托人对受托人的信任程度是否提升（或被损坏），取决于受托人之前的各种行为。需要注意的是，这种期望可能来自于公司文化，因而它可以用于虚拟企业中。

最后一种角度对于信任关系的看法，与其实际存在的水平的不同相关：

（1）微水平信任，存在于使用各自评估信息的人员之间。

（2）制度化信任，依赖于正式的、合法的结构，以保证信任关系。对于跨集团信任关系、跨地域信任关系，以及在包含许多互相依赖的行为时，都需要这种信任关系[9]。所有的这些情况都适用于虚拟企业。在商务关系中，建立制度化信任，需要经历很长时间。在此期间内，委托人需要直接或者通过可信的第三方累积未来合作单位（受托人）的相关信息，例如，认证机构或者证明机构。

（3）系统信任，源于相关人员领域之外的系统的可靠功能，一般总结为"每一个人都信任为其他人所信任的假设"。该类信任意味着一种对信任系统的审计，以让所有人可以继续信赖该系统。

我们非常感兴趣于验证，在航空虚拟企业环境中建立以系统为基础的信任关系的可行性。它是以期望为基础的，如同所使用的框架奠定了期望的基础一样。为了在灵活的虚拟企业中开展制度化信任，需要一个可伸缩的框架去缩短建立制度化信任所需要的时间。为了保证所有合作单位与其预期行为保持一致以维持信任关系，该框架需要定期进行审计，另外，框架还需要提供一些技术手段去保证协同合作单位能够一直遵守商定的信任流程。后者又称作指令技术（IT）安全。

关于 IT 安全规定，存在很多 IT 安全选项。关于安全问题的论证中，我们已经选择环球安全协同计划（可在网站 http://www.tscp.org/ 获取联网资料）作为示例，因为它专门针对于航空领域。在下一节中，我们将详细阐述环球安全协同计划及其建立信任关系的方法。

11.2.2 通过环球安全协同计划建立信任关系

环球安全协同计划是一个全球大型航空航天与国防机构的联盟，目标为建立一个旨在支持大型协同项目、同时确保遵守法规、缓解风险的工业体系。这种跨越多个国家法律体系的广泛协同环境，考虑到如下因素将在未来面临更多压力（我们使用在之前已经引入的术语"信任组成"）：

（1）风险承担方面的问题：在航空航天与国防工业中，存在于供应链中的一个特性是囊括的层数（深度）与这些层数的广泛区域划分（宽度）。在风险承担方面，什么能够保证委托人（如信息所有者）愿意去与仅仅（或者）相识，且可能位于与他不同的管辖区域内的被受托人一起承担风险？委托人所承担的风险，会随所交换信息的敏感度而上升，因此，缺乏信任会阻碍供应链的运行。

（2）以价值为基础的信任关系中存在的问题：环球安全协同计划中，从文化角度上可能来自于民间机构一些重要参与人，在以价值为基础的信任关系方面存在一些问题，因为他们看到自己的将获得两用（两用即指被用于民用目的产品与技术，也有可能用于军事领域中）：处理此类两用信息需要调整文化、培训、流程、工具组，以适应相关成本的影响。扩展协同项目超越机构与地域限制，造成以价值为基础的信任关系的适用性遭到质疑的这种现象并不新奇。

（3）以期望为基础的信任关系中存在的问题：以期望为基础的信任关系通常会出现在航空航天与国防工业中需要共享信息时，在这种信任关系中信息所有者会做出所有相关人员都会以一种符合其意向的方式使用信息的期望。当协同项目跨越机构与地区时，问题开始出现：信息所有者怎样才能明确地指出自己的使用意向。如果选择数据标记方法，怎样保证所有相关人员都能看到数据标记，怎样保证所有相关人员都能以一种相似的方式去理解标记？在跨越机构与地域界限的时候，曲解意向的风险将会越来越大，即使是非恶意的曲解。

这种跨越机构与地域边界的扩展协同项目所导致的附加风险，是迄今为止我们研究的共同课题。如今，建立环球安全协同计划，希望能够通过采取以下方法帮助解决这些难题：

（1）需要跨行业建立以制度为基础的信任关系。

（2）需要在每一个机构内部，将制度化信任转化为系统信任，借助这种信任关系，使用机构的流程与机制来强化制度信任。

11.2.1.1　以制度为基础的信任关系：政策机关的等级体系

参与航空航天与国防协同项目的每一个机构都需要去识别政策，即能够保障信任关系的正式合法结构。政策机关为拥有自己政策的组织机构，也就是说，它所处的位置可定义、促进、强制政策的实施。政策机关会在各个不同层次施加自己的影响，无论是跨国的，国内的，地区的还是公司的。

例如，必须遵守出口控制政策（可从网站 http://www.kiet.re.kr/kiet/export/images/Session1-2Michel_e.pdf 获取联网资料）的法国航空航天与国防机构，需要去识别以下政策：机构自己的安全部门，负责出口管制的国家机关（在我们所列举的示例中，为"军用材料出口研究跨部门委员会"，缩写 CIEEMG），欧洲理事会（欧洲机关），以及瓦圣那协议（负责常规武器与两用商品与技术出口管制的国际机构）。

之前的示例中，表现出其他一些复杂问题：在所有相关的政策机关之间，很难去识别哪一个或者哪几个政策机构适用于协同项目，因为每一个协同合作单位处于的司法管辖区都不同。所以，可能会生成一些组合形式的相关政策机关。在实际工作开始之前，所有的这些程序都必须完成，需要在无论是程序上（通过流场有工作人员运行），还是系统角度上（系统基础结构执行）弄清如何应用政策。

这个问题太过复杂，需要多学科团队去解决：需要法律、流程、技术、产品与组织等方面的知识，去生成在特定协同环境下需要遵守的所有政策的集合。一旦确定适用政策之后，怎样去执行以及怎样确认并证实是否符合政策规定？

鉴于之前阐明的复杂程度，而且为了保证所有协同项目参与者之间能够互相信任，已经提出了建立一个旨在建立信任关系的机构。机构的结构、处理原则、任务、负责领域以及运行，不在此次讨论范围之内。

我们完全可以认为，如果没有一个适当的审计体制，这样一种以制度为基础的信任关系（或者系统信任）根本无法起到作用。在审计体制中定义了阐述合规性的方法论，进而保证全部的参与者遵守适用政策，其中无须披露他们怎样遵守政策规定的准确细节，但要求全部参与者必须接受经认证审计机构的审计。

此机构的另一个功能是，确保以一种可伸缩的方式，在所有的协同项目参与者之间建立信任关系。在航空航天业中，这一点尤其重要，因为在这个体系中存在许多供应商，从第一层供应商至第三层供应商，甚至还有可能包括一些与航空航天领域根本无关的供应商。例如，A380 的供应商总数为 452 家（可从网站 http://www.airframer.com/aircraft_detail.html？ model=A380 获取联网资料），其中包含大量的第三层供应商。这种可伸缩性可以通过多边信任达成，机构为被信任层系，以它为媒介，每一个参与者需要建立双向信任关系：信任关系的建立变得具有伸缩性，因为每一个参与者只需要在被信任层中进行一次严格的资格认证。之后，便可以在虚拟企业中所有的参与者之间，以传递或间接方式建立信任关系。这需要机构自身成为政策机关，有权制定所有参与者都必须遵守的政策，无论他们是否存在竞争关系。已经证实这种通过被信任层连接的、以制度为基础的信任关系模型非常有效，在金融行业内，竞争机构（如金融机构）依靠于定义公共标准以及在金融机构间传送财务数据服务的信任层（SWIFT，环球银行金融电信协会）。这种模型已经应用了 25 年。

11.2.1.2 以系统为基础的信任关系

信任系统是解决执行指定政策问题（通过软件运行）的第一个操作系统，且至今仍在运行。随着技术的不断发展，这一巨大目标背后的问题逐步得到解决。刚开始系统只能执行非常简单的政策，之后，系统逐渐发展，能够应对越来越复杂的政策，然而我们现在注意到并非所有的政策都能通过系统单独执行；我们仍旧需要大量的程序手段。不管怎样，我们可以看到随着存取控制机制的多样化发展，系统执行越来越复杂政策的能力也在逐步提升，我们之后会运用大量篇幅来讨论这一问题。发展过程总结如下：

（1）自主访问控制（DAC）[10]系统，可以执行简单的政策，这些政策能被模化为指定主题的许可矩阵。

（2）基于角色的访问控制（RBAC）[11]系统，仍然执行可以建模为权限矩阵的政策，它与自主访问控制系统的区别在于，矩阵中不直接包含主题，但是可以使用抽象观念（角色）将拥有相同特性的主题组合在一起；在一些案例中，继承的概念可以通过建立角色等级制度帮助简化角色管理，但注意不一定准确地模仿真实的商业角色。

（3）基于属性的访问控制（ABAC）[12]系统，通过引入规则集、运行时间选择、规则集的实例化与评估等概念，实现了一次飞跃式的发展；这一系统让我们能够更好地执行转化为规则集形式的真实政策，当然并非所有政策都可以进行转化。除去简单的规则发动机之外，一些系统添加了仿真智能机制，例如，推理机制和／或处理模糊逻辑的功能（不包括谓语逻辑）。

（4）基于组织的访问控制（OrBAC）系统，是通过引入一些结构，例如，环境或短时间约束，在权衡社会学与组织科学（刚才看到的系统并非仅仅与计算机科学相关）之后形成的一个新系统，也就是说更加适合于执行真实政策。

环球安全协同计划正在评价几种辅助机制，加强系统执行政策的能力。其中一种机制为基于规则的政策引擎，至少支持基于属性的访问控制系统，并通过企业数字版权管理（DRM）机制进行补充，这种机制能够使信息资源无论位置如何都能够得到保护。

在编写本章时（2009 年年中），基于属性的访问控制系统与企业数字版权管理机制的结合，并没有通过工业优势产品（商业成品）而具体化，因为当时的产品在规则集的表达方面存在一定限制，且仍然缺乏互用性。现已使用基于属性的访问控制系统的原型，去测试简化的知识产权保护政策，关于此问题我们将在下一节中进行阐述。

即使存在能够完全执行各种须执行政策的系统（如知识产权或出口管制政策，也非本章写作时的情况），我们仍需要解决其他问题来保证能够建立起一个坚固的基于系统的信任关系，例如：

（1）准确性问题：怎样证明某一特定系统，能够足够准确地执行指定政策？

（2）互用性问题：怎样保证可执行政策可以共用于不同的执行系统之间？

（3）政策表达等效问题：怎样证明，对于同一个政策（可能使用不同的政策语言）的两种不同解读（或执行）是等效的？

（4）政策选择问题：在有多个备选政策时，怎样保证选择正确的政策进行评估？

（5）政策组成问题：在有多个政策需要组合的情况中，怎样保证组合是正确的？

11.3　协同环境与安全约束条件

我们必须建立安全协同环境，以求能够让潜在合作单位合作并通过安全方式分享他们的重要资源与能力，且在此安全协同环境（SCE）中必须集成虚拟企业特征[3]。我们需要建立一个互联解决方案，提供潜在合作单位所需要的安全服务以及要求的信任水平。因此，系统中应允许每一个机构，即虚拟企业成员，管理自己的资产，也就是说，控制其他参与虚拟企业的人员，并控制供他们任意使用的资源。然而，如果每一个机构都控制其自己的资产，它也必须对这些资产负有法律责任。合同的重要性在于，他完善了虚拟企业法律框架，并为参与人之间信任关系的建立打下了基础。

这就是说，每家公司都必须向其中一个合作单位开放它的信息系统，让他们访问它的重要资源，但不会造成资源损失或资源控制权的缺失。许多安全约束条件都来源于此类互联关系，且必须遵守。主要安全约束条件如下：考虑不同合作单位站点都可以使用的验证系统的复杂性问题；定义并采用独特的认证机制，并在不同的机构间铺设，其可以为之前章节中所讨论的制度；提供单点登录（SSO）服务，以免用户必须去记住不同机关发布的多个不同的认证信息；通过提供有效解决方案与工具，简化安全管理问题；确保所有合作单位之间的信任程度与合规性。

因此，安全协同环境必须提供有效工具，解决下列问题：

（1）访问控制政策规范：为执行政策，规范语言必须具有灵活性，足以囊括任何与安全问题相关的概念或特性。

（2）每个机构自行管理自己的资产：提供人力资格认证服务的机构（用户的本地组织），必然能够决定谁可以参与到虚拟企业之中。因此，那些在虚拟企业环境内部人力资源方面既有权限又承担责任的机构，应负责认证流程并鉴定他们自己工作人员的资格。

（3）解决机构内部采用的不同认证与鉴定解决方案之间的互用性问题（不同的技术彼此之间可能互不兼容）。

为了满足这些安全约束条件并为机构提供方法去建立安全协同环境，我们建议使用结合基于属性的访问控制系统、权限管理基础结构（PMI），以及联合身份认证等理念的访问控制解决方案。首先，我们会根据用户的属性，使用基于属性的访问控制系统模型来指定访问控制政策。然后，我们会提供一种语言表示访问控制政策，并提供一个授权引擎用于执行授权决策，并使用权限管理基础结构，确定每一个机构对于自己资产所拥有的权限以及承担的责任。最后，使用联合身份认证的理念解决互用性问题。

11.4　关于访问控制结构体系的提议

11.4.1　基于属性的访问控制系统模型与访问控制政策

经典模型，例如，基于身份的访问控制（IBAC）模型[10]与基于角色的访问控制模型，除了用户属性之外，无法提供方法去表示资源属性。因此，我们决定采用基于属性的访问控制模型，可以根据"属性"来表示访问控制政策。一个属性即为一个与安全、或与主体（即用户）、或与行为（即读或写）、或与资源（即共享文件）、再或与环境（即时间地点环境）相关的特性。使用这种模型可以为访问控制解决方案带来更大的灵活性与可扩展性。它更加适于开放式（异质、通用）与分布式系统的需求，在这类系统中，用户的身份不再是访问控制考虑的独有特性。这就是说，我们不能再因为他是"Bob"而授予"Bob"共享文件的访问权限，而是因为他具有访问此文件的特殊权限（如在其本地组织内部的角色）。

11.4.2　访问控制执行

基于属性的访问控制政策，在规范方面具有高度灵活性。然而，相关的访问控制机制必须能够控制由谁来指定属性值。

X.509-v4[14]标准中，提出了权限管理基础结构的概念。此规范的主要构成部分为属性证书。属性证书由属性授权机构（AA）签署，通过将属性（用户的身份或者他的角色）与公共密钥联系在一起，将公共密钥基础结构（PKIs）（可从网站http：//www.ietf.org/rfc/rfc3280.txt 获取联网资料）内部管理的身份证书一般化。公共密钥基础结构与证书机构的概念在虚拟企业环境中非常重要，因为他们能够提供管理各个公司的权利与责任的方法：

（1）通过担当证书机构的角色，提供人力资源的机构可以指定其员工的属性值，并向其他提供资源的机构做出保证，他们已经将这些员工的属性值指定为这些数值。

（2）资源的访问控制机制依赖于已将属性值赋予用户的证书机构，对属性值进行过滤。

将根据合作单位权利与责任两个概念，在战略水平上，来决定"由谁来作为证书机构"。其必须在合同中写明相关规定。

11.4.3　协调认证与授权信息

由于虚拟企业是由独立的合作单位组成的，每个合作单位都可能会使用与其他合作单位不同的、自己的技术来管理 / 储存认证与鉴定信息。通过认证程序，可以证实某一个用户或者程序是真的，授权则为根据用户在企业内部的角色，授权他们证书和权利的行为。例如，可以通过用户名 / 密码组合、数字证书、生物识别技术等，使用不同的协议，例如，远程认证拨号用户服务（RADIUS）（可从网站 http：//www.ietf.org/rfc/rfc2865.txt 获取联网资料），与 Kerberos（可从网站 http：//www.ietf.org/rfc/rfc1510.txt 获取联网资料）安全认证系统等完成认证程序。

　　传统上，由提供服务的站点（SP，服务提供者）来执行认证与授权机制。每一次，一个用户希望访问一个新的服务提供商所提供的资源时，必须创建一个新的用户账户，并由服务提供商负责管理。由于用户可能属于服务提供商之外的一个机构，所以一些信息只能在机构的管理员之间进行交换（服务提供商询问用户信息，创建用户账户，然后发送连接信息给用户，希望用户具有工作站的必备技术）。另外，用户必须记住大量密码，其数目等于用户希望访问的、服务提供商管理的资源数目，这会使得用户与管理员的工作变得更加复杂。

　　我们可以采用一个新的、称作联合身份认证（参见图 11-1）的概念，来协调各合作单位之间认证与授权信息的一致性。

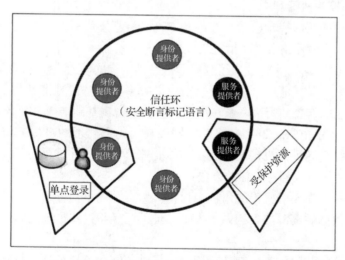

图 11-1　身份联盟，看作一个信任环

　　联合身份认证就是共享数字身份，使在不同的安全领域内的启动程序一起安全工作。联盟能够帮助用户与程序无缝合作，就好像他们本来就属于同一个安全领域，而事实上安全领域仍然保持独立。联合身份认证可以被看作安全领域之间的信任环，其中每一个领域都会接受来自另一个领域的授权。

11.5　"工作流程引擎"描述性方案

我们将以概念验证演示过程为基础，阐述我们的方法并详细说明在虚拟协同环境中关于访问控制的解决方案。这种演示程序最初由工业合作单位定义，通过环球安全协同计划（可从网站 http://www.tscp.org 获取联网资料）辅助，实现了第 9 章与第 10 章中所描述的虚拟企业（可从网站 http://www.vivaceproject.com 获取联网资料）。并在通过虚拟航空协同企业提升价值（VIVACE）论坛 3 中第一次成功地演示了执行过程[15]。

作为航空业内非常具有代表性的一个使用案例，整体引擎的使用案例将被用来验证我们所提出的、解决虚拟协同环境内访问控制问题的方法与解决方案。整体引擎使用案例，与第 9 章和第 10 章中所描述的一样，以展示新的技术援助方法怎样协助此类多合作单位协同项目。

11.5.1　概念验证

此节中所描述的概念验证以部分整体引擎使用案例为基础。它基于联合身份认证与以属性为基础的访问控制概念，来展示我们的访问控制解决方案。我们将在一个简单的、但是仍非常具有代表性的协同合作方案中，确认并记录下整体发动机使用案例中的协同示例，并以此作为概念验证的基础。

在最终确定的概念验证中，多个合作单位合作制定发动机涡轮盘的设计方案。协同合作中，包括以下合作单位：一个集成者，提供发动机涡轮盘的初步设计方案，并收取第一层供应商执行分包合同工程的结果；一个设计人员，以初步设计方案为基础，提供发动机涡轮盘的参数化具体设计方案；一个分析人员，分析具体设计方案并提供分析报告，以及验证人员，验证分析结果并提供验证报告。

在现实方案中，不同合作单位站点的工程师将拥有专用的工程工具供他们使用（有限元前后处理及分析系统，可从网站 http://www.mscsoftware.com/assets/MSC_DS_Patran.pdf 获取联网资料，有限元分析仿真软件，可从网站 http://www.mscsoftware.com/assets/MSC_DS_MSCN 获取联网资料）。每个合作单位站点的工作成果，参见图 11-2。在第 9 章中我们曾详细说明所包含的各种活动。

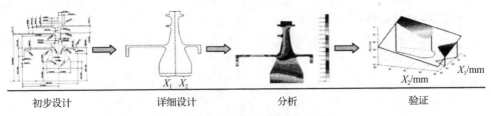

初步设计　　　　　详细设计　　　　　分析　　　　　验证

图 11-2　发动机涡轮盘设计流程

在下一节中，我们将说明协同流程怎样在概念验证的过程中运行。

11.5.2 建立协同环境

我们假定合作单位已经建立了一个虚拟企业，来完成协同项目。为了保证协同工作顺利进行，整个协同工作（即使用案例）被映射到一个工作流程上。工作流程是各合作单位协同工作为目的，由合作单位协同执行连续任务（或活动）时所遵守的一个方案。共享数据储存库用于安全数据共享。

作为利益相关方，集成人员负责定义适用的工作流程（又可称作工作流程的"编曲家"）。

工作流程定义了一个方案，在方案中，每项任务都被赋予了一个开始日期和一个结束日期，一个执行人员（即合作单位），先决条件（即在开始执行任务之前，需要满足的条件）以及结果（即输出数据）。

一位"指导员"将仔细关注工作流程的执行状况，并负责其中的协调工作。指导员将根据方案与当时工作的状态，决定是否触发负责的"执行人员"（执行其任务的工程师/设计人员）。在最简单的形式中，指导员为一个被赋予流程操作人员角色的工作人员。他（她）会定期检查方案及其状态，并立即通过电子邮件更新状态，或者人工维护方案并通过电话/电子邮件与执行人员联系交流工作情况，以确定是否启动任务，并继续了解工作状态与进展。然而，在我们的案例中，指导员是一个自动化系统，更确切地说是一个处于中央单元的工作流程管理系统。这个系统将通过电子邮件触发执行人员，监控共享的可作为触发任务预期结果的特定数据的储存库，并相应地对方案进行维护。

当通过电子邮件启动执行一项任务时，执行人员将在共享储存库内检索适用输入数据，执行任务，并最后还会将适用的输出数据储存在共享储存库中。任何相关的状态更新信息（如任务已完成）都将被传送至指导员处，通常不含有执行人员采取的管理措施。在概念验证的过程中，指导员会时刻监控共享数据储存库，以确定执行人员是否已经完成他自己那一部分的工作。因此，在结果被上传至共享数据储存库后，才会认定执行人员已完成自己那一部分的工作。由执行人员负责上传结果。指导员概念请参见图 11-3。

主流：协同工作（如使用案例中的计算工作），集成人员，工作流程，指导员，共享数据储存库。

三个附属框：设计人员，本地工具，本地文件；分析人员，本地工具，本地文件；验证人员，本地工具，本地文件。

11.5.3 工作流程执行

在我们的概念验证演示过程中，工作流程作为一个自动化系统进行执行，称为工作流程引擎（WFE）。每位指导员会使用 Java 技术，将任务（监控工作流程的进度、在正确的时间触发适当的执行人员、并在正确的时间在共享文件中设定正确的状态）作为一个工具来执行。根据工作流程设计方案，将通过一个专有的工具链中间件结构，将这些工具连接在一个工具链中。

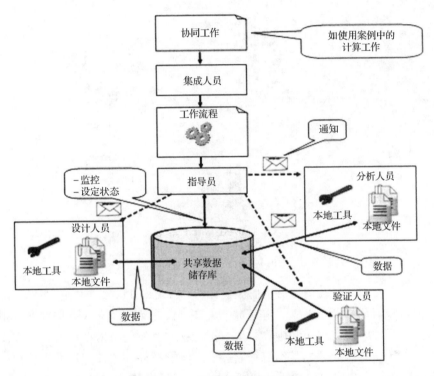

图 11-3　指导员协调工作流程

11.5.4　建立概念验证演示流程

为便于演示，将在 VMware（可从网站 http: //www.vmware.com/ 获取联网资料）虚拟系统上运行合作单位的全部计算机。虚拟计算机可以被称作仿真计算机，它可以像独立电脑一样运行，并可以与主机并联运行。这样，我们在一个主机电脑上，便可以运行多台仿真计算机。所有的虚拟计算机都将安装在一个使用 WindowsXP 系统的便携式电脑中，并与 VMware 服务器相连。每个虚拟计算机使用 Linux 操作系统。且每台虚拟计算机都使用一个静态的网际协议地址（IP 地址），并在便携式计算机上建立一个局域网络，连接所有的虚拟计算机。Sendmail 用作邮件服务器，KMail（可从网站 http: //userbase.kde.org/Kmail 获取联网资料）用作邮件客户端，可接收局域网中的邮件。所得到的效果就是一个完整的虚拟企业的仿真，且它的电脑都集中在一台机器上。

从共享数据储存库中下载文件，或上传文件到共享数据储存库时，可使用 Mozilla Firefox 网络浏览器。示范流程参见图 11-4。

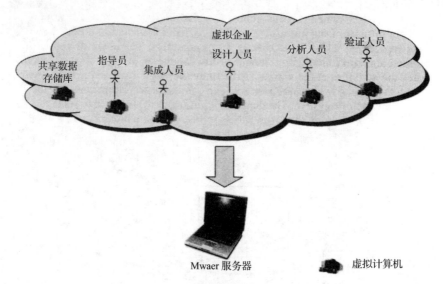

图 11-4　建立演示流程

协同工作安排，包括指导员工作流程在内，参见图 11-5。假定"编曲"部分已经结束，虚拟企业已经设立。将通过中央共享数据储存库交换数据并在其中收集数据，且合作单位有权访问中央共享数据储存库。我们将借助指导员工作流程定义并控制活动链，指导员工作流程通过发送电子邮件并监控共享数据储存库中的内容来协调每个合作单位的活动。指导员工作流程仅在指导员系统中本地运行。演示方案如下（请注意，数字与图 11-5 中的箭头标志相对应，且与文件状态改变相关的数字并没有在图中描述）：

（1）指导员将共享设计文件的初始状态设为"启动"。因此，只有集成人员有权访问并修正文件。

（2）集成人员将发动机涡轮盘的初步设计方案，上传到共享数据储存库中。

（3）指导员发现文件状态已发生改变，并更新文件的状态为"等待 - 设计"。因此，只有设计人员有权访问并修正文件。

（4）指导员通过发送电子邮件，通知设计人员初步设计方案已完成，可用于下一阶段工作中。

（5）设计人员从共享数据储存库中下载初步设计方案。

（6）设计人员以初步设计方案为基础，制订出一份具体设计方案。完成后设计人员会将具体设计方案上传至共享数据储存库中。

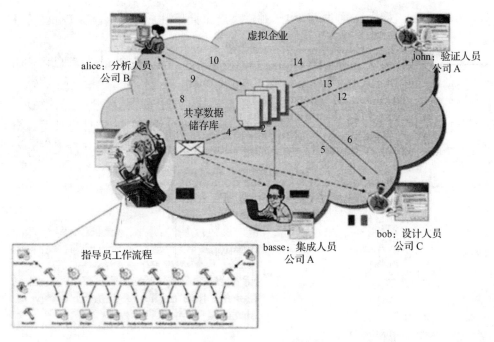

图 11-5　协同工程工作安排

（7）指导员发现文件状态已发生改变，并更新文件的状态为"等待 – 分析"。因此，只有分析人员有权访问并修正文件。

（8）指导员通过发送电子邮件，通知分析人员具体设计方案已完成，可用于分析工作中。

（9）分析人员从共享数据储存库中下载具体设计方案。

（10）分析人员对具体设计方案进行分析。在完成后，分析人员会将生成的分析报告上传至共享数据储存库中。

（11）指导员发现文件状态已发生改变，并更新文件的状态为"等待 – 验证"。因此，只有验证人员有权访问并修正文件。

（12）指导员通过发送电子邮件，通知验证人员分析报告已完成，可用于进行验证。

（13）验证人员从共享数据储存库中下载分析报告。

（14）验证人员对分析报告进行核实。在完成后，验证人员会将生成的验证报告上传至共享数据储存库中。

（15）指导员发现文件状态已发生改变，并更新文件的状态为"已验证"。因此，所有相关人员可以在此时下载共享文件。因此设计方案已完成验证，所以共享文件不得再发生任何改变（被冻结）。

（16）最后，指导员通过发送电子邮件，通知所有相关人员，最终文件已可供使用。

共享数据储存库，将通过我们的访问控制解决方案得到保护。只授权已认证用户（认证用户提供保护共享文件政策中定义的正确属性值）访问共享数据储存库。

在实际工作中，一个方案中（如刚才所描述的方案）可能会有多次迭代循环，才能完成一个设计方案。例如，如果在分析阶段发现反常现象，文件将被返回至设计人员处，由其进行相应的调整。支持此类迭代循环，仅要求对支持工作流程进行更加具体的规范，不需要调整访问控制解决方案。

11.5.5　合作规范化

多个公司之间的协同项目通过合同进行规范，合同中规定如下：

（1）公司 A 提供集成人员与验证人员。这也就是说，一个来自于公司 B 且拥有验证人员角色的用户，在此安全协同环境中将不被授权作为验证人员，因此他的申请将受到拒绝。所以，公司 A 为设置集成人员与验证人员角色属性值的证书机构。

（2）公司 B 提供分析人员。

（3）公司 C 提供设计人员。

在合同中，并未定义在每个公司内应由谁来负责某项工作；因此，每个公司可自行管理其工作人员（管理他们的证书并为他们分配特定的角色）。我们认为，各参与公司之间确定并签署的协议，同样为每个公司赋予他们员工的属性。在我们的方案中，虚拟企业协议的属性值为虚拟企业合同。

因此，在我们的方案中，访问控制政策由 5 项规则组成，它们分别对应集成政策、设计政策、分析政策、验证政策及结束政策。S、A 与 R 分别代表主题、行为与资源。现在我们使用直白的英语语言以及逻辑连接符来描述政策（关于逻辑连接符的更多详细信息，请参见附录）。

1– 角色（S）=集成人员∧（集合符号）虚拟企业协议（S）=虚拟企业合同∧（名称（A）=读访问∨名称（A）=写访问）∧名称（R）=规范 – 文件∧状态（R）=开始；

这就是说，一个用户，如果拥有合同 – 虚拟企业合同中规定的集成人员角色，且文件状态为开始，他便可以使用读或写访问权限去访问文件，规范 – 文件。

2– 角色（S）=设计人员∧虚拟企业协议（S）=虚拟企业合同∧（名称（A）=读访问∨名称（A）=写访问）∧名称（R）=规范 – 文件∧状态（R）=等待 – 设计；这也就是说，一个用户，如果拥有合同 – 虚拟企业合同中规定的设计人员角色，且文件状态为等待设计，他便可以使用读或写访问权限去访问文件，规范 – 文件。

3– 角色（S）=分析人员∧虚拟企业协议（S）=虚拟企业合同∧（名称（A）=

读访问 ∨ 名称（A）＝写访问）∧ 名称（R）＝规范 – 文件 ∧ 状态（R）＝等待 – 分析；这也就是说，一个用户，如果拥有合同 – 虚拟企业合同中规定的分析人员角色，且文件状态为等待分析，他便可以使用读或写访问权限去访问文件，规范 – 文件。

4– 角色（S）＝验证人员 ∧ 虚拟企业协议（S）＝虚拟企业合同 ∧（名称（A）＝读访问 ∨ 名称（A）＝写访问）∧ 名称（R）＝规范 – 文件 ∧ 状态（R）＝等待 – 验证；这也就是说，一个用户，如果拥有合同 – 虚拟企业合同中规定的验证人员角色，且文件状态为等待验证，他便可以使用读或写访问权限去访问文件，规范 – 文件。

5– 角色（S）＝任意 ∧ 虚拟企业协议（S）＝虚拟企业合同 ∧ 名称（A）＝读访问 ∧ 名称（R）＝规范 – 文件 ∧ 状态（R）＝已验证；这意味着，如果用户拥有合同 – 虚拟企业合同中规定的任意角色（在此处，我们使用角色等级概念，其中任意角色为集成人员、设计人员、分析人员以及验证人员的下级，即任何许可权如果影响到该任意角色，也会影响到集成人员、设计人员、分析人员以及验证人员），且文件状态为已验证，他便可以使用读或写访问权限去访问文件，规范 – 文件。

因此，我们使用属性 – 状态，其可通过工作流程引擎修正。使用这种机制，工作流程引擎既可以激活访问控制规则，也可以无效化访问控制规则。使用与访问控制的相同机制去保护文件 / 服务项目效果非常显著，其中，仅允许工作流程引擎修改文件状态。所以，我们添加了以下规则：

6– 角色（S）＝工作流程引擎 ∧ 虚拟企业协议（S）＝虚拟企业合同 ∧（名称（A）＝读访问 ∨ 名称（A）＝写访问）∧ 名称（R）＝状态 – 规范 – 文件；通过让指导员管理共享文件的状态属性，可以保证共享文件按照适当的顺序与商定的工作流程被更新。例如，这能够防止出现分析人员分析不完整设计方案的非预期情况。只有在指导员注意到设计人员已经完成具体设计工作并改变文件状态属性为"等待 – 分析"之后，分析人员才被授权访问共享文件。而且，还能够防止出现设计人员更新已经由验证人员验证的设计方案的非预期情形。因为指导员已经将共享文件的状态属性变为"等待 – 验证"，角色属性值不是"验证人员"的用户，根本无权访问共享文件。

11.6　原型

我们所建立的安全环境，共采用了两种技术手段：一种提供了认证与授权信息的协调化（可从网站 http：//shibboleth.internet2.edu/ 获取联网资料）；另一种为我们提供了所需要的权限管理基础结构（可从网站 http：//sec.cs.kent.ac.uk/permis/

获取联网资料）。

11.6.1　采用的联合身份认证结构体系

互联网 2 联盟已定义标准的开源的中间件软件，它可以提供机构间或机构内部的网络单点登录服务（可从网站 http：//shibboleth.internet2.edu/ 获取联网资料）。它为用户提供了一种机制，通过这种机制，用户在自己的主站认证后，并通过主站提供的一组用户属性得到授权，便可以访问远程资源。它能对如下两个群体进行区分：身份提供者（IdP）与服务提供者（SP）。当一个用户通过身份提供者的认证后，身份提供者就会向服务提供者发送用户验证认证及合格证书。这种软件使用由结构信息标准提升组织（可从网站 http：//www.oasis-open.org/home/index.php 获取联网资料）定义的安全断言标记语言（SAML）（可从网站 http：//www.oasis-open.org/committees/tc_home.php？ wg_abbrev=security 获取联网资料），作为身份提供者与服务提供者之间交换认证与授权信息的协议。

这种软件包含的框架允许虚拟企业成员只需向虚拟企业验证一次身份（通过他们的主站点），而后当他们在不同电脑系统间转移以及当虚拟企业服务项目可能分布在不同的成员站点时，无须进行再次认证任务。

11.6.2　采用的权限管理结构体系

权限管理结构体系[17]由肯特大学信息系统安全研究小组（可从网站 http：//sec.cs.kent.ac.uk/permis/ 获取联网资料）发明。它主要由两部分组成：PDP（策略决定点），根据既定策略做出访问控制决策，以及 PEP（策略执行点），执行 PDP 做出的决策。

这个系统提供了一个较高水平的策略与授权框架，可便于建立与管理分布式授权基础结构，使用 X.509 标准属性证书（AC）固定用户角色。系统执行 NIST RBAC 模型中定义的分层的、基于角色的访问控制策略，根据此策略上级角色可享有下级角色的权限。

虚拟企业中各个站点的管理员都可以通过 X.509 标准属性证书的形式，为他们的用户分配角色（或者其他属性），并将结果储存在本地（或远程）轻量目录访问协议（LDAP）的目录中。由虚拟企业的管理员来决定，在其管制之下的目标资源的授权策略。根据确定的文件类型定义（DTD），此授权政策将被写入 XML 中，并保存在目标资源中。

当一个用户试图去访问目标资源时，应用程序网关（通常为网络服务器）可捕捉到用户的申请；并以程序自有的方式（如 X.309 客户证书，用户名 / 密码，或者单点登陆等）来对用户进行认证；之后调用决策引擎去查明该用户是否被授权可对目标资源执行其请求行为。

访问控制决策，是根据当前正在执行的授权政策、当前用户拥有的有效角色、将被访问的目标、请求的行为，以及环境变量，如时刻而做出的。

一般地，由系统管理员来编写策略，规定哪个角色拥有哪种权限，以及哪种证书可被所采用的权限管理结构体系识别。该策略可用于所有相关授权的认证。属性管理员则负责发行证书，其中包含用户的属性信息，表明用户拥有什么角色。

然而，最初我们所采用的用于执行基于角色的访问控制策略的权限管理结构体系仅能识别用户角色这一属性事实上，由于角色已经被执行，因而可以对用户指定任何属性。但是，这个体系不能识别在我们的使用案例中要求的资源属性。

因此，我们对所采用的权限管理结构体系进行了扩展，这样我们便可以编写并执行基于属性的访问控制策略。这种新版本的系统，纳入了托管资源的所有可能属性（例如，在我们的示例中的属性"状态"）。

例如，集成－策略的规则如下：

角色（S）＝集成人员∧虚拟企业协议（S）＝虚拟企业合同∧（名称（A）＝读访问∨名称（A）＝写访问）∧名称（R）＝规范－文件∧状态（R）＝开始。

但如果采用权限管理结构体系，表达形式如下：

< 目标访问 >
　< 角色列表 >
　< 角色类型 ="权限管理结构体系角色" 值 ="集成人员" />
　< 角色类型 ="虚拟企业协议" 值 ="虚拟企业合同" />
　< 角色类型 ="状态" 值 ="开始" />
　</ 角色列表 >
< 目标列表 >
　< 目标行为 ="获得，布置" >
　< 目标域 ID="目标域 1" >
　</ 目标 >
　</ 目标列表 >
　</ 目标访问 >

其中，目标域 1 是包含规范文件（我们的受保护资源）的区域，并且已在策略中进行定义。

11.6.3　联合身份认证与权限管理结构体系集成

在我们的方案中，身份提供者站点中的认证，将通过使用 Apache（可从网站 http：//www.apache.org/ 获取联网资料）的经典认证模块完成。用户授权信息（这里是指角色与虚拟企业协议属性）将被储存在轻量目录访问协议的储存库中；这些属性储存在属性证书中从而得到保护。通过签署这些证书，作为身份提供者的机构管理员被认定为属性授权机构。资源的属性（这里指状态属性），将被写入 XML

文件中。每一个元素都会提供资源名称，以及资源所具备的属性类别。在服务提供者侧的访问控制阶段，只有被信任的属性授权机构签署之后的属性才会被认定。

在图 11-6 中，展示了当一个用户（真人或者软件）申请访问被保护资源时，被交换的各种信息：

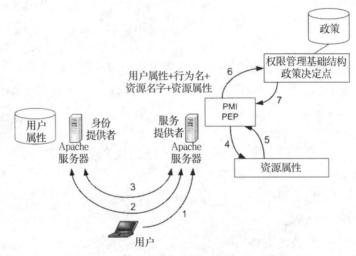

图 11-6　安全协作环境的体系结构

（1）用户申请访问服务提供者 SP 拥有的资源 R。

（2）服务提供者模块将用户转至其身份提供者 IdP 进行认证。当服务提供者仅知道一个身份提供者时，这种重定向将自动完成。但一般情况下，服务提供者都知道多个身份提供者，重定向则需要 WAYE（你来自哪里）模块才能完成。

（3）当用户通过认证后，身份提供者会生成一个 SAML 声明，其中包含一个表明用户已经通过认证并且用户的身份证书已存储在属性证书内的声明。此声明通过用户被发送至服务提供者模块，在此模块中对 SAML 声明进行解码，并将证书转交至采用的权限管理结构体系中。

（4）PEP 获取资源 R 的属性。

（5）PEP 将 PDP 发出请求。请求中包含用户的属性、资源的属性，以及行为名称。

（6）PDP 根据访问控制策略做出决策。针对每一个属性，它都会核查 AA 是否已知，且属性是否有效。之后，将所做决策返回给 PEP。

（7）PEP 将以 PDP 做出的决策为基础，通知 Apache，决定它是接受还是拒绝用户的申请。

（8）用户被授予访问资源 R 的权限。

11.7　改进访问控制解决方案

尽管访问控制解决方案结合了认证、属性传播（可从网站 http: //shibboleth. internet2.edu/ 获取联网资料），以及授权引擎（可从网站 http: //sec.cs.kent.ac.uk/ permis/ 获取联网资料），非常有效，且已经通过实际方案的证实和验证，但是它仍然存在一些缺点，主要与采用权限管理结构体系有关。实际上，权限管理结构体系使用了专有的策略语言，通过专有语言完成 PEP 与 PDP 之间的 PMI 交换，且在实际情况中，PEP 与 PDP 都是在同一个工作站上运行。

所以为了消除这些弱点，访问控制结构体系必须提供一种标准策略语言和标准协议，用于完成 PEP 与 PDP 之间的信息交换。出于这些考虑，我们已经转向 OASIS 标准的 SAML 与 XACML（可扩展访问控制标记语言），希望能够定义一种只基于标准的 PMI（可从网站 http: //www.oasis-open.org/committees/xacml 获取联网资料）。

在图 11-7 中，显示了用户（真人或软件）请求访问资源时，所交换的各种信息，这时已采用改进方案。

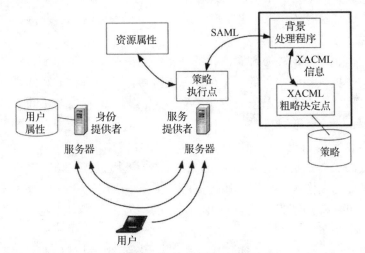

图 11-7　安全声明标记语言 / 可扩展访问控制标志语言的访问控制解决方案

此解决方案正在研发中（可从网站 http: //www.irit.fr/Eguipe-SIERA/- 获取联网资料），而且第一个原型已经制成。

除去刚才所描述的方案之外，我们的访问控制解决方案还可以用于确保其他协同环境中的安全服务项目的安全。在下一节中，我们将引入虚拟企业协同中心理念，并讨论它是如何从我们的资源访问控制解决方案中获益的。

11.8 保护虚拟企业协同中心

本节讨论内容为执行安全协同项目的备用方法：在第10章曾描述过的虚拟企业协同中心（VEC hub）。与之前小节中所讨论的解决方案相比，这里讨论的解决方案并没有采用传统的基于万维网的途径来保护协同项目。相反，它是以面向服务的结构体系（SOA）为基础，将合作单位专有工具作为服务项目使用。通过这些服务项目，授权合作单位可远程利用这些工具的功能，无须暴露工具本身。除去之前所讨论的基于网络浏览器的解决方案之外，面向服务的结构体系也存在网络–服务项目之间的安全传输问题。在本节中，将重点讨论公司间协同体系存在的安全问题。

虚拟企业协同中心是一种框架概念，可支持虚拟企业中各公司之间的协同合作（可从网站 http://www.VEC–Hub.org 获取联网资料）。

在上文中引入的概念，同样也应用于虚拟企业协同中心中，包括：

（1）虚拟企业中每一个机构成员，应管理自己人员的认证与授权流程。因此，在此引入联合身份认证管理。

（2）虚拟企业中每一个机构成员应控制自己企业提供给虚拟企业的服务项目。需要提供单点登录服务，以避免用户必须记住不同机构发出的多种认证信息。

11.8.1 虚拟企业协同中心理念

提出虚拟企业协同中心理念的目的在于，为虚拟航空企业定义一种面向服务的体系结构，提供基础水平的服务项目，提升协同项目解决方案的要求：即一个共用的、灵活的，由合作单位角色、产品信息、工作流程以及协同项目参考数据构成的组织；一个关于内部与外部技术（供应商与系统）的中立协同平台；通过使用中立数据结构，进行交流的中介服务实现合作单位与合作单位间的独立性；通过如网络浏览器之类的商业技术实现，对协同环境资产的访问虚拟企业协同中心为虚拟企业的操作环境奠定了基础。它为在合作单位的各种IT环境内的每一个人提供安全可跟踪的搜索、摘录并出版信息的能力，并能够使他们在共通环境下协同合作。

虚拟企业协同中心理念参见图11–8。理念平面图中外部的虚线环表示虚拟企业协同中心重要区域的入口，此区域提供与访问、管理、安全相关的辅助（S）服务项目。在此区域之外，每一个协同等级内，为其关于内部产品信息（P）、组织角色（O）以及工作（W）流程的私人认识。其中，共发现三种主要的协同平级：企业合作单位，能够为协同项目提供内部产品信息、组织角色与工作流程资产；中小型企业（SME）合作单位，为协同项目提供可用商业成品，以及服务项目合作单位，提供辅助（S）服务项目，以支持协同工作流程。

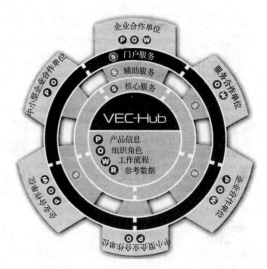

图 11-8　虚拟企业协同中心理念

　　标示核心服务的内部虚线环，代表了虚拟企业协同中心编制流程、储存信息的核心辅助（S）服务项目。内部绿色区域为，对于协同项目（产品信息）和（组织角色）、虚线环与标示核心服务的环之间的那一部分区域称作虚拟企业协同中心的共享区域。在此处，直接集成合作单位，可以通过辅助（S）服务交流内部（产品信息）与（组织角色）和（工作流程）信息。其中，辅助服务项目受虚拟企业协同中心门户服务项目的控制。

　　虚拟企业协同中心理念的规范中，包含了通过虚拟企业协同中心完成建立虚拟企业以及实现协同的过程中所遇到的信任、安全以及法律等方面的问题（工作流程）以及（R）参考数据的共识。

11.8.2　虚拟企业协同中心的安全要求

　　安全要求可以大体划分为，保护虚拟企业协同中心区域、保护虚拟企业协同中心信息交流，以及保护虚拟企业协同中心服务项目访问控制等方面的要求。如图 11-8 中所示，需要保护的区域包括门户服务与核心服务区域以及辅助服务区域，而合作单位的私有区域则位于虚拟企业协同中心外部。我们必须对这些区域进行保护，防止非虚拟企业合作单位非法访问。

　　虚拟企业协同中心门户服务（由虚拟企业协同中心核心服务提供者负责）与核心服务（由核心服务合作单位提供）的区域安全措施为，使用防火墙保护这些区域，例如只允许来自于协同合作单位的连接，且服务器安装最新安全修补程序。

　　保护虚拟企业协同中心门户服务与核心服务的安全，是虚拟企业或提供服务项目的服务项目合作单位的职责。

一般而言，辅助业务位于提供辅助业务项目的合作单位所管理的区域内。保护虚拟企业协同中心辅助业务区域是该合作单位职责，对于虚拟企业协同中心的安全也颇为重要。辅助业务区域的安全措施为应用受防火墙保护的非军事区（DMZ），并为服务器安装最新的安全修补程序。

保护每个合作单位的专用区域（可使用内部数据与服务项目，如许可证与可用硬件）是合作单位的角色职责。需要保护的虚拟企业协同中心连接如下：

（1）首先为访问虚拟企业协同中心的中小型企业合作单位与企业合作单位的终端用户的客户端程序（如网络浏览器）。一般情况下，会使用不安全媒介，如互联网。因此，必须对这些连接采取保护措施。甚至在使用专用或租用线路作为连接媒介时，仍然需要对这些连接采取适当的保护措施。

（2）下一个为门户服务、核心服务与辅助服务之间的连接。因为，辅助服务项目位于企业合作单位或服务项目合作单位管理的区域内，且通常使用互联网完成此类连接，所以必须进行保护。

（3）保护某一合作单位管理的辅助服务与该合作单位私有区域之间的连接为此合作单位自己的职责。这种连接可能并非通过互联网完成，而是内部合作单位连接。

关于虚拟企业协同中心安全的第三个主题为访问控制。设置虚拟企业协同中心服务项目的访问权限，仅允许特定的用户、特定的用户组或公司访问某一特定的服务项目。在一些案例中，适合在更细致的工作水平上对服务项目中部分内容的访问进行管理。此外，访问已获取的服务项目时，服务项目本身也将执行访问控制，例如，允许特定用户或特定用户组进行修改，只授予其他用户只读访问权限等。

以角色为基础的访问控制即意味着，执行某些特定操作的许可权被分配给特定的角色。以角色为基础的访问控制，降低了大型网络程序安全管理的复杂程度和成本，且对于虚拟企业协同中心而言是一个非常重要的安全理念。当需要更加精细的访问控制水平时，可以应用前文提到的以属性为基础的访问控制政策。

访问管理包括管理身份，身份管理则又包含在所有资源间用户身份的管理。这是通过一个包含商业流程、政策，以及技术的综合系统完成的，系统将促使机构去管理自己用户对于网络应用程序与资源的访问权限——同时保护机密的人员与商业信息不被未授权用户使用。它提出了一类相互关联的解决方案，此解决方案一般用于管理用户认证、访问权限、访问限制、账户信息、密码，以及在一个或多个程序或系统中支持用户角色/配置的其他属性。

单点登陆是虚拟企业协同中心非常期望的一种功能。在虚拟企业协同中心的环境中，单点登陆即意味着，不同的独立程序或者网络程序，将全部转变为相同的用户身份认证服务器。与机构内部的单点登录相比,虚拟企业协同中心面临着一个更大的挑战,因为在虚拟企业协同中心内存在两个或更多个,执行不同的关于认证与授权的政策以及解决方案的结构。在虚拟企业中实现单点登陆,要求全部合作单位之间必须互相信任(参见 11.2 节),并使用联合身份认证管理(参见 11.2 节和 11.4 节),并应用安全框架(可从网站 http: //shibboleth.internet2.edu/ 获取联网资料)(参见 11.5 节)。在虚拟企业协同中心内,网络服务项目会使用网络服务定义语言(WSDL,可从网站 http: //www.w3.org/ 获取联网资料)进行定义。终端用户可以使用网络浏览器连接至虚拟企业协同中心门户。网络客户端也可以使用网络浏览器,通过符合简单对象访问协议(SOAP)标准(可从网站 http: //www.w3.org/ 获取联网资料)的 XML 信息,与虚拟企业协同中心的服务项目交换信息。安全框架必须支持此 SOAP 客户端—服务器之间的信息交换。以浏览器重新定向为基础的单点登陆解决方案并不能从根源上解决问题。

使用加密格式保存数据,是确保只有特定的授权用户才能访问数据,甚至是确保系统管理员无法访问此类文件中包含信息的一项额外措施。

另一项安全要求与网络服务认证有关。虚拟企业协同中心必须确保所提供的网络服务项目是其所宣称的那样,包括版本在内。这种要求被证明是合理的,因为非故意地使用错误的网络服务或错误的版本,将同时危害虚拟企业协同中心理念与远程程序中的预期使用效果。

最后,应设有一份会话日志,其中包含关于"谁在什么时候做了什么"的审计信息。日志文件应适用于"事后"损害评估。失败的登录尝试会被记录下详细细节。可使用入侵检测软件来检测并记录闯入或者闯入企图。日志文件以及访问这些日志文件的细节(谁曾经访问,使用日志数据的规则等)必须在虚拟企业协同中心合作单位之间的协议中进行定义。协议应将法律细节全部考虑在内(如什么内容可允许被记录)。

11.9 结论

本章所述内容是我们在协同环境内已经完成的工作,该协同环境是通过虚拟航空协同企业项目的价值提升以及 TSCP 之间的。我们的目标为提供一个访问控制解决方案,并应用于虚拟协同环境内。这种解决方案中必须实施环球安全协同计划提出的、关于信任与身份管理的建议,从而保证各参与机构之间的安全协同。

我们已经证实,可以定义并建立一种安全的协同环境,将各参与机构加入到网络中,分享他们的资源与技能,应对新的商业机遇。我们采用访问控制结构体系来管理分布式环境内的重要资源,保证每一家机构的独立性,并为机构对其人员资产的管理提供技术手段支持。

为满足虚拟企业的安全约束条件，我们以三个理念为基础，提出了一个访问控制解决方案。第一个理念为以属性为基础的访问控制模型，在访问控制政策的规范阶段可以提供一些灵活性；第二个理念为权限管理基础结构，用于控制这些属性的管理；第三个理念为联合身份认证，使认证与授权机制协调化。我们提出的访问控制解决方案，已投入实际工作中，用于保护虚拟企业协同项目中的工作流程，这在第 9 章与第 10 章中进行详细描述。这表明所提议方法的有效性，但为了满足可伸缩性标准，解决方案应该以标准为基础。我们将以 OASIS 定义的 SAML 与 XACML 标准为基础，改进我们的解决方案。

虚拟企业协同中心使用了与我们的访问控制解决方案一样的方法（参见第 10 章）。然而，我们并没有使用基于 SOA 的网络服务项目对访问控制解决方案进行测试，只在一个基于网络浏览器重定向的结构体系上进行了测试。

当前环球安全协同计划所取得的结果，主要为保护电子邮件与保护数据交换。未来，环球安全协同计划将以保护协同为工作重点。因此，我们正在进行的关于安全虚拟企业协同的工作，与环球安全协同计划的未来工作规划非常相符。

附录：逻辑连接符说明

在逻辑学中，逻辑连接符，也叫真值函数连接词、逻辑运算符或命题运算符，它是一种逻辑常数，表示一个句子的句法运算，或者一种运算符号，表示句子的逻辑值运算。一个逻辑连接符可以根据其他的一个或两个句子，生成一个并列复合句。合成的并列复合句的真值由其他的一个或两个句子的真值决定。因此，一个逻辑连接符可以看为一个函数，当依次返回真/假值应用于句子中，论证值的真假时，可返回真值或假值；因此，逻辑连接符被称为真值函数连接词。

比较基础的逻辑运算符如下：否定（否）（一或 ~），合取（与）（∧ 或者 &），析取（或者）（∨），实质蕴含（如果…那么）（→，⇒或者⊃），以及双条件（异或非）（↔或者↔）。

参考文献

[1] Kesseler, E., and Vankan, W. J., "Taking Collaborative Engineering to the Sky, Formation Flying with Knowledge Management," *European Conference for Aerospace Sciences (EUCASS)* (Moscow, Russia), 2005, http://www.onera.fr/eucass/2005/system-integration.html [accessed July 2009].

[2] Pritchard, D., and MacPherson, A., "Industrial Subsidies and the Politics of World Trade: The Case of the Boeing 7e7," *The Industrial Geographer*, Vol. 1, No. 2, 2004, pp. 57–93, http://igeographer.lib.indstate.edu/pritchard.pdf [accessed July 2009].

[3] Bultje, R., and van Wick, J., "Taxonomy of Virtual Organisations, Based on Definitions, Characteristics and Typology," *VOnet Newsletter*, Vol. 2, No. 3, 1998, pp. 7–21.

[4] Lane, C., and Bachmann, R. (eds.), *Trust Within and Between Organisations*, Oxford Univ. Press, Oxford, U.K., 2002, pp. 3–30.

[5] Dasgupta, P., "Trust as Commodity," *Trust: Making and Breaking Cooperative Relations*, edited by Gambetta, D., Basil Blackwell, Oxford, U.K., 1988, pp. 49–72.

[6] Luhmann, N., *Trust and Power*, Wiley, Chichester, U.K., 1979, pp. 27–37.

[7] Chiles, T. H., and McMackin, J., "Integrating Variable Risk Preferences, Trust and Transactions Cost Economics," *Academy of Management Review*, Vol. 21, No. 1, 1997, pp. 73–99.

[8] Fukuyama, F., *Trust: The Social Virtues and the Creation of Prosperity*, Faber and Faber, London, 1995.

[9] Zucker, L. G., "Production of Trust: Institutional Sources of Economic Structure 1840–1920," *Research in Organisational Behaviour*, Vol. 8, 1986, pp. 53–111.

[10] Harrison, M., Ruzzo, W., and Ullman, J., "Protection in Operating Systems," *Communication of the ACM*, 1976, pp. 461–471.

[11] Ferraiolo, D. F., Sandhu, R., Gavrila, S., Kuhn, D. R., and Chandramouli, R., "Proposed NIST Standard for Role-Based Access Control," *ACM TISSEC*, Vol. 4, No. 3, 2001, pp. 222–274.

[12] Wang, L., Wijesekera, D., and Jajodia, S., "A Logic-Based Framework for Attribute Based Access Control," *2nd ACM Workshop on FMSE*, 2004, http://csis.gmu.edu/faculty/jajodia-fmse-2004.pdf [retrieved July 2009].

[13] Abou El Kalam, A., El Baida, R., Balbiani, P., and Benferhat, S., "Organisation Based Access Control," *Policies for Distributed Systems and Networks*, Como, 01/01/03-31/12/03, edited by H. Lutfiyya, J. Moffett, and F. Garcia, Inst. of Electrical and Electronics Engineers, New York, 2003, pp. 120–131.

[14] "Information Technology-Open Systems Interconnection-The Directory: Public-Key and Attribute Certificate Frameworks," *ITU-T Recommendation X.509(V4)*, 2000, ISO/IEC FDIS 9594-8, http://www.iso.org/iso/catalogue_detail.htm?csnumber=53372 [accessed July 2009].

[15] Parchem, R., Nagel, M., Arendsen, P., Wenzel, H., De ploli, G.P., Söderberg, S., et al., "Engine MDO and Robust Design in the Virtual Enterprise," VIVACE Forum-3, http://www.vivaceproject.com/content/forum3/forum3.php [retrieved July 2009].

[16] Baalbergen, E. H., and van der Ven, H., "SPINEware—A Framework for User-Oriented and Tailorable Metacomputers," *Future Generation Computer Systems*, Vol. 15, Elsevier Publishers, Amsterdam, The Netherlands, 1999, pp. 549–558.

[17] Chadwick, D., Zhao, G., Otenko, S., Laborde, R., Su, L., and Nguyen, T-A., "Building a Modular Authorisation Infrastructure," *UK e-Science All Hands Meeting 2006*, National e-Science Centre, Oxford, U.K., 2006, http://www.allhands.org.uk/2006/proceedings/papers/677.pdf [retrieved July 2009].

第 12 章　应用 EDMRF 确保合作单位多学科设计优化协同工作的顺利进行

Frederic Féru

EADS，France

Thomas Nguyen Van，Pierre-Laurent Frossard

Snecma，France

Ernst Kesseler

Katern 09，Amsterdam，The Netherlands

Pascal Guellec

AIRBUS Cimpa，France

缩略语

CAD	计算机辅助设计
CAE	计算机辅助工程
CAX	计算机辅助活动
COTS	商业成品
CR	整合的数据储存库
DEX	数据交换设置
DM	域模型
EDM	工程数据管理
EDMRF	工程数据管理参考框架
EMI	企业建模与企业集成
GUI	图形用户界面
IM	信息模型
MDO	多学科设计优化
NIST	美国国家标准与技术研究院
PCM	产品背景管理
PDM	产品数据管理

PLCS	产品周期支持（STEP—ISO10303-239）
PLM	产品周期管理
SDM	模拟数据管理
SE	模拟工程师
SLM	模拟周期管理
STD	标准
STEP	产品数据交换标准
UML	统一建模语言
VIVACE	通过虚拟航空协同企业提升价值
WF	工作流程
XML	可扩展标志语言
XPDL	XML 流程定义语言

12.1 引言

当前，各领域内的工业协同项目都遇到了类似的难题，例如，软件、交换数据、不同种类的软件与数据管理工作中的复杂性与多样性。这种问题一直存在于合作单位之间，以及产品周期的所有活动中。由于缺乏具有互用性的一体化合作系统，协同产品研发受到了严重阻碍[1-2]。这种互用性的缺乏导致项目成本大幅上升。在下文中，我们将描述几个领域内由于互用性缺乏而付出的代价。

在美国的建筑业中，保守估计，每年会投入 158 亿美元[3]用于建设固定资产（即非住宅建筑物）。其 60% 的费用发生在设施运行期间，16% 发生在设施规划与设计期间，剩余的部分则用于施工阶段。尽管成本估算的数目庞大，但参考文献[3]的作者们提出，因互用性而产生的费用超出了分析结果，且这些估算只是保守估计。当前，估算成本已经占据了正在实施的设施总值 3740 亿美元的一大部分。互用性成本类别主要包括缓和成本（49%）、规避成本（42%），其中延误费用占 9%。规划设计阶段（一般为 1～2 年）与建设阶段（一般为 1～3 年），与航空领域相比算是比较短的。运行与更新维护年份一般为 30～50 年，这一方面两者较为相似。为了说明这一领域内工具的多样性，我们统计，这一行业中正在使用的计算机辅助设计（CAD）系统就有 35 种之多[3]。该领域的特点在于有许多小型公司，大概有 700000 家个体公司，百分之八十的公司职员不超过 10 个人[3]。

至于美国汽车工业，作者在参考文献[4]中估计缺乏互用性会导致每项车辆计划产生额外费用 2 亿～4 亿美元。这些费用中的大部分都是由 300000 个中小型企业承担。在另一项估算中[5]，美国汽车工业每年的互用性成本大约为 10 亿美元，缓和成本为 90%，占据费用的绝大部分比例。排除由客户承担的成本，延迟成本占

9%,例如,由产品供应延迟所导致的成本。预计在 36 个月的研发时间内,互用性延迟为 4 个月。为阐明工具的多样性,我们统计数据为,集成系统使用 4 种不同的计算机辅助设计系统,第一层供应商使用其他两种不同的计算机辅助设计系统,一共6 种,且下层供应商也使用了 8 种不同的计算机辅助设计系统。

在航空工业方面,则无法收集到丰富的公共数据可供使用。美国国家标准与技术研究院(NIST)估计,大型飞机制造公司每年 15 亿美元的花费大部分是由互用性成本引起的。无论以哪种标准来看,互用性成本都是一项巨大的负担,我们应该抓住任何机会解决这一问题。

这种为协同产品研发而建立的新型组织(也称作虚拟企业)[7-8],对于产品发展具有重大意义。这些研发技术与航空系统方面的新的协同方式,使得航空系统的设计、生产、运行、维护与处理的方式都发生了一些改变。协同工程被定义为,在机构的产品研发的全部工作中利用团队协同作业[9]。它是基于由同步工程引入的、内部跨部门产品研发小组的项目/计划管理基础,以及系统工程而建立起来的。

竞争领域内各公司之间的合作表明,价值链最顶端的系统集成人员,不可能强加一个解决方案,供所有合作单位使用。因此,协同必须以共同的目标为基础,而不可能执行单个解决方案。事实证明,必须提高系统之间的信息交换效率以及解译能力。所以,我们需要一个综合性的产品研发参考框架,来改善上述性能的管理情况。因此,便出现了改进对这些功能的支持的中间平台("中间件")概念,以确保协同合作具有更高效率(产出)。

在定义各种活动以及多个合作单位之间的协同环境的相关的协同支持中,还存在一些问题。事实上,通用方法与规则的定义,对于确定"综合产品研发"的特性,也十分重要[11-12]。根据航空领域以往经验以及大量的文献研究,得出以下几种研究趋势:

(1)定义协同结构的体系规则,定义协同系统、协同结构体系组件之间存在的事务处理与相互作用[13]。

(2)定义用于数据传播的协同平台,以建立用于不同系统间的协作与迁移的结构模型,该平台允许对产品研发流程所具有的特性进行定义,进而定义主要组件与框架层来支持它们[10,14]。

(3)定义数据参考框架,用于建立关联环境来定义协同环境的运行方式以及组成元素,将以协同对象定义为基础,定义综合结构。并考虑不同环境间的关联以及支持他们之间迁移的定义[15]。

在这种使用多种不同工具与方法去管理多个合作单位数据与环境的背景下,基于下列主要要求,工程数据管理作为一种协同框架被提出:

（1）非扩散型框架：企业已经建立一个运行自己流程的内部环境。最终目标并不是去改变现有环境，而是提供一个可通用的中间件，集成现有的各种工具与方法。

（2）标准型信息交换：工程数据管理框架使用标准语义指称旨在实现领域（活动）的互用性。

（3）在相关环境中，提供信息的服务项目：工程数据管理框架定义了一个信息模型，可提供使用环境以及包含产品研发活动中相关数据的域模型。

在这一章中，我们将确定并定义在虚拟企业中，高效率交换产品设计数据所需要连接的各种组件。多层结构体系的概念是数据逐级分化的基础。数据逐级分化则依赖于环境概念。我们之后会介绍航空工业内所定义的环境概念。此外，这种结构体系也是数据标准化过程中，必须达到的一个要求。最后，我们会使用一个设计 / 模拟循环的经典案例研究，来展示这种结构体系。这一案例研究为评估产品数据标准化是否有效应用于工业协同、尤其是 STEP（产品数据交换标准）的应用情况奠定了基础[16-17]。

12.2　虚拟企业与协同环境

12.2.1　"协同环境"的定义

两个不同的工程系统和 / 或子系统之间的协同就是，将一组系统与子系统的功能与特性组合在一起，产生一个可满足机构的一些综合需求的一元化系统[18]。协同是帮助团队成员管理流程、数据交换、并从项目早期便保持一致性的一个主要方法。协同工作包括分析并协调商业机构，保证系统的一致性。

之后，协同框架可以提供产品的整体视图，即项目合作单位的产品参考框架。使用这样一种通用的框架策略，能够保证不会再由一个合作单位来完成产品集成，而是由全部合作单位来完成。其中，一旦有一个合作单位更新协同视图，后者必须向另外的合作单位开放。为了更好地完成协同工作，不断地改良共同产品环境，团队成员不再单独地去完成设计工作，而是在整体的产品环境内，与其他合作单位共同工作且互相交流[1, 19]。

在这样一种集成环境下，流程与活动的集成也是改善协同进度、降低工程研究间时间间隔的一个重要因素。为了确保能够同时执行项目的各分解架构，必须组织一组设计师，共同完成一组共通的设计项目。他们应自动协调各自的工作内容，以避免出现重复工作（重复的设计环境与数据）与前后矛盾（属性缺失、三维模型不均匀）的情况。

12.2.2　系统协同的类型

Li 等人[7]对计算机辅助设计活动的相关观点进行了分析，尤其是用三维形式表现协同合作的观点。他的工作主要以系统复杂性，以及系统内工具与主要功能的使用等观点为基础。为了更加准确地描述环境的特点，他采用了协同描述，其中定义了两个方法：横向协作与分层协作。这样，多学科的优化便可以被解释为这两种协作的结果。在我们的案例中，也可以看到这些特性。

12.2.2.1 关于"横向"协同的描述

横向即同等工具之间数据的交换与集成。经常用于同一流程水平以及相同的活动中，此类协同就相当于合作单位和团队成员集成的数据包的交换，然后重建共通的产品设计环境。迄今为止，此类协同都以两种方式进行：第一种通过使用解译器，第二种则通过使用数据说明标准。

使用数据解译器，可以将某一系统的输出数据转换为另一系统的输入数据。对数据进行预处理和后置处理，将其从一种数据结构转换为另一种数据结构。使用这种方法需要使用 $(N^2-N)/2$ 个解译器（假设 N 个合作单位使用 N 种不同的工程工具协同合作）[20]（参见图 12-1）。这种方法的成本最高且具有约束性，因为他迫使每一个合作单位都必须建立一个接口与其他合作单位进行双向交流（输入与输出数据）。

合作单位之间使用标准化文件描述是最灵活、适应性最强的解决方案。它保证全部合作单位都使用相同的数据结构来交换数据，并准确地传达同一种数据。某个合作单位的数据可被其他所有合作单位利用，且无须将数据转换为不同的格式[21]。使用这种方法，能够保证以花费较少的人力、物力建立起一个协同环境，并保证各种工程学工具之间的无障碍交流。同样使用之前的示例，如果我们假设有 N 个合作单位，那么只需要 $2N$ 个解译器就能完成工程数据的交流（参见图 12-2）。

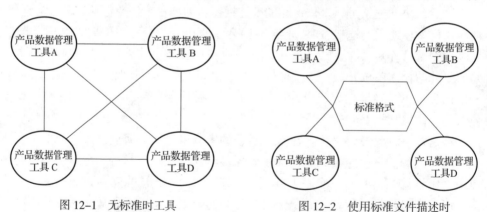

图 12-1　无标准时工具　　　　　图 12-2　使用标准文件描述时
　　之间的互用性　　　　　　　　　工具之间的互用性

12.2.2.2 关于"分层"协同的描述

分层是指来自不同领域与学科的团队之间的协同。它主要与上游和下游活动之间的联系与相关性的定义相关，并使用各种方法集成各个领域的工程数据。当前数据管理原则主要用于设计活动之中（产品数据管理 / 产品周期管理（PDM/PLM））。新系统的发展，例如，模拟数据管理系统有着改变这一现状的趋势。由于数值模拟与设计活动紧密相连，因而需要集成各种数据结构。当前，他们使用译码来获取必要信息。某些特定的说明与属性如模拟参数，仍没有被集成。考虑到不同种类工程学工具之间的迁移，横向协同的集成原则在此仍然适用[22]。

12.2.3　达到更高协同水平之前，所存在的工业差距

通过数据管理系统方面的文献研究、对其执行情况的研究，以及其与工业系统匹配程度的研究，对协同合作进行分析，我们发现一些研究项目的发展仍不完善或者根本不存在。许多作者都非常注重工具之间信息交换的发展（其为非常本质的问题）[23-24]，或者在结构体系方面的考虑会更多。在工业中，人们都比较注重这些问题，但实际上，我们发现他们的进步必须以两个主题为基础：

（1）第一个为数据"语义中介"：最近研发出的数据管理的新技术表明，在实体应用到多个案例和 / 或迁移至不同工具的方面，数据语义并未得到足够的分解和说明[26]。我们必须在以下几个方面做出努力：

（a）语义交换：事实上，已经存在一些方法解决这一问题。但是，根据工业惯例，每次建立一个新的合作关系；必须规定一个新的形式语义学定义。缩短采用这一方案所花费的时间和建立过程的主要方法，便是定义一个在任何环境中都符合产品定义的、通用的语义参考框架。

（b）重新设计环境的语义学：工具（如 PDM 与 SDM 的比较，模拟数据管理系统）所建议的环境并非都是以同一种方式构成的，且他们的重新设计并不遵从相同的语义规则。在执行时应考虑到现存的各种语义对象之间的转换的定义。

（c）数据参考与集成：数据参考可提供数据的基本结构，与重新设计其结构的模板。而数据集成主要负责解译模板相关数据，在既定系统内重建数据结构。

（2）第二个主题为：考虑数据管理系统内部的规则与方法，以及他们在协同合作中的应用。数据管理实践与方法可以被同化为流程，重建来自于不同环境的数据。现在，出现两种观点：

（a）支持集成的系统以及以此结构为基础完成协同的规则，需要更加清楚地定义确保各领域间、不同精度水平的依赖性与关系的管理的支持系统，各子流程间、充满流程模型的数据与任务的同步流程，并囊括结构管理与结构的动态定义以适应多种视角。

（b）以支持集成与其他程序的系统为基础，考虑建立协同开发与互用性结构，组件与外部模件之间的标准交换基础结构的定义，模块结构的定义。这样可以简易地将组件插入系统中或从系统中拔出。

12.2.4 协同平台的高水平目标定义

协同平台现在已经作为一种必要元素出现，允许数据在公司所使用的各类程序间流动。其角色将对在设计以及工程活动流程中产生并受管理的数据进行集成与关联。参考数据管理系统，集成与关联即合并所有合作单位的数据，进而定义整个产品。其实，根据数据管理系统，产品的所有工程学定义与属性都可以在不同的系统中被集成和使用。由于与产品相关的属性的数量，会随着数据管理要求与数据交换的发展而上升，因而各合作单位间的数据管理需要更加完善的接口。因此，更加需要为这些系统处理过（如管理与集成）的数据提供管理服务。

这有助于定义协同环境内设计活动与多重视角应用（设计、模拟）的综合性结构[1, 7]。建立综合性基础结构的主要目的在于提供一个有效的数据管理系统，例如，经典 PLM 系统所提议的系统，并将它们应用于协同环境中。综合性基础结构也必须为不同的合作单位提供共享空间，使用专用工作空间完成不同的工作活动（如设计、模拟工作空间）。最重要的是，协同平台必须允许工具互用性与数据集成。平台必须提供服务以生成活动请求，并定义企业间工作流程。

根据参考文献［12］中关于协同基础结构的设想，他们必须使用协同工作空间提供的产品数据表达（参考框架）建立联网活动。在航空工业内，综合性基础结构必须符合以下 6 条重要要求：

（1）使用公共数据参考框架，在产品的整个周期内储存和检索产品数据。（如当前的模拟活动缺乏参考概念，且在全部的模拟活动中都不存在产品设计关联）。另外，应保证数据的一致性同时考虑商品的特性。（目前，设计与模拟之间，产品结构的一致性是隐含的，由需要使用信息的工程师来定义。）

（2）通过协同数据标准化，来管理各合作单位之间的信息；此处，应定义一个有效方法来管理数据。模型应描述产品属性并管理合作单位系统之间的属性连接。

（3）必须通过产品周期管理系统，定义与数据相关的主要行为并保证在整个周期内进行管理。

（4）为了数据使用数据环境必须允许检索环境。这将为所使用的数据定义必要元素（如描述产品的流程、活动、数据、参数及模型）。

（5）提供数据相关性，必须定义活动所生成的数据之间的关联。

（6）流程连接（工程请求、工程验证）定义，必须确定访问合作单位流程的不同方法。

12.2.4.1 产品研发过程中的协同合作

为了完成其定义，我们将在不同的活动（取决于研发阶段）中改进产品。在实际情况中，在功能定义阶段产品还未成形，项目研究小组成员尝试说明与客户需求相关的要求与规范。之后，在研发阶段，由工程师在设计环境内来设计产品。

之后，产品将会被提交，在模拟工程师执行的计算回路中进行验证。在此典型案中，协同出现在产品的整个研发过程中，因而对于它的定义至关重要。由于航空业产品极其复杂，且由大量合作单位共同研发，产品定义过程中的人员数量，在生命周期的每一个阶段都有所增加。通常，使用专门适用于某一企业的流程，在已建立的流程与刚性流程之间，协同将无法同步。在定义一个新方法以在多个合作单位间研发产品时，流程的协调性是一个重要的前提条件。协同过程中的主要问题归结为：

（1）活动规划与同步：一个错误的活动计划表，将延迟产品的定义，并会造成经济损失。

（2）工作流程控制：如果无法精准地掌握流程进度，就很难能够找到阻碍点。

（3）同步的工程与协同设计：如果工作流程定义不清晰，在工作中便会出现困难。

12.2.4.2 不同工具之间的协同与同步

在每天都会建立合作关系的虚拟企业环境中，使用大量不同的商业成品（COTS）环境，去完成同一个最终产品的定义工作，会遇到许多问题。甚至在一个公司中，一个产品的定义过程会经过不同的环境，例如，设计或模拟程序。他们都可以用于定义相同的产品，但是他们所使用的数据或方法不同。因此，同步每一个人的工作，最优化产品定义非常重要。实际上，工具与方法的数目是趋向于无限的。如此多的各种各样的工具与环境使得程序间的信息交换变得更加困难。项目组织与管理的新方法最终形成的问题如下：

（1）产品结构的标准化：如果数据没有被储存在正确的地方，那么便有可能丢失或被重建。

（2）将与合作单位共享的信息的定义：没有一个清晰的关于被分享数据的方案，当试图检索需要的信息时，将耗费大量时间。

（3）合作单位产品结构图之间的同步：如果来自不同公司的工程师，负责不同版本的产品的相关工作，产品很有可能会被错误定义。

12.3 技术准则与推动因素

12.3.1 之前对于最初理念的研究

在 20 世纪 80 年代初，人们对企业调整或企业建模的想法兴趣寥寥，对形式方法与模型的使用，通常也仅限于信息系统联盟内部应用程序开发的某些方面[28]。其中许多继承系统对于完成任务而言仍然非常重要：由于企业在不断转变以解决现在以及未来的竞争压力，这些系统也必须随之转变。但问题不仅仅是昨天或者今天的技术的复杂性：开放的结构环境、客户端／服务器系统，CASE 工具、面向对象的发展等。如今的问题更多，因为机构不断调整以增强竞争力，他们正在经历快速变化。所以我们在设计系统与机构时，必须根据变化而做出改变[29-30]。在那时我们确认了"结构体系"这一对象；然而，只有少量定义可支持这一理念。这种定义的缺乏，主要存在于"信息系统结构体系"理念中。尽管在开始时，毫无疑问它应该被称作"企业机构体系框架"。这种被放大的观点，现在一般被理解为最近全世界不断关注企业"工程学"的结果。企业所使用的"框架"只不过是一种分类和组织企业说明的逻辑结构。这些说明对于企业管理以及企业系统的发展非常重要[18, 31]。

其中需要解决的一个主要问题是，该框架在航空项目协同环境中的使用与集成。也就是需要确定商业范围、管理数据的类型、相关流程、合同关系的类型，以及物理结构。其中，许多工作已经完成，如使用网络服务项目关联中间件、在集成环境中关联模型、创建分布式商务流程，或使用企业建模方法建立平台[12]。中间件是一种精简型服务器，以及一个强大的客户端方案为基础的解决方案。它能够确保通过网络服务访问数据。Sudarsan 等人[32]提出了另一种以模型组合为基础的解决方案，以创立一个产品周期管理结构作为产品信息的支持框架。预期利益依赖于整个生命周期内，访问、储存、供应，以及重复使用产品信息的能力。

在这一水平上，企业建模与企业集成（EMI）被认定为保证高效协同的重要方法。内容包括定义商业流程与它们之间存在的显式 / 隐式连接。在 Vernadat[15]之后，企业集成由"打破组织边界"构成，而企业建模则由"为企业的结构，行为以及组织构建模型"组成。从某种意义来说，企业建模与企业集成包括定义不同等级企业的模型，以确定所采用的流程的特性。下一步骤为组织这些模型，然后利用流程之间的可用连接，集成它们（Shunk 的建模以及高水平定义[33]，Vernadat 使用的示例[15]）。

12.3.2 "设计"协同环境的方法

尽管在几年前，协同环境还仅限于设计环境中，但是现在这种环境被应用于企业内确定的流程（从设计到制造）中，以及一个项目的不同阶段（从初始到服务）中。

如果我们考虑 Fuh 和 Li[1]与 Li 等人[7]的方法，就会更能够验证这种说法的正确性。Li 等人曾为分布式与集成式产品研发与设计提供机制。此机制依赖于两种重要方法的联合，来完成产品研发：

（1）静态方法，用于关联产品定义中的静态元素（如身份、名称、到期日、版本、交换数据）。这是以经典建模工具为基础而设计的，例如，UML（统一建模语言）[14, 34]。

（2）动态方法，与流程 / 工作流程定义相关。它定义描述数据行为的活动序列。这主要是以经典建模工具为基础而设计的，例如，IDEF0（ICAM 定义语言）[33]。

在定义协同结构时，必须使用这两种方法[35]。每一种环境都会被提交至其各自的功能准则处进行验证。目标在于使用产品数据，尤其是协同环境中的产品参考框架来建立网络活动[12]。

12.3.3 协同环境结构设计方法

我们在分析框架结构的需求时，注意到有一些彼此之间互相作用且与协同框架相互作用的系统。这导致我们必须定义一个架构层模型。图 12-3 中为结果，并展示了工业系统中每一层的集成情况。

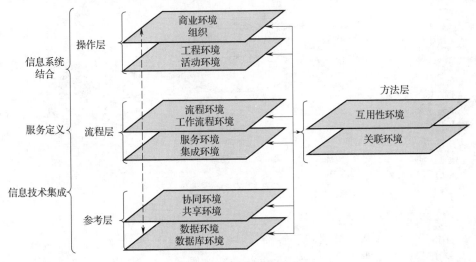

图 12-3 系统结构形式

（1）操作层等于执行活动的"终端用户"环境，由操作工具组成。这一层被归集并纳入一个刚性结构中，拥有自己的流程与方法。

（2）流程层是活动不断更新的担保层，主要由工作流程工具组成。这一层是向操作层提供活动序列指令的反向环境。

（3）参考层为项目期间产生的现象的共同表现与说明。为活动与合作单位提供一个产品的统一视角，被认定为共享的工作环境。

（4）方法层是单个活动与行为发生的环境。由信息系统与解译器组成，保证环境与应用域的设计与重新设计。

12.4 工程数据管理框架

12.4.1 工程"背景定义"概论

"由相关的概念、情境、事件或信息组成的一些东西的背景，并可能使这些东西完全被理解"[16]。在文献中，背景被视为某一对象与其所有相关信息的快照，相关信息即在它的生命周期内与它的管理与操作相关的信息[37]。一般来讲，背景不是对象本身。背景更像是彼此相关的对象之间的关系及交互作用的快照[38]。背景是一个不稳定的概念，它取决于对象及其之间的交互作用。

图 12-4 展示了著名的产品数据管理程序执行的一个例子。在图 12-4 中展现了创建背景的对象间的关系。用户直接与背景相关联，背景即组织、角色，以及项目的联合。并根据角色、组织与用户，定义用户授权。

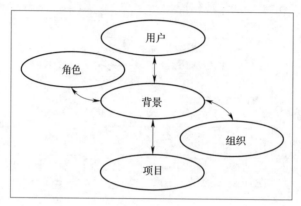

图 12-4 产品数据管理背景运行示例

12.4.2 商业背景与协同背景

我们可以对工程背景进行分解[39]。

在图 12-5 中介绍了工程背景，我们的方法便基于此。类型主要对象如下：

（1）商业背景，在特定环境内，与商业活动的执行有关。此背景重视以某一特定角色，针对某一特定产品，执行某一特定活动所使用的工具。

（2）协同背景与协同合作中，工作的合作关系以及编排相关。此背景比较重视以某一特定角色，针对某一特定产品，领导某一活动的项目。

两种背景都与定义工程学背景紧密关联，并可辅助完成定义。

12.4.3 塑造工程背景

我们可以找到一些重要且相关的对象，在协同流程内设置工程背景。由于协同合作以项目为起点，所以必须将它纳入考虑范围内。之后，我们找到一些强制性对象来定义工程学背景。应用于它（在哪一部分上执行什么！）的产品与流程都是定义工程活动的必要元素。

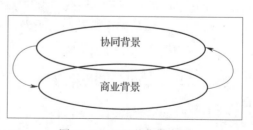

图 12-5 工程学背景类型

另外，角色也被认为是背景定义的重要元素。实际上，某一特定的活动由拥有适当技能与知识的工作人员来完成（设计活动由设计工程师完成，模拟活动由模拟工程师来完成）。与功能直接关联，用户为具体工作的实际执行者。所以用户与角色之间应相互映射。随后，两个最终产品被用来清晰地定义工程活动。此外，我们还考虑到执行活动时使用的工具（例如，设计时使用的计算机辅助设计系统，模拟时使用的计算机辅助工程系统）。最后，我们还将执行者在工作期间可使用的资源纳入考虑范围内。资源可以为任何类型（特定的数据解译器，物理资源等）。

图 12-6 中，显示了 7 个确认的对象，它们组成了协同合作中的工程背景。"L"线标示协同背景，矩形线标示商业背景。参见背景类型，对象之间的关联如下：

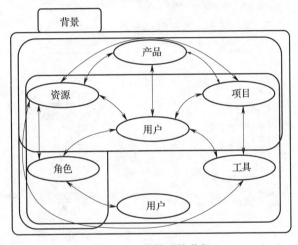

图 12-6　背景系统分解

（1）项目背景：此为结构的最顶层。产品将在一个项目中被创造出来，产品流程会在项目内运行。

（2）产品背景：它是最后将要出售的产品。由项目管理，只有通过流程才能进行更正与操作。

（3）流程背景：它在与一个项目及其流程相关的产品之上定义可能合适的活动。另外，流程还与工具、角色、资源相互关联。

（4）工具背景：这一元素代表了在项目的特定流程内，允许访问某一产品的特定角色的门关。

（5）资源背景：包含其他所有的系统、信息、数据类型、数据交换设置（DEX）（可从网站 http://www.oasis-open.org/committees/plcs/fag.php 获取联网资料），或者对于执行流程至关重要的产品。他可能与背景中任何一个对象相互关联。在背景中，它是与背景相关的对象清单。可以将其视为一个包含与相应背景相关的、所有必需信息与对象的文件包。

（6）角色背景：背景中此元素也是在某一项目内适用于某一产品的活动非常重要的一部分，并对特定用户开放。它代表了虚拟企业组织与项目组织之间的联系。

（7）用户背景：最后一个元素，也是建立背景间导航的元素。实际上，通过与平台连接，用户可以选择他访问项目、流程、产品等项目时使用的角色。根据组织等级对用户进行分类。

图 12-7 中展示了一个建立背景的示例。用户 T.NguyenVan 的角色被设定为设计工程师。在项目 A380 内，他负责流程"设计"与产品"发动机"。他使用计算机辅助设计工具来进行修改，并使用数据交换设置（可从网站 http：//www.oasis-open.org/committees/plcs/fag.php 获取联网资料），检索相关数据。

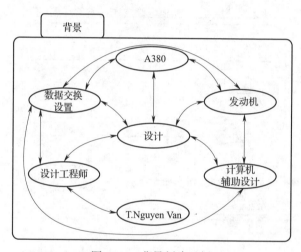

图 12-7　背景创建示例

这些属性在背景定义中都是必要元素。例如，如果我们拿走其中一条原则，产品（在此示例中为发动机）没有这条信息就会出现多种情况。问题在于并未规定在什么产品上进行修改。因此，设计人员可能会修改一个错误的部件，或者更糟，访问他无权访问的数据。

12.4.4　工程数据管理框架"方块"

针对欧洲的一个项目，通过虚拟航空协同企业提升价值（VIVACE）这一背景，建立了工程数据管理（EDM）框架。这种产品数据管理（PDM）主要依赖于6 个模块（参见图 12-8）：

（1）应用程序（Apps）：这些是用于执行特定的工程活动时使用的操作工具，例如，产品数据管理（PDM）、模拟数据管理（SDM）、计算机辅助活动（CAX）。

（2）信息模型（IM）：这是一个对象代理，EDM 服务器以此为基础，它还能够根据背景定义产品、流程、资源以及它们之间的相互关系。

（3）域模型（DM）：此模型表示每一个技术领域中在属性或数据方面的需求，并能够提供一个关于产品的概览。其中技术领域包括设计或模拟等。

（4）整合的数据储存库（CR）：它为虚拟飞行器的整合数据提供了持续性。它并没有代替继承程序的储存库，而提供了一个整合的数据储存库去共享根据产品数据交换标准（STEP）（标准 ISO TC184-SC）已发布的数据[16-17]。

（5）产品背景管理（PCM）：允许用户浏览协同数据与流程的协同界面。

（6）工作流程（WF）：此流程确保能够正确完成某一产品流程内的相关活动，其中还包括团队成员与资源。通过此工作流程，可以在产品的整个定义阶段对它进行监控。

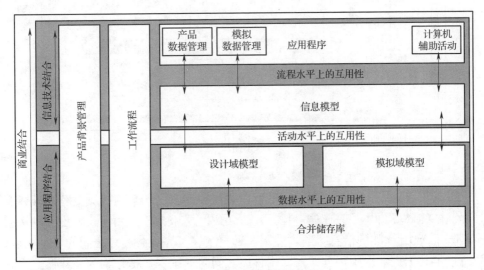

图 12-8　工程学数据管理框架

12.4.5　框架的功能概述

让我们以输出数据为例，确认数据流（参见图 12-9）。设计工程师收到产品背景管理（1）中的一次变更请求，然后启动工作流程（2）来执行设计变更。一旦完成后，他会在自己的环境以及协同环境（3）各自保存数据。信息模型破解原始数据属性，将它们映射为标准公用定义（4）。映射即为将原始属性与产品周期支持（PLCS）中使用的标准（STD）属性相互关联（STEP ISO 10303-239[40]）。只有经过映射流程后，才能保证通过域模型的数据之间的关联性，即数据在模拟（Sim.）域模型与设计域（Des.）模型（5 和 5'）中均被修正。在每一个域模型中，产品定义都被重建，以适合于公共定义（6 和 6'）。最后一项活动是在协同整合数据储存库内完成数据储存（7 和 7'）。

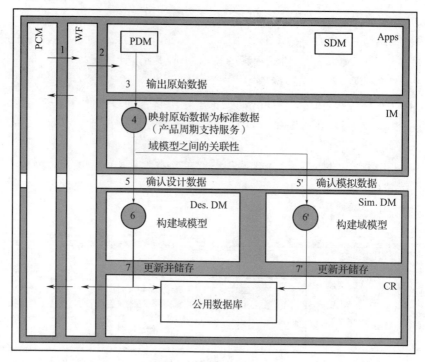

图 12-9　数据输出使用案例

12.4.6　数据结构映射定义——域模型映射

以共用数据库为基础，商用程序可以重建他们自己的环境或者更新工程数据管理框架的环境。为了完成这一任务，将使用网络服务（使用箭头表示）发送或检索基于 XML 标准的信息。通过使用这种技术，可完成各程序之间的信息交换，并通过定义工程数据管理框架与商用程序之间映射确保数据结构的一致性。因此工具的数据模型都是不同的，且专用于他们服务的商业成品。这些特定的数据模型均可进行映射，随后我们将以一个主数据模型为示例（参见图 12-10）。

12.4.7　管理用工程数据管理框架的图形用户界面（GUI）——"执行"信息模型

协同应用程序称作产品背景管理，共有 7 个界面：

（1）用户工作空间——列明用户的工作任务。

（2）执行视图——显示工作任务的细节。

（3）项目概览——显示工作流程概览。

（4）工作流程管理——管理工程流程，由三个界面组成。

（5）工作流程行政管理——管理流程与活动。

（6）用户与用户组管理——管理用户与用户组；映射管理——管理用户、用户组之间的映射。

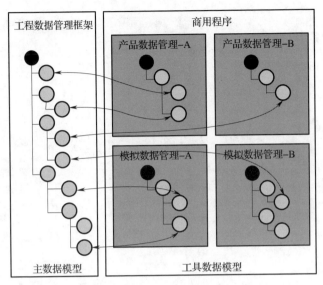

图 12-10　数据映射

（7）流程角色，以及背景设置——设置导航背景。

界面显示了我们已创建的信息模型的执行情况，进而管理整个工程背景与协同环境。界面的最顶层在每个界面中都相同，由对应应用程序界面的标签页组成。它显示了用户导航的细节，导航背景。导航背景中包括用户名、正在执行的活动、工作产品、活动参与的工作流程，以及用户角色。如果没有设置此导航背景，执行视图与项目概览便不能使用。用户可以在除用户与用户组管理界面，以及映射管理界面之外的任意界面中设置次导航。

12.4.7.1　用户工作空间

用户在登录产品背景管理系统后，第一个看见的界面为工作空间界面（参见图 12-11）。其中包含了已分配由他完成的活动相关信息。在此工作空间中，用户可通过可用的标签转换界面。活动的名称也是一个链接，该链接放置了用户导航背景，并引导用户至执行视图查看活动细节。对于每项活动，所有权概念会通知客户，他是否接受活动。如果显示"接受"按钮，表明活动还未被接受，只有接受后方可执行。如果某一项活动被分配给某一角色且还未被接受，它便会出现在每一个与该角色相关联的用户的工作空间界面中。一旦活动被接受，它便只会出现在接受它的用户的工作空间中。已完成或还未激活的动作则不会显示。

12.4.7.2　执行视图

第二个用户界面（参见图 12-12）为用户必须执行的工程任务的背景图。存在导航背景的条件下，执行视图会显示活动的全部细节内容。第一行为流程、产品、角色、所有权、状态，以及资源。

图 12-11　产品背景管理——用户工作空间界面

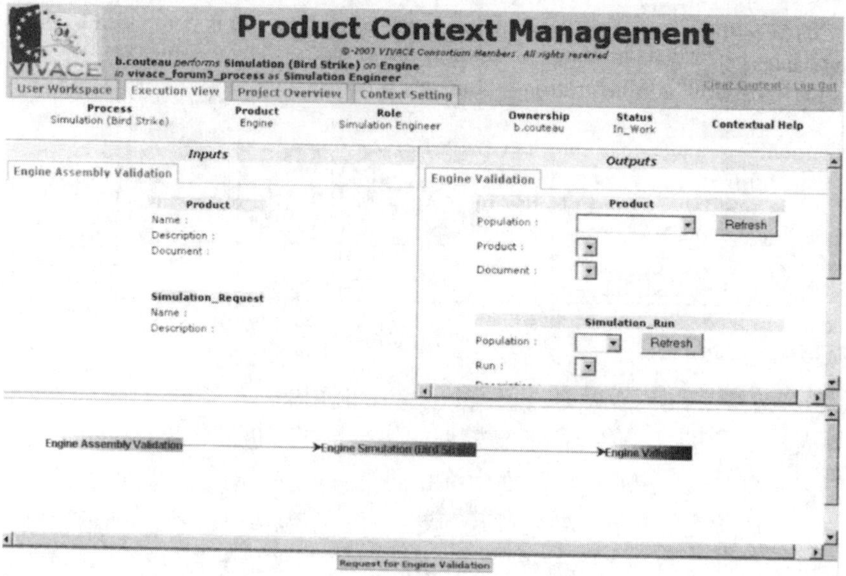

图 12-12　产品背景管理——执行图界面

　　之后两个框架显示活动的输入数据与输出数据。在每个框架中，标签对应输出数据或输出数据的数目。输入数据与输出数据取决于工作流程设计。每一个输入值包含与当前任务相关的细节、要求、信息与数据。输出数据标签，则必须由客户在执行活动后填写。他使用执行任务所创建的、与协同相关的、与接下来的相应活动相关的每一个数据、信息与要求，生成输出数据。

　　活动参与的工作流程的简图在输出/输入数据框架下方。实际上，当前活动在显示时，之前的活动显示在它的左侧、之后的活动显示在它的右侧。输出/输入标签的数目，与之前/之后活动的数目是相等的。

　　最后，最下面一行为活动确认按钮。它对应此活动的输出路径。如果有两个必须进行的活动（即"且独立"），只有一个按钮。如果有选择，每一个输出对应一个按钮。点击一个按钮会自动关闭此活动，然后开始相应活动。

12.4.7.3　项目概览

　　在第三个界面（参见图 12-13）中，用户能够看到他在其中执行活动的整个工作流程。显示的工作流程对应导航背景内设置的工作流程。这一部分由两个框架组成：工作流程视图与活动细节表。

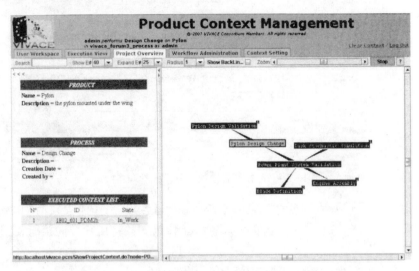

图 12-13　产品背景管理——项目概览界面

以 Java 技术为基础，工作流程视图中能够显示一个工作流程的动态导航。用户可以缩放、隐藏 / 显示节点（活动）、隐藏 / 显示关联，并可以调整视窗适合他的视野，并能够操纵视窗，显示他想要看见的内容。点击某一活动，便能够在左侧框架内自动显示其细节内容：活动细节表。

活动细节表中包含活动的相关信息，显示活动相关的产品与流程。并显示一个实例化活动的列表，以表明活动状态：正在运行、已接受、还未开始或者已经完成。点击一个实体化活动的 ID，就会将用户直接导向执行视图，观察细节。如果活动已完成，执行图中将显示已填写好的输入与输出数据。如果用户并非活动所有者（即用户没有接受该活动），执行视图中按钮是不可用的。

如果导航背景中只包含工作流程的名称，此界面也可使用。执行视图将不会被显示，但是会显示项目概览。只有背景设置界面，才有可能完成。

12.4.7.4　流程管理

通过此界面（参见图 12-14），能够使用可扩展标记语言（XML）和 XML 流程定义语言（XPDL）文件，加载工作流程定义，实例化一个或多个工作流程定义，并管理正在运行的活动。

此界面与 Java 网络应用程序（产品背景管理），以及工作流程引擎直接相连。它会显示所有正在运行、等待接受或已完成的活动的列表。且用户也能够访问已关闭的工作流程，清理工作流程引擎数据库。

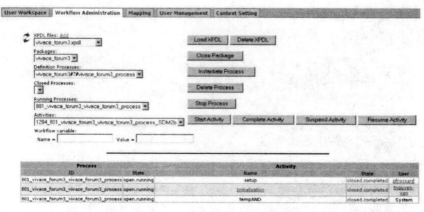

图 12-14 产品背景管理——流程管理界面

活动表中可显示活动名称，它所参与的工作流程，工作流程与活动的状态，以及活动指定用户。点击活动名称可设置导航背景，并将用户导向执行视图查看活动细节。

如果在运行时发生错误，管理员可以在此处解决问题，并管理工作流程。

12.4.7.5 背景设置

此为最后一个界面（参见图 12-15），用户可以在此浏览现有的已完成或正在运行的工程任务。可通过填写一些空白区域询问协同数据库：项目、流程、产品、角色与活动状态。第一个生成的是，对应询问的工作流程列表。在此工作流程列表中，所有活动（已完成或正在运行的）都可用。用户可以针对此活动再进行询问，或者查看全部。

在工作流程列表中，用户还可以设置导航背景去浏览项目概览界面（参见图 12-13）中的工作流程。用户还可以从活动列表中选择一项活动设置导航背景。用户将被重新导向至执行视图界面（参见图 12-12）。

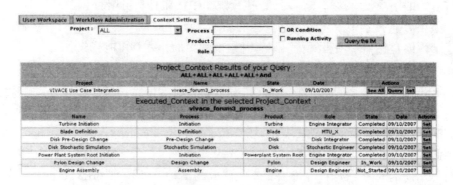

图 12-15 产品背景管理——背景设置界面

12.4.8　程序相互作用，简化背景设置

在图 12-16 中，显示我们已经生成的工作任务，来规定不同界面之间的相互作用。此序列图展示了怎样通过选择工程背景的特性来设置背景。另外，它还引进了导航背景理念。导航背景内储存了用户当前正在浏览的工程背景的相关信息。它能够提供途径检索显示在各个界面中的信息，从而协助构建不同的界面。除此之外，此序列图还显示了可以在哪里找到信息。在图中，显示了两个协同框架组件：信息模型与域模型。但是我们同样可以使用工作流程引擎来定义互相作用。

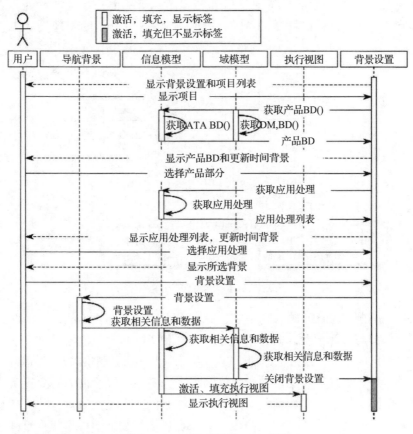

图 12-16　设置背景的 UML 序列

12.5　方案描述与试验案例运行

12.5.1　方案概述

为了在工业背景中执行整个框架，我们建立了一个方案。此方案必须显示

本章中讨论的所有内容。它涵盖了协同设计、并行工程学、各程序之间、不同层的活动之间的互用性等内容。关于VIVACE背景，此方案比较接近于全局工作流程的操作部分。在建立方案之前，我们做出了工业目的上的第一个假设。让我们将两个基本技术组件P和E结合在一起，称为一个整体A（P+E=A）。每一个组件都是两个不同公司B和C的产品。公司A负责组件P，同时也负责两个组件的集成，即最终产品A。每一个公司使用自己的设计程序与每个组件的计算程序。如图12-17中所示，工作流程必须足够简单，能够在程序中被查看，且必须足够详细，可供操作管理员使用。图12-17底部带有阴影的方框为子流程。在那些子流程中，第一个活动将通过另外的程序执行。也是在该活动处，必须使用外部程序控制工作流程，而另外的活动，则由每个公司的管理员从主界面驱动。

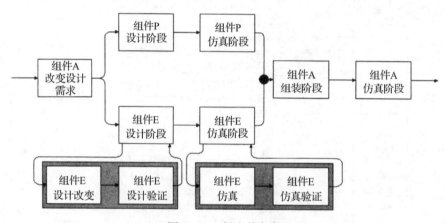

图12-17　提出的方案

此外，按照VIVACE项目的规定，此方案中应涵盖两个不同区域，即每个组件的设计部分与计算部分。模拟活动需要不同种类的数据，而不是设计活动。实际上，关于组件模拟，模拟工程师（SE）需要为组件划分网格以及了解载荷工况，来完成模拟工作。最后，此活动产生的结果，为模拟阶段验证的必要元素。返回此方案的协同工作，可以看到，组件P与组件E的变更是同时进行的，且互相独立。这表明，最终整体A在组装阶段，可以在进行组装之前检索两个组件，即表明系统能够同步组件。

12.5.2　方案执行

在工程数据管理框架中执行此方案，需使用信息模型映射基本工作流程概念"按照计划"与"按照执行"。执行依赖于以下三个对象（参见图12-18）：

（1）背景定义，由应用于产品中的流程组成；此为工作流程执行的基本元素。

它们还可以被组装在一起生成模块，标为子流程。

（2）项目背景定义，为背景定义的实例化并被互相连接在一起；它们代表"按照计划"工作流程。在此计划中，将使用已建立的 XPDL 文件来实例化工作流程。

（3）执行背景定义，为实例化项目背景定义的序列；它们代表"按照执行"工作流程。

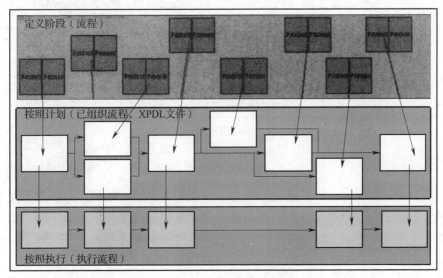

图 12-18   方案执行

为了共同管理全部程序，工作流程引擎在相关的活动中会产生不一样的行为。如图 12-19 所示，监控并控制工作流程可以被表示为活动序列。工作流程（XPDL 文件中所描述的）首先在工作流程内部实例化，然后自动开始执行（1）。与第一个活动相对应，一个新的任务将被发送至管理员处。管理员接受后，便会启动活动（2）。使用 PCM 界面，管理员将通过从信息模型中收集产品与流程信息，生成一个模拟请求。当模拟请求填写完毕后，管理员活动完成（3）。这时，下一个活动将自动实例化（4），而模拟请求将被发送至 SDM 环境中（5）。模拟工程师检索产品结构开始工作。在此活动结束后，状态将被发送至高级工作流程中（6）。该状态会自动更新活动进展（6'）。管理员可借此跟踪低级活动进度。两种程序之间的状态转变以 Java 客户端为基础。之后，模拟工程师将开始模拟组件行为。当模拟工程师预计模拟回路结束时，将发送一个新的状态，更新工作流程引擎（7 和 7'）。在下一个活动中，模拟工程师将详细编写模拟结果报告，完成模拟流程（8）。之后，激活结果验证工作（9）。

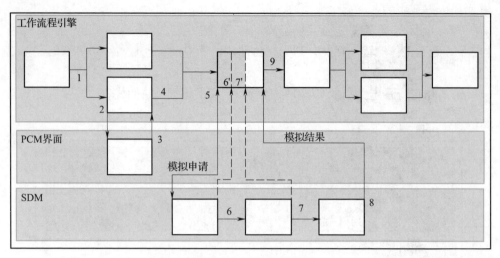

图 12-19　方案使用案例

12.6　结论

在工业中活动与合作单位之间的通信交流遇到了很多问题，大多与不同工具及系统之间的通信，以及工程环境与流程的背景定义相关。在项目早期，工程学系统的互用性与集成，对于建立一个有效的合作关系来说非常重要，且它能够保证概念阶段的时间较短。这里，我们已经确认航空工业内存在以下问题：

（1）通信与语义问题的增加与系统和工具的多样性提高相关；它导致信息技术系统内传达的数据与信息产生一些歧义和错误的解释。

（2）使用多种环境与产品的参考标准，使协同流程合理化。这些系统之间的无关联性，产生了一些重复与冗余的问题。流程不再是以环境运行为依据，而是受执行活动的需求指引。所以，当试图创建一个完整的、拥有有效数据的环境时，问题就会浮现。

关于这些问题，VIVACE 项目在方法参考的建立，以及多合作单位、多工程协同平台的运行这两方面的贡献，通过以下方式，解决了工业存在的主要约束限制：

（1）随着工程系统间互用性的发展，产品／流程互用性的发展以及工程数据间互用性的发展，工程互用性的发展能够支持工程环境间传递的信息的定义与互用性。

（2）通过共享空间的发展，集成环境的定义支持以协同与参考的角度看待产品。在共享空间内工程领域虽然有一定关联，但保持独立，并使用数字实体模型定义参考模型。我们的工作主要以此解决方案为导向，因为它是多个活动的会聚点。

（3）定义工程学背景：概念域的同化与所定义的环境类型相关，其中环境类型由活动目标与工程环境需求决定。

参考文献

[1] Fuh, J. Y. H., and Li, W. D., "Advances in Collaborative CAD: the State-of-the Art," *Computer-Aided Design*, Vol. 37, No. 5, 2005, pp. 571–581.

[2] Valckenaers, P., Van Brussel, H., et al., "On the Design of Emergent Systems: an Investigation of Integration and Interoperability Issues," *Engineering Applications of Artificial Intelligence*, Vol. 16, No. 4, 2003, pp. 377–393.

[3] Gallaher, M. P., O'Connor, A. C., Dettbarn, J. L., and Gilday, L. T., "Cost Analysis of Inadequate Interoperability in the US Capital Facilities Industry," Information Technology and Electronics Office, U.S. National Institute of Standards and Technology, NIST GCR 04-867, Gaithersburg, MD, Aug. 2004, http://www.bfrl.nist.gov/oae/publications/gcrs/04867.pdf [retrieved July 2009].

[4] National Coalition for Advanced Manufacturing (NACFAM), "Exploiting E-manufacturing: Interoperability of Software Systems Used by US Manufactures," Feb. 2001, Washington, DC, http://www.mel.nist.gov/div826/msid/sima/Final-ReportSummary.PDF [retrieved July 2009].

[5] Brunnermeier, S. B., and Martin, S. A., "Interoperability Costs in the US Automotive Supply Chain," *Supply Chain Management Journal*, Vol. 7, No. 2, 2002, pp. 71–82.

[6] "Metrology Interoperability Project," NIST Manufacturing Engineering Lab., 2008, http://www.mel.nist.gov/programs/raisp.pdf [retrieved July 2009].

[7] Li, W. D., Lu, W. F., et al., "Collaborative Computer-Aided Design–Research and Development Status," *Computer-Aided Design*, Vol. 37, No. 9, 2005, pp. 931–940.

[8] Pardessus, T., "The Multi-Site Extended Enterprise Concept in the Aeronautical Industry," *Air & Space Europe*, Vol. 3, Nos. 3–4, 2001, pp. 46–48.

[9] Beckett, R. C., "Determining the Anatomy of Business Systems for a Virtual Enterprise," *Computers in Industry*, Vol. 51, No. 2, 2003, pp. 127–138.

[10] Huifen, W., Youliang, Z., et al., "Feature-Based Collaborative Design," *Journal of Materials Processing Technology*, Vol. 139, Nos. 1–3, 2003, pp. 613–618.

[11] Mervyn, F., Senthil Kumar, A., et al., "Developing Distributed Applications for Integrated Product and Process Design," *Computer-Aided Design*, Vol 36, No. 8, July 2004, pp. 679–689.

[12] Perrin, O., and Godart, C., "A Model to Support Collaborative Work in Virtual Enterprises," *Data & Knowledge Engineering*, Vol. 50, No. 1, 2004, pp. 63–86.

[13] Lehmann, H., and Gallupe, B., "Information Systems for Multinational Enterprises–Some Factors at Work in Their Design and Implementation," *Journal of International Management*, Vol. 11, No. 2, 2005, pp. 163–186.

[14] Aziz, H., Gao, J., et al., "Open Standard, Open Source and Peer-to-Peer Tools and Methods for Collaborative Product Development," *Computers in Industry*, Vol. 56, No. 3, 2005, pp. 260–271.

[15] Vernadat, F. B., "Enterprise Modeling and Integration (EMI): Current Status and Research Perspectives," *Annual Reviews in Control*, Vol. 26, No. 1, 2002, pp. 15–25.

[16] "Overview and Fundamental Principles," ISO 10303-1, International Organi-

zation for Standardization, Geneva, Switzerland, 1994, http://www.iso.org/iso/catalogue_detail?csnumber=20579.

[17] Technical Committee 184 for Industrial Automation Systems and Integration, Subcommittee 4 for Industrial Data, *ISO TC184/SC4/WG10 N326-2000-11-08– PROPOSED ISO TC184/SC4 Standing Document*, International Organization for Standardization, Geneva, Switzerland, 2008.

[18] Dustdar, S., and Gall, H. "Architectural Concerns in Distributed and Mobile Collaborative Systems," *Journal of Systems Architecture*, Vol. 49, Nos.10–11, 2003, pp. 457–473.

[19] Rosenman, M. A., and Gero, J. S., "Purpose and Function in a Collaborative CAD Environment," *Reliability Engineering & System Safety*, Vol. 64, No. 2, 1999, pp. 167–179.

[20] Ruland, D., and Spindler, T., "Integration of Product and Design Data Using a Metadata- and a Rule-Based Approach," *Computer Integrated Manufacturing Systems*, Vol. 8, No. 3, 1995, pp. 211–221.

[21] Zha, X. F., and Du, H., "A PDES/STEP-Based Model and System for Concurrent Integrated Design and Assembly Planning," *Computer-Aided Design*, Vol. 34, No. 14, 2002, pp. 1087–1110.

[22] Oh, Y., Han, S.-h., et al., "Mapping Product Structures Between CAD and PDM Systems Using UML," *Computer-Aided Design*, Vol. 33, No. 7, 2001, pp. 521–529.

[23] Lee, C. K. M., Lau, H. C. W., et al., "Development of a Dynamic Data Interchange Scheme to Support Product Design in Agile Manufacturing," *International Journal of Production Economics*, Vol. 87, No. 3, 2004, pp. 295–308.

[24] Leong, K. K., Yu, K. M., et al., "Product Data Allocation for Distributed Product Data Management System," *Computers in Industry*, Vol. 47, No. 3, 2002, pp. 289–298.

[25] Lim, E.-P., and Chiang, R. H. L., "The Integration of Relationship Instances from Heterogeneous Databases," *Decision Support Systems*, Vol. 29, No. 2, 2000, pp. 153–167.

[26] Rousset, M.-C., and Reynaud, C., "Knowledge Representation for Information Integration," *Information Systems*, Vol. 29, No.1, 2004, pp. 3–22.

[27] Goranson, H. T., "Architectural Support for the Advanced Virtual Enterprise," *Computers in Industry*, Vol. 51, No. 2, 2003, pp. 113–125.

[28] Bradley, P., Browne, J., et al., "Business Process Re-Engineering (BPR) – A Study of the Software Tools Currently Available," *Computers in Industry*, Vol. 25, No. 3, 1995, pp. 309–330.

[29] Nurcan, S., and Rolland, C., "A Multi-Method for Defining the Organizational Change," *Information and Software Technology*, Vol. 45, No. 2, 2003, pp. 61–82.

[30] Quattrone, P., and Hopper, T., "What Does Organizational Change Mean? Speculations on a Taken for Granted Category," *Management Accounting Research*, Vol. 12, No. 4, 2001, pp. 403–435.

[31] Montreuil, B., Frayret, J.-M., et al., "A Strategic Framework for Networked Manufacturing," *Computers in Industry*, Vol. 42, Nos. 2–3, 2000, pp. 299–317.

[32] Sudarsan, R., Fenves, S. J., et al., "A Product Information Modeling Framework for Product Lifecycle Management," *Computer-Aided Design*, Vol. 37, No. 13, 2005, pp. 1399–1411.

[33] Shunk, D. L., Kim, J.-I., et al., "The Application of an Integrated Enterprise Modeling Methodology—FIDO—to Supply Chain Integration Modeling," *Computers and Industrial Engineering*, Vol. 45, No. 1, 2003, pp. 167–193.

[34] Merlo, C., and Girard, P., "Information System Modeling for Engineering Design Co-ordination," *Computers in Industry*, Vol. 55, No. 3, 2004, pp. 317–334.

[35] Bergman, R., and Baker, J. D., "Enabling Collaborative Engineering and Science at JPL," *Advances in Engineering Software*, Vol. 31, Nos. 8–9, 2000, pp. 661–668.

[36] Akman, V., and Surav, M., "Steps Toward Formalizing a Context," American Association for Artificial Intelligence, Fall 1996, http://www.cs.bilkent.edu.tr/~akman/jourpapers/aimag/aimag1996.pdf [retrieved July 2009].

[37] Dey, A. K., Abowd, G. D., and Salber, D., "A Conceptual Framework and a Toolkit for Supporting the Rapid Prototyping of Context-Aware Applications," 2001, http://www.cc.gatech.edu/fce/ctk/pubs/HCIJ16.pdf [retriieved July 2009].

[38] Dourish, P., "What We Talk About When We Talk About Context," School of Information and Computer Science, University of California, Irvine, CA, 2004, http://www.ics.uci.edu/~jpd/publications/2004/PUC2004-context.pdf [retrieved July 2009].

[39] Simon, H. A., *The Sciences of the Artificial*, MIT Press, 1969.

[40] "Industrial Automation Systems and Integration—Product Data Representation and Exchange—Part 239: Application Protocol: Product Life Cycle Support," ISO 10303-39:2005, Cambridge, MA, 1969, http://www.iso.org/iso/catalogue_detail.htm?csnumber=38310 [retrieved July 2009].

附录　VIVACE项目合作单位

此附录中，包含参与VIVACE项目的所有合作单位的名称。并在附图1与附表1中，提供了合作单位的国家、地理分布。列表共分为4个部分，每个表中为一类机构的相关信息。附表2~附表5中分别罗列了39家公司、7个研究机构、12所大学、5个第三层供应商。

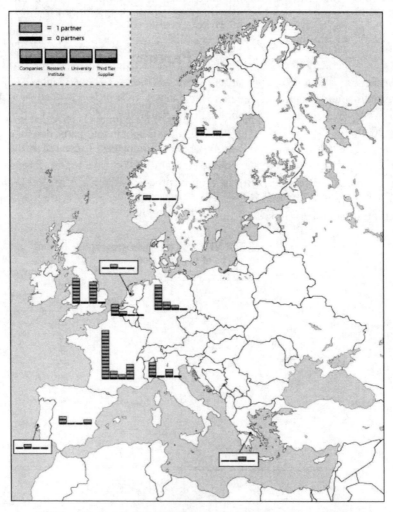

附图1　协同合作单位的地理分布，以机构类型作为划分标准

附表 1　VIVACE 项目合作单位的地理分布情况以及所属机构类型的分布情况

国家	公司	研究机构	大学	第三层供应商	总计
比利时	3	1	—	—	4
法国	14	2	1	4	21
德国	7	2	1	—	10
英国	7	—	6	—	13
希腊	—	—	1	—	1
意大利	4	—	2	—	6
荷兰	—	1	—	—	1
挪威	1	—	—	—	1
葡萄牙	—	1	—	—	1
西班牙	2	—	—	1	3
瑞典	2	—	1	—	3

附表 2　VIVACE 合作单位名称与国家

合作单位名称	国家	合作单位名称	国家
Airbus France	法国	CIMPA GmbH	德国
Airbus Deutschland GmbH	德国	Dassault Aviation	法国
Airtbus SAS	法国	Dassault Systemes	法国
Airbus UK, Ltd.	英国	EADS CCR	法国
Ajilon Engineeing	法国	EADS Deutschland GmbH	德国
Alenia Acronautica S.p.A.	意大利	Empresarios Agrupados Intemacional, SA.	西班牙
ARTTIC	法国	EPM Technology AS	挪威
Assystem Ltd, UK	英国	ESOCE NET	意大利
Avio S.p.A.	意大利	Eurocopter SAS	法国
BAE SYSTEMS (Operations) Lud.	英国	Eurostep Group AB	瑞典

附表 2（续）

合作单位名称	国家	合作单位名称	国家
Hewlett–Packard Limited	英国	Samtech S.A.	比利时
Hydro–Control–Steuerungstechnik GmbH	德国	Snecma	法国
Industria de Turbopropulsores, S.A.	西班牙	Techspace Aero S.A.	比利时
ISIGHT Software SARL	法国	Thales Avionics	法国
Leuven Measurements and SystemsIntemational N.V.	比利时	Thales Avionics Electrical Systems S.A.	法国
Messier–Dowty Limited	英国	Transcendata Europe. Ltd.	英国
MSC Software GmbH	德国	Turbomeca S.A.	法国
MTU Aero Engines GmbH	德国	Volvo Aero Corporation	瑞典
Rolls–Royce Deutschland, Ltd. and Co KG	德国	Xerox lalia S.p.A.	意大利
Rolls–Royce plc	英国		

附表 3　VIVACE 合作研究机构名称与国家

合作研究机构名称	国家
CENAERO	比利时
Centre de Recherche et de Formation avancé e en Calcul Scientifique	法国
Deutsches Zentrum fur Luft – und Raumfahrt e.V.	德国
Office national d'Etudes et de Recherches Acrospatiales	法国
Stichting Nationaal Lucht – en Ruimtevaartlaboratorium	荷兰
Technische Universitat Hamburg–Harburg represented by TUHH–Technologie GmbH	德国
UNINOVA – Instituto de Desenvolvimento de Novas Tecnologias	葡萄牙

附表 4　VIVACE 合作大学名称与国家

合作大学名称	国家
Cranfield University	英国
Imperial College of Science, Technology and Medicine	英国
UPS/IRIT, Université de Toulouse 3 Paul Sabatier Institut de Recherche en Informatiquede Toulouse	法国
Luleaa University of Technology	瑞典
National Technical University of Athens	希腊
Politecnico di Milano	意大利
Politecnico di Torino	意大利
Queen's University Belfast	英国
The University of Nottingham	英国
The University of Warwick	英国
Universität Stuttgart	德国
University of Manchester	英国

附表 5　VIVACE 合作第三层供应商名称与国家

合作第三层供应商名称	国家
Dassault Data Services	法国
Ibérica del Espacio, S.A.	西班牙
Intespace	法国
Oktal	法国
Teuchos	法国

支　持　资　料

　　在此书中引入的许多观点，在美国航空航天学会其他的出版物中，进行了更为深刻的讨论。欲查看航空航天发展系列书籍的完整列表，以及美国航空航天学会的其他出版书籍，请登录网站 www.aiaa.org。

　　美国航空航天学会投入大量资源，致力于航空航天专业的教育与实用性发展。并于 1996 年，成立了美国航空航天学会基金。它的计划旨在提高航空航天科学的文献水平与技术发展。更多信息，请登录网站 www.aiaafoundation.org。

本 书 简 介

本书呈示了欧洲一项大型研究项目——通过虚拟航空协同企业提升价值（VIVACE）——在协同民用航空企业方面所取得的成果。VIVACE 项目跨时 4 年，并有来自 11 个欧盟国家跨国公司的 63 个合作单位参与其中。

VIVACE 项目的目标为，在飞行器早期的概念设计阶段，将虚拟产品的概念，通过设计、模拟、集成等环节，渗透到协同环境之中。在此背景下，虚拟产品即构成飞行器的所有组件——结构、系统以及发动机。项目对于来自报告"欧洲航空业：2020 年展望"的以下战略目标做出了重大贡献：

● 在先进的设计、制造与维护工具、方法以及流程的帮助下，减少一半新产品进入市场的时间。

● 将供应链集成到互联网络中。

● 通过大幅缩减运行成本，保证差旅费用稳定、持续下降。

本书依循通用设计周期的各个阶段，首次在初步设计阶段，涉及多学科设计优化（MDO）问题，并逐步将此理念深入到具体的设计优化工作中。MDO 应用专为复杂产品而定制，无论是整个飞行器、发动机，或是单个组件的优化。在最后一章中，重点讨论了工程数据管理、产品生命周期管理、安全与自动化工作流程等问题。在通过工业使用案例的验证后，我们欣喜地发现，此书中包含的这些革新性方法与结构解决方案，使 MDO 理念，向着更高水平、工业化以及标准化的方向，迈出了坚实的一大步。综合性系统设计领域内的研究人员与工作人员，将在这本重要的书籍中找到大量有价值的参考资料。

编 者 简 介

　　恩斯特·凯塞勒（Ernst Kesseler）在航空航天领域已有近 30 年的丰富工作经验，包括实时模拟、嵌入式软件（主持相关部分工作 8 年），人机接口，安全软件（包括 PhD），并在最近参与了多学科设计的研究工作。在这本书中反映了近些年来取得的工作成果。他的工作范围涉及飞行器（固定翼飞机与直升机）、空中运输管理以及卫星。现在他拥有自己的公司。

　　马林·D. 盖诺夫（Marin D. Guenov）担任克兰菲尔德大学工程设计主席，航空航天系高级工程设计小组负责人。他在巴西与欧洲航空航天工业支持的大量国家与跨国研究项目中担任重要职位，包括复杂系统的设计、建模与模拟、多学科设计分析与优化、基础结构的协同设计。他是机械工程师协会成员、英国皇家航空协会会员、美国航空航天学会资深成员。另外，他还是一位特许认证工程师。

第 2 章

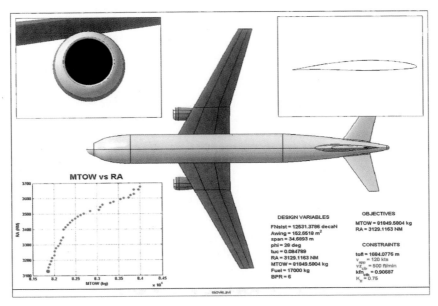

图 2-23　帕累托前沿的可视图像，包括参数几何和约束条件激活

第 4 章

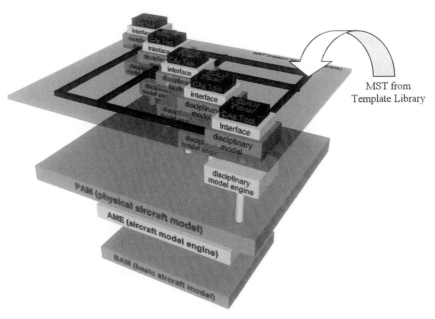

图 4-5　框架与任务模块之间的相互作用

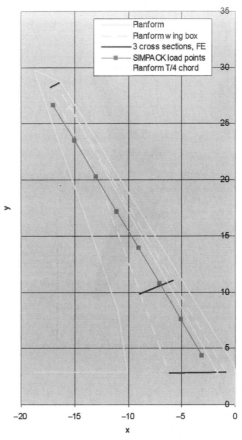

图 4-14　机翼几何学数据、x-y 平面，多体模拟与梁单元分析结构

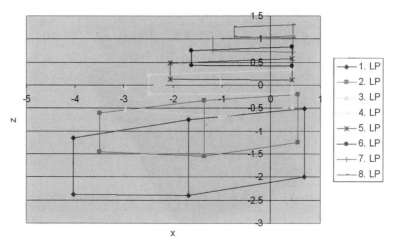

图 4-15　机翼坐标系统中，8 个载荷点（LP）的截面（y 轴沿着四分之一弦长）

2

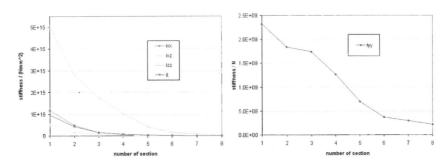

图 4-19　刚度随迭代次数的变化

第 5 章

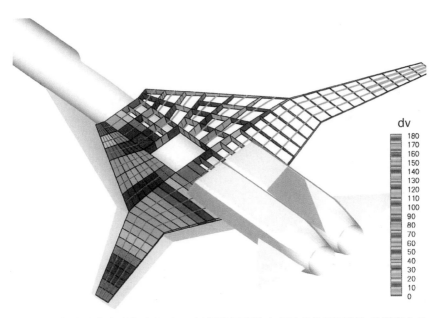

图 5-5　超声速商务喷气飞机（4，经荷兰国家航空实验室许可再版）机翼翼盒的
有限单元网格和设计区域分布的左边得出的空气动力学表面压力载荷，以及构造的
中心点（等式右边）的飞行和惯性载油量向量图

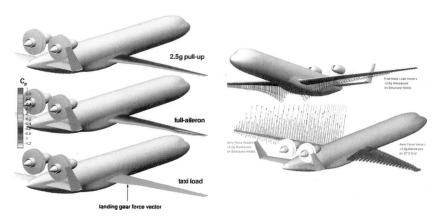

图 5-6　创新性的低燃料消耗飞行器概念，左侧为由 CPD 计算的气动表面压力载荷，
右侧为燃料载荷矢量映射到结构节点

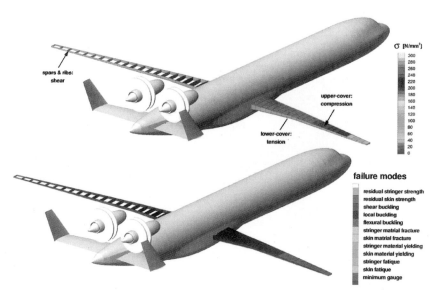

图 5-8　创新的低燃料消耗飞行器概念中的许用应力和主要腹板故障模式

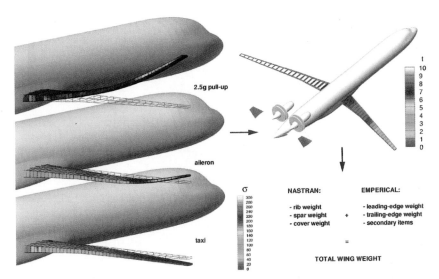

图 5-9　创新的低燃料消耗飞行器概念中 von Mises 应力和最优化材料厚度分布

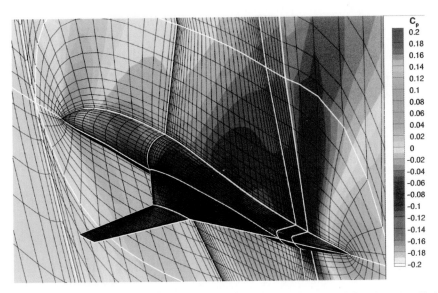

图 5-10　基于求解欧拉方程得出超声速商务喷气式飞机机翼和机身结构巡航阻力的技术
（经荷兰国家航空实验室许可再版）

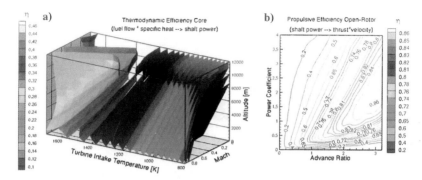

图 5-11　驱动反转开式转子的涡轮发动机

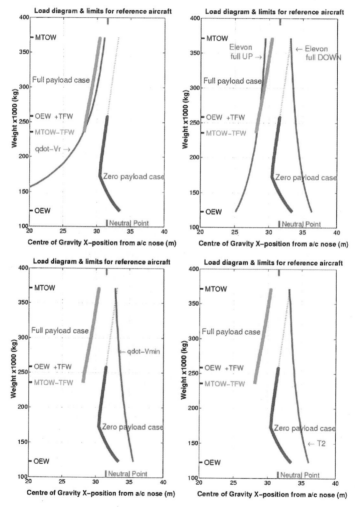

图 5-12　翼身融合体配置的重量与平衡检查（经荷兰国家航空实验室许可再版）

第 6 章

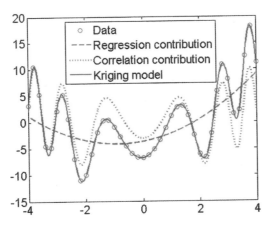

图 6-1　一个简单的克里金模拟曲线及对模型的不同影响

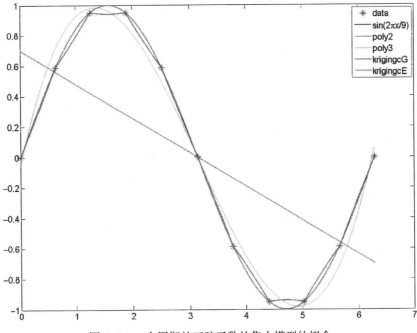

图 6-4　一个周期的正弦函数的集中模型的拟合

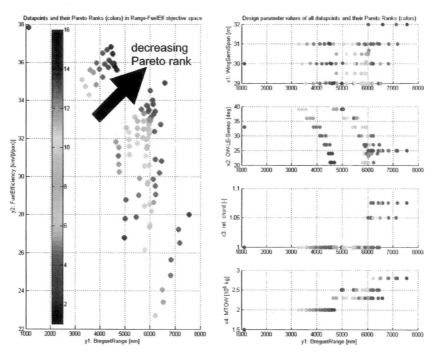

图6-13 在目标域（左图）和参数空间（右图）中99个设计要点上航程和燃料排序结果，按照其帕累托序列缩放。（序列数为1的点（黑点）具备最高航程值和最高燃料效率值。）

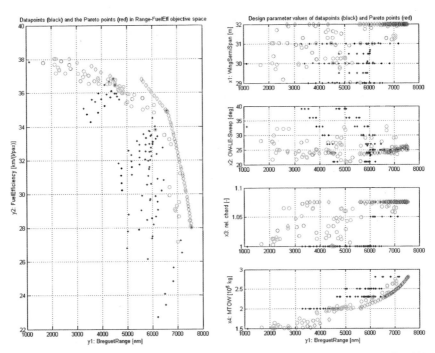

图 6-14 数据集（＊）的设计要点，三代以后的群体（〇，●），和应外 100 个世代的帕累托前沿，经克里金－线性－高斯和克里金－常量－指数元模型，发现航程最大值与燃料效率最大值，分别得出航程和燃料效率。4 个设计参数的结果显示在目标域（左图）中，而航程－参数子空间（右图）内

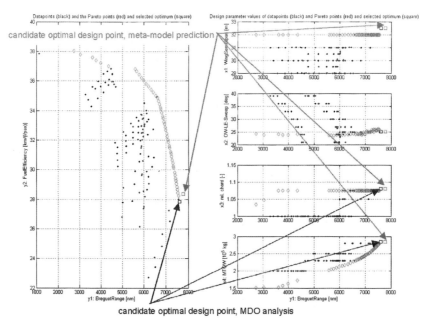

图 6-15　利用初始元模型（◆，◇），数据集（＊），以及多学科设计分析法分析和元模型预测，得出候选最优设计要点（□）

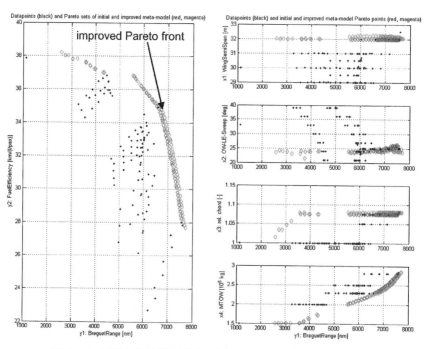

图 6-16　利用初始元模型（◆，◇），和改良元建模法切换空间

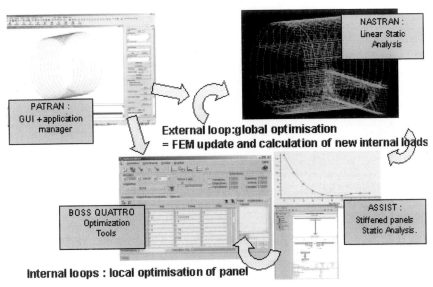

第 7 章

图 7-13　加筋板优化原理以及使用的商业成品工具

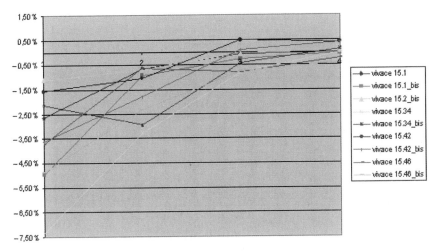

图 7-29　情况 1 的收敛性

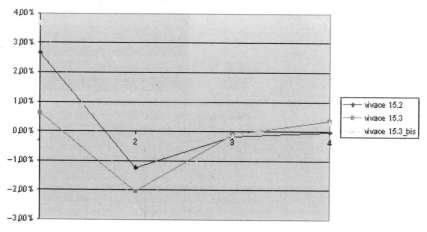

图 7-30 情况 2 的收敛性

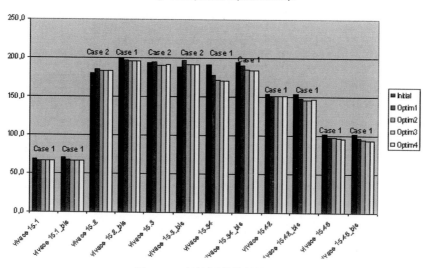

图 7-31 每块板的收敛性记录

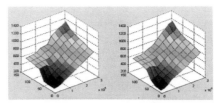

Superstiffener section area 132/5520

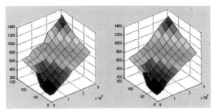

Superstiffener section area 158/5220

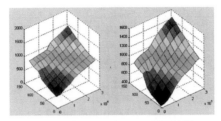

Superstiffener section area 191/3300

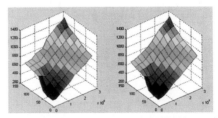

Superstiffener section area 154/3430

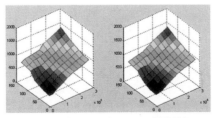

Superstiffener section area 180/5220

图 7-39　不同（间距、曲率半径）对确定的截面面积响应面

13

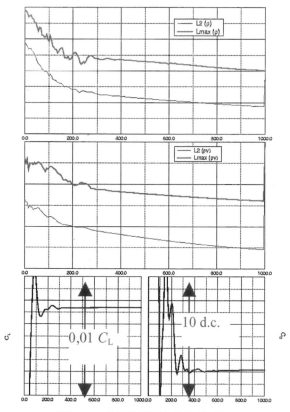

第 8 章

图 8-8　基线轮廓测定的收敛过程

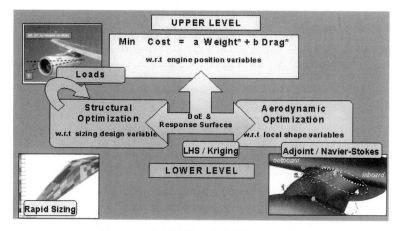

图 8-12　多层结构和多学科优化过程图

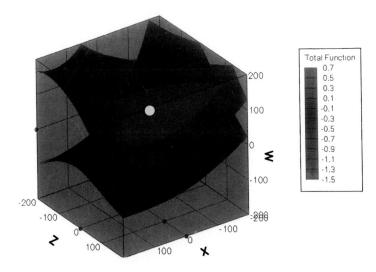

图 8-18　多学科设计优化示例

第 9 章

图 9-21　二维轮盘设计的标准网格，其中包含应力分布

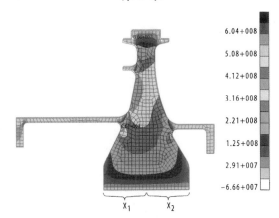

图 9-22　二维轮盘设计的标准网格，包含应力分布

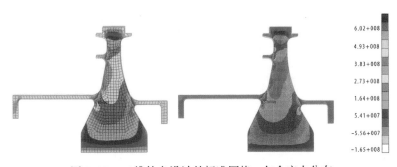

15

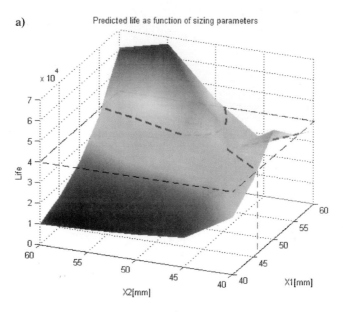

a) Predicted life as function of sizing parameters

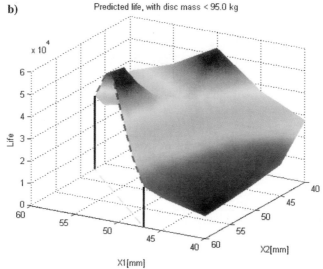

b) Predicted life, with disc mass < 95.0 kg

图 9-28 （a）在二维轮盘的定义设计空间内，使用寿命的响应面；
（b）使用寿命的响应面，质量作为限制条件